陈力丹 ◎ 著

新闻理论十讲
（修订版）

复旦大学出版社

目 录

写在前面 /001

第一讲　新闻——叙述事实 /001

一、新闻≠宣传 /002

二、中外新闻中的宣传表现 /010

三、新闻≠舆论 /014

四、欧洲文明中"新闻"是指新鲜的信息 /016

五、中国历史中对"新"赋予更多的伦理色彩 /020

六、陆定一的新闻定义 /023

七、我国现代语言文字中"新闻"的内涵过宽 /026

八、新闻学界关于新闻的定义 /028

九、新闻的特性 /030

第二讲　新闻价值 /032

一、"新闻价值"理念得以产生的前提 /033

二、为什么人能够判断事实的新闻价值 /038

三、新闻价值的十个要素 /043

四、新闻价值的实现会被打上多重折扣 /057

五、几个问题的讨论 /068

第三讲　新闻真实 /071

一、新闻真实——事实的真实 /072
二、新闻真实受到的各种自然制约 /075
三、造成新闻不真实的诸多具体原因 /089
四、传媒对科学的误读 /107

第四讲　新闻客观性原则 /113

一、客观性理念产生的背景及发展过程 /113
二、客观性首先是一种新闻职业理念 /121
三、客观性作为一种报道方式 /125
四、我国历史上一度存在的负面概念"客观主义" /137
五、我国新闻中较多的主观操控现象 /140
六、新闻表现立场与客观报道是否存在矛盾 /145
七、客观的职业理念受到的各种自然而无形的影响 /148

第五讲　传媒的基本职能及与社会各方面的关系 /151

一、中国新闻业的先行者对行业的两种不同的认识角度 /152
二、一种泛化认识：传媒是舆论的表达者 /154
三、从传媒与政治的关系定位传媒职能 /155
四、新闻专业意识下的传媒职能定位 /176
五、从传播技术角度定性传媒是什么 /188

第六讲　新闻出版自由 /192

一、新闻出版自由理念的提出 /192
二、18世纪两个载入新闻出版自由理念的宪法性文献 /208
三、20世纪以来共产党人关于新闻出版自由的文献 /211
四、国际上关于新闻出版自由的文件 /216
五、不能因言获罪的理论与实践 /224
六、关于表达自由的理论讨论 /230

目　录

第七讲　新闻法治 /237
　　一、区分"法制"与"法治" /237
　　二、世界上的两大法系 /243
　　三、新闻传播法的渊源 /249
　　四、中国新闻传播立法的历史 /252
　　五、新闻传播法的基本理念和应有内容 /264
　　六、我国关于新闻传播的法律体系已经基本完善 /273
　　七、我国新闻实践中的"新闻官司" /283

第八讲　新闻职业道德 /290
　　一、关于新闻职业道德的一般理解 /291
　　二、新闻职业道德应有的内涵要点 /300
　　三、造成职业道德缺失的原因和目前首先要做的事情 /306
　　四、目前普遍存在的违反职业道德和规范的几类现象 /313
　　五、新闻职责忠诚的两个金字塔模式 /333

第九讲　宣传学 /341
　　一、"宣传"的概念和定义 /341
　　二、宣传的五要素 /346
　　三、几种常见的宣传方法 /351
　　四、毛泽东论宣传 /361
　　五、宣传伦理 /365

第十讲　舆论学 /368
　　一、舆论概念的历史和定义 /369
　　二、马克思恩格斯论舆论 /376
　　三、舆论的八要素 /383
　　四、舆论的形成过程 /394
　　五、畸形的舆论形态——流言 /402

写在前面

我讲新闻理论课程，从1981年配合沈如钢老师给中国社会科学院研究生院新闻系讲算起，一直没有专门的教材，只有简单的大纲式手写讲稿。不是写不出教材，而是因为讲课与出版不是一回事，新闻理论的东西，很多在课堂上讲讲还行，变成文字会遇到各种具体问题。于是，这个本来并不难的新闻理论教材，一拖20多年也没出来。

1996年，为了应付研究生班的新闻理论课程，我在几天时间内搞出了一个大约6万字的《新闻理论大纲》，这个东西很快被印刷了很多版，传播较广，我手里最早的是1998年的印刷本，以前的不知道被谁要走未还，找不到了。

2003年我调到中国人民大学工作，讲课不能像在中国社会科学院研究生院那样洋洋洒洒了，要求正规化，每次上新闻理论课都得填表，要求标明使用什么教材，我填"自编"，应付了几年，把库存的《新闻理论大纲》全用完了。现在被逼到了非写不可的境地，只好先采用录音的方法，把说的话和做的PPT整理出来，然后再一句一句地改动，这样花费了半年时间，总算做出来一个讲演录，先救急吧。

新闻理论的教材，现在出版的有近百种不止吧。有少数属于研究性的，值得肯定，但是不适宜做教材；多数教材存在的问题也是明显的，就是观念陈旧，套话较多，无法说明现实媒体的发展。如果根据这样的教材讲课，误人子弟啊，所以坚持即便自己临时编，也比让学生死背"什么是新闻"、"什么叫新闻的真实性"等等好些。还有一些属于讨论性质的,无法写在教材里。所以这里展示的讲演录,有一些讲的内容我删掉了。

所谓新闻理论,讲述的是一些上升到理论层面的职业工作理念。新闻学是应用学科,新闻理论来自新闻实践,虽然有些地方显得抽象,但它是长期新闻工作的理性认识的积累。新闻理论教材,不能像哲学那样钻进去出不来。要让实际新闻工作者看了以后,对照自己的工作,感到若有所思,这个教材就是成功的。

也有的同学说,你讲的太理想化了,实际工作中要打的折扣很多。我的目的就是告诉你,理想的状态应该是什么样的,例如客观应该是什么样,你工作中总得有一个想象或效仿的目标。马克思说过:"最蹩脚的建筑师从一开始就比最灵巧的蜜蜂高明的地方,是他在用蜂蜡建筑蜂房以前,已经在自己的头脑中把它建成了。劳动过程结束时得到的结果,在这个过程开始时就已经在劳动者的表象中存在着,即已经观念地存在着。"①但是具体做起来,这个"客观"的目的很可能达不到。达不到是一回事,提出目标是另一回事。现在的主要问题是,很多人在工作中没有标准。新闻理论的任务,就是提出这种职业工作标准,让大家有一个努力的方向,即使这个方向有点像"望山跑死马",但毕竟有一座山——可以看见的山等着你去征服。

新闻理论讲述的是关于我们职业工作的基本理念。没有这些职业理念,不可能做好新闻工作。通常,我们获得的理念是在无意识中凭经验知道的,例如,面对无数事实,你为什么要选择这个而不是那个?在经历了很多教训以后,才知道如何选择新闻事实。如果你事先很清楚选择新闻的标准,具备了新闻价值意识,就会较快进入情况,使自己的工作进入自由的状态。而新闻价值,就是一种新闻职业的工作理念。

不说套话,可能是本书的特色。这本来是写东西的基本要求,但是新闻理论教材的套话已经成为一种痼疾。我不得不首先与套话道别,再谈结构和体系等等。

---

① 《马克思恩格斯全集》第44卷,人民出版社2001年版,第208页。

写在前面

　　我国的新闻理论需要以马克思主义新闻观作为指导思想,故本次修订,较多地介绍了革命导师马克思、恩格斯、列宁以及中国共产党的老一代无产阶级革命家关于新闻和宣传工作的论述,专门设立了马克思恩格斯论宣传的五要素、毛泽东论宣传、马克思恩格斯论舆论等单节。习近平关于新闻舆论工作的论述,更多地展现在各讲的内容中,例如他1989年5月在宁德的讲话《把握好新闻工作的基点》,2013年8月19日在全国宣传思想工作会议上的讲话,2016年2月19日下午在党的新闻舆论工作座谈会上的讲话以及当天上午与新闻工作者的视频对话,2016年4月19日在网络安全和信息化工作座谈会上的讲话等。本书引证马克思和恩格斯的论述117次,列宁的论述14次,毛泽东的论述24次,习近平的论述23次。

　　我带的硕士生、现新疆财经大学新闻传播学院教授朱爱敏,2008年在中国人民大学做访问学者时承担了我课程的全部录音和整理工作,这里向她表示感谢!我带的博士生、现沈阳师范大学教授陈秀云,在文字上审校了我修改后的稿子,这里也向她表示谢意。

　　这次修订,考虑到新的传播环境而需要与时俱进,做了较多的删节、增补和内容调整,大约六七成内容与原来的有所不同,但总体框架没有改动。

陈力丹
2019年4月30日于北京时雨园

第一讲　新闻——叙述事实

今天我们新闻理论的第一个话题叫"新闻",不是专讲"什么是新闻",而是通过比较来体会"新闻"应该是什么。

世界上最早关于新闻的定义,是 1690 年德国人托俾厄斯·波伊瑟(Tobias Peucer)在其拉丁文博士论文《关于新闻报道》(De relationibus novellis)里说的,即世界各地近来发生的各种事情或者告知。他将新闻报道的起源归因于"部分出于人们的好奇心,部分出于人们的占有欲望,二者共同造就了新闻和报纸的销售"。新闻报道需要把值得记录的事物,从空洞分散的流言、微不足道的怀疑和平淡琐碎的事物中辨别出来。

中国人最早知道现代"新闻"的概念,是通过对"新闻纸"(报纸)的定义获得的。1833 年,英国传教士马礼逊(Robert Morrison)在澳门出版不定期中文刊物《杂闻篇》。是年 8 月第 2 期发表的《外国书论》,首次在中国介绍了什么是"新闻纸"(101 字):"在友罗巴各国,每月多出宜时之小书,论当下之各事理,又有日出的伊所名,新闻纸三个字,是篇无所不论,有诗书六艺天文、地理、士、农、商、工之各业,国政、官衙词讼人命之各案本国各省吉凶新出之事,及通天下万国所风闻之论。真奇其新闻纸无所不讲也。"

1872 年 4 月 30 日,中国较早的中文商业报纸《申报》创刊号《本馆告白》写道:"天下可传之事,湮没不彰者比比皆是。本报随时记载当今之事,使留心时务者,于此可以得其概,不出门户而周知天下事。上而学士大夫,下及农工商贾,皆能通晓。"不过,那时的报人多半是被动就业,为啖饭而来。报人职业属于文途末路、下等艺业。

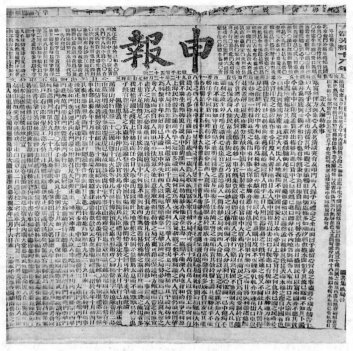

《申报》1892 年 12 月 7 日第一版

我想通过比较,来体会"新闻应该是什么"。现在人们把新闻与宣传、新闻与舆论放在一起说得比较多,如"新闻宣传"、"新闻舆论",可能是从政治角度考虑的。我们从学术角度出发,需要做一番学理上的分析。

一、新闻 ≠ 宣传

新闻是什么?一般说来,新闻是对客观发生的具有新闻价值的事实的叙述。新闻传播的目的是让对方了解一件事,只要对方知道了这件事,新闻传播的任务就完成了。对于职业新闻传播来说,新闻的传播是在追求"不断发生的事情"中对事实的叙述,因为刊播新闻永远无止无休。职业新闻传播的归宿是"受者晓其事"。

宣传比较复杂一点，因为宣传的面要比新闻宽得多，不仅可以通过媒体，还可以通过更多的其他路径传播。宣传是运用各种符号传播一定的观点，以影响和引导人们的态度、控制人们的行为的一种社会性传播活动。这就是说，宣传的核心是传播观点，这是宣传者一方的意愿，所以宣传行为的重心不是接受者，而是传播者，它的归宿是"传

告诉你一条新闻：新买车开不动，
人拉车去投诉

者扬其理"，具体的宣传者只要把上级或老板要求说的意思说出来，任务就完成了。

新闻的客观性原则不允许记者在新闻中发议论或作出主观的价值判断。即使想通过报道事实宣传什么，也必须"用事实说话"，通过选择所报道的事实来表达倾向。"用事实说话"不是新闻报道的规律，而是一种比较有效的宣传方式。

宣传可以分为两类，一类是政治宣传，一类是商业宣传。在政治宣传中，观点的赞同者会积极接受这种宣传，而观点相左者，则会回避或抵制这种宣传。例如，议会辩论是一种典型的宣传。但某些国家的不同派别的议员就某个议题纷纷发言展开辩论时，随着言辞激烈的程度升级，议员们甚至会不顾及道德，发展到争夺话筒、拳打脚踢。2014年印度召开"印度人民院"大会时，因党派间意见分歧而场面失控，有位印度议员用随身携带的小刀将另一位议员刺伤。2011年，韩国的执政党试图在议会强行表决韩美自由贸易协定，在野党议员金某为阻止法案通过，携催泪弹冲进会场，在议长席前引爆，导致现场烟雾弥漫，议员痛苦不堪。在不同的政治观点的传播中，这种现象是非常明显的，观点的赞同者会越来越积极地接受宣传者的观点，反对者会越来越抵制这样的宣传。当然，接受者和反对者也会随着条件、环境的变化而转化。

如今的网络传播，人与人的连接方式、信息传导的方式都变了。人与人更容易连接，容易形成不同的"壳世界"；一定意义上，作为个体的人，获取信息不

2008年1月,日本议员在国会辩论中"大展拳脚"

是更多元了,而是更封闭了。而且随着信息智能化的推进,社群网络会越来越自动地推荐给个人感兴趣的东西。例如某人加入一个网上的群,在这个群里,每个人习惯于只选择想看到的东西。假如这个群里都是不满意张三的,群里便会流传着大量关于张三的不利信息。一旦张三出来辩解,所有人都抨击他。在大量网民的拥簇下,张三的辩解无人听,同时充斥着大量真假难辨的新闻,张三被越抹越黑。这是我们可以看到的张三在一个网络群里的情形。

政治宣传

商业宣传

第一讲
新闻——叙述事实

商业宣传也是这样,只是表现形式不太一样。需要某些商品的人会积极响应某种商品的宣传,但这样的人不会很多,多数人因为与某个商品没有利益关系,很少会主动接受这种宣传。生活中,大家都有这样的经历:当人们正在聚精会神地看一个自己喜欢的电视剧的时候,屏幕上却不停地插播广告,对此人们会非常烦。因为所播的广告跟看电视机的人没有直接关系,人们不感兴趣。这就是说,只有人们感兴趣时,政治宣传和商业宣传才能产生直接的传播效果。

为什么我们经常把新闻和宣传合起来说呢?这是因为新闻和宣传都是一种传播行为,可以相互渗透,而且有交叉的地方。宣传有很多种形式,通过传播新闻达到宣传的目的,是其中的一种。即使是最客观的新闻报道,也可以夹杂宣传的成分,这个问题我们讲新闻客观性问题时再细说。但是有一点我们需要确认:新闻和宣传不是一回事。

这个问题要反复强调,不然,我们写的东西很多人会不喜欢看。宣传在党的工作中是非常重要的,我们现在从事的是新闻工作,新闻中可以有适当的宣传,但在认识上不能把两者等同起来。如果硬要把宣传等同于新闻,传播的效果往往适得其反。

1967年5月,"中央文革小组"副组长江青命令新华社把八个样板戏的剧本译成英文向国外播发。新华社是新闻机构,直接发出剧本被国外视为是一种宣传。新华社记者黎信就此回忆道:"因为那个时候新华社的技术还很落后,发东西用的都还是电传打字机。我们发一个《智取威虎山》剧本整整发了8小时。发出去以后,路透社发了一个稿子,说:'新华社创造世界新闻史上的一个奇迹,它用8小时的时间,播发了一个剧本。'"① 显然,由于江青把新闻与宣传视为一回事,成了别人的笑柄。

从表现方式看,新闻与宣传的差别体现在以下几个方面:

第一,新闻重信息,宣传重形式。信息,是减少人们不确定或模糊程度的东西,如果这些东西关涉新近发生的事实,它就是新闻,因为它消除或减少了

---

① 黎信:《为做记者先做人》,载李彬、常江:《新闻人生——名记者清华演讲选》,清华大学出版社2009年版,第76页。

人们对新近发生的某个事情的疑惑。新闻的内容一定要有实在的东西,能够消除人们对某个事情的疑惑或者给人以新鲜的内容;宣传则不一定,宣传注重的是形式。有时候你参加了一场宣传活动,回来仔细一想,什么新东西都没有获得。例如我们开运动会的入场、宣誓等仪式,总有一套程序规则,这样的程序规则是一种形式,目的是通过这种形式给当事者留下某种深刻的印象,宣传目的就达到了。这种印象不具有内容新鲜的特点,而是一种既定的理念。

第二,新闻重新异,宣传重反复。新闻只是信息的一类,专指关于新近发生的、与众不同的事实的信息;宣传的内容,则多数是已有的,它要通过反复强调来加深印象。毛泽东说过一段话:历史的经验值得注意,一个路线,一种观点,要经常讲、反复讲,只给少数人讲不行,要使广大人民群众都知道。这段话说的就是宣传的特点。通过反复说,宣传者想要传播的观点自然慢慢地渗透到被宣传者的头脑里,熟悉到脱口而出的地步。这种情形是宣传的成功,说明这些词句已经成为一种舆论环境了;但这也是宣传的失败,因为人们只在词句的发音和对字形的识别层面接受了它们。如果是商品宣传,经过反复说,也会留给消费者印象。例如"有路必有丰田车"的广告反复做,买车的时候,脑子里的第一个闪念可能就是:我得买丰田车;再如"农夫山泉有点甜"、"不是什么牛奶都叫特仑苏",其传播效果也是这样。

第三,新闻重事实,宣传重观点。新闻传播的内容除了新、异之外,它本身应该是具体的事实,而不是套话和空话。如果没有事实,即使冠以"新闻"的标识,仍然不会有受众,人们是不会接受无新闻的新闻传播的。宣传的目的是要向接受者灌输一种观点、一种对某种事物的认识,这种观点也许就是一种套路性的话,如果这类话弥漫在周围,不听也得听,不说也得说,听多了、说得多了,有可能就成为人们一种不自觉的流露,不用过脑子,张口就能说出很多套话,这也是一种宣传的传播效果。

第四,新闻重时效,宣传重时机。新闻必须在有效的时间内把一个事实传播出去,过了这个"点",再重大的事实也没有价值了,因为人们都知道了。宣传不一样,宣传者可能及时把握了事实,但有时可能故意压下某个事实,选择一个能够产生最大宣传效果、对宣传者最有利的时机,才把事实透露出来;有时候,等待合适的时机需要很长时间。显然,新闻时效和宣传时机,两者的差异是很大的。新闻讲时效,几乎是无条件的,这是新闻业竞争使然;而宣传则要权衡利弊,选择宣传时机的背后,是对更大的政治或商业利益的追求。

第五,新闻重沟通,宣传重操纵。在两个人之间交换新闻的时候,沟通的感觉是非常强烈的。例如,我知道了一件事,不说出来很难受,正好遇到一个朋友,于是就把这件事告诉他了,说完就完了,因为我的目的就是沟通。我把我知道的事告诉了他,很可能会引发他也告诉我一件新鲜事。也就是说,新闻传播没有控制对方的目的。而宣传的目的,就是为了控制人们的思想,进而控制人们的行为,也就是说,宣传注重操纵。这里的"操纵"是一个中性词,在政治宣传中是指通过传播,使人们能够在思想和行动上与宣传者保持一致;在商业宣传中是指通过传播,让人们购买商家的产品或对商家留下好印象。

第六,新闻重平衡,宣传重倾斜。做过新闻工作的人都有这样的工作经验:新闻报道在叙述一件有争议的事实的时候,争议双方(或多方)的说法都要提到,而且各方在报道中所占的比重也应该大体相当。按照这样的方式写出的报道,不会受到某一方的过分指责。如果不是这样,而在报道中只说一方的话,另一方可能会有强烈的反应,从而造成矛盾冲突。老记者都知道,写新闻得重视平衡,甚至编辑在编排页面的时候也要考虑页面(屏幕)的平衡问题。如果一个页面都是坏消息,他会考虑登几条好消息;如果一个页面都是好消息,他会考虑是不是加一点批评性的报道。这样的页面会很好看,读者也会有一种平衡的感觉。这是新闻工作在业务上的一个要求。宣传正好与新闻相反,宣传会有意突出某一点,遮蔽另一点,所以说宣传是带有倾向性的。一般来说,宣传者不愿意说不利于自己的方面,只愿意说对自身有利的方面,因为它是宣传;新闻则不同①。

党的媒体在革命战争时期承担着直接指导工作的任务。因而,在一个较长的时期内,新闻与宣传从形式到内容都交织在一起。在报道事实的消息、通讯体裁中,记者习惯于对事实作出评价以引导读者。时间久了,居高临下阐述事实的意义,为了强调某些部分而使用较多的副词和形容词,演变成一种写作套路。

---

① 参见展江:《新闻宣传异同论》,爱思想网,http://www.aisixiang.com/data/28720.html,2009 年 7 月 6 日。

在市场经济和网络传播的新环境中，如果仍然按照这种套路写新闻，媒体会失去受众。这不是新闻写得严肃与否的问题，而是这种套路下的"新闻"多数算不上新闻，受众看新闻是为了获知信息，而不想看不想听套话、空话、大话。即使是关于事实的评价，也要提供公正而有道理的意见，才能拥有受众。

改变这种情形的前提是区分新闻与宣传，以客观的姿态叙述事实；若对事实进行评论，要以署名文章或以主持人的身份表达，文责自负，逼迫作者形成自己的语言风格，减少套话空话。不宜在消息中夹杂评论和价值判断。这样的新闻，"含金量"自然增大。

其实，宣传并非就是贬义，我们的社会中就有很多宣传。现在的问题之一，在于宣传的形式主义太多，讲套话而不讲真话，讲空话而不讲实话，讲照本宣科的话而不讲有感而发的话。2008年1月，时任广东省委书记、政治局委员汪洋在广东省政协十届一次会议上说："要让领导同志讲真话不讲套话，讲实话不讲空话，讲有感而发的话不讲照本宣科的话，就必须允许他讲不准确的话，或者是允许他讲错话。"他的话音刚落，委员们掌声雷动。他的发言是宣传，但说得实在，这样的宣传不是很好吗？还有，批评别人时不要使用不文明的大批判话语，宣传要会说话，说妥当的话。

宣传是一种社会行为，因而还要遵循宣传伦理。既然宣传是带有目的的，就会存在目的与手段之间的矛盾，因而存在道德悖论。有的宣传者强调，我的目的是好的，所以我就可以使用一些不够合法的手段。如果是这样，就存在宣传目的与手段之间的道德冲突。这是我们要从理论上予以注意的。这方面马克思有很多论证。马克思说：要求的手段既是不正当的，目的也就不是正当的①。这是说，目的正当，也要和手段对应，手段也应该是正当的，如果手段不正当，你的目的正当本身是值得怀疑的。

纳粹德国的国民教育与宣传部长约瑟夫·戈培尔1939年为进攻波兰而发动"波兰威胁"的宣传攻势，他就此有一句臭名昭著的"名言"："宣传只有一个目标：征服群众。所有一切为这个目标服务的手段都是好的。"这种不择手段的宣传观点，是不讲道德的。反之，目的不正当，方法再精致，也是一种罪

---

① 《马克思恩格斯全集》第1卷，人民出版社1956年版，第74页。

恶。这方面最典型的就是法西斯主义的宣传观。他们用最美好的词来表达他们的宣传目的,但实际目的是愚民。

有一部纪录片《意志的胜利》(*Triumph of the Will*),是1934年德国女导演莱妮·瑞芬斯塔尔(Leni Riefenstahl,1902—2003)制作的,这是一部典型的宣传法西斯主义的电影。虽然这个片子在艺术上评价非常高,但是作为宣传的政治目的是非常糟糕的。有篇文章叫《非常罪与非常美》,分析了这个道理。

之所以要强调新闻与宣传的差别,还在于我国媒体习惯于只对自己的上级负责,只要上级满意,宁可说套话、空话、大话,也不要"犯错误"。在这种工作心态下,不可能形成新闻职业意识。我们现在的主要问题,是直接把宣传当作新闻,宣传里没有新闻,很生硬。这样的做法可能形式上颇为热闹,其实没有受众。我国媒体有宣传党的方针政策的任务,要学会在宣传中"以新闻为本位",以媒体人的新闻职业意识为基础,来做好宣传。

《意志的胜利》海报

习近平对我国新闻和宣传工作中的这类问题看得很清楚。他在2016年2月19日党的新闻舆论工作座谈会上批评说:"不能搞假大空式的宣传,不能停留在不断重复空洞政治口号的套话上,不能用一个模式服务不同类型的受众,那样的宣传只会适得其反。""一些媒体还是按照老办法、老调调、老习惯写报道、讲故事,表达方式单一、传播对象过窄、回应能力不足,存在受众不爱看、不爱听的问题,时效性、针对性、可读性有待增强……一些同志深入实际不够,习惯于跑机关、泡会议、抄材料,或借助网络摘抄拼凑,有的甚至为了一己私利搞虚假新闻、有偿新闻。"①

---

① 《习近平总书记重要讲话文章选编》,中央文献出版社和党建读物出版社2016年内部版,第425、419页。

二、中外新闻中的宣传表现

我国媒体报道的新闻中夹杂宣传成分较为普遍，因而新闻不好看。了解了新闻与宣传的不同，就要在新闻中尽量减少那些明显而拙劣的宣传成分，规范我们新闻的写作。下面选取一些新闻与宣传不加区分的国内新闻，其中的黑体字不是具体事实的叙述，不应该出现在新闻中，对此，我们在阅读中来体会一下。以后我们写新闻，要做到不写、不说这类宣传性话语。

园林绿化出佳作　巧夺天工满眼春

本报讯　**城市绿化作为宜居环境的最重要、最基本的标准，是城市可持续发展的重要标志**。今年是我市实现省委、省政府提出的我市城市环境"三年大变样"目标的第二年，也是攻坚年。昨日上午，省委常委、市委书记×××带领市政府有关部门负责人深入工地，察看现场，听取汇报，对我市确定的今年重点园林绿化工程进展情况进行全面检查指导，并协调解决问题。×××强调，今年园林绿化工作，时间紧，任务重，我们一定**要在全面推进工程建设的同时突出重点，加强协调，克服困难，确保时间，确保质量，确保标准，确保如期完成任务**。市委常委、秘书长×××，副市长×××参加检查指导。

万柏林区实验小学比赛诵诗词

5月6日至9日，万柏林区实验小学举行了为期4天的古诗词诵读比赛。

全校一至五年级每个班级每个孩子都积极准备，用领诵、齐诵、男女诵、配乐诵等多种形式参与诵读并登台表演。台上，学生们诵读抑扬顿挫，慷慨激昂，主题更是各具匠心，从"黄河之水天上来"的磅礴气势到"但使龙城飞将在，不教胡马度阴山"的豪情满怀；从"人生自古谁无死，留取丹心照汗青"的崇高气节到"素月分辉，明河共影，表里俱澄澈"的美景享受；从"莫等闲白了少年头"的激情澎湃到"数风流人物还看今朝"的雄心壮志。

第一讲
新闻——叙述事实

"享受阅读生活,弘扬校园文化"是万柏林区实验小学的教学特色,古诗词诵读比赛只是这项活动的一小部分,希望同学们能以此为契机,敞开心扉,以书为友,让知识的浪花滋润肺腑,让动人的箴言树起人生的路标。

中国海监准军事化管理研究项目正式启动

本报讯 5月6日,中国海监总队与中国人民解放军军事科学院正式就"中国海监准军事化管理研究"项目签订合作协议书,标志着中国海监队伍建设向着规范、科学、系统的目标又迈进了一步。

为了实现有计划、有步骤地开展队伍建设,……

此课题研究预计将于明年8月完成。中国海监准军事化管理和建设工作,将在科学系统的理论指导下真正踏上正规化进程。

还有更多的新闻整体上就是为了宣传相关机构,毫无新闻价值,普通的日常工作占据媒体的空间和时间,实际上没人看。例如:

××县民政局组织社区干部参加市局培训

本报讯 为进一步提升社区服务水平,××县民政局组织全县28名社区干部参加了由晋中市民政局举办的社区干部业务培训班。为做好此次培训工作,该县民政局采取了三项措施:一是选派城乡社区的主干参加培训,从而保证了参训人员高素质、高质量;二是要求参训人员严格遵守参训纪律,在社区干部报到前,县民政局局长郑炜提出了严格的要求,保证了该县社区干部的参训秩序;三是对社区干部参训进行专车接送,并安排局工作人员专程护送,确保了该县在参训上的步调一致。

这条简讯完全没有交代时间、地点。组织人参加培训,这是一件平常的工作,为此编出一套逻辑不通且十分空洞的"三项措施",一看就虚得很。只要说调配"社区主干"参加培训,而且车接车送,县民政局重视此事,不是一目了然了吗?编织那么多不合逻辑的话是无用的,把局长抬出来"决策"这样的小事更没有必要。一些人参加了市里的一个学习班,从报道事实的角度,这显然是该简讯的要点,原标题突出县民政局如何组织,颠倒了事实的主次关系。

我试改动如下(原文199字变为55字,基本事实全部保留):

××县社区干部参加市民政局培训

本报讯 ×月×日,××县民政局安排专车接送,组织全县28名社区主干参加了由晋中市民政局在×地举办的社区干部业务培训班。

再如:

灵石农商行百名客户经理进村入户活动正式启动

本报某地消息 为全面贯彻落实某省委、省政府及省联社党委关于金融扶贫工作推进的重要决策部署,灵石农商银行积极履行社会责任,近日召开了"助力金融扶贫、农信雪中送炭"百名客户经理进村入户动员大会。

会上,该行行长王某某宣读了《灵石农商行"助力脱贫攻坚 农信雪中送炭"百名客户经理进村入户行动方案》。董事长马某某作了《金融助力脱贫攻坚 灵石农商行一马当先》的动员讲话。在总结当前农商行深耕县域"三农"市场工作的基础上,提出了要在全辖范围内迅速开展百名客户经理进村入户扶贫"大调查、大摸底"工作,将全县12个乡镇6 000余户1.3万人作为金融扶贫的主战场。各党员干部要将此次金融扶贫工作视为今年一项重大政治任务来抓,要做到不忘初心,提高认识,精心组织,顾全大局,真正把金融扶贫工作打造成灵石农商行2017年支农新亮点。

省联社某地办事处副主任闫某某和灵石银监办主任王某某出席了会议并提出了要求。此次大会的召开,标志着灵石农商行金融扶贫工作正式拉开了帷幕。

这条简讯的内容同样没有新闻价值,实际上是一种商业宣传,套话太多,没有具体时间交代。"金融扶贫"谁都知道,再对其做没有任何新意的宣传,除了讨人嫌,不会有其他效果。我全部删除了这些套话,并不影响人们对事实的知晓。这类将商业策划作为新闻来报道的事例较多,实际上是广告新闻,违反

第一讲
新闻——叙述事实

《广告法》第 14 条的有关规定。该活动的称谓颇为拙劣,语文上同义反复。若非要报道,记者无法改动已经使用的称谓,但原标题以"……活动"作为主语,句子太长,故将农商行作为主语,意思清晰且字数减少。经常见到大标题或行文中使用"正式"二字,问题是有"非正式"吗?这是一种强调重要性的文字噱头,毫无意义。

我试改动如下(原文 375 字,改后 123 字,减少 2/3。原有的基本事实全部保留):

灵石农商行启动百名客户经理进村入户活动

本报某地消息 ×月×日,灵石农商银行召开"助力金融扶贫、农信雪中送炭"百名客户经理进村入户动员大会。会上行长王某某宣读了百名客户经理进村入户行动方案,董事长马某某作了关于金融助力脱贫的动员讲话。省联社某地办事处副主任闫某某和灵石银监办主任王某某出席会议并做了发言。

不过要说明,即使这样改动,去掉了所有宣传性词句,以上两条新闻也很难称得上是新闻,因为没有新闻价值。并非发生的事实都可以报道,99.9% 已经发生的事实都不可能是新闻。这个问题我们在"新闻价值"一讲继续讨论。

新闻里有明显的宣传,人人都烦。美国传播学者梅里尔(John Merrill)、李(John Lee)和弗里德兰(Edward Friedlander)所著《现代大众媒介》一书中,列举了 11 种常用于新闻报道里的宣传技巧,做得比较隐蔽。这些宣传技巧带来语义噪声,妨碍受众正确理解新闻。它们是:

① 用单向和静态的方式表现人物和事件,使受众形成定向思维;
② 把观点包装成事实;
③ 有选择地使用引语,通过表面客观的手段达到主观的目的;
④ 使用情感动词和副词对直接或间接引语呈现否定或肯定的态度;
⑤ 在信息方面有所选择,使用某些事实而不用另外一些事实;
⑥ 不顾受众的知情权,对某个新闻事件完全不报道或漏掉新闻事件的某些事实;

⑦ 采用不同的称号，例如，一个新闻事件中的"游击队员"，可能在其他地方就变成了"自由战士"；

⑧ 用笼统的词语进行概述，例如使用"许多人"或"大多数人"等词语；

⑨ 根据要塑造的形象，选择性地使用不同的语言、照片或音响资料；

⑩ 以偏概全，用个体代表整体；

⑪ 借口无法查对，对事实不再进行追踪，这种方法经常用在报道结尾。

这样，受众接触到新闻产品，与原始的事件之间便发生了人为制造的差异。在把关人——记者和编辑——采用以上宣传手段之后，新闻已经不再是简单告知公众的关于新近发生的事件，而是带有传播者意图的宣传品。

三、新闻 ≠ 舆论

现在比较流行"新闻舆论"的概念。根据使用这个概念的上下文，"舆论"是指网络言论，不是本来意义的舆论内涵。如果"舆论"指一般意义的网络言论，问题不大。但学理上，新闻和舆论是含义不同的两个概念。

前面说了，新闻是对客观发生的事实的叙述。新闻记者把一个事情完整地或选择其中最精彩的片断描述出来，任务就完成了。舆论是社会中自然产生的、自在的意见形态。你没法控制，人们想要发议论就发了。舆论是一种自在的意见形态，不是自为的。自为即是有组织的，有组织的意见不是舆论。"公众舆论"或"社会舆论"，其实这是同义反复。我写东西的时候比较注意，在舆论前面不会加"公众"或"社会"两个字，因为英文"public opinion"翻译过来就是舆论。而中文"舆论"的"舆"本身就是"公众"，"论"就是"意见"，再加个"公众"就是"公众的公众的意见"，这就重复了。我们平常说话的时候也经常出现语句上的毛病，例如"胜利凯旋"，"凯"就是胜利的意思，"胜利凯旋"就是"胜利胜利地回来"。

舆论不是可以随便说的。说"舆论认为"，你必须拿出证据证明你说的那个"舆论"是舆论。在一定的范围内，持某种意见的人数超过总数的三分之一，才可以将这样的意见视为舆论（当然，这个范围可以小到我们这间屋子内，大到一个社会），这时，这种意见可能开始对全局产生影响；如果持某种意见的人数接近总数的三分之二，可以说这种舆论已经掌控了全局。这个说法是有根据的。我们知道，统筹学上有一个通用的黄金分割比例"0.618"，在数学上，黄金分割比例还有很多说法，不论如何，这个比例的实际运用，确实非常灵。在一个整体中，如果一种东西在整体中的比重达到61.8%的时候，这种东西肯定会影响甚至掌控全局。反过来说，如果一种东西在全局中占的比重达到38.2%的时候，这个东西就开始影响全局。舆论也一样。所以我们用这个词的时候要谨慎。当然，在社会生活里，这个百分数用不着这样精确，超过三分之一、接近三分之二，就可以了。

说"舆论认为"，要有调查数据作支撑，或者要有一个大体的估算。某种意见低于一定总体的三分之一，在这个整体中，这种意见只能说是少数人的意见。少数人的意见也是一种意见，但不能视为舆论。

那么舆论和新闻是什么关系呢？新闻可以反映舆论，特别是在报道某些群体性事件的时候。但是多数新闻报道的是一个个非常具体的事实，而且往往与大局没有关系，在这种情况下，不能说具体的新闻反映了舆论。

新闻与舆论有关，但并不等同。媒体通常被视为"舆论界"。媒体是舆论的载体，理论上一般可以这么说。这可能是造成"新闻＝舆论"误解的原因。但是媒体是否代表舆论，需要具体问题具体分析。某些情况下，媒体不一定代表舆论。有些新闻可能反映了舆论，但是多数新闻因为报道的是具体而微小的事实，谈不上反映舆论。新闻反映舆论的时候，就与舆论有了关系。新闻与舆论两者有较密切的关系，但不是一回事，不能等同。

我们再进一步说说什么不是舆论。

媒体≠舆论。媒体只是被泛泛地视为舆论的代表，并非就是舆论本身。

意识形态≠舆论。意识形态是掌握国家政权的阶级、政党的主导思想，舆论会受到意识形态的强烈影响，但两者并不完全等同。

公众≠舆论。公众是舆论的主体，但公众并不是舆论本身。当公众尚没有对舆论客体有所感知时，要向公众传播某种观念，可以说"向公众进行宣传"或"引导公众"，说"引导舆论"就不通了，因为这方面的舆论并没有出现。

个人感觉≠舆论。不能随口说"舆论认为"，即使是人民代表、著名社会活动家的意见,也不能替代舆论来"认为"。

确实在一定范围内有超过三分之一的人所持有的某种意见,才可以说这是关于某个问题的舆论。这里需要科学的调查数据,不能随意说的。

四、欧洲文明中"新闻"是指新鲜的信息

下面我们回顾一下历史,分析影响中国新闻传播的历史文化因素。为什么中国的新闻媒体中会有这么多的道德色彩和宣传色彩,这涉及中国与欧洲文化传统上的差异。

《圣经》"新约·使徒行传"(公元1—2世纪)记载了使徒保罗到雅典去传播基督教的事,保罗给大家讲耶稣复活的故事,通过讲故事来传道。《圣经》里是这样记载的:"雅典人,和住在那里的客人都不顾别的事,只将新闻说说听听。"这里出现了"新闻"的概念。后来大家就把保罗请到一个地方专门听他说,因为保罗讲的故事对雅典当地市民来说都是很新鲜的事情,按现在的理解,保罗所说的内容"有新闻价值"。此时,雅典的市民们并没有意识到保罗在传教。这是我们能够看到的西方最早的"新闻"概念——对于受传者来说,他们理解的"新闻"是指新鲜的事情或观念。但对于传播者来说,有一定宣传的目的,是传教活动。

近千年后的19世纪40年代,恩格斯重新引证了《圣经》上的这段话:"雅典人,和住在那里的客人都不顾别的事,只将新闻说说听听。"恩格斯反过来描述当时他在德国当学徒时生活的城市不来梅的市民活动:"他们不也是只顾听听看看有什么新闻么?就到你们的咖啡馆和糕点铺随便看看吧,新雅典人是怎样忙于看报纸,而《圣经》却搁在家里,积满灰尘,无人翻阅。听听他们见面时的相互寒暄吧:'有什么新闻吗?''没有什么新闻吗?'如此而已。他们总是需要新闻,需要前所未闻的消息。"[①]这说明,过了近千年,欧洲的市民们仍然保留着古代城市生活的传统——喜欢打听新鲜的事情。欧洲有一种新闻传播的

---

① 《马克思恩格斯全集》第2卷,人民出版社2005年版,第412页。

传统。早期的新闻传播活动,传播者可能有宣传的目的,但是接受者是把它作为一个新鲜的事来听的,这是很早就有的一种信息传播现象,我们现在可以把它定性为:新闻的传播。

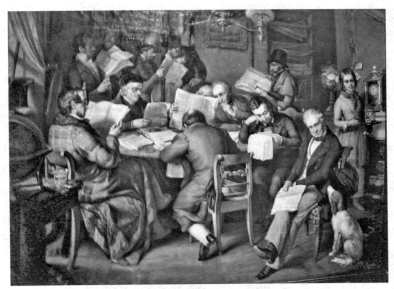

19 世纪 40 年代初德国德累斯顿市的阅报室

对新闻事件记载和传播,欧洲也有传统。公元 79 年维苏威火山爆发,火山灰淹没了火山脚下一个只有 2 万人口的城市庞贝。后来有一位古罗马历史学家小普林尼(Pline)——他的舅舅曾经是罗马地中海舰队的司令——于公元 104 年非常详尽地记载了他舅舅陈述的公元 79 年 8 月 24 日这一天火山爆发的详细情况,留下了庞贝被火山湮灭的历史记载。我看了这个记录,马上想到了我国的《史记》。《史记》也是历史记载,小普林尼也记载了一件事情,但明显地反映出东方和西方记载事实的风格不一样。小普林尼的记载很像现在的新闻通讯,非常细致但是很少有自己的大段评论,不事渲染。《史记》上的很多片段我们能够感觉到是记载事实,但是有作者明显的夸饰或者倾向性的文字描述。这就反映了中国在记载历史的时候往往有作者的评价(特别是道德评价)隐含在里面,而西方人在记载事实的时候,这种评价不多。按我们现在的说法,即客观性更强。后来欧洲人在新闻报道中为什么会有一种客观性传统,这恐怕与他们悠久的文化背景有关。这方面可以做一些研究，例如，将小普林尼的记载与《史记》进行比较，就能够发现西方和东方两种文化在新闻传播中的差异，尽管这种新闻有点相当于历史记载。

英语"news"一词，源于古希腊，《牛津词典》解释为"新鲜报道"。1423年，苏格兰王詹姆斯一世在英语世界首次使用新闻一词："我把可喜的新闻带给你。"1621年，"news"一词首次出现在原始报刊的名称上。1665年，"newspaper"一词首次出现在报纸上。在英国，"news"这个词完全没有宣传

小普林尼《79年8月24日那天》
中译文第1页

的含义，就是指新鲜的事情。

在德语中，"新闻"（Zeitung）一词，源于德国北部俗语"报道"（Tidewde），指商旅传播的趣闻逸事。15世纪以后，这个概念被演化为"在时间上绝对新颖的事物"。16世纪出现报纸以后，被用作印刷物的代名词，作"报纸"解。现在这个词没有新闻的含义，就是指报纸，但它的原意是新闻。

在俄语中，相当于"news"一词的是"Новость"，与"新的"（Новый）同一词根，与英语、德语的含义完全一样。

有人认为，中国现代"新闻"和"新闻记者"的概念，在19世纪末来自日本。而日文"新聞"作"报纸"解①。《朝日新闻》、《每日新闻》、《读卖新闻》应该理解为朝日报、每日报、读卖报。但到了中国，"新闻"又作为"news"来理解了。

对此也有不同意见，认为新闻不是回归词，而是地道的汉语词汇，是英国人学习汉语的结果。例如1828年英国传教士麦都思在马六甲出版的刊物名称《天下新闻》、1865年广州出版的《中外新闻七日录》、1872年美查等人在《申

---

① 参见《汉语外来词词典》，上海辞书出版社1984年版，第374页。

第一讲
新闻——叙述事实

报》创刊时说的话"新闻则书近日之事"、1893年丹福士在上海创办名为《新闻报》的报纸等等，都使用了"新闻"一词。其中1828年《天下新闻》这个刊物名称里的"新闻"概念，比日本使用"新闻"的概念（1862）还早。

通过比较我们可以看到，在西方文化意义上，"新闻"一词是"新"的含义，对客观发生的事实的报道，而且这个事实要新鲜、有趣。

西方世界中"宣传"这个概念，起源于1622年。那年在罗马教皇格里哥雷十五世的领导下，罗马成立了人类第一个专业的传播组织——传信部，主动向世界各地传播天主教会的讯息。第一次使用的"宣传"一词，主要是指宗教传播。此时，已经有了职业化的新闻传播，与宣传（政治、宗教、商业的宣传）还是两种没有什么联系的社会信息传播系统。

如果研究新闻史，就会发现，最初的时候，欧洲的新闻业没有政治宣传、宗教宣传和商业宣传的义务。后来，有了广告以后，宣传是媒体经营部的工作，不是新闻编辑部的职责。封建王权被推翻或被改造，欧洲国家才出现政党报刊，进入了政党报刊时期。这个时期我们讲历史的时候都很清楚，因为王权被推翻了，宣布结社自由和新闻出版自由，但新的国家的国体、政体怎么做，大家有不同意见。每一个集团、每一个利益群体都希望通过代表他们利益的党派在议会中、在报刊上来传播自己的声音，于是，这个时期的报刊大多数都带有党派性。不同党派观点的互动，经历了几十年，甚至上百年。诸多观点相互影响和妥协，逐渐形成了较为稳定的顾及各方面利益的国体和政体。也就是在这个时期，新闻媒体一度党派性十分明显。但是，当一个国家的国体、政体论争基本解决的时候，政党媒体自然衰退，逐渐退出舞台，让位给商业性媒体。

那时，欧洲出现了新教和天主教的纷争，不同教派的传播也开始在媒体上出现。但这种情况在媒体史上未形成趋势。新闻与宗教宣传本来就不是完全结缘的，只是由于政治变迁、王权垮台，新的资产阶级政权要诞生，每一个集团都要争取在新的权力中能够有自己的利益体现，才出现了宗教宣传与报刊结缘的情况。

19世纪中叶后，大众传播业兴起，主要的工业国家完成了从党报时期向商报时期的转变，新闻媒体与政治宣传、宗教宣传开始分家，转变为一种职业的新闻传播行业,形成职业道德。现在作为媒体的职业道德之一,就是一定要把新闻的传播和政治、宗教以及其他观点的宣传有所区分(但实际上新闻与政治还是会有千丝万缕的联系),商业宣传要以广告的形式来做,新闻传播与商业宣传(广告)管理上分开。

总之,西方社会中新闻与宣传在多数时期是在两条线上各自活动,没有形成牢固的新闻、宣传合一的传统。

五、中国历史中对"新"赋予更多的伦理色彩

朱熹在"四书"之一《大学》集注中有一段话:"汤之《盘铭》曰:苟日新,日日新,又日新","明明德……穷至事物之理焉"。这句话的意思是每天都要接受、传播新事物,新事物里面要含有"德"——"德"是一种道德要求,通过明"德",达到"穷至事物之理"的目的。这是中国"文以载道"的传统。中国人民大学的主楼叫"明德楼"。这个楼名最早的来源,可以追溯到汤之《盘铭》,商汤至今3 700多年了。我们要"明德",可见传统是非常牢固的。

再看孔子(公元前6世纪)对新的要求:

"多闻,择其善者而从之,多见而识之,知之次也。"(《论语·述而篇》)"多闻"就是我们要知道很多新东西,这和新闻差不多,但是"择其善者而从之",就有道德的理念在里面了,要学好不要学坏,大体就是这个意思。

"闻一以知十。"(《论语·公冶长篇》)我马上就想到典型报道,告诉你一个具体的好人好事,要求大家都变成"一"的样子,闻一,从而转变成十。"温

中国人民大学明德楼

故而知新。"(《论语·为政篇》)中"新"的内容,是从"故"里来的,是从过去的资料中来的"新",而不是现实发生的"新"。这也是我们的传统。

有一个小小的统计,《论语》492章中有关传播的字的情况:"言",有69章共出现了115次,频率非常高;"学"也是一种传播现象,有43章共出现了61次;"闻"、"见",有76章分别出现了57次、71次;"知",知道,也是一种传播现象,有72章共出现了111次。

这么多与传播现象有关的概念,最后要归结为什么呢?需要"知"什么呢?一共18项,其中最重要的是两项,一是"知礼",与道德层面有关,也就是你知道这么多东西,尤其是新鲜的东西,最后要达到的目的是要懂得"礼"。然后,孔子提出"非礼勿视、非礼勿听、非礼勿言、非礼勿动"。这都是纯粹的道德要求。第二项是"知天命",这里可以理解为更深的哲理,当然太玄了,恐怕又与迷信关联。孔子的文化传统,强调要多知道东西,要多闻,但最后把它归结到道德层面。这些要求如果落实到传播中,恐怕就有很多清规戒律,这个不能说,那个不能讲。有些人可能对这个传统没有在意,但实际上这个传统的力量是非常强大的,无形中你经常会告诫自己"非礼勿视"、"非礼勿言"。这种传统很难说好还是不好,我们生活在这个圈里的,很难跳出这个传统。

正统的文化圈是这么要求的,而民间关于新闻的概念其实不是这样的,但是它没有在中国的文化中占据主流。根据新的考证,"新闻"一词最早出现在南朝宋朱昭之著作《弘明集》(梁朝时僧祐编辑)卷七"难欣道士夷夏论(并书)"中,距今约1 500多年。其文是:"仁众生民,黩所先习,欣所新闻。"这里的"所"字,相当于古文中的"其",是人称代词兼指示代词。这里的"新闻"是新近听闻、了解的意思。

如果我们查《辞源》,就能看到,中国古籍中最早出现"新闻"一词是在唐代末期。唐代后期有一本书《南楚新闻》,尉迟枢写的,从书名看,这本书讲得可能是南方的一些奇闻逸事,但是现在只保留了这本书的名字。现在能够查到的是晚唐诗人李咸用的诗《春日喜逢乡人刘松》中涉及的"新闻"(距今大约1 100年):

故人不见五春风,异地相逢岳影中。

旧业久抛耕钓侣，新闻多说战争功。
生民有恨将谁诉，花木无情只自红。
莫把少年愁过日，一尊须对夕阳空。①

　　这首诗讲的是两个人很久没有见面了，而且两小无猜，见面以后说的是什么呢？关于打仗的事情。唐末战乱，双方都不知道对方的情况，互相传递信息。李咸用把这样的信息称作"新闻"。这说明，民间对新闻的理解与现在新闻专业对新闻的理解是比较接近的。与商汤王、孔子说的"新"，差距是比较远的。

　　唐代已将"新闻"一词用于指社会新闻，宋代则特指非官方的消息。南宋赵升的《朝野类要》中说了这样一段话："朝报日出事宜也。每日门下后省编定，请给事判报，方行下都进奏院报行天下。其有所谓内探、省探、衙探之类，皆私衷小报，率有泄漏之禁，故隐而号之曰新闻。"这个"新闻"显然是指从中央直属机关和各个衙门透露出来的消息，带有小道消息的意味，有些像现在的小道社会新闻，但这不是当时的主流话语。

　　中国古代官方的意识形态中，从商汤到孔子，都对信息的传播提出了伦理要求，后来便被概括为"文以载道"，即任何正规的信息传播，都得宣传官方的道统。

　　中国"文以载道"的传统，较早的如《荀子》，提出了"文以明道"。曹丕在《典论·论文》中提出"文以载道"的思想，他要求"盖文章，经国之大业，不朽之盛事"。唐代文学家韩愈提出"文以贯道"；李汉在《昌黎先生集序》中说："文者，贯道之器也。"最后，宋代理学家周敦颐在《通书·文辞》说："文所以载道也。"从此，"文以载道"成为中国任何信息传播都要观照的传统要求。在如此强大的历史惯性之下，中国新闻传播中的宣传成分不可避免地比较浓重。对这份历史遗产的特点，我们要很清楚；同时，也要努力遵守新闻从业基本准则，客观、公正、全面、真实地服务于公众的新闻需求。

---

① 《全唐诗》第19册，中华书局1979年版，第7408页。

第一讲
新闻——叙述事实

六、陆定一的新闻定义

下面说一下现实的问题。现实中采用最多的关于新闻的定义,来自陆定一的《我们对于新闻学的基本观点》这篇文章。学习新闻理论,建议读一下这篇文章,这是党的光荣传统。该文1943年9月1日(这天是当时的中国记者节)发表在延安《解放日报》第四版上,不同版本的《中国报刊文集》里面都收录了这篇文章。这篇文章提出的新闻定义"新闻是新近发生的事实的报道"影响了好几代人。

这篇文章的背景是1942年延安《解放日报》改版。

1941年5月16日《解放日报》创刊的时候,办报方针是由社长博古确定的。可以概括为"以新闻为本位"。党报要宣传党的方针政策,但它毕竟是报纸,所以要传播新闻,当时博古是这么想的。头版模仿《真理报》,都是国际新闻;二版是国统区新闻,也就是国内新闻;三版是边区新闻,党中央在边区,所以党中央的新闻再重要也只能放在三版;四版是延安地区的新闻。博古的做法比较符合办一般性报纸的传统,虽然也在宣传党的方针政策,但还是以传播新闻为主。

这种办报方针确实不符合延安地区的实际情况。延安地区90%是文盲,你天天头版头条刊登的是阿比西尼亚抗击意大利法西斯、西班牙内战、苏德战场的战况,读者不知道阿比西尼亚在哪儿,也不知道西班牙是怎么回事,报纸天天是这样的内容,你说你写给谁看呢?有一次党中央通过了一项关于土地问题的决

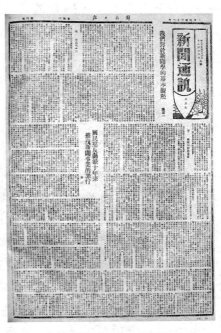

延安《解放日报》发表《我们对于新闻学的基本观点》一文的版面

议。抗日战争时期不能够打倒地主,要团结他们抗日,但是部分贫困农民又没有土地。这个决议要求地主让出一部分土地给农民种。这个决议意味着陕甘宁边区的农民可以分到一部分土地,这是非常重要的事情,在当地来说是绝对的头条新闻。可是《解放日报》仍然把它放到第三版头条,因为党中央在边区,第三版是边区版。那天的头版头条是什么呢? 是《英国内阁局部改组》。按照我们现在的新闻价值标准,如果是综合性报纸,这条新闻也不至于放到头版头条。

对于这种情况,毛泽东很不满意,提出党报主要用于指导工作,宣传党的方针政策。毛泽东这个思路在当时是正确的,是符合延安地区实际情况的。因为在延安地区,党中央和基层的联络渠道非常少,只有高层干部之间可以用电报往来。党中央与基层联系的通路实在太可贵了。现在出现了一种传播方式:送报纸。当然要充分利用报纸来传递信息,这个信息主要是党中央的声音。从这个意义上来说,当时博古"以新闻为本位"来办报纸是不适合的。所以1942年4月1日延安《解放日报》改版以后,版面顺序就改成:一边区、二国内、三国际、四副刊。一版的边区新闻就是党中央的新闻;二版是国统区新闻;三版是国际新闻,放到了最后,因为毕竟延安地区离外国非常遥远,真正懂得国外的人很少很少;四版是副刊,活跃思想,丰富版面。在这样的背景下,这就需要否定博古的"以新闻为本位"的办报思想,确立以宣传为本位的办报思想。

为了配合这个过程,陆定一写了《我们对于新闻学的基本观点》这篇文章。我们毕竟是在办报纸,办报纸就需要学习新闻学。陆定一以此为背景,肯定了西方新闻定义中"新闻是新近发生的事实的报道"这句话。但是我们知道,新近发生的事实中99.9%是不值得报道的,只有很少很少的事实具有新闻价值,值得报道,这就需要有新闻价值的意识。但是一旦提到新闻价值,《解放日报》不就还是以新闻为本位吗? 就不可能指导工作了。在这种很矛盾的情况下,陆定一很聪明,他使用了西方关于新闻定义的概念,但同时又批判了"时宜性"和"一般性",这是当时新闻学者关于新闻价值的表述。这些都是戈公振在《中国报学史》绪论里说的,"时宜性"包含新闻时效的要求,"一般性"是指共同兴趣。陆定一把这些说法确定为"资产阶级的新闻观点"加以批判,保留了要"报

第一讲
新闻——叙述事实

道事实"。党中央最近发出了一个决议,发出决议本身是事实吗?报纸要报道这个事实,这样的事实是重要的、有一定新闻价值的。但更多的事实,比如一些琐碎的会议、日常行政事务,与社会对新闻的需求,即新闻价值是存在矛盾的。陆定一做了这么一件事,形式上承认了新闻的基本定义,但是抽掉了新闻概念中最核心的理念——新闻价值,新闻时效也没有了,只留下了"报道事实",无形中把新闻变成了宣传,这是一个很微妙的变化。所以这篇文章要好好研究一下,他前面是批判戈公振的,没有点戈公振的名字,后面又肯定了新闻是新近发生的事实的报道,强调报道要真实,不能虚构。但这个事实有没有新闻价值忽略不谈。当时党中央和西北局的许多工作安排、经验的推广,是通过报纸进行传达和贯彻的。于是,逐渐形成一种结果:《解放日报》报道的内容当然都是事实,但是许多事实不具有新闻价值。

还有一点,为了让记者忠实地报道人民群众,他强调记者向工人农民学习,这一点是正确的。但是为什么要学习呢?因为你不是生产者,只有工人农民才是生产者,工人农民养活你,你一定要为工人农民服务,否则你就比二流子还坏,比蠹虫还坏。这段话现在看来显然是不正确的。知识分子也是劳动者,也是创造价值的。可是那个时候就提出了这种错误的观点,体力劳动创造价值,脑力劳动不创造价值,必须依附于体力劳动者。我重点说陆定一提出新闻定义的大背景,这个背景中有一个很有意思的现象,就是不再提新闻学的一个核心要素——新闻价值。这是一个需要研究的问题。按照新闻价值来选择新闻,是遵循新闻规律的表现,不能回避,但需要结合中国的国情加以阐释。

2016年2月19日上午,习近平考察《人民日报》时与他当年在宁德地区工作时的《闽东日报》总编辑王绍据在线视频对话。王绍据1984年在《人民日报》一版发表读者来信,反映农村脱贫问题,习近平认为很有新闻价值。他说:"新闻战线的同志也要接地气,深入基层,这样才能了解真实的情况。你几十年前报道的赤溪村的情况,当时就很有新闻价值。"习近平使用了"新闻价值"的概念。在中国的国情下,显然涉及普遍存在的需要解决的重大社会问题本身,就是具有新闻价值的事实。王绍据在与习近平对话后的第四天,发表文章写道:"他能提到30多年前报道的新闻价值,可见他对记者深入基层、深入实际、敢于担当的赞赏。1984 年,《人民日报》一版刊登了我的一封来信《穷山村希望实行特殊政策治穷致富》,并配发《关怀贫困地区》的评论员文章,引起党中央高度关注与重视,一场波澜壮阔、旷日持久的反贫困事业由此在全国拉开帷幕。赤溪村也因此被国务院扶贫开发领导小组办公室认定为'中国扶贫第一村'。"①

七、我国现代语言文字中"新闻"的内涵过宽

我国现代语言文字中"新闻"的含义实在太广泛了,以致我们写文章的时候要考虑为自己文章里的"新闻"概念下一个小小的定义:我说的"新闻"是指什么。否则,你说完以后别人跟你辩论,或者你跟别人辩论的时候,大家都在说"新闻"这个词,但说的可能完全不是一回事。我们很多新闻学的论战,就是在双方使用同一个词,但理解不一样的情况下吵来吵去,最后仔细想一想,原来我们的所指不一样。原因就在于"新闻"这个词内涵太宽泛,这是中国特殊的语言现象。作为个人,我们没有办法改变。

算下来,"新闻"这个词的含义有 10 种。

第一,是指新闻体裁中最常见的一种——消息。这是经常用到的,说他写了一条新闻,实际上就是指他写了一条消息。

第二,是指各种新闻报道的总和,包括各种各样的报道形式、体裁。我们常常说"报纸的新闻版"这句话,其实指的便是报纸上的消息、通讯、时评、采访记等等,统称为"新闻"。

第三,是对以往各种大众媒体(报纸、广播、电视、新闻电影、网络的新闻网站等等)的总称;现在则是指各类传播新闻的网络传播形态或渠道。

第四,新闻行业的总称。例如"中华新闻工作者协会"中的"新闻"就是指新闻行业。再如"新闻业"、"新闻事业"、"新闻口",还有一个是战争时期使用的词"新闻战线",都是指新闻行业。

---

① 王绍据:《千里连线暖人心》,《中国新闻出版报》2016 年 2 月 23 日第五版。

第一讲
新闻——叙述事实

第五，各种新闻业务工作及其延伸，统统被称作"新闻"，包括采访、写作或制作、编播、实况转播、新闻媒体组织或网站的社会活动等等。

第六，指新闻传播学教育、研究。在中国，经常叫新闻教育、新闻研究，这是简称，应该是新闻学教育、新闻学研究。中国社会科学院新闻与传播研究所，这已经是全称了，严格说，应该叫"新闻学与传播学研究所"。现在约定俗成，"学"字没有了。"社会学研究所"，它就不叫"社会研究所"，也是用语习惯问题。

第七，等同于"宣传"，泛指各种与媒体相关的政治性宣传活动或宣传工作。

第八，等同于"舆论"，其实是指媒体的意见、观点（现在尤其指网络意见），或者是领导媒体的党政机关的意见、观点。媒体的意见不一定是舆论，但是我们往往使用这个词。报纸上发表了一篇社论发挥了作用，就说"报纸舆论的作用多么大呀"，这里的"报纸舆论"，指的是报纸上的评论、报纸的观点，或者是领导媒体的党政机关的观点。其实在媒体上刊登的意见，不会自然成为"舆论"。其中有些观点会转变成舆论，但需要一个舆论形成的过程。这些，我们在学理上要分辨清楚。

第九，指刚发生的事实。新闻是新近发生的事实的报道（或描述、叙述），落脚点在报道上，但有些人不赞同这样的定义，认为只要事实发生了，不管你报道不报道，它就是新闻。在生活中人们常说：那儿发生了一个新闻，其实就是指那儿发生了一件具体的事实。

第十，特指通讯社或通讯社的新闻稿。1981年1月中央7号文件的标题是"中共中央关于当前报刊新闻广播宣传方针的决定"。学习文件时大家不清楚其中的"新闻"是指什么，特别向上面询问。得到的回复是，这个"新闻"是指通讯社的电讯稿。这样使用"新闻"这个概念，只在中央7号文件中出现过，没有普及。

"新闻"在我们的研究中，使用频率较高的是第一、二、九种。有的文章多处使用了不同含义的"新闻"概念，需要根据上下文来揣摩每个"新闻"的具体含义。不过，这样的文章一般都不会是严谨的学术论文。

八、新闻学界关于新闻的定义

下面再说一下新闻学界关于新闻的定义。现在最为通行的仍然是陆定一的定义——"新闻是新近发生的事实的报道"。对于这句话，我认为一般情况下是应该予以肯定的。如果说得严谨些，就是我前面说的"新闻是对客观发生的具有新闻价值的事实的叙述"。"叙述"这个词显示了新闻传播内容的客观性。如果是"报道"，多少有些主观的意味。

"新闻是新近发生的事实"这个定义，相当于我们前面说的第九条。

"新闻是经报道（或传播）的新近事实的信息"，是复旦大学王中教授提出的，他把新闻落脚到"信息"上，他大概是在强调新闻要有实在的内容。

下面一个定义是甘惜分教授在 1980 年提出来的定义："新闻是报道或评论最新的事实以影响舆论的特殊手段。"首先，这个"新闻"不是我们所说的严格意义上的狭义的"新闻"，他说的"新闻"实际上是指媒体。很显然他把新闻与媒体等同了。我们把所有的定语都去掉，只留下主谓宾，这个定义就变成了"新闻是手段"。显然，一落实下来，这个定义的内涵就很明确了，新闻（媒体）就是工具。既然是工具，就没有必要有新闻学，最多就是一些技术性的问题了。

这个概念是对过去时代使用新闻概念的总结。当时发生了很多争论。1981 年年底，我写了一篇文章，标题就是陆定一的定义"新闻是新近发生的事实的报道"。写这篇文章的目的，是否定"新闻是手段"这个说法。最后我强调：回到陆定一的定义去。在当时的背景下，回到陆定一的新闻定义去，承认新闻是事实的报道，已经是很大的进步了。但是现在看来，我们当时的认识又不够了，又要进一步，报道应该是相对客观的，而且事实必须是有新闻价值的。

20 世纪 80 年代初，大家都在写"什么是新闻"的文章，有推进新闻理念进步的意思。但是到了后来，关于什么是新闻的文章太多了，大家都摇头了。无非就是甲说、乙说、丙说，最后是"我说"，不过就是在原有的定义前面添两个字，后面少两个字，一篇论文就出来了，这样的文章越写越滥，很多人误以为这

第一讲
新闻———叙述事实

就是学术研究。这不是学术研究,这是在做文字游戏。90年代中期,中国社科院新闻与传播研究所所长是从新华社调过来的一位有丰富采访经验的高级编辑,此前他没有研究新闻学的经历,他给自己带的第一个硕士生指定的论文题目是"什么是新闻"。论文答辩的时候,因为这个话题实在说不出新意,遭到其他答辩委员(当时导师可以是委员,而且其他委员都是导师请来的)的否定。经过做工作,才勉强通过。原因在于,十几年过去了,硕士论文还在新闻定义上做文章,加几个字或减几个字,这不是学术研究。其他人文社会科学,哪有这样研究学术的啊? 如果80年代初这么写,有一些时代背景的道理,90年代还这样"研究",对学术在理解上就有差误了。

恩格斯说过:"在科学上,一切定义都只有微小的价值。"[1]没完没了地讨论新闻定义没有意义,因为一个定义不可能把某个概念的所有内涵全部用一句话概括进去,如果能够这样,那我们何必还要写新闻学一本书呢? 定义只是对概念有一个大概的描述,论证的时候可能你会进一步赋予它无限丰富的内容。黑格尔的《精神现象学》《小逻辑》,对很多概念只是简单地下个定义,后面的论证远远超过了他对这个概念定义的几个字能够表达的东西,这才是学术研究。

关于新闻的定义,有一个应该给大家介绍一下,就是李大钊1922年在北大记者同志会上的演说中所说的"新闻是新的、活的社会状况的写真"。我觉得这句话对新闻的表述和理解都是很到位的。"写真"就是照相,当时刚从日本传过来。李大钊的这个说法也是对新闻一般意义上的理解,如果要深一步,按照新闻真实来理解的话,新闻绝对不是照相,简单地反射事实,这里需要说明一下。但不管怎样,至少在当时来说,能够说出这么一段精炼的概括,反映了很高的水平。

传统意义上的新闻,其内容的特征体现为时间上的"新",于是有了上面提到的很多关于"新闻"的定义。这些定义落脚点不同,但对新闻"新"的强调是一致的,即时间的接近性,离现在、眼下越近,也就越新。以时间轴上的"新"来界定"新闻",在某种意义上可以说是大众传播时代媒介生产制度化和结构化

---

[1] 《马克思恩格斯全集》第26卷,人民出版社2014年版,第88页。

的产物,以保证新闻能够源源不断地生产出来。

事实上,从日常生活经验出发,也可以感觉到纯粹以时间上的"新"来理解新闻的"新"是不完备的。社会心理层面的"异"可以成为新闻之"新"的要素。诸如一件事实,发生的时间与当下的距离谈不上"新",若能引起接受者"新奇"的心理变动,便自然纳入互联网新闻的行列。超越线性时间的"新",整合事实和链接相关联的事实,已经成为互联网新闻的题中之义。因为在网络环境下,新闻的获取不再受到时间的约束。"仅以时间性为'新',不能再满足人们对新闻的需要;由于新闻接受的行为不再受制于线性时间,因而对于新闻接受者来说,新闻从河流变成了海洋。"[①]在互联网传播形态之下,我们需要超越单一的线性时间标准来重新理解新闻之"新",即从时间的"新"偏向于非线性的、社会心理层面的"新"。

九、新闻的特性

最后说一下新闻的特性。我们都是从事新闻工作的,新闻的特性不必说得太多,也是常识性的。

第一,新闻报道的是现实事物。为受众提供外部世界新近发生、变动的事实,是新闻媒介的基本职责,尽管各类传播媒体有党直接领导的,也有商业化的网站,以及党领导的媒体机构的各类附属的经营性质差异很大的各类传播形态和渠道,都必须坚持党性原则,也都有一个基本职责——报道新闻,新闻当然是现实的。进一步的要求是真实。人们接受新闻除了本能的好奇、消遣外,主要是通过接受新闻来调整自身与外界的关系。

第二,强烈的时效要求。新闻工作是在时间的机床上奔忙,过时的新闻再重要,因为受众已经知道了,时过境迁,不会再有大量的受众,就仅有历史资料价值了。还有一点需要说明,在现代信息社会,新闻和事实几乎同步发生,传播的手段越来越先进,过去我们说的"抢新闻"的现象实际上正面临消亡,现在

---

① 王辰瑶:《未来新闻的知识形态》,《南京社会科学》2013年第10期,第105—110页。

新的竞争局面不是"抢新闻",是谁能对新闻的阐释更接近科学、更合理,这成为媒体竞争的一个越来越重要的方面。

第三,新闻是能够公开传播的一类信息。新闻不同于内部情报,也不是个人的私密信息,它面向大众,公开传播,传播面越广,受众越多,价值就越大。不能够公开传播的内容不应该成为新闻,这涉及以后我们还要讲的新闻职业道德问题。例如有的媒体关于音乐人窦唯的报道,把他与前妻之间的恩恩怨怨抖搂出来,这样的事情跟公众利益没有关系,媒体纯粹为了满足公众的"集体偷窥欲",是不道德的。

第四,现代新闻业造就了公众对新闻的持续关注。现代新闻业,特别是网络传播,无时无刻不发布新闻,无形中造就了人们对发展中的事实的持续关注。因而媒体报道新闻总是处于进行时态,不会等到事实结束才来追问历史。这样人们就会形成对新闻的一种期待意识,这种社会需要形成一个行业,行业一旦形成,又会扩大社会需求,造就更多的对这个行业依附的人群。这是一个人造现象,但是也慢慢成为一个社会现象。这种现象现在还没有人研究,其实研究人们对新闻的期待意识是很有意思的。

关于"新闻"就说这么多,因为是研究性的,所以提示了一些问题供大家来思考、来讨论。

第二讲　新闻价值

"新闻"这个概念我们上次强调了,它是对新近发生的和正在发生的事实的叙述。但是,并非新近发生的和正在发生的事实都能够成为新闻,99%的事实都不可能成为新闻。我们分析一下《羊城晚报》2010年1月30日头版底部通栏的标题新闻,为什么这些事情可以作为头版标题新闻?逐一分析就可以发现,它们有共同的特点,即具有新闻价值。

《羊城晚报》2010年1月30日头版底部通栏

第一条,《广州最贵房子大搜罗》。最贵是唯一的、与众不同的,谁都不愿意去搜罗一般的房子,那是天文数字。第二条,《哈尔滨冰雪大世界掉冰砸死广东游客》。这样的悲剧大家都会认为有一些新闻价值,但广东以外的媒体还不至于把这样的新闻放到头版,而《羊城晚报》是广东的媒体,就有理由把它放到头版,因为事情具有地域方面的心理接近。第三条,《土耳其双胞胎不是一个爹》。这样奇异的事情发生率是千万分之一,该报是晚报,把它置于头版大家都会认为属于正常的选择。第四条,《希拉里"脱鞋"奔向萨科齐》。这两个人都是政治明星,他们的公开政治活动是新闻,但两位外国领导人在外国的会见，中国的媒体还不至于放到头版。之所以放到了头版，是因为发生了一个有趣的小插曲，晚报可以适当地调侃一下。最后一条，《戏内扮演"小三" 戏外暗示深受其害》。这是关于一位演员扮演某角色的新闻，一般放到娱乐版就行了，但"戏外暗示深受其害"就有了更多的故事，因而晚报把它搬到头版是有理由的。

当今已进入互联网人工智能时代，普通人接触的新闻大多来自网络的不同传播形态和渠道，每日每时，无处不在，外国的、中国的、本地的、本群内发生的和正在发生的新闻一齐涌来，而且视频的比文字的还多。如今的新闻，对接受者来说是立体化的、全方位的，人们不能不重视新闻，特别在人口集中的大城市，它是生存之必需。然而，面对无数从各种渠道传来的新闻，选择成了难题。一定程度上，"新闻"成灾了。对记者来说，从海量事实中选择事实加以报道，变得比较困难了；而对新闻接受者来说，尽管有搜索引擎和一些聚合软件可以帮忙，但毕竟得付出时间和精力，而且说不定还被信息提供商控制了。在这个意义上，不论是专职新闻记者，还是一般公众，都需要一些关于新闻价值的知识。

所以，我们要研究一下什么样的事实具有新闻价值，可以成为新闻。

一、"新闻价值"理念得以产生的前提

传、受双方的共同认可，是新闻价值理念得以产生的第一个前提。

任何传播的发生，产生于传播双方或多方的信息势能的位差（即信息的不对称），有了位差才会产生信息的流动。所以，有组织的主动传播者在新闻传播中居于主导地位，因为他们掌握的信息通常比接受者多。就新闻这种信息而言，如果传受双方掌握的新闻完全一样的话，就不会发生新闻的传播了。

传播者往往是出于利益（例如媒体要赚钱）、情感（例如两个人或多个人之间互相传递、倾诉衷情），或是寻找新信息的需要而发出信息，一旦对方接受了或产生了回应，发出的那个信息便有了"价值"（这个"价值"不完全是交换价值）。如果这种信息是新闻，那么发出者和接受者共同认可的那些事实，便是具有新闻价值的新闻。

需要强调的是,只被一方认为有价值的新闻,交流中没有被对方接受或得到回应,这个新闻对另一方来说是没有价值的。确认新闻价值的最基本的前提,就是双方都要认可。双方共同认可,才能形成关于新闻价值的理念。

接受者认可,是新闻价值得以实现的更重要的条件。传播者认为有价值的新闻,虽然刊播了,但几乎没人看,说明这条新闻没有新闻价值。显然,新闻价

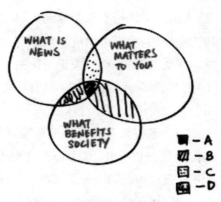

新闻是对你重要的和利益相关的

值揭示的是一种实用意义的社会关系,这种关系或对事实的评估,指引着新闻的内容。

在上面谈到的情形中,还包含着另一个不言而喻的前提,即接受者的"不知"是新闻价值理念得以产生的前提。

如果接受者已经知道了某个事实,这个事实尽管非常重大,也没有新闻价值;如果一个事实发生了很长时间,但对于不知者来说,你告诉他了,对他来说仍然是新鲜的,就可能是新闻。所以新闻在时效上具有一定的相对性,要看接受一方的情况。

在这个意义上,马克思和恩格斯谈到自己,也讲到别人对"新闻"的感觉。马克思说:"马斯医生是马克思集团的信徒,这对我倒是一个新闻。"[1]马斯医生曾经给马克思看过病,忽然有人告诉马克思,马斯是"马克思集团"的信徒,"马克思集团"是政治性团体,马克思从来没有听说过,所以这件事对马克思来说是个新闻。显然"新闻"这个词对马克思来说,"不知道"是前提。恩格斯也说过类似的话:"哈茨费尔特和三十万塔勒的事对我来说完全是新闻。"[2]哈茨费尔特是德国的一位女伯爵,涉及一个 30 万塔勒(当时的德国银币)的案子,别人告诉恩格斯,恩格斯当成一件新鲜事听,其实这件事已经发生很长时间了。

---

[1] 《马克思恩格斯全集》第 49 卷,人民出版社 2016 年版,第 67 页。
[2] 《马克思恩格斯全集》第 29 卷,人民出版社 1972 年版,第 33 页。

恩格斯还谈到他与朋友载勒尔的一次聊天:"路易·拿破仑……宣布自己是巴登王位的继承人。这对载勒尔公民来说是重要新闻。"[1]巴登是德国的一个邦国,这件事情,载勒尔不知道,对载勒尔来说,便是新闻。

它是新闻吗?对我来说是新闻,对他来说也是新闻,生活中我们常常这样说。对我来说、对他来说是新闻的事情,我、他都不知道;如果知道了,就不是新闻了。这里谈到的"新闻",有的与公众的关系不大,有的带有社会性质,但已经传播了,仅仅对"不知"的个人有意义。如果是面向社会或群内的传播,就涉及接受者是否知悉所传播的事实。大家都知道的事情,没有人会认为是新闻。

这就是说,无论如何不能重复接受者已知的东西(更不要说那些套话和表达的老套路),有新鲜内容是新闻的基本特点之一。在传播新闻的时候要考虑接受者知不知道这件事情,要是接受者知道了,就没有必要传播了,因为它已经不是新闻了。这个问题翻来覆去地说,为什么?因为网络新闻中很多东西已经人所共知,但是还在没完没了地说!传媒人在做新闻时必须要考虑,能有多少人会看这种没有新闻价值的新闻,传媒自身的经济效益可能也会因此受到影响,因为没有遵循新闻传播规律。可能作为个人,我改变不了这种整体的局面,但要指出这一点,让人们有一点新闻价值的理念,认清这是怎么回事;对新闻传播者而言,则可以理性地避免这种情形。

事实能够具备新闻价值,要有以下诸项"不知"的情形:

第一,不知道的刚发生的事实(一般是指偶然、突发的事实);

第二,不知道的最新的变动(常规发生的事实不可能是新闻,而常规的事实忽然发生了异常变化,这样的事实应该是新闻);

第三,不知道的最新发现(事实可能发生在过去,但才发现);

第四,不知道的最新发表的观点(被揭示的隐秘观点,更可能引起关注);

第五,不知道的最新知识。

"不知"有一种情况是,由于消息不畅通,很多事情过了很长时间以后才知道,对于不知道的人来说仍然是新闻。例如,1626年5月30日9时在北京发

---

[1] 《马克思恩格斯全集》第49卷,人民出版社2016年版,第47页。

生弹药库大爆炸。几百年过去了,由于绝大多数现在的人没有路径知道这一历史事实,甚至新闻传播专业的同学和多数新闻传播专业的教师知道得也极少,只有少数讲中国新闻史的老师知道并研究过。在这个意义上,那时关于这个事实的民间新闻对他们来说仍然是新闻。

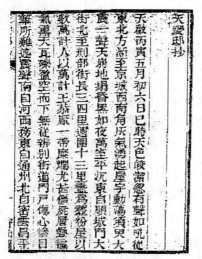

明代《天变邸抄》转抄刻本

天启丙寅五月初六日巳时,天色皎洁,忽有声如吼,从东北方渐至京城西南角,灰气涌起,屋宇动荡。须臾大震一声,天崩地塌,昏黑如夜,万室平沉。东自顺城门大街,北至刑部街,长三四里,周围十三里尽为齑粉,屋以数万计,人以万计。王恭厂一带,糜烂尤甚,僵尸层叠,秽气熏天,瓦砾盈空,而下无从辨别街道门户。伤心惨目,笔所难述。震声南自河西务,东自通州,北自密云、昌平,告变相同城中。即不被害者,屋宇无不震裂,狂奔肆行之状,举国如狂。象房倾圮,象俱逸出。遥望云气,有如乱丝者,有五色者,有如灵芝黑色者,冲天而起,经时方散……①

"不知"还有另一种情形:已知的事实中出现了异常情况。异常的情况是新闻,已知部分不是新闻。这里再举一个马克思的例子。马克思1881年给大女儿燕妮·龙格写过一封信,介绍美国一份周刊披露的一件事实。他说:"**爱尔兰世界**周刊,其中载有一个爱尔兰主教**反对土地所有制**(私有制)的**声明**。这是**一个最新新闻**,我告诉过你**妈妈**,她认为你也许会把这个新闻刊登在某家法国报纸上。"②燕妮嫁给了法国工人党领袖龙格。在这封普通的书信里,马克思把"新闻"的概念加了着重号(文中用黑体字表示)。他要说明什么道理呢?

---

① 摘自《天变邸抄》。
② 《马克思恩格斯全集》第35卷,人民出版社1971年版,第233页。黑体字是原有的。

这是由于所讲的事实与通常情况不一致。对多数人来说，当时爱尔兰的主教们一般都是支持私有制的，如果某个主教支持私有制，这样的事实不是新闻，因为它在人们认识的常理之中。有一天，忽然有一个主教出来说反对私有制，这就成了新闻，因为它打破了对爱尔兰主教的一般认识。

除了"不知"这个前提，接受者的兴趣、关心和需要，也是新闻价值理念得以成立的前提条件。

"不知"是事实具有新闻价值的必要条件，但并非所有不知道的事实都具有新闻价值，还需要进一步考察接受者方面的情形。如果某人（或某些人）对某个事实无兴趣、不关心或不需要，即使不知，对他（们）来说也不是新闻。"新"的事实，只是为"有新闻价值"提供了一种可能性。事实本身能够引发受众对其的兴趣，这一事实的价值属性是开启新闻发现、选择和接受的重要"阀门"。在传—受之间权衡，特别要得到接受者的认可，这才谈得上具有新闻价值。说到这里，我们又回到了第一个前提：传、受双方的共同认可。

除了本能的"兴趣"外，与事实本身的关系或需要，更是人们选择事实加以报道和接受的动因。我们生存在一个瞬息万变的世界里，如果不能随时感知它的变化，跟上它的变化，就无法在这个世界上生存。没有对外界变化情况的感知，人就会失去行动的依据。从信息论的角度来讲，"一个人、一个生物体或一架机器，对于外界环境缺乏必要的知识，往往表现为对所处理和研究的对象、环境的'不确定性'。当它们获得了信息之后，这种'不确定性'就可以减少或消除"[①]。可见，感知外界新情况是人的一种需要。

在当今互联网时代，普通人接触最多的信息，是各方面的新闻。各种社交媒体的传播路径每日每时报告着外国、中国和本地最近发生的新闻。今天的新闻对受众的影响已经是立体化的、全方位的，人们不能不重视新闻，特别在人口集中的大城市，它是生存之必需。然而，面对无数从各种渠道传来的信息，选择成了难题。对记者来说，从海量事实中选择事实加以报道，已经是比较困难了，而对新闻接受者来说，现在还要从海量新闻中选择自己感兴趣的或需要的新闻，因为如今的"新闻"成灾。尽管有搜索引擎和一些聚合软件可以

---

① 肖小穗：《谈谈价值和新闻价值》，《新闻界》1985年第1期。

帮上忙,但毕竟得付出时间和精力。在这个意义上,不论是专职新闻记者,还是普通公众,都需要一些新闻价值的知识。

新闻价值的理念,揭示的是一种实用意义的社会关系。这条新闻对我有用,我感兴趣,我又不知道,这样的新闻我才会接受。这种关系或评估指引着对所报道事实的选择,于是就产生了各种选择新闻的标准。

二、为什么人能够判断事实的新闻价值

新闻价值是对新近发生的事实(包括观点事实)的一种价值判断。

事实是客观的,但是人们对新近发生的事实的价值判断是主观的。不同的人,在不同的情境下,对同一事实的新闻价值判断会有所不同。特别是对小一点的事情,有的人认为这个事情新闻价值大,有的人可能认为无所谓。但是在重大问题上,在共同不知的情况下,人们对相当多的事实具有较为相同的价值判断。比如,伊拉克战争爆发、俄罗斯别斯兰事件、2006年红海沉船、"9·11"事件等等,几乎所有人都认为是新闻,这是因为人们对重大的事实有共同的价值判断。可能对这些事实的重要性的把握有轻重之分(它表现为人的主观认识的差异),但共同的部分是:它们都应该是新闻。因为有这样的共同判断的基础,所以便存在一些新闻传播从业人员认同的、比较一致的新闻价值标准。这种对新闻的共同认识,是新闻价值理念得以成立的基础,它使得我们可以讨论"什么是新闻价值"。

前面我们说到,新闻价值表现为一种实用意义的社会关系,现在说一下新闻价值"实用意义"所处的位置。

受众接受某条新闻通常完全出于对其使用(实用)价值的判断。这种使用价值包括直接需要,例如我要做股票,就需要看股市新闻;还有就是感兴趣,由于新奇而对事件产生了想了解的愿望。

传播者发出某条新闻,一般要基于受众对新闻使用价值的考虑,同时还有传媒的经济利益(交换价值),以及政治利益(宣传效果)的考虑,因为我国媒体负有宣传党的方针政策的责任。传播者个人的兴趣爱好,也会影响一家传媒

第二讲
新闻价值

用什么和不用什么稿件。这方面,我们可以从不同报纸的版面编排看出具体编辑的好恶或兴趣所在。

也就是说,我国新闻从业人员发出信息,会有这几个方面的考虑:第一方面也是最重要的,是新闻对受众的使用价值;第二方面是媒体的利益;第三方面是政治利益;第四方面是传播者的个人偏好。这些都会影响传播者对事实的价值判断。

那么判断的依据在哪里?为什么说我们每一个人都有这种判断的能力?

因为我们是人,人是高级动物,最高级的有机体,对外部环境有一种本能的感知。环境被有机体感知,是一种选择性的提取,因此人有很强的信息选择能力。我们在观察事物、选择信息的时候,由于有明确的选择目的,而且还有选择性记忆,往往注意力会高度集中。记者为什么能够在很多事实中迅速抓住某个值得报道的事实?这实际上是一种注意力高度集中和专业化的结果,这种情形下会产生"万绿丛中一点红"的效果。大家仔细想想,这种经验在我们每个人的生活中都有。例如,你想要找个人,站在很高的地方往下看,下面密密麻麻都是人,由于找人的时候你的注意力会非常集中,对这个人的特征会有一种选择性记忆,你可能会迅速找到你想找到的那个人。而无关的人,即使帮你找,往往达不到这个程度,因为他的注意力可能不集中,缺乏选择性记忆,在散漫的情况下找一个人是很难的。

公众对信息的选择,可以概括为三层递进的内容,即选择性接触、选择性理解和选择性记忆三层含义。

(1) 选择性接触,又叫选择性注意,指人们尽量接触与自己观点相吻合的信息,同时竭力避开相抵触的信息这么一种倾向。

(2) 选择性理解,指受众总要根据自己的价值观念及思维方式对接触到的信息作出独特的个人解释,使之与受众固有的认识相互协调而不是相互冲突。可分为创造性理解、歪曲性理解、卷入性理解。

(3) 选择性记忆,人们往往只能记忆对自己有利的信息,或只记自己愿意记的信息,而其余信息往往会被遗忘。这种记忆上的取舍,就叫选择性记忆。受众总是根据自己的需求,在已被注意和理解的信息中挑选出对自己有用、有利、有价值的信息储存在大脑中。

这是人对外部的感知。我们每个记者都有新闻价值的判断能力，每个正常人也有这种能力，但是需要锻炼一下，时间长了，就会形成记者的这种职业本能。

在生活中，只有很少一部分新闻能够被我们接受和记忆。与人们接触的信息相比，有"价值"的信息是极少的一部分。每个人只保留、记忆对他有意义的那一部分。这是每个人有新闻价值判断能力的心理、生理方面的依据。

在不同的信息比较中，人们能够迅速判断出这个信息绝对重要，那个信息相对不重要。在比较中关注新鲜的信息，也是人们的一种选择信息的本能表现。人们会本能地关注和接受更新常态思维的信息，这些信息通常处于主流信息的边界（边缘化的），因为主流的信息大家都很熟悉了，反倒是边缘的信息容易吸引人的目光，这是生活常识。可是我们现在的某些新闻选择，却天天在违背这种生活常识。

《好奇》——2010年"发现昆明之美"参赛作品

正是由于这种情况，我们有一种判断事实是否是新闻的能力。不仅是人，很多动物也有这种能力，有的甚至在某些方面比人还敏锐。家里养宠物的人都会察觉猫或狗对外部新信息的迅速反应。例如猫，一天有近三分之二的时间在睡觉，熟悉的声音再大，照睡不误。但是家里的门铃一响，会一下跳起来跑到门口等着，因为新信息来了——只有生人才会按门铃。其他微小的异常声音，猫也会从睡梦中突然蹿起来查看情况。人是高级动物，更会对新鲜事物，以及需要提高警惕的事物表现出高度关注。

就新闻工作来说，如果你有这种职业理念的话，在不长的时间里，你会对具有新闻价值的事实十分敏感，一下就捕捉住，迅速选择一个合适的角度，做出非常好的报道。

第二讲
新闻价值

美国传播学者帕梅勒·休梅克(Pamela J. Shoemaker)1996年调查了二十几个国家的新闻记者对新闻价值的认识。她认为,在监察环境时,不管是动物还是人类,对正常的好消息的关注,往往不及对坏消息那么重视,因为前者的监察意义不大,后者在激发接受者方面明显地能够发挥功用。读者、观众对坏消息的重视程度高于好消息,因为坏消息对他们有提醒和警诫作用。

她强调,这种对坏消息的偏好,甚至源于遗传进化,因为了解偏差(deviance)情况可以保障

帕梅勒·休梅克

个体的安全和有利于繁殖后代。这种偏好经由遗传因子代代相传,成为动物的天性。从文化的进化角度看,家长教导小孩上学时小心过马路,不要和陌生人说话,要远离坏人和毒品,其实是要小孩留心环境中的不良因素,让他们学习及内化这些价值,从而更能在环境中起保护自己的作用。

不论是基于生理需要还是文化塑造,把偏差的事物(即坏消息)分辨出来,并以新闻的方式展现互诉,是人寻求信息时的本能表现。坏消息除了能够帮助人类监察环境外,它们一般有较刺激性的情节,容易激起公众的情绪,引发具体的影响,而且出人意料,因而更易为公众关注与接受。正面消息和负面消息处于不平衡的状态,相比之下,大家更想知道社会上的负面新闻。坏消息可能具有"雪中送炭"的效应,而好消息通常是"锦上添花",就紧迫性而言,新闻的天平往往更多地导向坏消息一边。

美国学者杰克·富勒(Jack Fuller)指出:"人的好奇心表现为一种对不幸事件的倾向性。相对于好事情而言,灾难总是更容易成为某个社区的谈资。麻烦事易唤起一些人的同情心,

《信息时代的新闻价值观》中文版封面

而易使另外一些人产生宿命感。恐惧和愤怒比仁爱具有更大的冲击力,因而正所谓'好事不出门,坏事传千里'。某君在听说他熟人的女儿获得一项著名奖学金之后也许会感到高兴,但是当得知远在天边的某个陌生人的儿子被杀害时,他会不寒而栗。"

《新闻社会学》中文版封面

美国新闻学者迈克尔·舒德森(Michael Schudson)在《新闻社会学》中也指出,新闻的一个倾向就是坏消息。他举了一个《时代》杂志遇到的事例:林登·约翰逊总统向《时代》出版人亨利·卢斯抱怨坏消息报道过多,他挥动着当期的《时代》喊道:"多亏了选举人法案,这周有20万黑人在南方注册。30万老人正被医疗保险覆盖。10万年轻的失业小孩在街道工作。这些事情你们都报道了吗?没有。这里面是些什么东西?"(据助手记载,约翰逊接下来的评论不堪入耳。)卢斯冷静地回应道:"总统先生,好消息不是新闻。坏消息才是新闻。"

现在总结一下。人们关注有价值的新闻,原因在于:

(1) 人对异常事物的关注。这恐怕是所有哺乳类动物的本能,人在这方面的表现应该更有目的性。有一句广告词我记得很清楚:"好奇,是对生命的回报。"这句话把人的这种本性说得很形象。人之所以是人,一定程度上在于他具备好奇的本能,这正是人的生命的表现。恰恰是人们对异常事物的关注,使得新闻价值有一套标准。

(2) 人对相关利益的关注。特别是在市场经济条件下,我们有了较为强大的利益驱动,与自身利益相关的事实,肯定有新闻价值。

(3) 人对个人偏好的关注(兴趣所致)。这里就涉及媒体不同的服务对象问题。媒体有综合性的、专业性的、行业性的、兴趣性的等等,为什么会有?因为每个人都有自己的不同的偏好或工作需要,不同的需要和兴趣形成不同的群体,因而不同的传媒因服务对象的差别,其对事实选择的新闻价值的标准也会有所差异。但在大的方面,在相对宏观的意义上,新闻从业人员的新闻价值标准大体是一致的。

那么,到底什么是新闻价值?价值是一种效用(使用价值)。对于新闻接受者来说,新闻价值是一种特殊的即时性信息效用。我要知道的一个信息,它或者满足我对外部事物的好奇心和兴趣,这是一种使用价值,就是满足好奇心,我想知道,手机告诉我了,我很满意;或者满足我的兴趣需要、认同感的需要;或者帮助自己对利益相关的问题(物质利益、情感需要、安全需要等等)作出决策。对新闻接受者来说,这样的新闻是有新闻价值的。

在多数情况下,接受者对"新闻价值"呈现为一种本能的感觉;在少数情况下,新闻价值是一种主动寻求新闻时的内在标准。我需要某个信息,我一定要到某个版面、某个栏目去看,有这种情况,但不是常见的。

对新闻传播者来说,新闻价值是从满足接受者享用新闻信息效用的目的出发,选择事实、予以报道的职业衡量标准。

贯彻这个标准,有可能在最大层面上拥有受众,同时,传播者也可以获得较多的交换价值或宣传效用。在市场经济条件下,最大限度地满足读者的需要,实际上媒体可以同时获得最大限度的交换价值。假如媒体是宣传性的,也可以获得最大限度的宣传效果。

三、新闻价值的十个要素

新闻价值的要素,实际上就是记者通过自己的常年工作,积累了经验,慢慢形成的某类事实值得报道、某类事实不值得报道的内在标准。不论是否意识到,我们在报道之前,选择事实的时候,心里面已经有了一把标尺,这把标尺可能在每个人那里都有所差异,但是大同小异。我在这里不过是把它总结一下而已。在这个意义上,新闻价值就是传播者选择事实、予以报道时考虑的若干标准(要素)。有些新闻理论教材,常把它概括为几个"性",这样的概念是不科学的,新闻学不能是由很多"××性"的概念构成的科学。其实,避免使用"××性",反而可以促使我们把要说的问题论证得更好一些。

第一,事实发生的概率越小,便越有新闻价值。

如果某类事实经常发生,非常普遍,这个事实不会具有新闻价值。但如果这个事实发生的概率很小,例如意外、偶然、异常的事实,通常会具有新闻价值,因为明显地偏离常规的事实构成了吸引人的魅力。

两千多年前古希腊哲学家亚里士多德有这样一句话:惊奇是探求哲理的开端。这是说,某些事实偏离常规了,人们就会对它感兴趣。首先是惊奇,有了惊奇之后,人们才进一步探索,得出一套哲理来。如果没有惊奇这个起点,后面什么也没有了。这是人的一种本能,是人接受或关注外部信息时的心理表现之一。从这个意义上,可以说,新闻是从正常的事件流程中脱轨而出的信息,是人们正常预期的中断。

火车拉汽车因为司空见惯,不可能成为新闻,然而谁见过汽车拉火车?2004年6月《北京青年报》第一次颁发新闻报料特等奖,5 000元奖金就颁给了汽车拉火车的信息提供者。

《北京青年报》2004年6月19日报道的汽车拉火车的新闻

易建联是篮球名人,经常出现在新闻中,因为他的排名总是居于前列。有一段时间他的排名变成了第11位,于是报纸的新闻标题变成了这样一句话——"第11人,无新闻价值"。显然,如果他总是居于第11位,以后就不会

第二讲
新闻价值

有传媒报道他了。

不过,我们关于这一点的把握有时存在偏差。体育信息里,最后一名也有一定的新闻价值,因为也只有一个。然而很少看到报道最后一名的。如果当事人是名人,就更有新闻价值了。例如,《羊城晚报》2010年3月24日第A11版就在头条报道了吴敏霞失误获倒数第一名的新闻。当然,最后一名的新闻价值分量远不如第一名。正是在这样的判断上,太多的记者追逐新闻价值最大化,而忽略了那些公众也会关注的相对小的事实。

第二,事实或状态的不确定性越大,减少不确定性的事实或信息便越具有新闻价值。

人们恐惧的不是确定的事实,而是无法知晓的、模糊的事实。当事实处于模糊和无法知晓的状态之时,能够消除这种模糊的些微信息,都会具有新闻价值。这种信息可以是一个新的事实,也可以是一个观点。这里有一个相反的例子:

2014年3月8日7时45分以后,马来西亚航空公司一架载有239人的波音777-200飞机(航班号为MH370)处于"失联"状态,这对于乘客家属的心理影响,远远大于确证飞机"失事"。人在探究外界的时候,都需要有一种确定感,需要知道我正探究的这个东西到底是什么,或者到底不是什么。如果知道飞机平安降落了,当然皆大欢喜;哪怕说真的坠毁了,对家属而言,失去亲人的痛苦之后,还要去考虑善后事宜如何处理。而现在处于一片茫然的状态,煎熬就会更厉害。这个时候,任何关于马航的略微新一点的信息,都会引起家属们的热切关注,都具有新闻价值。

第三,事实的发生与受众的利益越相关,越具有新闻价值。

特别是直接发生在受众身边的与利益相关的事实,通常都具有新闻价值。这样的事实一般都较为枯燥,所以能够具备新闻价值,因为与受众的利益紧密相关。比如说某人买了某一纺织品方面的股票,关于纺织品的任何动向方面的信息,他都会非常关心。当然,没有买的人不会对纺织品方面的生产信息有兴趣。不管怎样,你要考虑到你所服务的传媒的受众对象,如果他们是股民,跟股市相关的信息可能没有娱乐方面的趣味性新闻价值,但是具有与经济利益相关的新闻价值。

  2002年,著名歌手高枫逝世。各报纷纷报道高枫因何逝世、得了什么病、是否传染等,大多作为娱乐界新闻处理。但是,《中国经营报》的记者却在头版发表了一条关于高枫逝世的经济方面的新闻,即高枫是浙江省某行业的广告代言人,他的逝世给这个行业造成了何种损失,使得这种社会经济现象得到社会的关注,也给公众增添了经济学的知识。该报记者的新闻价值眼光,值得称道。

  第四,事实的影响力越大,影响面越广,越能立即产生影响力,这三个条件同时存在,便越具有新闻价值。

  有些新闻与公众并没有直接的利益关系,为什么还会引发公众很大的关注呢?这要看是什么新闻。如果这类新闻同时具备这三个条件,即影响力大、影响面广、立即产生影响,这类新闻甚至会比其他新闻更具有新闻价值。通常这类新闻涉及人类共同关注的问题或事件。例如2001年发生的"9·11"事件。两座大厦短时间内被劫持的民航客机冲撞而坍塌,当时报道两座大楼内如果人员都在岗,有5.5万人。这样惊天动地的事件发生在西半球,与中国人没有直接的利益关系,却引来了中国人不同寻常的关注,因为这个事情的

《人民日报》2001年9月12日头版　　《广州日报》2001年9月12日头版

第二讲
新闻价值

影响面是全人类，很多人预感要发生第三次世界大战！所以，9月12日全世界所有综合性报纸的头版头条几乎均是这条消息。这说明，我们的世界同行们，在新闻价值方面是有共同的认识基础的。可能只有中国的《人民日报》没有将这条新闻放在头版头条（头条是"九运会火炬传递点火起跑仪式举行"）。我们那时还缺乏新闻价值意识。难道党报只能是这个样子吗？中共广州市委机关报《广州日报》也是党报，但是该报头版整版便是这条新闻，报眼刊登的我国领导人致美国领导人的慰问电，体现了党的观点。

第五，事实与接受者的心理距离越近（兴趣、生活地域、性别、年龄、教育程度和专业、经济收入、民族或种族或宗族的心理距离），便越具有新闻价值。

我们每位新闻从业者服务的传播形态或渠道不同，栏目或节目也不同，因而表达方式和语言、图像也都不一样，对事实的选择标准也会有所不同。假如你服务的是老年群体，他们可能对健康方面的讯息更关心；如果是女性，可能对烹饪、服装等更感兴趣。在选择事实加以报道时，记者要考虑事实与接受者之间的心理距离。综合性的新闻，更多考虑的是服务"地域"与受众的心理距离。例如凡是发生在北京的事实，比较重要的、异常的、发生概率小的，都在它们的报道视线之内。同样一类事实，例如一个较为严重的交通事故，死了5个人，如果发生在纽约，北京的媒体能报道一句话就不错了，但若发生在北京当地，有可能是公众号头条，这就是生活地域造成的新闻价值标准的心理差异。教育程度和专业、经济收入、民族或种族或宗族方面的事实，受众与之的心理距离，道理是一样的，这里就不多说了。

"心理接近"是记者在自己的具体工作岗位上经常采用的选择事实加以报道的标准。例如1998年2月28日北京《生活时报》（当时由《光明日报》出版的与《北京晚报》竞争的北京的日报）头版头条的选择。这天新华社首次公布了全国14个城市的空气质量。该报将其中北京的空气质量的内容置于头版头条，其他城市的材料安排在二版中部，列了一个表格，没有再作任何说明。为什么？因为该报是北京市的生活类报纸，读者是北京市市民，他们对于全国其他城市的空气质量不会很关心，但对自己每天呼吸的城市的空气质量，当然十分关心，加上是首次发布，自然就被选中上了头条。

《生活时报》1998年2月28日头版头条

第六,越是著名人物,其身上发生的事实,越具有新闻价值;越是著名地点,那里发生的事实,也越容易引起受众的关注。

这是由于明星崇拜心理,或是对著名地点的知悉而产生的关注意识,或是对故土的依恋、怀旧心理造成的一种价值判断。

前一点,著名人物身上发生的事实具有新闻价值,不用多说,而且现在我们做得有点过分了,不停地挖名人隐私。但是后一点,我们忽略了。同样的事实,发生在无名之地,不是新闻,发生在著名的地点就有可能成为新闻。在报道中若突出这个著名地点,可能会自然而然地抬升所报道事实的新闻价值。这一点,我们在报道中需要充分利用。

纪念抗日战争胜利50周年的时候,我帮《人民日报》看稿子,收到了一篇来自台儿庄的稿子《台儿庄邮电局长学电脑》。当时社会上正在大力做《血战台儿庄》的电影广告,"台儿庄"这个地名人们开始熟悉起来。台儿庄战役是中国军队第一次集团化地战胜日本军队的战役,李宗仁指挥的。那时全国邮局都在为普及电脑做准备,台儿庄是枣庄市下的一个区,这个区的邮政局长,可能也就是个科员。稿子的作者是刚参加工作的办事员,他觉着"局长"这个顶头上司很重要,所以稿子的标题强调局长学电脑,其实所有邮局工作人员都得学电脑。鉴于台儿庄这个重要的地点,我给作者回了封信,告诉他:不要突出你们的局长,你们局长身上没有新闻,你要突出台儿庄,这个地名是含金的。建议这篇文章的思路是:当年的抗日战场,如今迈进了信息化的门槛。其实,当时全国的邮电局都在普及电脑,这个事情本身没有什么新闻价值;但是,你们"台儿庄"这个地名值钱,要通过突出"台儿庄"的地名,来提升你们这件本来没有多少新闻价值的事情。这位作者很热心,很快就改好寄来了。我没有发稿权,而且时效也有点过了,就把稿子发在人民日报培训中心的报纸《新闻理论与实践》上,我加了一个编者按,说明什么叫新闻价值。

有时,地名会随着新闻的出现而得以凸显。2013年7月22日甘肃省岷县发生地震,7月27日的《北京晚报》"五色土"副刊用两版刊登通讯《岷县:秦代万里长城西端的起点》。通讯伊始便是:"明天,是甘肃定西地震的第七天。7月22日早晨7时45分,在甘肃省定西市岷县、漳县交界(北纬34.5度,东经104.2度)发生6.6级地震,震源深度20公里……突如其来的一场灾难,使定西、岷县、漳县这些原本让很多人觉得有些遥远和陌生的地名,一下子成了最让人牵挂和关注的地方。定西在哪儿?岷县、漳县是什么样的地方?……"该报的记者和编者把"著名地点出新闻"这个新闻价值要素用活了。

《北京晚报》2013年7月27日刊登的通讯《岷县:秦代万里长城西端的起点》

到此为止，前面强调的所有的事实，发生的频率都是有限的。现在虽然可以随时随地通过各种传播渠道发布新闻，但发布新闻的周期还是客观存在的，至少夜里大家都要睡觉，真正工作的人不多。天亮了，人们起来习惯性地要看看新闻，到哪儿找那么多适合报道的东西呢？下面一条讲的就是这个问题。

第七，凡是含有冲突的事实，多少都具有新闻价值；内含的冲突越大，越具有新闻价值。

一般说来，和谐等于平淡，冲突表现为竞技、论战、商业竞争、外交斡旋、战争等等，有分歧、有冲突，便能够激起平静之水的涟漪。冲突在社会中无时无刻不存在，平常你抓不到重大新闻，你就抓有冲突的事实，这样的事实发生的频率很高，而且到处都有。

"冲突"最简单、最普通的表现形式是竞技，这是冲突的一个大类，虽然是人为的，如体育比赛，但谁是第一、谁是第二，暂时不会有结果，于是就有了对信息的期待，加上体育比赛带有一定的表演性，于是体育新闻越来越热门。在和平时期，它是一种很有新闻价值的人为冲突。甚至一些娱乐节目也要人为制造一些冲突，几个嘉宾坐在那儿竞赛一下，看看谁得多少分。为什么要这样做？因为最后谁得多少分，需要通过一定的游戏规则来造成冲突，结果具有一定的悬念。

司法事实为什么通常具有新闻价值？因为它是一种遵循严格规则的社会冲突，虽然有的官司很小，但再小也是一种冲突。寻找各种一般性的"冲突"，这是在没有重大事实发生的时候，新闻人的一个最平常的衡量事实是否具有新闻价值的标尺。

"冲突"的第二类表现形式是论战。论战是思想冲突、观点冲突。做编辑的人，要特别重视这方面的组织工作。一个事实发生了，可能关于这个事实的消息只有豆腐块那么大，如果这个事实可以引发讨论，那么可以通过编辑的组织，形成一个较大的报道主题。例如讨论某个事实到底是怎么回事，如何认识和解决等等，其中存在的种种分歧本身，就是一种冲突，就有报道价值。

有一年，《北京青年报》报道了北京市发生的一个被称为"天价葡萄"的案件。四个民工半夜翻墙到一个植物科研所，偷吃了该所种植的研究性的葡萄新品种，吃够了还不甘心，把几乎所有的葡萄都摘了，一共带走了30多斤。这

第二讲
新闻价值

个科研所报了案,这是人家种了9年的科学试验的成果,当年投资40万元,现在价值至少100多万元。报纸报道了这个案件,同时,编辑们组织了一整版的讨论:四个民工偷吃了科研所的葡萄,犯的是什么罪?应该如何处罚?因为这类事情没有先例,也没有明确可以援引的法律法规,各位法学家、律师的观点发生了分歧,观点的争论本身就是一类冲突。一般情况下,民工们的行为属于小偷小摸,行政拘留几天也就够了。但是他们造成科研所上百万元的损失,那时100万元是个很大的数目。参加讨论的法学家、律师,还有其他相关人员,各自谈自己的观点。有人说,只能行政拘留几天,没有具体的法律条款可以援引;也有人说不行,科研所的损失太大了,得找个法律条文给他们判罪,于是找出一个刑事罪名,即"破坏生产罪",这样的话,这几个民工得判几年刑。最后的结局怎么样我不知道,但是报纸编辑的新闻价值意识,值得称道。

后来类似的版面挺多的,例如,警察抓了一个吸毒的女人,抓她时她对派出所所长说,家里有一个三岁的女儿需要关照。派出所所长打了一个电话给当地的片警,片警去了那个房子,敲敲门,围着房子转了一圈没见有人反应,就回去了。工作一忙,把这个事情忘了。结果,这个三岁女孩被反锁家里活活饿死了。这是一个很恶劣的渎职案件,当然具有新闻价值。事情报道后,编辑又组织了一整版的讨论(法治版),讨论这几个警察犯了什么罪。我很忙,很少认真看报纸,但这个版我从头到尾看下来了,给我留下很深的印象。这样的论战里面,会有各种各样不同的观点,人们爱看,也可以增强法治意识。

照理说,学术不是新闻,但是争论本身也多少会吸引人,我就曾被卷入一场论战。有一年除夕,我接到《新闻界》时任主编何光珽的电话,他说:"我发了一篇批判你的文章,你看了吗?好好看看,能不能写一篇反驳文章。"如果是表扬的,我不会在意,一听说是批评,就着急了,赶紧找来一看,原来是程天敏教授跟我辩论新闻客观与真实的关系。人一遇到涉及自身的论战,就本能地想反驳,于是春节我也没过好,写了一篇反驳文章,传过去以后发表了。过了些日子,何光珽又给我打电话说:我又发表了一篇程教授反驳你的文章,你看看,是不是再写一篇文章过来。我这才意识到,何光珽是拿我当争论的一方,目的是引起大家的注意,让大家都去看他主编的杂志。我认为该说的话都说了,没有再写反驳文章。不过,我很佩服何主编,这是一次学术争论,还不是新闻，他就能注意到利用冲突吸引大家的眼球，何况我们平常的新闻呢。

第三类冲突，就是商业竞争了。这应该是市场经济条件下经常发生的、能够抓住的话题，但是我们现在的传媒对商业竞争不大重视，报道出来也不好看；或者不懂新闻职业规范，站在商业竞争的某一方面，而不是处于客观的中间立场。商业竞争包括国内竞争和国外竞争，这两个方面我们报道得都不够好。在与国外的商业竞争中，我们往往过分看重意识形态、民族主义，这恐怕不行。商业竞争就是商业竞争，美国和欧洲挤兑中国的商品，这样的事情不应放到民族主义的层面来报道，报道的角度要适当，要从商业冲突角度报道。

第四类是外交斡旋。这是一种和平的冲突，既然是一种冲突，自然有新闻价值，因为在没有结果的时候，大家都会关注。

第五类是战争，这是人类的最高冲突，所以战争是绝对有新闻价值的事实。2003年伊拉克战争期间，凤凰台记者闾丘露薇站在巴格达街头的照片，就成为全世界的一条新闻，因为她背离了生活通则：战争让女人走开。她非但没有走开，反而站在了战争的漩涡之地。央视记者水均益在她之前几小时，恰恰离开了这个危险的城市，一些人说水均益怕死，因为这与"战争是男人的事"的观念发生了冲突。其实这是因为管理记者的体制不一样，我们的记者得服从命令。不管怎么说，战争新闻通常有很高的新闻价值，即使是局部战争。战争中，很多记者不顾一切地要去战场，反映他们的职业精神非常强，也是一种积极的职业冲动。

新华社有位记者叫刘江，1993年1月在索马里拍下了几张非常精彩的战争照片，表现的是美军和当地反政府组织的街头冲突。在拍摄过程中他大腿中了一枪，被抬了回来。伤好以后，别人请他到处作报告，走到哪儿都是欢迎的人群，中国社会科学院新闻与传播研究所也请过他。一瞬间发生的事，一辈子光荣，因为他是记者，记者的职责就是要走近冲突、报道冲突。

所以迈克尔·舒德森指出："新闻倾向于强调冲突、纠纷和斗争。在新闻惯例中，任何报道都有两面性。即使在比较平静的情形下，新闻也会强化冲突的显现。"[1]

---

[1] ［美］迈克尔·舒德森:《新闻社会学》，徐桂权译，华夏出版社2010年版，第62页。

第二讲
新闻价值

第八，越能表现人的情感的事实（悲欢离合），越具有新闻价值。

这个道理人人都懂，因为悲欢离合的高级情感是人独有的，具有一定的震撼性质。不过，在报道这类事实的时候，要注意防止侵犯当事人的隐私。另外，同质异构的动物活动，在被赋予人的情感理解后，同样具有新闻价值。这种情形在和平时期，尤其值得各类传播形态和渠道加以利用。

例如1998年2月25日《作家文摘》转载的新闻《英国小猪胜利逃亡》，讲述了英国《每日邮报》记者跟踪警察找寻两只失踪小猪的故事。该报确定的报道主题是"两只聪明的小猪胜利大逃亡"，不仅引发英国其他主要报纸接连报道，甚至美国的报纸也卷入报道中，因为它体现了人对动物的一种美好想象。关于动物的报道，背后的新闻价值是人的情感。

有一次我在家里拿着遥控器随意拨台，无意中发现北京电视台正在现场直播东直门地区拆迁。根据直播的主题，当然主要是推土机如何推倒一片旧平房。然而，主持人却让镜头从推土机方向摇转到十几只在房上和树间窜来窜去的猫身上，画面中在采访一位在这个地方住过的人，他指着其中一只猫说：这只猫是××家的（镜头转向其中的一只猫），不知道这家人为什么这么狠心，走的时候把这只猫扔了。然后主持人上去逮这只猫，手还被猫抓破，流了血，一撒手猫又跑了，前后大概有十多分钟时间。这时候，镜头里有一个人骑着自行车气喘吁吁地跑过来说：我在家里看到你们的现场直播，那只猫是我们家的。不是我们心狠，而是搬家时来了很多生人帮着搬东西，车装满了，猫受惊吓跑了，一时找不到，车子不能等，只好开走，猫就这样丢了。在电视上，我看到猫的主人一招呼，猫就从树上下来了，显然猫认主人。原来住在这里的那个人又接着介绍：剩下的十几只猫是××家的老猫生的小猫，太多了，搬走的时候只带了一只，剩下的只好丢掉不管，成了流浪猫。随后主持人开始向围观的人做工作：希望大家发扬"猫道主义"精神，领养这些猫。在主持人的劝说下，这些猫一只一只被人们领走了。最后有一只瘸腿的猫没人要，主持人又做了很多工作，终于有人出面，把这只猫也领走了。然后，才是推土机轰隆隆地把这片房子的地推平的画面。推土机开始推的时候我就不看了，都是想得出来的老一套模式。我觉得，这个电视台的主持人很有新闻价值意识，通过报道猫，实际上表现的是人的情感，人的情感具有新闻价值。

第九，事实在比较中带来的反差越大，越具有新闻价值。

上面我们谈到的都是对单个事实的价值判断。有些时候，当你把一些似乎并没有多少新闻价值的情形、事实与我们习惯性适应的情形、事实放在一起，若产生巨大的反差，这类情形和事实，就明显地具备新闻价值。

例如2008年11月15日《羊城晚报》头版一张收割水稻照片的文字说明，就抓住了"反差"这个新闻价值的要素（但照片没有显示出这一反差）：

> 时下，广东农村正是一片金黄的秋收季节，相比之下，城里就略显平淡。其实，在广州城区也有小小的一片"稻海"——70多亩的天河岑村华南农业试验田昨天也在收割，在高楼大厦、桥梁道路包围中，这片乡土气息更显珍贵。

汶川地震中新华社的通讯《一个灾区农村中学校长的避险意识》闻名全国，因为作者抓住了与校舍普遍坍塌情景相对应的另一种情形。该稿采写于2008年5月23日，在汶川地震发生的第11天，报道的视角从初期的灾情和救援转向心理援助、追问"豆腐渣"工程等。新华社记者朱玉等人跟随心理专家来到重灾区安县桑枣中学。地震中，这所学校2 000多名师生无一伤亡。在与校长叶志平聊天时，他随口说道，如果教学楼没有及时加固，2 000多名师生肯定全完了。说者无意，听者有心，周边地区的校舍大都坍塌，师生伤亡惨重，反差就是新闻！职业敏感让记者继续深挖下去，于是产生了这篇生动的通讯。而在此前，各路记者也来过，因为桑枣中学位于前往北川的必经之路上，但没有伤亡的情形却让众多记者认为没有新闻价值而忽略。既然报道灾害，有灾的地方才有新闻。然而，如果普遍都是灾害现象，灾害中的无灾或轻灾本身，就具有了新闻价值。这篇通讯捕捉到了对比中产生的新闻价值要素，把一个普通中学校长平时加固教学楼、定期组织应急疏散演练的真实故事讲述出来，在一定程度上回答了当时人们关于"灾难能否避免"的疑问。

事实是否具有新闻价值，是相对的，需要在各种事实的比较中来确定。当人们接收到的信息显得"正常"之时，与之相反的信息，便具有了新闻价值。有时新闻的选择显得与生活常识相悖，不是记者的问题，而是生活中出现了与常

第二讲
新闻价值

态相反的情形。例如,若物价总是上涨而工资不涨,那么哪个地方工资涨了,这个事情便有了新闻价值;若某个地方出现官员贪污"窝案",个别没有卷进去的比较廉洁的官员,便有了被报道的价值。20世纪80年代,地方政府拖欠教师工资、邮局不能兑现汇款的"绿条子"一度比较普遍,于是某地按时发放教师工资、某邮局随时可以兑现"绿条子"便成了新闻,而按时发放工资、拿着收到的汇款单到邮局取汇款本是正常现象,通常是没有新闻价值的。

第十,越具有心理替代性的故事性事实(各种成功者、英雄母题、撒旦母题、情爱母题、大团圆母题等等),越具有新闻价值。

大家注意一点,这里讲的是"故事性事实",落脚点是事实,不能是编造的故事,否则就有悖新闻职业道德了。

这涉及文艺理论的一个问题。我们经常看小说、看电影,小说、电影里面经常有这样几种类型,有描绘英雄人物的,还有专门写坏人的,还有以寻宝为母题的、写爱情母题的。武侠小说大多是以寻宝为母题,由此演绎出一堆非常复杂的情节。其实古希腊神话里金苹果的故事不就是寻宝吗?这种故事为什么能够吸引人呢?因为有一种心理现象:我们每个人都想做成功者,实际上绝大多数人做不了成功者,于是就把这种愿望转移到文艺作品的主人公身上,他是英雄,是成功者,我们从中得到了一种文化的享受。还有一种心理现象:其实每个人都想做点儿越轨的事,因为有刺激性,但是绝大部分人不会做越轨的事,因为这是犯法的,于是人们就把这种情结转移到某些故事里面去,撒旦主题的小说,实际上就体现了人们的这种心态。还有每个人都想追求美满的爱情,但生活中的爱情似乎总有些缺憾,于是很多十全十美的爱情文学便诞生了。假如这种事情是真实的(社会上毕竟存在一些非常曲折的故事性事实),肯定有新闻价值。

例如,重庆记者根据一家户外旅行社提供的信息而采访到的6 000级"爱情天梯"的故事,便是类似文学创作的爱情母题故事,但它不是文学,而是具有新闻价值的事实。20世纪50年代,重庆江津市中山镇农家青年刘国江,爱上了大他10岁的寡妇徐朝清。为了躲避世人的流言,1956年8月他们携手私奔至海拔1 500米的深山老林。2001年秋天,一队户外旅行者在森林里探险时发现了这两位老人。40多年来,为方便进出山,刘国江的铁铣凿烂了20多把,凿出了6 208级阶梯,被人们称为"爱情天梯"。现在两位老人已经逝世,他们的故事被评为"中国十大经典爱情故事","爱情天梯"成为情侣朝拜的"圣地"。这种情形在实际生活中发生的几率很小,机不可失,时不再来,一旦遇到,就要抓住。

刘国江与徐朝清　　　　　　　　爱情天梯

还有一个故事给我留下了很深的印象。有个人搭车从青藏公路进藏,半道上司机不走了,把他转让给另外一个司机,这个司机拉着他走了一段路以后不想拉他了,硬把他推下车去。那可不是一般的地方,天寒地冻,空气稀薄,前后都见不着人。过了很长时间,后面来的司机救了这个人,但是他的双腿冻坏被锯掉了。此后很多年,这个人历尽千辛万苦寻找把他推下去的那个司机。终于有一天,在日喀则的大街上发现了那个司机,报告了公安局,那个司机被抓起来,受到应有的惩罚。这是一个非常曲折的故事。这个人顽强地寻找,在某种意义上属于寻宝母题,但他寻的不是宝,而是寻找一个迫害他的仇人。类似这样的事实,就是"故事性事实"。因为它是生活中真实发生的,所以比文学作品中的故事更能震撼人。

关于新闻价值的研究,这里再补充一个材料。美国传播学者帕梅勒·休梅克 1996 年在调查中提出了关于新闻价值的四个方面,可以作为衡量事实是否具有新闻价值的参照标准。

(1) 罕有的偏差,或统计学上的偏差(statistical deviance)。这里所说的"偏差",也可以翻译为"越轨",即超出常态的情形。对某些偏差,个人的感受虽然很具体,但在宏观上往往是模糊的,通过统计获得的偏差数据较为精确,因而具有新闻价值。

（2）显著(prominence)，即规范上的偏差(normative deviance)，指的是某种行为违反了社会规范或产生了负面作用。即坏事通常有新闻价值，因为这类事实虽然不多，但违反社会规则，就会产生"显著"的效应。

（3）煽动行为，可以是规范偏差或是病理偏差(pathological deviance)。这里指的是某种威胁社会秩序的"病变"，例如骚乱党、邪教或有暴力倾向的精神病人。这里她讲述的比第二种发生的概率更低，因而自然会具有新闻价值。

（4）冲突和争议，属于规范偏差。没有冲突和争议的地方，说明各方对所持规范没有异议，因而这类事实不会有新闻价值。一旦出现冲突和争议，说明总有一方认为其他方"违规"，因而这类事实便具有了新闻价值。

四、新闻价值的实现会被打上多重折扣

前面说了，传播者要提供接受者希望看到的具有新闻价值的新闻，但在现实的新闻传播工作中，实际上新闻价值的实现会受到很多限制，不能够完全实现事实的新闻价值。

虽然新闻工作总体上有一套关于新闻价值的评价标准，但不同的人对同一个事实的新闻价值评判总会存在一定的认识差异，所以每天在传媒内部，随时随地都发生着关于某个事实是否具有新闻价值，以及具有多大新闻价值的争论。记者与编辑在争论，编辑与编辑部主任在争论，编辑部主任与总编辑在争论。这是一种正常的职业工作现象。美国传播学者德弗勒(Melvin Defleur)和丹尼斯(Everette Dennis)就此写道："新闻是新闻机构内部每天讨价还价的产物，这些机构处理某个时间里观察到的人类活动情况，制造出很不耐久的产品。新闻是在压力下匆匆忙忙决定的不完美结果。"[1]

在这个小标题下，我讲七点：

第一，我国新闻传播业有宣传党的方针政策的责任，但这种宣传要建立在

---

[1] ［美］梅尔文·L. 德弗勒、［美］埃弗雷特·E. 丹尼斯：《大众传播通论》，颜建军等译，华夏出版社1989年版，第446页。

尊重新闻传播规律的基础上。由于一些宣传部门不懂得新闻传播规律，相当多的宣传要求压抑了专业新闻传播者遵循新闻价值标准选择事实，这是我们在工作中经常遇到的一种情况。

我国的一些媒体和网站上，充斥着本地区本部门主要领导人的活动和日常工作报道，以及较多的"非事件性新闻"（面上的情况介绍）。上班总得做事，开会、视察、检查、交流、签约、会见、剪彩等等，这类报道的新闻价值含量很小，最多可以作为简讯记载一笔，不该把这些内容作为报道的重点。要抓生活、工作中的问题，提出问题或找寻可能解决问题的方面来报道。报道必须具体，不能泛泛介绍情况。报道还要有时效。

2003年3月28日，时任党的总书记胡锦涛主持中央政治局会议，讨论通过《关于进一步改进会议和领导同志活动新闻报道的意见》。《意见》指出，中央领导同志出席部门召开的会议，一般不做报道。中央领导同志题词、作序、写贺信、发贺电，参观展览、观看演出，给部门或地方的指示或批示，出席地方和部门举办的颁奖、剪彩、奠基、首发、首映等仪式和接见、照相、联欢、探望、纪念会、联谊会、研讨会等活动，一般不做公开报道。除了具有全局性的重大会议外，会议报道不应把中央领导同志是否出席作为报道与否和报道规格的唯一标准，不应完全依照职务安排报纸版面和电视时段。

但这个中央文件没有得到贯彻。一旦某种新闻的编排得到认可，为了"保险"起见，编辑部习惯于按照某种套路来选择和表达对事实的价值认识，形成一种工作上的惰性，缺乏创新思维。下面就是中央电视台《新闻联播》节目曾经的套路：

——×××在钓鱼台国宾馆亲切会见了×××，宾主进行了亲切友好的会谈。

——×××出访×××，会见了×××，高度赞赏两国关系，对××表示欢迎，支持×××的立场。

——外交部发言人×××就×××发表声明，对×××表示遗憾，提出抗议，继续关注。

——"×五"计划期间，我国×××重点工程，突破×××课题，创造

第二讲
新闻价值

效益×××,实现利税×××。

——××省××市××县××村加强学习"三个代表"的重要精神,切实为农民解决实事。

——×××海关加大打击走私力度,破获一起特大走私案件,查获×××共×××件,价值人民币×××元。

——今天是×××纪念日,我国各地群众、学生纷纷走上街头,宣传普及×××知识,加强×××教育。

——×××事件的原因已经查明,有关责任人被刑事拘留。(事件发生不是新闻,查清了事件才是新闻。)

——今天是×××诞辰×××周年纪念日,×××举行座谈会,深入探讨×××,缅怀这位×××家。

——××国群众不满×××,举行抗议示威活动。

——××国议会以××票支持,××票反对,××票弃权通过一项×决议。

——请看今晚19:38播出的《焦点访谈》节目。

除了这些,有时还得加上代表风采录、红色记忆、历史丰碑等等规定的宣传内容。这种情况下,我们如何能够按照新闻价值的若干要素去选择事实呢?

新闻≠宣传,我们的传媒又被称为"新闻传媒",这说明传播新闻是其基本职能;同时,我国传媒还有宣传党的方针政策的任务,但是这一任务不应模式化完成,应在尊重新闻工作特点的前提下完成宣传任务。模式化地完成宣传任务,实质上是一种应付性的怠工行为。当然,对比30多年前,现在的《新闻联播》已经多少考虑到新闻价值问题,有了进步。这里我们把1982年3月9日《新闻联播》节目的内容展示一下:

1. 中外妇女在人民大会堂欢度"三八"国际劳动妇女节
2. 李先念会见法共代表团
3. 西哈努克亲王离京赴朝
4. 广东垦区三十年累计造林一百三十五万亩

5. 甘肃白银棉纺厂建成投产
6. 北京市范家胡同储蓄所开展"五讲四美"活动
7. 解放军三零四医院护士柳静宜为群众义务看病十八年
8. 北京市延庆县女社员傅淑义精心照顾公婆
9. 北京清河毛纺厂挡车工索桂清被评为全国三八红旗手
10. 哈尔滨市保国副食店王建军被人誉为珠算女状元
11. 向警予同志生平事迹展览在长沙展出
12. 云南呈贡县春耕备耕忙
13. 北京市成立工艺美术行业协会

显然，里面好人好事的报道占了太大的比重，没有时效，也无所谓新闻价值。现在我们已经有了一些新闻价值的理念，问题在于还要突破很多自己给自己设的新闻编排的框框，要让新闻节目有新闻。

既然谈到视频新闻，还要说说视频的画面。我们不大重视有价值的新闻视频画面，你在报道新闻的时候，背后是画面，说的话和画面对不上号，这种情况很多，白白浪费了宝贵的画面资源。许多新闻画面本身不具有叙事功能，平庸，乏味，可视性差。新闻叙事完全依靠说明性文本来推进，画面的张力小。在表现新闻人物时，缺乏事件性事实，要么是与人谈心，要么是灯下读书，要么是在车间或地头指指点点；或是一本正经地研究工作，或是在茫茫人海中若有所思地走着、等着。既没有最能体现人物性格特征的典型瞬间，更没有让实证性的形象细节说话。较多的国内新闻中，事件性报道的画面一般都缺少冲突，大多是日常生活、工作场景。即使是少量的洪水、灾难等现场消息，也因为"低度的灾害叙述＋高度的救灾结果"的文本模式，以及无声的画面处理方式，削减了画面的视觉冲击力度。这是因为我们在报道灾害的时候，灾害本身似乎不是新闻，救灾才是新闻，报道的主次颠倒了。

许多地方的领导，把当地新闻上中央媒体视为自己的政绩，是向上级部门显示的机会，甚至把上《新闻联播》的条数与地方电视台的工作业绩挂起钩来。各地方电视台要"把最好的一面展示给别人"，"用最积极向上的一面去影响感染别人"。如果各地方台都以这样的标准选择上送中央台，长此以往，中央电

第二讲 新闻价值

视台的新闻节目还能有多少算是新闻呢？

2012年12月4日，习近平总书记主持召开中共中央政治局会议，通过关于改进工作作风、密切联系群众的八项规定。其中提到："要改进新闻报道，中央政治局同志出席会议和活动应根据工作需要、新闻价值、社会效果决定是否报道，进一步压缩报道的数量、字数、时长。"2017年10月27日，习近平主持召开第十九届中央政治局第一次会议，审议《中共中央政治局贯彻落实中央八项规定的实施细则》，对改进新闻报道作了更为细致的规定，要求遵循新闻传播规律，进一步优化中央政治局委员会议活动报道内容和结构，以突出民生和社会新闻，增强传播效果。

党领导的媒体有指导工作的职责，但如何来选择事实呢？"新闻价值"便是进一步的选择标准，包括事实本身的选择，以及报道事实的切入角度等。最后一条"社会效果"，仍然是新闻工作的基本要求，因为并非报道了就会有人看。

宣传价值限制新闻价值的情形在美国也时有发生，由于体制不同，政府是通过向传媒提供官方"新闻"（本质上是宣传）的方式达到宣传目的。越战期间（1961—1975），《华盛顿邮报》社论版编辑菲利普·盖林指出：传媒"在很大程度上取决于公开的或预先安排的、完全受控的官方简报，这样，官方可以有意并且有效地影响公众。坦率地讲，越战期间，媒体从政府得到的东西就是垃圾"[1]。

打破常规发生的事实才具有新闻价值。与民众的利益相关的事实、群众关注的事实、问题和解决问题的途径，以及不多见的事情（发生频率小），应当是记者眼光盯住的地方。要求记者"走基层、转作风、改文风"，一定意义上也是为了转变新闻官本位的现状。

在平日的新闻工作中，习惯性的宣传意识也会有意无意地影响记者、编辑对事实的新闻价值的选择。例如关于地震的报道，不少传媒意识不到最重要的是向公众持续报道关于地震的各方面信息，哪里可以避难，哪里有食物和水等，这才是传媒在灾难中应承担的主要职责。报道人民"战天斗地"的精神，反

---

[1] ［美］迈克尔·舒德森：《新闻社会学》，徐桂权译，华夏出版社2010年版，第167页。

映当地官员如何英明地领导抗震救灾,这些内容可以适当有一些,但不宜太多。紧要的是向公众报道灾难中更为重要的与生命、生活紧密相关的信息。对于传媒,任何煽情(包括政治煽情)都应避免,理智、客观是新闻工作的基本职业理念。

甚至报道外国,中国的记者也按照国内报道的习惯性思路。例如2011年日本特大地震和随后的海啸、核泄漏,中国传媒在报道基本事实的同时,大量的图片和内容集中在感人的救助事迹方面。旅日专栏作家唐辛子在博客中写道:"我从来没有在日本的电视上看到什么'感人'的画面。""我只看到不断报道还有多少人需要救援,死亡人数又增加了多少,专家分析和官方发言人讲话,偶尔电视里会出现采访受灾者的镜头,但大都是安坐在避难所的避难者,他们说得最多的是:我们还需要水,需要食物,需要快些得到周围的信息……"

我对2008年汶川地震中的赈灾报道记忆犹新,当时报道赈灾活动的规模和声势很大,商业宣传的色彩极为浓重。而日本地震后没有这方面的任何报道。NHK驻北京记者北川熏说,灾害中企业和个人捐款,日本媒体一律不予报道,不会有企业家们拿着写着捐赠数额的牌子在镜头前亮相的场景。"如果他们真的只是想捐钱,那么偷偷地捐钱也一样可以达到目的;如果他们想起一

2008年5月18日央视《爱的奉献》义演展示捐款额

点广告宣传的作用,要么可以把消息挂在自己的网站上,要么可以在报纸上买广告版面公布——广告行为用广告版面是最好的。""在这样紧急的灾后报道中,国民需要的信息才是我们要报道的。"

在巨大的国民灾难面前,大力展示捐款的企业和个人,这种商业广告行为与救灾的基调,以及善行本身是相悖的。作为企业和个人的善行,社会自然会有公认,但传媒加以大力报道,带有商业宣传性质,是一种变相广告。既然是善行,就应该善到底。对照之下,我们的救灾报道是否也应该从中获得些新理念呢?那就是1956年7月1日《人民日报》改版社论《致读者》所说:"我们的报纸名字叫作《人民日报》,意思就是说它是人民的公共的武器,公共的财产。人民群众是它的主人。"

第二,从传媒市场的角度看,报道一个复杂的事实不如报道一个善恶分明的简单事件。于是,很多有新闻价值的事实被传媒或具体的记者、编辑所忽略。

有价值的新闻需要投入,大信息大投入,小信息小投入。有时候我们投入的比较少,就造成真正有价值的新闻抓不住,报道不出来。这种情形有时是传、受双方共同造成的。报道一个非常复杂的事情,记者会很累,传媒付出的成本也较高;而一般老百姓希望接受的新闻信息,属于泾渭分明,可以简单作出价值判断的那类,并不希望所接受的信息让人太费脑筋。尽管传媒有提升受众媒介素养的责任,但在面对新闻市场时,这种软性的职责往往就得让位于传媒的直接利益。

传媒要面对这个市场,所以传媒、记者往往喜欢选择那些容易作出判断的事情来报道。这种情况也限制了记者用新闻价值标准去比较、衡量事实的轻重。与其不厌其烦地解释事实,不如报道一个轰动的案件;与其费劲地报道远处的一个重要事实,不如报道一件身边的花絮。传媒本身也是一个个利益单元,于是出现了网民所说的情形:"地震一来,就没人搭理矿难了,矿工们于是不了了之;矿难一来,就没人搭理疫苗了,孩子们于是不了了之——年复一年日复一日……悲剧不过就是人们解闷的新鲜谈资。新闻做久了,会觉得无比悲哀,我们打着良知的旗号,所作所为却如此功利。"

新闻的采集和报道是有成本的,如果新闻采写过程中的成本较高,尤其是一些调查性报道或深度报道,传媒往往考虑到自身的利益而放弃一些深度挖掘和调查，而这类事实的新闻价值更高。严肃新闻、调查新闻记者数量的减少，意味着那些关乎公众利益的报道在逐渐减少。还有一种情形，即对广告客户不利但有新闻价值的事实，传媒往往遮掩不报，大事化小，小事化了，同样不遵循新闻价值的选择标准。

若从发生事实的当事人那里观察，由于所处的地位不同，对事实本身新闻价值的判断会受利益的牵制而说出言不由衷的判断。2012年3月19日10时37分，河北省保定市利民路一个仓库发生火灾。记者前往现场采访时被当地政府官员反复告知："火灾没有造成人员伤亡，财产损失不大，没有新闻价值。"当记者问及着火仓库的所有者是谁、存放何种货物、具体损失等情况时，官员则缄口不言。显然，利益驱动当事官员不顾基本的认知而说谎。治下出了事，再大也没有新闻价值；做出了成绩，再小也具有轰轰烈烈的新闻价值，这是一些官员被扭曲的新闻价值观。

第三，从新闻实务的角度看，很多情形都会影响事实的新闻价值实现。

事件在一天的什么时间发生、记者是否恰好在场、值班主任的个人偏好、照片或视频的清晰度、传播渠道和页面的容量或一定时间内容纳新闻条数的限制、信息等级的确定、新闻放置的位置等等，都会影响新闻价值的实现程度。现在各种传播形态和渠道，越来越多地关注具有发展前景的事实，因为竞争迫使各种社交媒体的眼光必须放远，眼光的远大和观点的深度已经成为竞争的焦点。但就具体事实的选择而言，仍然需要掌握下面几点：

（1）事实发生的时间。如果事情发生在半夜，虽然网络传播可以随时随地，但多数人是要睡觉的，除非事情特别重大，才可能被值班人员发上去，加入最新新闻，但报道往往比较简单，与其具有的新闻价值不相称；如果事情相对不大，通常会被忽略。

（2）记者是否在场。事件发生时，记者是否在场，影响事实新闻价值的实现程度。若记者恰好在现场，因为传媒拥有直接的报道权，即使事实的新闻价值不大，占据的篇幅或时间也会相对大些或长些；若没有记者在场，而由非传媒的人员提供素材，通常报道较为简单，即使事实本身具有较高的新闻价值。或者，再由传媒派出专门的报道人员进行采访，除非事情已经轰动，一般情况下，由于时过境迁，报道量通常不会很大。

（3）值班的传媒负责人的偏好。传媒通常安排值班的负责人，每位负责人都会有个人的偏好，这种偏好会无意中影响对事实的新闻价值的判断和评估。假如这位签发领导对足球有特别的喜好，就可能会把关于足球的新闻安排在较为显著的位置或时间段，而其他新闻可能会因此排在相对不重要的位置或时间段。

（4）省力原则对记者工作的影响。记者采写是一项需要花费时间和精力的工作，选择采访的具体方案，会受到省力原则的驱动。在几种选择中，达到目的的最省力的方式是首选。这种选择也会影响具体事实的新闻价值的实现程度。追踪新闻时，记者通常首先要考虑此事是否能直接吸引公众的注意，是否花了力气仍会遭到编辑的无情弃用；其次，新闻资料的获得是否比较容易，在时间紧逼和资源有限的情况下，是否"顺手"和省力变得很重要。在几项可供选择的采访任务中，省时、省力可能会比权衡事实的新闻价值大小，更能影响当事记者的抉择。

所以，本身不受怀疑、透明度高的事实容易被选中。人们往往愿意选择那些报道省力的事实，不愿意选择那些需要花费很大力气，甚至要冒一定风险才能搞清楚的事实。避重就轻的原则，使得我们忽略了很多有新闻价值的事实。当然也有很多职业意识强的记者，会对某些受到怀疑的事实深入挖掘下去，往往会获得具有较高新闻价值的新闻。

（5）事实本身的性质影响人们对其新闻价值的判断。新闻工作是在时间的机床上奔忙，往往无暇深入考察事实的新闻价值，规模大、突然产生显著性意义的事实容易被选中，因为通常能够产生立竿见影的传播效果，因而得到较多的关注，而发展缓慢但从长远看具有较高新闻价值的事实，很难被重点报道，因为记者没有耐心去关注它。只是当事实的发展展现在眼前时，传媒才紧张起来，立即扭转被动的局面，开始对原本忽略的事实热心，而且还要显示对该事件的一向关注。就此，马克思分析19世纪世界独大的报纸《泰晤士报》时写道："每当改革的拥护者胜利在握时，《泰晤士报》就来一个急转弯，从反动阵营溜掉，并且能想出办法在紧要关头和胜利者站在一起。"①该报一向持保守立

---

① 《马克思恩格斯全集》第15卷，人民出版社1963年版，第335页。

场,因而对一些具有发展潜力的事实的新闻价值,往往判断上不如其他报纸敏锐。然而作为新闻传媒,它的职业敏感会逼迫它在关键时刻站在最新发展的事实旁边,跟上潮流。

第四,与先入为主的观念相符的事实,容易被选中。

这种情形在新闻工作中不可避免,但前提是这个事实要恰好与这个先入为主的观念对应,但我们对此的把握,显得十分生硬。特别是政治报道,为宣传一些新的政治概念,一定要找一些与这个观点接上线、搭上钩的事实,其实事实本身远早于概念。这是典型的"穿靴戴帽"模式,是不真实的。传媒应该积极宣传党的方针政策,但这种简单化的报道模式,违背新闻传播规律。即使从宣传角度看,也是拙劣的。我们的记者懒了,缺乏穆青当年深入群众、艰苦采访的精神。

不管怎样,与先入为主的观念相符合的事实,确实容易被选中,这是人们的正常的心理表现,即使不是政治问题,是你的个人偏好,也有这种情形出现,但注意不能走偏。

第五,文化上接近或利益相关的事实容易被选中。

本来,新闻价值中就有"心理接近"这个要素。但是很多事实之所以具备新闻价值,并非只有单一的价值标准。例如一起空难发生了,无论是哪国航班,它本身都是具有新闻价值的事件,因为这类事件的发生是偶然的、异常的,死难者往往数量较大,因而事件的重要性显而易见。但是,我们的传媒在选择事实时,过分突出文化或利益的接近,而不顾及其他,就有问题了。

我国媒体报道空难,如果其中有中国人,各种传播渠道会迅速堆上去很多图文和视频,连续几天加以详尽报道。例如2007年泰国普吉岛发生空难,开始的报道还较为充分,后来证实罹难者中没有中国人,于是报道戛然而止,再也没有了。这是为什么呢?因为它不符合"文化上接近或利益相关的事实容易被选中"这个潜在的工作惯例。再如2006年7月11日《北京青年报》头版关于巴基斯坦空难的报道标题——昨日午间巴基斯坦一架客机起飞不久后坠毁45人无一生还(肩题)巴空难确认无中国乘客(主题)。难道外国人死了,就不重要吗?传媒这样做,其实偏离了新闻价值总体、综合的选择标准。这两个标题应该颠倒一下,"没有中国乘客"对中国读者来说有一定的新闻价值,可以上标题,但无论如何不能作为主标题,并且"45人无一生还"这样冷漠的行文,应改为"45人不幸罹难"。

《北京青年报》2006年7月11日头版图片新闻

第六,符合报道连续性的事实容易被选中。

这样的事实比较适应受众接受新闻的思维特征,今天发一段,明天发一段,按照事情的逻辑进程,一步步往前走,能够产生较为持续的影响力,因而备受青睐。如果一个事实本身有一种自然而然连续报道的可能性的话,当然很好,传媒不应放过。但是,事情不能走到另一面,以致最后有的媒体为了造成戏剧效果,主动推动事实前进,然后进一步报道这个事实,这种做法是违背职业规范的。例如2007年3月关于"杨丽娟追星事件"的报道。杨丽娟本来在兰州,由记者出钱把她和家人弄到香港去见刘德华,这个事情后来的发展已经不是自然存在的事实,而是媒体或记者推动、制造的事实了。

第七,在新闻内容的组合中,从整体均衡出发,有对比特色的事实容易被选中。

在具体的新闻编辑工作中,很多编辑都有这种体验:有时候,为了新闻内容整体的均衡,会删掉一些新闻,甚至为了页面的好看,会添加一些并不重要的新闻,其中有对比特色的事实,更容易被选中。这种做法中,有新闻价值的事实可能会因此被忽略。

说到这里,似乎我们没有必要讲这么多新闻价值的要素了,原来很纯粹的理论,实际上受到了那么多限制,符合比较理想化的新闻价值理念的新闻,恐怕只有10%左右。这有点像恩格斯说的一句话:每个人的动机一旦放到社会中去实现,其实现的程度只有10%。就像一个力的平行四边形,你想达到一个目的,但是周围会有很多无形的力量牵制着你,你不可能直线达到。恩格斯在《路德维希·费尔巴哈和德国古典哲学的终结》里面专门谈了这个问题。

确实,在实际工作生活中,你要达到自己的目的,包括使之符合新闻工作的理想特征,会有各种各样的因素牵制着你,使你不能完全达到这个目的,这很正常。但是,既然新闻工作是一种社会职业,就应有职业理想和工作标准,可以,也应该尽可能地、顽强地克服各种各样的阻力,使得具有新闻价值的事实能够被传播,让受众尽可能地享用新闻的使用价值。

五、几个问题的讨论

前面讲的十个新闻价值要素,是传统的新闻价值评价标准。现在,社会生活的内容大量进入网络新闻传播领域,新闻来源也发生了变化,传媒不仅要向公众呈现新闻,公众还期待通过报道新闻来参与解决大量的社会问题。在这种情况下,构成现代新闻价值的要素中,渗透了较多的主观成分。

刘建明教授的文章谈到了四种新闻价值的内涵:第一,事实对受众要有一定的获知价值;第二,事实对受众要有一定的激励价值;第三,事实对受众要有一定的获益价值;第四,事实对受众要有一定的娱乐价值。这些,与传统新闻价值标准不大一样。获知,这里指的是知识,新闻与知识能等同吗?当然,某些新闻本身就是新知识,但是这类新闻传播的目的仅是告知出现某种新知识,它不是知识本身。激励价值,带有强烈的宣传色彩,具有宣传色彩的事实不一定具有新闻价值。获益价值,这与传统的新闻价值的某一要素是相同的。娱乐价值,这与传统的新闻价值要素有部分相同。这是一种对新闻价值的重新归类,大家可以讨论一下。

与强调新闻价值相反,现在还出现了"反新闻价值"的新闻选择标准。当然，论证者不是完全反对传统的新闻价值理念，但是强调以"亲社会意识"来校正以往的选择标准，反对新闻传播中对弱势群体的歧视。例如，传统新闻价值强调在名人身上出新闻，现在有人提出，在小人物身上出新闻，而且有的还比较成功，这个问题大家也可以讨论。

其实，如果在对比中报道小人物，或者这个小人物具有某些与众不同之处，这种选择事实的标准，仍然在传统标准之内。还有一种情形，即新闻中名人太多了，偶然报道一些非名人，反而让人感到亲切、心理贴近。然而，如果连篇累牍地报道这个普通人、那个普通人，没有任何新鲜的事情，不出几天，这样的新闻就没人看了。对弱势群体的报道也是这样，总是不报，会使人感觉传媒歧视，适当地正面报道弱势群体，也会有新闻价值，报道的前提是长期被忽视，改换话题就带有一定的新鲜感。这本身仍然是新闻价值要素强调的东西。

现在网络上的新闻如潮水般涌来，新闻似乎也增加了，诸如生活类"新闻"，怎样做饭、怎样炒菜、如何保健等等，严格地说，这些东西不是新闻，当然也谈不上"新闻价值"。一天之内，人们接受新闻的注意力和记忆力都是有限的。只是由于各种传播渠道和传播形态都在争夺网民的点击量，造成了泛新闻化现象。

新闻是有时效的。现在网上的很多所谓的"新闻"，今天可以报，明天也可以报，一年以后还有效，完全没有新闻价值。还有一些所谓的"新闻"，不具备新闻的要素，甚至是编造的迷信故事，这是资源浪费。一方面是新闻如潮水般涌来，另一方面是相当多的所谓的"新闻"根本不是新闻或无新闻价值。

例如2018年6月21日360网页的"热点新闻"刊出标题为"男子地摊买回'心形'烂石头 带回切开后当场决定报警！"的"新闻"。没有时间、地点和具体人名，切开后的情形没有任何惊人之处。最后一句话竟然是："你猜猜，它是什么？"新闻就此结束。2018年8月15日，因果报应"新闻"上了360新闻的页面，标题是一句语句不通、不合逻辑的话："儿子溺水去世，父亲抽干河水，发现有东西在晃，憋了两眼瘫坐在地"。讲的是一个因果报应的故事。文中第一句提到的人叫"黄大庆"，第二句就变成了"王大力"。这个人救了一条鱼而得子，6年后托梦给他，自称是鱼仙，为报恩而给他当了儿子，现在回归河里了，并告知弟弟很快会出生……2019年4月12日，360"快资讯"的第二条标题是：

"老汉放生千年乌龟后,儿女遭遇车祸,真相令人崩溃!"标题下面是一张放生巨大乌龟的照片。然后接下来的文字完全与标题和照片无关,竟是一个灵魂附体的迷信故事,述说一个刚死的人的灵魂如何附体到一个植物人身上,复活的原植物人如何吓到了诸多人……

> 首页 / 社会 / 正文
>
> **儿子溺水去世,父亲抽干河水,发现有东西在晃,憋了两眼瘫坐在地**
>
> 小茜茜的草屋　昨天16:54
>
> 黄大庆是一个地地道道的农民,家住山脚下,几年前花光了所有的积蓄娶了一个娴熟的妻子,可是婚后却一直怀不上,自从王大力从河边捡回了一条受伤的鱼后,妻子就突然怀孕生下了儿子(小明),一家人日子其乐融融,很是美好。

2018年8月15日360新闻《儿子溺水去世,父亲抽干河水,发现有东西在晃,憋了两眼瘫坐在地》

我们讲新闻价值,就是为了保障提供更好的、更多的新闻,满足人们享受新闻的使用价值的要求,而绝不是让这些胡编乱造的东西充斥网络新闻的空间!

第三讲　新闻真实

新闻要真实,这似乎是不言而喻的认识,还要说吗?但在我们的新闻传播中,却时常发现不真实的新闻。例如2011年年初,我国某电视台播出解放军空军演习的新闻,其中一架飞机朝目标发射导弹的画面,是从美国电影《壮志凌云》(*Top Gun*)中剪切过来的假视频!

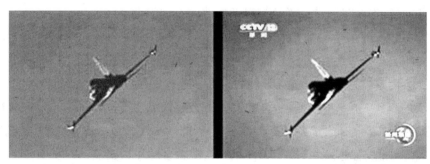

左图为电影《壮志凌云》片段,右图为某电视台2011年1月13日新闻画面

"希望得到真实信息,这是人的基本欲求。因为新闻是人们了解和思考自己身外世界的主要依据,所以有用和可靠成为最受重视的素质。……真实会产生安全感,因为安全感来自知晓。真实是新闻的本质。"[①]但新闻真实经常受到质疑,因为不论在观念上还是操作上,都需要给予特别的说明或阐述,记者才会对自己的工作特征有所了解;公众也需要一些关于传媒的知识素养。

---

① [美]比尔·科瓦齐、[美]汤姆·罗森斯蒂尔:《新闻的十大基本原则:新闻从业者须知和公众的期待》,刘海龙、连晓东译,北京大学出版社2011年版,第32页。

我们总爱说"真实是新闻的生命",这是一种比喻,比喻不是论证,更不是现实。讲真实,并非独有新闻,哲学、文学、宗教,还有司法等等,都讲真实。为了确认新闻真实的内涵,先讲一下上述不同领域中真实的含义,然后再较为详尽地分析新闻真实本身的各种问题。

一、新闻真实——事实的真实

哲学的真实,在于探究事物的本质。尽管哲学家们得出的关于事物本质的结论很不一样,但是他们都有一种探究事物本质真实的内在驱动力。马克思比较过哲学与报纸,他写道:"哲学,……喜欢幽静孤寂、闭关自守并醉心于淡漠的自我直观;所有这些,一开始就使哲学同那种与它格格不入的报纸的一般性质——经常的战斗准备、对于急需报道的耸人听闻的当前问题的热情关心对立起来。"[①]显然,哲学与报纸的性质差别很大。

再来看文学。我们欣赏文学作品的时候,往往会有这样的评价:这个说得很真。看一些水平比较低的文学作品的时候,常常会说:这太假了。为什么会有这样一种评价?文学的内容大多是虚构的,但是它必须来自生活,是生活的真实。除非它是科学幻想故事、神话,那是另外一类作品。大家觉得"假"的作品,不会有欣赏者。有些文学作品是诗、散文,读者也会有真实或不够真实的评价,有些是发自作者的内心,欣赏者会觉得很真实。这种真实、不真实,实际上是第二类真实,即感受的真实。

文学真实,从欣赏者的角度看,一类要求生活的真实,一类要求感情真实。从文学创作的角度看,文学的真实是艺术真实。

宗教真实是指信仰的真诚,有句话叫"心诚则灵"。你很虔诚地相信某种教义,许多同样信仰的人聚在一起,都会感到十分融洽、温暖。

司法方面讲究的真实,是以法律为准绳,以证据为依据的。有些事实,如果按照一般的生活经验来推论,应该能够被确认,但在司法上,没有证据,就不

---

① 《马克思恩格斯全集》第 1 卷,人民出版社 1956 年版,第 120 页。

能确认它是事实,这是司法工作特有的要求。新闻的真实,远没有司法真实那样严格。

新闻的真实是事实的真实。新闻是对事实的叙述,理论上讲,你的叙述与事实是否相符,事实是检验新闻真实的标尺。但是,毕竟新闻只是关于事实的叙述,不是事实本身,这两者之间存在着一定的距离。根据我们的生活经验,如果这个距离适当,大家都会认为你的新闻报道是真实的,不会苛求。具体的事实本身是非常复杂的,而你在报道的时候,文字篇幅、时间都是有限的,说得差不多,大家就会认为你的报道是真实的。

下面我们看一下课本上或者一些文章里提到的关于新闻真实的概念。例如这句话:

> 新闻与其所反映的客观现实必须完全相符。

我觉得,这个要求实际上是不现实的、苛刻的。新闻与它所反映的事实本身不完全是一回事,很多事实是复杂的,头绪很多,新闻只能在有限的时间、有限的叙说里报告这个事实,很难做到"完全相符"。

再看这段话:

> 新闻的真实性既是我国新闻工作的基本要求,又是我国新闻工作的优良传统。新闻的真实性具体表现在以下几个方面:(1)构成新闻的基本要素要完全真实;(2)新闻中引用的各种材料要真实可靠;(3)能表现整体上本质上的真实;(4)对人、单位、事件的评价要客观;(5)不能脱离新闻来源随意发挥;(6)新闻报道的语言必须准确。坚持新闻的真实性,确保新闻真实,最重要的是新闻工作者始终贯彻辩证唯物主义思想路线,坚持发扬实事求是的作风,提倡新闻工作者树立调查研究的工作作风,使新闻工作建立在调查研究的基础上,努力做到从总体上、本质上把握事物的真实性。

新闻真实是不是"我国新闻工作的优良传统",以后再考察。现在我们来分析一下这段文字所说的新闻真实的具体体现。

　　第一条，说起来逻辑上是对的。但是，在采访的时候你会发现，新闻的五个"W"不可能一下子都搞清楚，这是一种现实。如果你在第一时间无法搞清楚事实的五个"W"，公众又非常关心这个事情，你是不是就不报了呢？恐怕你还得报。也就是说，第一条要求在实际工作中是不可能完全做到的。

　　第二条，一般来说是应该做到这一点，但是在很多情况下，我们引证的材料不可能完全真实可靠。例如，你采访了目击者，他说怎么回事儿，你报不报？你要是报的话，根据经验，通常目击者说的话带有一定主观判断成分，远没有实在的证据可靠，可是他是唯一的目击者，你报不报？你报了，但你无法证明引证的材料完全可靠。

　　第三条，恐怕哲学家在抽象意义上能做到，记者是不可能做到的。

　　第四、五条，应该做到，这些要求是必要的。

　　第六条，不能够完全做到。因为你描述一个事实的时候，会受到被采访的人的影响，还会受到周围氛围对你的影响，在有限的时间内，你很难使用很准确的词汇来表达事实。要求"报道的语言必须准确"有点苛刻，只能要求在有限的时间内把一个事实大体描述出来，也就可以了。

　　"实事求是"、"调查研究"，这些当然都是应该做到的。关于"辩证唯物主义的思想路线"，这是中国特色。中国以外的人大多不是辩证唯物主义者，难道他们报道的新闻就做不到真实了吗？恐怕不能这么说。这个要求带有意识形态色彩，好像只有我们的思想方法才是唯一正确的，这是我们过去曾经有过的一种偏执心态，现在该改改了。世界的观念是多元的，你的观念存在，也应该允许别人的观念存在。

　　关于最后一句"努力做到从总体上、本质上把握事物的真实性"，记者在有限的时间内采访一个事实，能够把眼下具体的事实比较真实地反映出来，就已经很好了，很难从总体上把握什么。至于"本质上"就更难了，他不是哲学家，一般不会具备很强的抽象思维能力，记者只要把采访到的、看到的事实客观地叙说出来，而且说得较为准确、全面，就是一个好记者了。当然，还要有一些人所共知的政策把握和事实在社会环境中叙说角度的把握。

我们过去对新闻真实的要求过于理想化。对新闻真实，要有一种较为客观的认识。

二、新闻真实受到的各种自然制约

1. 新闻只能选取很少的事实加以报道，因而媒体呈现世界的真实程度是有限的

即使是最独立、最公正的媒体，无论怎样努力地展现不同的声音和事实，新闻只能是"弱水三千我取一瓢饮"。一些事实因为被媒体关注而得到放大，另一些事实则因为没有被传媒关注而销声匿迹。这就像在一个非常黑暗的环境中，传媒只是一束光。传媒在一定的时间和空间，只能照亮几个点，照亮的地方被传播了，而只有被传播的东西，才会被视为现实，没照亮的地方大家都没看到。被传媒照亮的那几个点，能够真实地反映整体吗？恐怕很难。媒体告诉你的东西可能是真实的，但是在整体上所能反映的世界，恐怕是有限的。媒体的工作有自身选择事实加以报道的职业标准，而这个标准并不要求全面地反映世界的整体。

传媒并非人们所说的，是一面反映世界的镜子，按照世界本来的多样性反映社会现实。"媒介世界"与"现实世界"并不等同。我们从懂事起，就开始接触各种传媒，所知道的外部世界，绝大部分是传媒告知的，在一定程度上，你要意识到传媒的告知有一定的片面性。告诉你了，你知道；没有告诉你，因为你没有到那个地方，所以你不知道。传播者往往只选取他感兴趣的或符合他价值标准的东西告诉你，这种情况下，你知道的这个世界是完全真实的吗？我们在很大程度上生活在"媒介世界"里。

香港中文大学新闻与传播学院教授苏钥机就此谈道，新闻采访不过是一种通过抽样的方法对社会进行的反映，透过这种目的抽样，新闻变成日常生活的"精华"，它强调了生活的极少数片段。新闻报道很多是激化了的刻板印象，于是我们要问：新闻是否能代表现实？受众应抱持怎样的态度来阅读新闻？地图不是疆域，同样的道理，新闻也不是事件本身。新闻虽然非虚构，但它并

不是现实,甚至不完全能代表所描述的事件。因此,"媒介世界"与"真实世界"是不同的,大家要能区分,并知道这个区分的重要意义。不同的媒体向不同的公众提供不同的"地图版本"的现实。我们没有一个终极的"新闻地图版本",也不容易有一个"地图的地图"去告诉我们应如何选取新闻地图①。

新闻突出的是事实中具有新闻价值的一面,相当程度上只是真相的一部分。也就是说,尽管新闻是事实的一种反映,但是,新闻≠真相。美国记者沃尔特·李普曼在《舆论》一书中写道:

> 新闻和真相根本就是两回事,且我们必须对两者做出明确的区分。新闻的作用是就某一事件向公众发出信号,而真相的作用则是将隐藏的事实置于聚光灯下,在不同的事实之间建立联系,并营造一幅令人对其做出反应的现实图景。只有在各种社会条件呈现为可感可触形态的情况下,真相和新闻才会协调一致,共同服膺于那些范围极其狭隘的人类共同兴趣(利益)。②

我想,即使在可感可触的情形下,真相与新闻仍然有区别。因为新闻是在有限的时间内发出的信息,事实的真相即使有条件去检测,也只能是后来的事情。

新闻还有一个特点:最具传播力的新闻,往往不是最复杂的新闻,而是被简化了的新闻。复杂的新闻,才能把一个事件的方方面面说得非常详细,真实程度应该更高一点。但是这样的新闻,传播的力度相对弱。人们往往愿意接受最简单的新闻。简单的新闻好记,而且只告诉你某个事实的突出的一点,能够留下非常深刻的印象,这是在传播中我们都能体会到的。那么,这种被简化的新闻是真实的吗?在微观层面,它可以做到基本真实;在宏观层面,就很难说了。

例如,各类盛大的体育赛事,互联网上的报道铺天盖地。给人的印象是,

---

① 苏钥机:《什么是新闻?》,《传播研究与实践》2011年第1期。
② [美]沃尔特·李普曼:《舆论》,常江、肖寒译,北京大学出版社2018年版,第279页。

这段时间里除了体育赛事，没有其他值得报道与强调的事情了，所有的人都被传媒武断地假定为体育赛事的关注者。实际情况绝非如此，任何时候都有更多的人完全没有参与和关注赛事。关于政治性会议的报道也要注意同类的问题，不要造成各种传播形态和渠道充斥某次会议新闻的情形。可以适度增加报道量，但不要过度。强迫所有人都去关注，往往造成更多的人不关心和逃避。

这样的新闻，每一个具体事项也许都是真实的，但是整体上扭曲了实际存在的社会多样化的现状。在绝大多数情况下，人们关注的东西应该是多样的，不可能单一化。在这个意义上，传媒对外部世界的反映，并不完全真实。

2. 新闻工作面临的基本矛盾：具体事件的纷繁复杂与新闻报道不可避免的简约，因而，具体新闻的真实，只能表现为一个认识过程

做新闻工作的都能感觉到这对矛盾。你在采访一个事实的时候，这个事实可能很复杂，有很多的头绪。但是，媒体领导要求你写 200 字或发 10 秒钟的视频，你就得在 200 字或 10 秒的范围内把这个事实报道出来。所以，新闻必然是"不可避免的简约"，事实本身无论如何不会如报道的那样简单，即使是 2 万字或 1 小时的视频，你要把这个事实完完整整地报道出来，可能仍然不够用。

因此，具体新闻的真实，只能表现为一个过程。这里以 2006 年红海沉船事件的报道做个说明。

2006 年 2 月初，一艘渡轮从沙特阿拉伯横渡红海到埃及，中途沉没。关于这次海难，中国媒体第一天的报道，各种说法都有，有人说是恐怖袭击，有人说是遇到了风暴，也有人说是轮船的工作人员操作失误等。死了多少人也搞不清楚，有人说 1 000 多人，有人说几百人。例如，《新京报》的报道是《失事前，红海有强风暴和沙尘暴》；《北京青年报》在《埃及客轮红海神秘沉没》一文中说："红海悲剧原因不明，不排除恐怖袭击。"传媒的各种猜测也都有消息来源，导语中不是"根据某某人说"，就是"某与事件有关联的人说"。

第二天的报道仍然比较混乱，但主题开始转向人祸。例如，《北京青年报》的消息为《埃及海难人祸大于天灾》，这是一种不能完全得到证实的说法；《新京报》的消息则为《客船沉没前三小时曾经发生火灾》、《失事客轮没

有救生艇》。

第三天的报道又转向了,几家报纸都报道了这样的消息:幸存者指责船长弃船逃生。然而第四天的报道又说:获救船员称船长未弃船先逃。同时,出现《埃及红海岸边爆发骚乱》、《数百名家属袭击沉船公司》等报道。

《北京青年报》2006 年 2 月 6 日(左)、7 日(右)关于红海沉船的报道

再后来呢?没有了。开始热闹极了,所有的媒体都是整版的相关新闻,第五天没有新闻源了,报道突然中断了。三个半月后,即 5 月 26 日,才在《新京报》B 叠 2 版上找到一条二三百字的简讯《红海沉船责任人被起诉》。事情是怎么回事,仍然颇为含糊。

红海沉船事件死了 1 000 多人,全世界都在关注,至今十几年了,媒体仍没有后续的报道,这是专业新闻传播的弊病。一个事情开头热热闹闹,到后面突然没有信息了,再没有人去采访。随后,新的事实又出现了,遮蔽了尚没有了结的旧闻。记者永远在赶浪潮,永远在赶着前面的事实。这种情况应该对媒体提出批评。作为新闻传媒,对所报道的这个事件要一直追下去,应该有个结果。

再看 2009 年 4 月 4—7 日我国报纸关于美国纽约枪击案的报道。

4日下午至5日上午,我国报纸报道:死14人(含行凶者),只有一名中国学生受伤。5日中午报道:有中国人死亡,死亡人数不详。5日下午报道:有四位中国人死亡。6日上午报道:四位死亡的中国人是在英语补习班上课时遇害的。6日中午的报道,确认了四位中国死难者的姓名和年龄。7日上午报道:四位中国死者均是女性,其中47岁的郭力是讲课的老师、深圳大学成人教育学院办公室副主任、访问学者。至此,关于这次事件中中国人的死亡情况,基本清楚了。

《北京晚报》2009年4月4日报道

《北京青年报》2009年4月7日报道

我们会指责传媒2009年4月4—6日的报道不真实吗?这一事件发生在一个时间不长的过程中,但凶手转换了几个地方作案,过程扑朔迷离,凶手是谁、伤亡情况等,都需要时间,才能搞清楚。因而关于这一凶杀事件的报道,最初情况不清楚,随着时间的推移,一步一步明了。

显然,在所有新闻报道的过程中,新闻真实具有共同的特点:事实本身在发展,人们对这个事实的认识也在发展,人们对事实认识到什么程度,新闻才可能真实到什么程度。如果严格遵循"新闻必须完全真实"的要求,那么这些新闻的前面几条都不够真实。然而,几乎没有人会指责这样的报道"失实",因为绝大多数人本能地理解了新闻真实的特点。倒是我们的新闻教科书太机械了,它还赶不上普通人对新闻的理解。

马克思有一段话,论证了这个道理,其核心表述便是"有机的报纸运动"。他写道:

　　　　一个报纸记者也只能把他自己视为一个复杂机体的一个小小的器官,他在这个机体里可以自由地为自己选择一种职能。例如,一个人可以侧重于描写他从民众意见中获得的有关贫困状况的直接印象,另一个人作为历史学家则可以谈论这种状况产生的历史,沉着冷静的人可以谈论贫困状况本身,经济学家则可以谈论消灭贫困的办法,而且这样一个问题还可以从各方面来解决:有时较多地着眼于地方范围,有时较多地着眼于同整个国家的关系等等。

　　　　这样,在有机的报纸运动下,**全部事实**就会**完整地**被揭示出来。最初,这个完整的事实只是以同时发展着的各种观点的形式出现在我们的面前,这些观点有时有意地,有时无意地揭示出现象的某一方面。但是归根到底,报纸的这种工作只是为它的一个工作人员准备材料,让他把材料组成一个**统一的**整体。报纸就是这样通过分工——不是由某一个人做全部工作,而是由这个人数众多的团体中的每一个成员担负一件不大的工作——一步一步地弄清全部事实的。①

　　这里谈到的历史学家、经济学家,都是指报社中熟悉这些方面的记者,不是指外来的人。也就是说,一个事实能够真实地报道出来,要通过很多人从不同的角度——从历史学角度、从经济学角度、从现实状况角度来报道这个事实,最后的报道应该是比较真实的。最初的报道应该允许有所差误。

　　"有机的报纸运动",从1988年起,成为我国新闻学词典中的一个独立的词条,它讲的是新闻真实的特点。任何报道都只能是对事实的一种简约的、一定程度上割断的(一个事实非常复杂,只能从一个侧面去报道,就像一大块肉,我们只能从某一个地方咬下去,不可能一口吞掉)、扬弃的(放弃一部分和接受一部分)、概括性的报道,不可能完全将事实原原本本地展现出来,即使电视新闻也是这样。

　　一位法国学者写道:

---

　　① 《马克思恩格斯全集》第1卷,人民出版社1995年版,第358页。译文有改动。

> 我们可以稍稍夸张地说,50位机灵的游行者在电视上成功地露面5分钟,其政治效果不亚于一场50万人的大游行。①

这是电视媒体造成的一种技术上的割裂现象。这并不是说,新闻必然都是假的,而是说,我们需要经过努力,才可能做到全面、客观地反映事实的"真实"。

3. 新闻是否真实还取决于接受者的认同

前面是从传媒和具体报道者的角度来说的,下面我们从接受者角度来看新闻真实。

我们生活中有一句话:"信不信由你"!真实的效果是通过传—受之间的关系来完成的,传—受双方彼此信任,受方就会认为是真实的,否则相反。在新闻报道中也有这种情况,你的观点跟我是对立的,你报道的事实我总会认为不够真实。尽管在很多问题上你说的内容是真实的,他也要千方百计找理由说你不真实。在辩论中这种情况会经常出现。

新闻的真实,要得到接受者的认同。得到认同的,就会被认为是真实的。在这里,受众的主观性成为新闻真实的一种标准,尽管我们知道它不应该成为一种标准。可能在现实中就是这样,如果他信任你,即使你的报道中存在一定的虚假成分,他也会认为你的报道是真实的;如果他和你的观点是对立的,即使你的报道是真实的,他也会认为是假的,你怎么说都不可能说服对方。这种现象不完全涉及从传播角度说的新闻真实,主要涉及传播能否达到预期效果的问题。

4. 选择事实时的文化背景、现实政治经济体制的影响,使得真实性难以被完全确认

我们都生活在一定的文化背景中,而且还生活在一定的政治经济体制中,这就使得新闻真实有时候很难完全被确认。不同的体制中产生的新闻,经常发生不被对方承认的情况,有时候,甚至永远也无法确认是真实的还是不真实

---

① [法]皮埃尔·布尔迪厄、[美]汉斯·哈克:《自由交流》,桂裕芳译,生活·读书·新知三联书店1996年版,第22页。

的,因为在大多数情况下,我们不可能到发生事实的地点去调查。

这里我引证李普曼的一段话:

> 多数情况下,我们并非先理解后定义,而是先定义后理解。在庞杂喧闹的外部世界中,我们会优先认出自己的文化里已有定义的事物,然后又倾向于按照文化业已在自己脑海中设定好的刻板印象去理解这些事物。①

很多受众在接受新闻的时候,首先看报道者是不是他熟悉的、喜欢的,如果是,他就会毫不犹豫地、不假思索地、不经检验地接受报道者告诉他的信息。作为学者,我看报纸习惯性地带着一种批判的态度,能够经常挑出报纸的毛病。但我不是对所有的报道都怀疑,大部分的事情还是相信了。可是后来发现,我相信的一些事是假的。我们往往不可能那么费劲地先理解再定义,而是先入为主一下子就接受了。

相当多的新闻被看不见的权力(政治和意识形态的、经济的、传统文化的无形力量)自动地剪裁(很多问题不必上面下指令,记者编辑习惯性地自动剪裁了)、化装,原汁原味的新闻很少。说了什么,更多地意味着不说什么。传播学中"把关人"理论,从另一种角度看,意味着不说什么。可能没有说的,比说出来的更有意思。

下面我们考察一下文化背景影响新闻真实的若干情形。

第一,把新闻事实类型化(新闻其实是老故事)。

例如法警新闻,千变万化,人物、情节都不一样,但是看多了以后就会发现,这个事和那个事,除了人名、地名、时间的差别外,叙事套路是一样的。这种模式化的报道真实吗?

传播者选择某些故事而舍弃其他故事,将事实的叙述编入特定的叙事格式中,或偏执于某个特定的角度来叙事,强调某些细节而舍弃其他细节,这是我们常见的写作程式。新闻的架构过程,就是把事实的碎片往一个先定的框

---

① [美]沃尔特·李普曼:《舆论》,常江、肖寒译,北京大学出版社 2018 年版,第67页。

架里填充的过程。在某种程度上,这种情形不可避免,因为你总得按照一定的框架、角度去报道这个事实。现在的问题在于框架、角度变成了一种相对固定的程式,一旦这样做了,新闻还真实吗?所谓的典型报道也是这样,人物的姓名、性别和年龄变化了,叙述套路,甚至语态都是一样的,总是说某人几十年如一日,一定会有带病坚持工作的情节,人物换了很多,报道套路都差不多。运用这套框架构造的故事,能说是完全真实的吗?

马克思曾经引证德国诗人海涅的一句话:"这是一个老故事,但永远是新闻。"①记者不过是改变了旧新闻故事中的可变项,保留了故事中的常项(框架结构),于是,它永远是新闻。这是真实的新闻吗?说不清楚了。不是说我们绝对不能这么做,而是说,对这种情况我们需要有深刻的理解。作为职业化的新闻工作,采访写作还真得有个框架,当你理智而清晰地意识到框架的束缚时,才可能打破传统的框架,依据具体的人和事,创造出接近真事实情的新框架。

第二,新闻礼仪化。

现实生活中存在很多不同的事实,我们习惯性地用一个框架去套这个事实;生活中也存在很多套路性事实,采用不同的语调和文字来叙述很难,诸如各类循环往复召开的例行会议、例行的外交活动、各级干部群众学习党政文件的场景、领导们的基层考察活动等等,换了日期、姓名、地点要素,行文几乎一样。这就造成了一种特有的现象——新闻礼仪化,这个概念是美国新闻教育协会会长凯瑞提出来的。在这种情况下,内容已不再重要(一定程度上内容变成了形式本身),重要的是形式。

其实,各种活动即使存在较多的相同之处,只要认真观察和具有敏锐的新闻价值意识,仍然可以抓住有新闻价值的瞬间言论、场景,写出较好的新闻。但是现有的报道套路,将本来有些表演性质的活动变得更不真实。

第三,传媒有意无意对事实的命名、定义。

写新闻,需要对事实本身,以及事实涉及的人物和其他事项作出一定的判断、命名,与其他事件联系起来。这在很大程度上是不可避免的。于是,一些

---

① 《马克思恩格斯全集》第 12 卷,人民出版社 1962 年版,第 45 页。

复杂的社会事件被简化为"行凶抢劫"、"恐怖分子袭击"或者"虐待儿童"等，正面的有"好人好事"、"见义勇为"等。这样给事件"贴标签"，较为容易进入传媒的传播活动场所。这是一种职业要求。然而，如果我们做得太轻率、太随意，很可能会造成新闻的不真实。你在定义的时候，很容易绝对化，排除这一事件以其他方式进入人们视野中的可能性。实际上有些事情没有那么简单，一旦传媒简单给它定义后，就很难甩掉这个说法，在这个意义上，传媒的报道是不真实的。

例如，标题中出现"没见过世面的乡下佬"这样的标签，就不可能让受众将勤劳简朴的农村人，与机会不均等的社会问题连在一起。"盲目的民工流给城市管理带来困难"这样的标题，很难与农民为生计奔波劳累的生存条件联系在一起。

2009年6月12日，中国媒体报道了6月10日发生在美国华盛顿的枪击案，当时无法确定凶手的作案动机。各媒体标题如下：

华盛顿纳粹大屠杀遇难者纪念馆发生枪击案（《人民日报》）
美88岁枪手袭击大屠杀遇难者纪念馆（《北京青年报》）
美反犹老翁华盛顿开枪行凶（《京华时报》）
88岁新纳粹华盛顿酿血案（《新京报》）

这些标题中哪个符合新闻报道的规范？第2—4个标题都带有主观判断的色彩。这个开枪的人是二战老兵，当年是反纳粹的。没有任何材料可以说明他开枪的动机，然而媒体在事实发生后，仅根据枪击的是纳粹大屠杀遇难者纪念馆的一名保安，于是简单推论，当即给当事人贴上了"反犹"、"新纳粹"的标签。况且，"新纳粹"通常是指年轻一代的法西斯分子，88岁的人如何是"新纳粹"？如此做新闻标题，谈不上真实。传媒具有赋予地位（命名）的功能，要按照职业规范来操作（客观性原则），才能保障新闻真实。

2010年3月27日，北京的两家报纸都报道了俄国富豪别列杰夫购买英国《独立报》的事实，标题分别是：

只花1英镑　俄富豪买下英《独立报》（《新京报》）
克格勃前特工一英镑收购英报（《京华时报》）

《新京报》的新闻标题(上)、《京华时报》的新闻标题(下)

《新京报》的标题比较客观,报道了基本事实;而《京华时报》的标题没有事实依据地将购买者的前克格勃身份与收购报纸这一事实联系起来,有炒作嫌疑,给人不真实感。

媒体总得给一个具体的事实定义、命名,然后才能传播具体内容。所以,给事实定义要谨慎,尽可能说得全面一点。即使这样,不完全真实的可能性还会有。也就是说,社会认知和职业新闻工作的流程本身,会影响新闻的真实。媒体使用标签和语境,是对新闻进行价值判断的一部分。如果一些事件恰好被输入现成的传媒定义的框架中(诸如好人、坏人、强盗、歹徒等现成的标准),它们就可能被报道。这样,现实就可能被"扭曲",以适应由传媒对这个世界的看法所设定的框架。

这种情况在工作中要尽可能避免,否则会造成对事实的一种曲解。例如,《人民日报》(海外版)发表的通讯《中国铁嘴沙祖康》,标题使用的"中国铁嘴",便是给沙祖康贴的标签,如果其他传媒再跟着这样说,沙祖康就真是"铁嘴"了,即使他本人不同意,也被强行赋予了这个标签,想摘也摘不掉。当然,这顶帽子在媒体看来是正面的。但是,对沙祖康也有不同的评价。例如,美国纽约州立大学洪俊浩教授就特意谈到我国传媒给沙祖康贴的标签"铁嘴"。他说,

《人民日报》（海外版）2007年4月4日的通讯《中国铁嘴沙祖康》

外交上的"铁嘴"在国际上是反面形象。沙祖康是外交官，咄咄逼人、寸步不让，不是一个外交官应该做的，这实际上影响了中国的国家形象，因为外交官的风度应该是温文尔雅、柔中有刚。这说明，同样一个事实，媒体一旦给它的命名出现偏差，就不可能全面地反映这个事实。

第四，权势人物占据新闻亮点。

在新闻的传播中，权势人物的活动和观点，往往无形中比其他人得到更多的关注。权势人物的"权势"，不仅表现在政治、经济、文化上，因为他们在社会上有名，著名人物身上出新闻，他们的权势也表现在传媒上。我们天天报道权势人物，但是我们这个社会主要是由权势人物组成的吗？不是，权势人物只是社会的极少数。这种报道真实地反映了现实吗？然而从新闻价值的要素来考察，同类事情发生在大人物和小人物身上，传媒自然要报道的是大人物身上发生的事情，而且会蜂拥报道。

例如，《洛杉矶时报》要出售，有三个亿万富翁表示要购买，这就成了一个比较大的新闻，占了报纸一个整版。这三个人准备购买一张著名的报纸，在世界上能算一件大事吗？而且还不是实际行动，只是意向。但是他们是亿万富翁、权势人物，"名人身上出新闻"，又涉及社会事项，就有报道价值。我们不能因此谴责传媒不真实，但若众多类似的事实占据了大部分新闻的内容或时间，会影响公众对世界真实情况的全面了解。

从新闻价值角度看，政治领导人、明星、大款身上发生的事情有新闻价值；富有地区和阶层的情况，也比其他地区和其他阶层更多地得到传媒的关注。

边缘人群在新闻中的正面报道很少,他们更多是以可怜者、犯罪者、败坏道德者、无知者等形象出现在传媒的新闻中。记者本能地突出其中新奇、刺激、悲欢离合方面的信息。如果这只是个别传媒的标准,问题不大,然而,所有新闻传媒遵循的新闻价值标准大体是一致的,这样一来,传媒所反映的社会就有可能失真。

新闻价值的诸要素,主要依据是人接受信息时的心理、社会心理、个性需求和社会需求,具体执行这些新闻价值标准的时候,反映的自然是社会主流的经济、政治和意识形态。在这个意义上,反映这个"主流"就真实了吗?在这个社会中还有这么多像蚂蚁一样的小人物,他们在做什么、怎样生活,我们知之甚少。在这个意义上,媒体反映这个世界的时候,可能不会完全真实。

这样一来,我们很难说传媒真实地反映了这个世界。不过,根据传媒选择事实的标准(新闻价值),也不能要求传媒像哲学认识论那样全面地反映世界,传媒告知公众的是新闻,不是世界的全景。

从社会层面看传媒的舆论监督,会发现传媒批评这个批评那个,几乎全部是一个个具体事实(问题),对整个社会基本结构,均持维护现状的态度。例如关于维权的报道,通常强调作为被动消费者的个体的权益,弱化社会各阶层之间真实的矛盾。传媒关于个体的维权,报道非常细致,最后某人胜诉了。但在实际生活中,个体赢得胜利的并不多。其实大家都知道,消费者与强大的权势力量之间是完全不对等的,这才是社会的一个最大的问题。传媒一般都会淡化两大力量之间的矛盾,因为整体上传媒是靠社会强势集团生存的。

社会问题,个体解决,弱化体制性解决的路径,这是传媒舆论监督报道的普遍现象,而且中外传媒本质上一个样。不论在什么地方,传媒都不可能根本触动权力体制。传媒的力量只是观念上的,实质很弱小。只是在不涉及传媒自身利益、对传媒没有很大危险的情况下,传媒才会兼收并蓄地发表一些不同的观点,释放一些不满,从而缓和社会不同阶层之间的矛盾。在这个意义上,传媒的舆论监督可能会提出一些问题,协助解决具体问题,但在整体上不可能是现实社会全面、真实的反映。

第五,传播符号表达意思的有限,使得新闻接受者对真实的理解也会发生差异。

再先进的媒介或手段,最终要通过人的语言和文字来描述(多数视频也要通过语言才能帮助理解)外部世界,即使报道者主观上真诚地报道外部世界,但是任何语言和文字都不可能完完全全地将心里所思所构的图景描述出来,语言对于表达内心思想来说是有限的。

语言是指代性的,它并不是事物本身,因而使用语言时会出现反映事实的差异。这就涉及传播学的一些道理了,建议大家看一本书,彼得斯的《交流的无奈》(*Speaking into the Air*)。这本书的名字直译应是"对着天空说话",翻译很到位。这本书告诉我们,即使在畅通的条件下进行传播,传播者与接受者之间也不可能完完全全对等地理解。因为我们使用的符号本身会限制你的表达,但是你又不可能不用符号来表达。

例如,画面上一个人急匆匆地走过来,可以描述说:

他兴奋地走来/他慌慌张张地走来/他像有心事地急促走来/他不顾一切地走过来/……

对一种情形的表达,可能会很不一样。因为任何语言都有经验背景,而不同文化下的语言背景是有差异的。同一条新闻,在不同的受众那里会得到不同的甚至相反的理解。这让我想起 1980 年《人民日报》刊登的一条消息《里根的儿子失业了》。编辑的原意是想说明美国的经济很糟糕。然而,当时群众对高干子弟拥有特权十分反感,读了这条消息后的感觉是:美国人人平等,总统的儿子也会失业。这反映出,不同的人对同一个事实的理解可能是相反的,何况一个事实用不同的语言描述它的时候出现的差异呢?那么什么是真实?说不清楚了,在这里,真实有点模糊了。

以上说的是关于新闻真实的理论问题。这样说来,新闻真实似乎是不可能了?不是,我的目的是要说:经过努力,新闻真实是可能的;但这种努力需要建立在对新闻真实这种现象的深刻理解之上。

三、造成新闻不真实的诸多具体原因

1. 文学想象造成具体的新闻失实

前面是从宏观角度说的,这里是从微观角度说。

早期有一个比较典型的事例,即1952年12月关于黄继光牺牲的报道。当时《人民日报》刊登了新华社的一篇通讯,下面是摘录:

> 黄继光又醒过来了,这不是敌人的机枪把他吵醒的,而是为了胜利而战斗的强烈意志把他唤醒了(黄继光已经牺牲了,你怎么知道是强烈的意志把他唤醒了?带有太强烈的作者的主观想象)。黄继光向火力点望了一眼,捏了捏右手的拳头(也许有人看见了,可以证明这个细节)。他带来的两个手雷,有一个已经扔掉了,另一个也在左臂负伤时失掉了。现在他已经没有一件武器(这可能是真实的),只剩下一个对敌人充满了仇恨的有了七个枪洞的身体(这句话不真实,黄继光不可能在那种情况下数自己中了几枪)。这时天快亮了,四十分钟的期限快到了,而我们的突击队还在敌人的火力压制之下冲不上来。后面坑道里营参谋长在望着他,战友们在望着他,祖国人民在望着他,他的母亲也在望着他,马特洛索夫的英雄行为在鼓舞着他(黄继光牺牲了,你不可能采访他,你怎么知道黄继光想到营参谋长望着他,战友们望着他,祖国人民望着他,母亲也在望着他?没有根据。关于"马特洛索夫的英雄行为在鼓舞着他",记者解释说,这个部队在战斗打响之前放过一个以真人为原型的苏联电影《普通一兵》,这个人就是马特洛索夫,在卫国战争的时候也是堵枪眼牺牲的。黄继光看过这个电影,应该对他产生了影响。这样推理有一定道理,但黄继光牺牲了,无法来证明这一点)。这时,战友们看见黄继光突然从地上一跃而起,他像一支离弦的箭,向着火力点猛扑过去(这个形容带有文学色彩,但这是允许的,因为他毕竟有行动,这一行动是个基本事实,可以形容他"像离弦的箭",但前面是主观想象),用自己的胸膛抵住了正在喷吐着火焰的两

挺机关枪……①

这篇报道发表以后,新华社内部有过讨论,当时把这种写法叫做"合理想象"。结论是"合理想象"不合理。讨论以批评"合理想象"结束,但在此后几十年内,我们的典型报道仍然习惯于这么做。典型报道的框架,就要求把人物写得比一般人要好、要高,这就造成不真实的成分。

黄继光牺牲后,关于他的图片也存在真实问题。大家看这个连环画封面,黄继光戴着一枚勋章、肩挎着一只冲锋枪在堵枪眼,怎么可能?黄继光是牺牲以后才授予一级战斗英雄称号的,他当时没有带着冲锋枪,而是带着手雷和炸药包。这是不真实的。

关于黄继光的中国连环画封面

1957年出版的中国连环画《马特洛索夫》

1959年第3期《美术研究》刊文《解放后连环画工作的成就》写道:"志愿军英雄黄继光在朝鲜英勇牺牲时,他的口袋里还珍藏着一本'马特洛索夫'的连环画。这样的例子是列举不完的。新连环画之所以受到群众欢迎,就在于它帮助人们新品质的成长,使人民更加热爱祖国和忠于共产主义理想,从而鼓舞了建设新生活的热情和斗争意志。"《马特洛索夫》连环画的最早版本,是1957年6月由人民美术出版社出版的,黄继光是1952年牺牲的,这个说法也是不真实的。

---

① 《人民日报》1952年12月21日。

第三讲
新闻真实

改革开放以后，评好新闻也出现过含有"合理想象"成分的通讯，好在评委会最后把它否定了。例如1984年浙江省送评的通讯《九米拼搏》，文笔不错，写的是一位司机毛计三，拉着一大客车人过铁路的一瞬间，车熄火了，正好火车也开过来了，千钧一发之际，他利用车的惯性猛打一把方向盘，尽可能使车头对车头，当时火车也在紧急刹车，两车相撞，结果位于大客车前部的毛计三牺牲了，车上大部分乘客生还。下面是相关摘录：

> 他［毛计三］绝没有想到，开车十年、铁轨不知越过万千次的他（"铁轨不知越过万千次的他"，这是文学描述，新闻中的事实必须准确，到底是一万次还是一千次，差十倍呢，怎么可以这样写新闻？），竟会面对面与列车遭遇。……焦灼、紧张、懊丧似无数钢针刺着他的心，要是有一米的宽余，或者再有一秒的延宕就好了（这属于心理描写，你怎么知道那一瞬间他处于"焦灼、紧张、懊丧"中？），他可以避开撞击，可以将客车倒出来。……他知道，只有将车头顺着火车前进方向偏转过去，避免垂直方向相撞，才能……（这都是心理描写，你不可能采访毛计三了，这类描述属于"合理想象"）

关于新闻真实，历史上有个小故事值得借鉴，对于刚入门的新闻工作者，有必要讲讲：

> 扬州八怪郑板桥十岁那年，随私塾先生出外游玩。行至河边见一少女尸体仰面朝天，头发散乱，在漩涡中打转。老师随口吟诗一首：二八女多娇，风吹落小桥。三魂随浪转，七魄泛波涛。吟完后连说：可怜可怜。郑板桥说这诗应改一下。老师问道：为何？板桥说：您不认识这位少女，怎么知道她正好十六呢？又是怎么知道她是被吹落桥下的呢？您又怎么看到她的三魂七魄了呢？郑板桥吟道：谁家女多娇，何故落小桥？青丝随浪转，粉面泛波涛。老师听了连连点头。

郑板桥后面的几句话是客观地描述他看到的现象：不知道这是谁家的女

孩,是什么原因落到桥下的,"青丝"说明这个女孩子是黑头发,"粉面泛波涛"说明她是脸朝上漂着。私塾老师的诗属于文学想象,可以这么写;后者可视为诗化的新闻,它的语言是客观的和现实的。新闻报道不能有想象的成分,这一点需要我们反复强调。

2. 体制性失实,即从政治需要或者为了经济利益的需要,默许和鼓励某些不实报道

毛泽东1945年在党的七大上有一段讲话:"我们曾经有个时期分对内对外,内报一支是一支,外报一支是两支。现在我们专门发了通令,知之为知之,不知为不知,一支为一支,两支为两支,是知也。"①这里的"外报",指的是公开的新闻报道。也就是说,毛泽东承认,我们关于战果的报道曾经是不真实的,但从语气上看,毛泽东对过去的新闻说谎没有着力批评,只是强调以后不要这样做。显然,从政治角度看,对过去的不真实实际上原谅了。

就此我想起我小学四年级的语文课文《平型关大捷》,上面说:我八路军115师消灭日寇板垣师团3 000人。直到1995年纪念抗日战争胜利50周年的时候,才把这个数字改为1 000人。我们能从3 000人改为1 000人是一种进步,但是这样的错误过了几十年才纠正过来,这个进步也太晚了点。根据后来我进一步看到的材料,这1 000人可能也有点虚,大概是七八百人。这是一种体制性失实——由于某种政治需要而造成的失实。

这类情况还有"大跃进"时期全局性的虚假报道。新华社1958年11月13日的《内部参考》第2632期,刊载了一篇报道《安国的小麦千亩天下第一田》,讲的是安国县计划平均亩产小麦2万斤,要成为天下产量最高的小麦。种过小麦的人都知道,在华北地区一亩地400斤就上《纲要》了,现在要求亩产2万斤,完全不可能的事。

关于新闻真实,习近平有很多论述。早在1989年他就指出:"新闻学作为一门科学,与政治的关系很密切。但不是说新闻可以等同于政治,不是说为了政治需要可以不要它的真实性,所以既要强调新闻工作的党性,又不可忽视新

---

① 《毛泽东新闻工作文选》,新华出版社1983年版,第127—128页。

闻工作自身的规律性。"①2016年2月19日上午,他与记者视频对话时说:"希望你们能够客观、真实、全面地介绍中国经济社会的发展情况","希望你们继续很好地深入调研,提供真实的、全面的、客观的新闻,这也成为我们各级决策的一个依据。"当天下午,他在党的新闻舆论工作座谈会上再次指出:"真实性是新闻的生命,事实是新闻的本源,虚假是新闻的天敌。新闻的真实性容不得一丁点马虎,否则最真实的部分也会让人觉得不真实。"②

2003年10月,中国第一位飞天宇航员杨利伟出舱时满脸是血,他自己后来在公开的日记中写道:"着陆时巨大的冲击力,因为麦克风有不规则的棱角,让我嘴角受伤。"而人们在新闻照片里看到的杨利伟,尽管脸色稍显苍白,身体状况还是良好的。这是血迹被擦干后重新表演的"事实"。照片的文字说明还特意写道:"在刚刚打开飞船返回舱门的第一时间赶到现场,拍到了中国航天第一人杨利伟平安和返回舱完好无损的瞬间。"决定掩盖这一事实的人和拍摄照片的记者,心中"扬国威"的理念压抑了"不说谎"的道德意识。

血迹被擦干净后重新表演的杨利伟出舱的"新闻"照片

---

① 习近平:《摆脱贫困》,福建人民出版社1992年版,第84页。
② 中共中央文献研究室:《习近平总书记重要讲话文章选编》,中央文献出版社和党建读物出版社2016年内部版,第245页。

有一种要求新闻真实的理论，表面上颇有逻辑，分为四个要点，而它的实质却与新闻真实的基本要求相悖，即要求以先入为主的观点统率事实。

第一个要点：现象可能是虚假的，只有本质才是真实的，所以要报道本质。反驳的观点是：本质是抽象的，不存在真实与否的问题。新闻只能报道实在的现象，现象是什么就是什么。研究事物的本质是哲学的任务，新闻能在第一时间把基本事实真实地叙述出来，已经不容易了。

第二个要点：事物的本质与它的主流是一致的，报道了主流即报道了事物的本质。反驳的观点是：这里的"本质"实际上是一种对事物的认识或观点，先确定一个"本质"，比如社会的主流是好的，这是本质，然后再去找例子说明这个"本质"。这不是新闻报道，是在做证明的游戏。按照这个逻辑，因为社会的主流是好的、是光明的，所以你报道了不符合"主流"和"光明"的新闻，即使这个事实真的存在，它在本质上也是不真实的。这个逻辑是讲不通的。

第三个观点：真实性与无产阶级的党性、阶级性是一致的，只有体现党性和阶级性的报道才是真实的。反驳的观点是：真实与否与阶级、政党并无必然联系，认识本质只能通过现象，新闻报道正是通过不断报道新的现象，以帮助人们认识事物的本质。这种说法把新闻真实与人的价值观挂钩，造成一种讲不通的逻辑：只有符合我们的观点的事实才是真实的。世界是多样化的，不能认为只有我们的价值观才能保证新闻真实，其他价值观下的新闻就不真实。

第四个观点：揭示事物的本质，反映带有规律性的东西是无产阶级新闻工作者的责任。反驳的观点：新闻报道无法承担如此重任，这种观点在历史上已经多次为造谣和强加于人开辟道路。

新闻报道不能以先入为主的观点统率事实，是什么就是什么。不管这个事情是令人愉快的还是令人不愉快的，要实事求是。

上面谈到的前一种观点，是为体制性失实做辩护的一种理论。你要是客观报道了某个事实，如果这个事实对他不利，他可能会说你是不真实的。他怎么反驳呢？他不说这种现象不存在，他说主流是光明的，你报道了非主流，所以说你的报道本质上是不真实的。这个道理是个歪理，但是在过去很长时间占主导地位。

例如,有一种观点就值得探讨:

> 我们对于新闻真实不仅从真实本身去思考,还从价值的层面去思考,从而将真假的判断扩展到一般的认知判断,并渗透着基于利害关系的价值判断。

这句话的意思是,报道新闻不仅要考虑事实本身是真是假,还要从价值层面——利益角度考虑是否有利于自己。如果新闻报道需要这样的设定,那么假新闻又要出来了。好在我同时也看到了对这种说法的批评:

> 把不同内涵的判断绞合在一起,使人们对事实真实不真实这个最简单不过的问题,变得复杂化起来。这种思维模式的特点要求价值判断统领事实认识,融事实判断于价值判断之中。

一语中的。要求将价值观的判断渗透到对事实的报道中,这种观点对新闻的职业化是一种很大的威胁。

我们要遵循马克思主义新闻观,在报道之前,不应该有先入为主的思想。马克思第一次当报纸主编的时候说过一段话:"**不真实的**思想必然地、不由自主地要捏造**不真实的**事实,即歪曲真相、制造谎言。"①马克思要求在报道事实之前,记者不能有先入为主的思想,应客观地报道事实。他向记者提出过一个问题:"哪一种报刊说的是事实,哪一种报刊说的是**希望**出现的事实?"②我们说的是事实,而不能是希望出现的事实。这段话在《马克思恩格斯全集》中文第一版中翻译为:"谁是根据事实来描写事实,而谁是根据**希望**来描写事实呢?"③习近平看到第一版的译文,认为马克思"根据事实来描述事实"这句话说得好。他在 2016 年 2 月 19 日的讲话里,将马克思的这句反

---

① 《马克思恩格斯全集》第 1 卷,人民出版社 1995 年版,第 415 页。
② 《马克思恩格斯全集》第 1 卷,人民出版社 1995 年版,第 398 页。
③ 《马克思恩格斯全集》第 1 卷,人民出版社 1956 年版,第 191 页。

问句变成了正面论述："要根据事实来描述事实,不能根据愿望来描述事实。"①

列宁也说过类似的话。他让人去办一份共产国际的信息杂志,专登外媒刊发的消息。当时有人说,外国情况的报道带有外国人的观点。列宁说:我们需要的是**完整的**和**真实的情报**,真实不应取决于该为谁服务②。也就是说,报道的真实性不取决于价值观,要的是事实本身的真实。这里的"情报"即信息,指外国的新闻报道。

刘少奇20世纪60年代曾注意到党报的一个问题,即为了突出当时的中心工作,媒体的报道给人这样一种感觉:好像全国人民都在想同一个问题,做同一项工作,这是不真实的。所以他提出:新闻要同实际保持一定距离。这里的"实际",是指当下的中心工作和政治运动。党领导的新闻媒体有宣传党的方针政策的责任,但总结历史的教训,没有必要事事都与中心工作挂钩,过于紧跟快转的新闻,相当程度上是不真实的。例如,刚发表党的文件,第二天传媒上就说某个地方学习见了行动,这不真实。

市场经济条件下,某些传媒夸大事实中的猎奇或人情味的部分,也会影响新闻的真实。新闻记者有一种本能的职业冲动,对异常、特殊的事情感兴趣。新闻敏感是需要的,但不能为迎合受众而夸大事实的某些部分,这都会造成新闻的失实。

3. 新闻采访、写作与编辑过程中造成的失实

第一,采访不深入造成的失实。

照理说,采访必须找到当事人,还要找旁证,多听几方面的意见。在实际工作中,遵循这种要求做的记者并不多。多数新闻非常一般化,没有找到当事人,也没有找到旁证。有些现在是这样"写"出来的:记者参加一个新闻发布会,把别人给的稿子改动几个字,署上自己的"大名"就登出来了。临时发生的事实采访,我发现多少次了,同一个事实几张报纸的报道差距很大,以致哪个是真哪个是假说不清楚,而且事后没有任何对受众的说明。

---

① 习近平:《论党的宣传思想工作》,中央文献出版社2020年版,第187页。
② 《列宁全集》第51卷,人民出版社2017年版,第257页。译文根据原文有改动。

第三讲
新闻真实

　　例如，北京通州区一个人杀害了另一个人，《北京青年报》和《新京报》都做了报道。一家报纸说是"砍死"了那个人，另一家报纸说是"扎死"了那个人；一家报纸说死者与凶手是近亲，另一家说是远亲。都是头版新闻，除了基本事实，即一个人杀害了另一个人没有错外，其余都说不清楚。说"砍死"的那篇报道，文中叙述凶手拿着三棱刮刀——三棱刮刀怎么"砍"啊？那是扎人的，显然用"砍"字不对。但报纸从头版要闻，到具体版面的标题，都使用的是"砍"字。

　　我还看到这两家报纸同时报道的另一件事，也是说法差距较大。延庆有一个地方的缆车出了问题，游客大冬天在缆车里冻了一两个小时，两报都列为头版要闻之一。一个报道说是被困人数18人，一个报道说是25个人；被困时间，一个报道一小时，一个报道两小时。

　　现在的新闻官司多起来，传媒关于舆论监督报道，即使出于自我保护的目的，也要努力接近司法层面的真实，因为你是说人家不好的地方，每一点都要证据在握，不能马虎，做得稍微差一点就会被人抓住把柄。这里提出四个防止：

　　防止采用无可证实的事实；

　　防止取证不当的事实；

　　防止证据存疑的事实；

　　防止推论。

　　2006年发生的富士康诉《第一财经日报》记者的教训，应该汲取。记者报道中，有一部分内容是推论，结果被富士康抓住把柄告到法院，冻结两位记者的个人财产，索赔3 000万元。3 000万这个对于个人来说的天文数字和起诉行为本身，引起其他媒体的关注，大家一哄而起，讨论3 000万的索赔合适不合适，该不该冻结记者个人财产，结果记者揭露富士康下属工厂实行"血汗工资"制的事实没有再提，富士康达到了转移视线的目的。而同一个时期，国外的几家媒体也报道了富士康下属工厂的同类事实，富士康就抓不到小辫子。

　　历史上这种采访不深入的事情太多了，举一个给我留下印象最深的事。1980年关于陕西延安青化砭142岁老人吴云清的报道，轰动全国。最早由新华社发了一张照片，说他是1839年（道光十八年腊月）出生，全国各报刊纷纷转载。江西的一家报纸打了个长途电话，向公社的领导了解了一些情况，就写了一篇生动的人物通讯。142岁的人极为罕见,这当然是新闻。当时在中国的外国记者不多,美国、阿根廷、日本的记者提出要采访,这个时候,我们才意识到要核查一下是怎么回事。经过并不复杂的调查,证实他只有82岁。可能老人说是光绪年号,记者听成了道光年号。道光皇帝是光绪皇帝的爷爷,差多少年啊。记者没有深入采访,也缺乏必要的历史知识,算成了142岁。关于这位老人的通讯,则是进一步道听途说、笔下生花的结果,写报道的记者都没有见过这位老人。

第二,编辑过程的差误造成的失实。

这个问题又可以分为两种情况。一是编辑想当然造成的失实。这方面最典型的是20世纪80年代初曾经引起轰动的浙江"农民红学家胡世荣"的报道。胡世荣对红学感兴趣,"被推荐参加红学会",记者最初的来稿是这样写的。但是到了编辑手里,变成了"会员",其他的传媒在报道中又进一步写成"被批准"为会员。后续报道再进一步推论,既然是全国红学会会员,当然就可算是红学家了,他的身份是农民,就变成了"农民红学家",越吹越厉害。胡世荣本人看了报道以后,多次写信向有关报刊说明不是这么回事,但是没人理会。有人对胡世荣的红学家身份提出质疑后,出现了另外的一面倒,有的传媒说胡世荣是骗子,甚至说他爱人也是他骗到手的,等等,弄得胡家不得安宁。

还有一次也是编辑自作聪明造成失实。当时的日本首相大平正芳访问中国,在西安题词"温古知新",因为西安是古都。结果新华社的编辑接到稿子,没有再找记者问问,就自作聪明地改成了"温故知新"。

二是编辑环节之间缺乏沟通造成的失实。有些大的媒体,例如新华社的编辑环节层次较多,特别是翻译的稿子,由于每个层次之间不沟通,就可能造成新闻失实。1989年12月13日晚,电视新闻中播出了一条惊人的消息:

> 一颗小行星可能撞地球,科学家正想方设法避免这场灾难。这颗小行星直径约1千米,目前距地球80万千米,为月球至地球距离的两倍。如果发生小行星撞击地球事件,其撞击所产生的能量相当于1945年在广岛爆炸的原子弹破坏力的770倍,地球上一半以上的人将遭此劫难……

这条新闻的依据是新华社稿。播出以后，街上很多酒馆里挤满了人，反正都要死了，临死前喝杯酒吧。这种情况引起上面的注意，后来一查，这是由于新华社在稿件翻译、编辑过程中出现差错，一层接一层，每层都改几个字，几经改动后变成了一条耸人听闻的新闻。

再如，早年一条关于苏军歌舞团取消访问法国的新闻，原文说苏军歌舞团取消访问法国的计划。第二遍改动时，删掉了主语"苏军歌舞团"，只是说，苏军歌舞团去法国访问的事已经被取消。再经几道关，最后的编辑认为还是应该出现主语，但是没有核对，就想当然地改成法方取消了这次访问。事实就是这样在编辑手里被颠倒了，报道出来以后引起法国的抗议。

第三，编辑核实程序不对造成的失实。

2002年著名的假新闻《女儿状告爸爸的吻》，是湖北大学新闻专业的一个研究生编造的。南方某报的编辑看到这个新闻，眼睛都亮了，这个新闻有可读性和趣味性。编辑脑子里还有核实的意识，就向造假的作者发邮件问：这是不是真的？作者回复是真的。编辑还不放心，又提出要求：你把这个女孩的照片发过来。作者马上把一个很漂亮的女孩的照片发了过去。编辑相信了。没想到刚一登出来，马上就被揭露是假新闻。这位编辑很委屈，强调"我核实了"。关键是怎么核实的，你能向作者核实吗？作者当然会说是真的。故事里面处于不利地位的是女孩的爸爸，你应该问她爸爸叫什么，在哪儿，去向她爸爸核实。让作者发个女孩儿的照片来证实是真的，发张照片还不容易吗？这位编辑不懂编辑程序。核实必须向事实中的当事人（特别是利益受损方）和旁观证人核实，不能向作者核实。

第四，写作中作者想当然造成的失实。

《光明日报》曾经报道过一个典型人物——栾弗。关于栾弗的通讯《追求》中有这样的描写：

> 经他手刻印的120万字的讲义，从第一页到最末一页，找不到一个漏字和涂改过的字，每一个词，每一张图表，每一个数字，都像铅印出来的一样，端正、清晰、准确。

120万字相当于三四本长篇小说,也许记者翻阅过,无一涂改,尚可信,但是"无一漏字",记者又不懂专业,谁相信啊?这就属于想当然。记者为了使栾弗的形象更高大,写得让人都不信了。

还有,我们报道典型人物往往喜欢说他早上班、晚下班、节假日不休息。含含糊糊地这么说还可以,动不动就是"几十年如一日",只要他有一个节假日休息了,你这个"几十年如一日"就不成立。最多写到"经常",这已经是很了不得了。

数字具体运用时,尤其不能想当然。一篇关于西沙群岛某战士担水浇地的报道,说他每天从200米远处担水浇地三遍,一遍就是上百担。这话说得太随意了,仔细算算,除非这个战士不睡觉、不吃饭连续走24小时,否则他无论如何在一天之内也走不了这么长的路(240华里)。

4. 新闻策划造成"传媒假事件"泛滥

"新闻策划"这个词是20世纪90年代开始出现的。"策划"本来是个公共关系的概念,是指企业想方设法制造一些有新闻价值的事实,来吸引传媒报道。传媒以外发生的事实,如果有新闻价值,传媒可以报。但是传媒自己"策划"事实而后报道这个事实,就成问题了。

关于企业的"策划",可以举个例子:有一个人被汽车撞了,肇事车辆逃逸,一个路人把伤者送到医院,经医院抢救,未能救过来,人死了。医院做了手术需要有人承担费用,于是就揪住这位做好事的人出钱,钱还不少,多少万。这个事被媒体报道了,有一个新成立的公司看了报道,马上就捐了一笔钱,做好事的人得以解脱。传媒以赞扬的基调报道了这个公司,该公司因传媒的报道而扬名。这就属于公司的一次灵活的新闻策划。这个公司做了一件有新闻价值的事情而被媒体报道,比它花同样的钱做广告效果还要好,这叫公关、叫策划,可以做。这个事情对传媒来说有新闻价值,所以传媒报道也是自然的。

再如,长江里有一条渔船,船里放了一台黑白电视机,风浪一起,电视机从船上掉到江里面去了。船工把它捞上来烘干,拧开,还能正常收看节目。这件事被传媒报道了,生产该电视机的厂家随后利用这个事实,有力地证明该品牌的质量如何好。当时还没有"公关"这个词,但这个厂子显然具有公关意识。这是自然发生的事,抓住它做宣传,比花多少钱做广告都有用。

对传媒来说,新闻是自身之外客观发生的事实,事实发生了,传媒可以"组织报道",即讨论如何报道,从哪个角度报道。在这个意义上称"组织报道"为"新闻策划",问题不大。但是"策划"这个词容易与"无中生有"挂钩。如果理解为传媒可以制造事实,然后报道该"事实",这便是"传媒假事件"。本来事实很小,没有新闻价值,媒体推动事实的发展,或者事实不存在,媒体找个由头,制造事实,然后再去报道。这种新闻是不真实的,这一点至少我们在理论上应该十分清楚,但是一些传媒经常这样做,没有意识到这是错误的。

20世纪90年代中期,有的新闻学者发表了如下言论:

> 新闻策划是一张改变现状的蓝图,是一场演出的导演过程,是由新闻媒介规划设计、促成事件发生、发展并予以报道的一种新闻类型。新闻事实可以由媒体自编、自演而后自播,从找新闻、抢新闻到制造新闻,这是对过去理论的突破,不能被事实牵着鼻子走;新闻策划符合新闻工作的发展规律,是媒介竞争的秘密武器,是新闻改革的新的增长点。

那时候刚刚开始发展市场经济,大家头脑发热,不懂得什么是市场经济。当时也有批评性文章,把这种情形概括为"天下本无事,新闻策划之"。如果这种鼓励公开造假的"理论"能够容身,新闻学就完结了。

出现这样的"理论"在于有这样的实践,只要传播成功了,大家都说好话,不考虑行为的伦理。《华西都市报》创刊之时,制造了一系列事实,然后报道事实,引起轰动,一下子把品牌打出去了。这个经验一度被广泛传播。并非成功了就是正确的,现在回过头来看,这样的做法不符合新闻职业规范,其新闻的真实是暧昧的。

例如,它们组织的"送孩子回家"行动。最初,记者跟着警察到外省去打拐,作为旁观者报道打拐,这是新闻的职业工作。打拐过程中解救了8个很小的孩子,不知道父母是谁。由于民政部门不作为,该报总编辑灵机一动:我们把他们管起来。如果是传媒做好事,应该表扬,但是把这个事情作为报道选题,每找到一个孩子的家长或有人领养,都有大篇幅的报道,强调本报出了多少力,这里面内含明显的传媒利益。一些新闻理论研究者再写文章从理论上支持这种做法,于是就出现了"突破"理论的那些话。原来要求的新闻真实,似乎过时了,现在公然声称,传媒制造事实是新的理论!

后来,类似这样的事越来越多,传媒动不动就发起一场运动,解决什么问题。传媒的基本职责是报道新闻。把事实报道清楚,传媒的职责就完成了。的确,不少事情某些部门不作为,传媒若有正义感,就向公众揭露他们的不作为,但是不能替代这些部门办事。你可以替代这些部门偶然做一件事,你能都管起来吗?别的部门不作为,不能成为传媒越权的理由。传媒做好事只能以社会的普通一分子来做,不能利用自身的传播资源自我吹捧。若有宣扬自己的目的,有自己的利益在里面,应该回避。社会有不同的分工,各司其职是基本的社会秩序。

大部分"传媒假事件"的策划者,都会选择一个"弘扬主旋律"的框架,比如,传媒去救助被拐儿童,送财物到农村扶贫等,导演这个"事实"并由本传媒报道,通常会得到党政部门的认可,因而不少传媒热衷于制造这样的传媒假事件。假如 2008 年制造纸馅包子假新闻的訾北佳,以"弘扬主旋律"为框架,组织一个包子店为迎接奥运制作了福娃系列包子,然后加以报道,人们会认为是假新闻吗?实际上,不少传媒以及记者每天都在苦思冥想地制造这样的"传媒假事件"。"弘扬主旋律"、"正能量"的假新闻(实际是一类"传媒假事件"),我们难道不要反对吗?

有的电视台策划准新闻节目"街头公德测试",也是一种假事件,它具有"陷阱新闻"的所有特征:导演事件、欺骗式采访和以审判者自居。在这种测试中,新闻报道的主要内容并非自然发生,而是由媒介导演出来的。如果没有媒介的策划,报道的内容根本就不会发生。

新闻策划下的"假事件"如果作为一种新闻的基本类型,就要考虑一下新闻职业是什么,是告诉公众一个真实的外部世界,还是不断地制造一系列美好的或恐怖的"新闻"来替代真实的世界?假如传媒报道的内容主要是由传媒策划出来的,那报道的是一个什么世界呀?是一个制造的世界!

传媒参与制造事实,这不是新东西。19 世纪末美国的"黄色新闻潮"就是这样做的。例如,传媒安排一位漂亮的女郎周游世界,每走到一个地方,传媒就报道这个女郎做了什么。当时的传媒都打着为了公众利益的旗号,其实商业利益才是真的。

传媒以外的商业企业组织一些活动,如果有新闻价值,传媒可以适当报道，但要对它们制造的"新闻陷阱"保持警惕。有的公司公关部门很懂得新闻价值，例如，突然宣布赠送某著名影星一套高级住宅。名人身上出新闻，只要传媒报道，这家公司的名声就出去了，公司花同样的钱做广告可能达不到这个效果。传媒处于竞争中，你不报，会有别的传媒报，这是我们面临的一个新情况。这样的新闻不是传媒制造的，涉及商业企业的公关伦理问题。

"传媒假事件"不是一般意义的假新闻，它的"假"，有几个特征：

第一，消息来源与报道者重合。照理说，新闻的消息来源在传媒以外，除非记者正好在事件发生的现场，不过这种事情的几率很小。在传媒假事件中，制造事实的和报道事实的都是传媒的工作人员，这种情况下，新闻真实是可疑的。

第二，传媒假事件隐藏着传媒自身的公关需求，或记者的单纯职业主义动机。有时候事实不是传媒这个组织推动的，而是记者推动的，制造了一个轰动的事实，把它报道出来，客观效果是自己出名。

第三，方式上，传媒或记者导演事实。这方面有一个比较典型的例子。21世纪初，重庆市某副市长去看望棚户区，当地一家比较主要的传媒漏报了这条新闻。相关记者灵机一动，自己花钱买了一些面粉、白菜、猪肉送到棚户区他相识的哥们儿那里，然后以棚户区居民的名义起草了一封信，让他们送给市办公厅。信中说，感谢市领导对我们的关怀，听说副市长是北方人，请市领导到我们家来吃饺子。记者本来的意思，是就此写一条棚户区居民如何感谢市领导的报道，这只能是他的独家新闻，以此抵消漏报新闻的过错。没想到市办公厅真把这封信转到市领导那里，副市长真去了。记者当然是独家采访，发表了独家新闻：棚户区居民感谢市领导看望，副市长与居民同吃饺子云云。这个记者很得意，到处讲他的经验，这个经验就是导演事实。这样的事，不是经验，应该是教训，典型的传媒假事件。

第四，结果产生暧昧的"真实"。这种由传媒建构的社会真实已经存在，但它是传媒掌控的"客观存在"，由传媒决定事实的发展方向，这是一种暧昧的社会真实。由于我们的传媒对这样的策划习以为常，很多当事人认识不到它与新闻真实的要求相悖。

下面这几张照片是最常见的导演电视新闻的过程。先写好一张条子："今天下午，我们看了电视台现场直播的市政府新一届领导班子记者招待会，非常受鼓舞,非常激动人心。我们充分相信,在新当选的市领导的正确领导下,在全市上下共同努力下,一定会把我们的家园建设得更加美丽。"然后找个人照着条子念一遍。我们现在的电视新闻中很多镜头不就是这样产生的吗?这是最简单的"传媒假事件"。念了一遍还不放心,可能表演不太好,再找个人念一遍,觉得哪个好就使用哪个。最后那张照片无意中透漏出事件发生的地点,后面有一个商店写着"黄石店",这个传媒假事件发生在湖北黄石。

常见的导演电视新闻的过程

情节比较复杂的"传媒假事件",可以关于杨丽娟的报道为例。杨丽娟这个人是真实存在的,她追星确实有点疯狂,这是真实的,第一次报道她基本是客观的。第二次报道,传媒开始推动事实的发展,要圆杨丽娟的追星梦,而且还打着关注弱势群体的旗号。追星的这个女孩算是弱势群体吗?哪个穷得吃不上饭的人会去追星啊?传媒当时的这个由头,逻辑上都讲不通。然而事情越做越大,2007年连中央电视台《共同关注》也关注起这个"弱势群体"来了。

此后所有关于杨丽娟的报道,均是传媒争相导演事实。2007年年底,各传媒盘点"成就",又把杨丽娟作为新闻人物再次曝光,行文中均没有对报道中传媒导演事实有所检讨。

5. 故意制造、传播虚假事实或虚张声势地夸大事实

对这类"新闻"的价值判断,有无可置疑的否定性,但是依然常见常新,绵绵不绝。有各种各样的原因:出于政治需要的,出于利益驱动的,出于追求轰动和耸人听闻效应的,迫于竞争或生存压力的,等等。

2007年7月,CCTV-12《天网》栏目播出了一个专题片《揭秘传销》。这个选题很好,传销应该揭露。专题片讲述了某位女大学生参加传销,在被父母强行带回家的途中跳火车自杀身亡的案例,这是个真实的事情。报道中,还播发了死者生前的三张照片。眼尖的网友发现,所谓死者的"生前照片"竟然是网上热传的Ayawawa的生活照。这个节目评上了第17届中国新闻奖,公示阶段被揭发造假,悄然拿下。这种造假的事情应该正视,公开批评。

现在还有新的原因,即传媒间的竞争激烈,一些记者不择手段地偷新闻、买新闻、编新闻,甚至把各种迷信故事和小说情节作为新闻来吸引观众眼球。

例如360推荐的"热点资讯"头条,来自今日头条2019年5月11日的灵魂附体"新闻"。这是一个迷信故事,被不同网络媒体用来当作"新闻"以引导网民点击。

2019年5月11日360"热点资讯"头条截图

再如 2019 年 5 月 16 日 360"热点资讯"在二条位置推荐给网民的 3 月 20 日今日头条的"新闻",标题很像新闻:"某大学一学生偷吃女生吃剩的饭菜 被扇耳光后亮其身份!"而内容却是一篇完全虚构的小说。

2019 年 5 月 16 日 360"热点资讯"二条截图

6. 套话、套路写作造成的不真实

套话、套路描写不可能反映真事实情。下面是上海戏剧家沙叶新(1939—2018)对我们现在某些新闻套路的描述:

会议没有不隆重的,闭幕没有不胜利的;
讲话没有不重要的,鼓掌没有不热烈的;
决议没有不通过的,人心没有不振奋的;
接见没有不亲自的,看望没有不亲切的;
班子没有不团结的,群众没有不满意的;
效率没有不显著的,成就没有不巨大的;
抗洪没有不英勇的,抢救没有不及时的;
美国人民没有不友好的,前总统没有不是老朋友的……

这些八股有多少真实性?恐怕记者们自己也不相信。这些都是套路,我们习惯性地随便拿过来就用上了，对于叙述的事实来说，是不真实的反映。"套话＋空话＋美文学字句＋固定套路"的新闻，应该从假新闻的角度来看待，因为所叙述的并不是真实的现实，相当程度是想象。

四、传媒对科学的误读

科学研究是极少数人从事的专业工作，它的语言体系与生活语言有迥然的差异。传媒报道科学，即使记者非常真诚地报道，也容易造成不够真实的情况，这是由于新闻报道与科学研究的工作性质不同，新闻工作的特点很容易造成科学新闻的失实。以下具体谈谈几种情况。

第一，记者对科学事实的选择偏重于事实的轰动性和影响力。这样一来，很可能发明一种营养液要比发现一种基本粒子更有新闻价值。例如考古，对于考古学家来说，考古的目的不是为了发现值钱的、精美的随葬品，而是要通过考古证实某些历史上的假设。北京老山汉墓挖掘的时候，中央电视台现场直播，直播追求的是惊人发现，结果什么都没有，只挖出一块漆面板、一具尸体，而且已经被拽到棺材外面去了，因为这个墓被盗过。对于新闻工作者来说，他们觉得这个事好像很失败；而对考古工作者来说，他们认为这次考古发掘很成功，很有价值。考古工作者和新闻工作者感兴趣的内容是不一样的。

第二，科学的结论往往是不确定的和有许多附加条件的，但是新闻报道的接受者通常希望得到肯定的（精确）事实，而且是就是、非就非。

第三，以叙述性和形象性为特征的新闻语言表达科学术语，注定会造成一定程度的扭曲。科学的语言有它自己的体系，而传媒报道科学，只能使用大众化语言，这就不可避免地造成报道内容不够真实。

这三条都是天然存在的新闻工作与科学工作之间的差异。即使你非常真诚地报道科学，你的报道对于科学来说，也是不准确的。这种差异是允许的，只要大体把科学的情况说出来就可以了。但是实际上很多问题没有这么简单，媒体在报道科学的时候背后往往有各种动机。

技术上解决这个问题，需要记者与科学家之间充分协商。作为主动方的记者,有必要形成一套报道科学新闻的程序,报道中使用的生活语言,需要经过当事科学家的认可(尽管这种认可有时对他们来说很无奈),尽可能缩小与科学真实之间的距离。

有些科学问题是很难用普通的话语表达的。报道者在使用一些科普小故事时,要尽可能与当事的科学家核实。一旦错误的故事流传,更正起来很难,多少年也纠正不过来。

例如,关于"苹果落地"的牛顿故事上了小学课本,实际上并没有这个事。现在无论怎么更正,大家仍然这样说。爱因斯坦的相对论是一个非常复杂的科学问题,但是媒体编了这样一个故事:什么是爱因斯坦的相对论呢?比如说你在谈恋爱,感情非常投入,五个小时你觉得只有五分钟;你做了一件很不情愿做的事情,其实只有五分钟,而你觉得过了五个小时,这就是爱因斯坦的相对论。这个故事的解释与爱因斯坦的相对论根本就没有任何关系,但是这个故事已经讲出来了,你想收回去都不行,这就是对科学的误读,如果扣帽子,就是假新闻。记者毕竟是科学以外的人,不自觉地用人文逻辑解释科学。

由于有的记者缺乏理性,也曾经造成伪科学新闻的泛滥。这里的理性是指冷静的思考。即使知识不多,记者对一些问题也应该有常人的判断。可是,一旦发现奇特的关于科学的"事实",不少记者头脑发热到丧失了常人理性的程度。建议读一读恩格斯的话:

> 单凭经验是对付不了降神术士的。……降神术士毫不在乎成百件的所谓事实已经暴露出是骗局,成打的所谓神媒也被揭露出是一些平凡的江湖骗子。除非把那些所谓奇迹一件一件地揭穿,否则这些降神术士仍然有足够的活动地盘,……伪造的东西的存在,正好证明了真的东西的真实。
>
> 要驳倒顽固的请神者,势必要用理论的考察,而不能用经验的实验;……①

---

① 《马克思恩格斯全集》第 20 卷,人民出版社 1971 年版,第 400 页。

1980年以后的十几年内,我国传媒报道的各种人体特异功能的新闻,几乎全部是假的。这些新闻有时候甚至占据主导地位,反对者的声音非常微弱。从较早的耳朵认字,到永动机、水变油、邱氏鼠药,还有每隔几年总要重现的某人已解决了哥德巴赫猜想("1+1")的报道,多起关于能治百病的医生的报道,等等,没有一个是真的。这里展示的1998年《新民晚报》的整版通讯《发现当代华佗》,就是吹捧巫医胡万林的。为什么会持续出现如此多的假新闻?说轻了,当事的记者和传媒丧失了理性。

《新民晚报》1998年1月10日关于胡万林的假新闻

1998—2001年,《北京青年报》三次报道换头术假新闻。2000年9月4日,《北京青年报》报道《换头术将成现实》:"一位美国教授罗伯特·怀特声称他准备取一个人的头颅和大脑移植到另一个人的躯干上。他已经用猴子和狗做过20多次此类手术,现在准备对人类开展这种手术。"2001年7月22日,《北京青年报》再次发表一篇颇为引人注目的特写《美国医生操刀换人头》,随后一些传统媒体和网络媒体纷纷跟进,报道了这一事件。随后该新闻被《新闻记者》评为全国十大假新闻之一。根据我们的生活经验，一个人换个肝、换个心，能活五年以上，就是新闻了。现在有人告诉你，人的脑袋可以换，而且是男人的脑袋接到女人身上，还接活了，能信吗？科学幻想故事还差不多，但是它是作为新闻来报道的，而且放在报纸的"前沿新知"专版的头条，恐怕是编辑发现"新闻"兴奋过度了吧。

2017—2018年，各种换头术假新闻再次在中国网络新闻里流传，都是传说，不要相信！

《北京青年报》1998年4月24日发表的换头术假新闻

还有21世纪初关于"核酸营养"的报道，本身是一个骗局。核酸是一类携带遗传信息的遗传物质，没有营养价值。曾有人炮制出所谓"核酸营养"与"核酸疗法"欺骗世人，早在20世纪80年代就被美国法院多次判为商业骗局。中国的一些利益集团于2001年在国内再次制造了核酸营养的骗局，一时这类报道和广告在我国传媒上铺天盖地。最后由卫生部出面，开了听证会，此类报道才一度消失了。然而，2005—2007年，中央电视台春节晚会和"3·15"晚会上,核酸营养的广告再现,而且是晚会标志性广告之一!

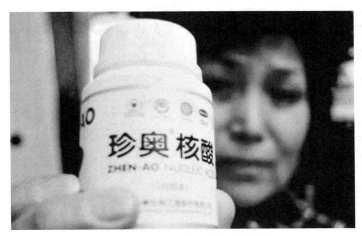

2007年"3·15"晚会上的标志性广告

多数传媒为这场伪科学骗局捧场,只有少数媒体揭露了骗局。问题在于利益集团请出了一些著名科学家来证明其科学性,而那些肯定核酸营养的科学家们,并不是这个专门领域的专家。市场经济背景下,自然科学从理解性知识越来越多地向工具性知识转变,在这个过程中,背后也越来越多地站着利益集团。传媒在报道科学新闻时,如果不能充分认识到这一点,后果是可怕的,不仅危及自身,更对社会贻害无穷。

除了新闻从业人员缺乏理性思维外,新闻源通常会与利益挂钩。例如,利益集团请出院士来证明其产品的科学性,院士是某个领域的专家,一旦走出他们熟悉的领域,说的话很难科学。传媒喜欢报道"专家说",这个专家一定要找准,要确实是这方面的专家。

因此,遇到以下情形时,做记者的要特别小心:

第一,当问题属于科学暂时无能为力的领域的时候;

第二,当问题处于科学探索的困惑时期的时候;

第三,当问题面对随机性和复杂的因果关系的时候;

第四,当人们渴望健康和幸福而现实尚不能完全实现的时候。

如果有人忽然宣布自己在某一个这类问题上，一下子全部解决了问题，提供的事实越精彩、故事的矛盾冲突越集中、越有高度的情感或趣味，就越要冷静地考察新闻源。新闻源来自何方？是否权威？是否科学？因为越是精彩、越是矛盾集中、越是有情感有趣味，往往就是瞎编的故事。生活中如此集中地发生这类事实的几率极小。

第四讲 新闻客观性原则

如上一讲所引证的,习近平要求记者"提供真实的、全面的、客观的新闻","客观、真实、全面地介绍中国经济社会的发展情况"。可以看出,新闻真实与新闻客观性(objectivity)原则紧密相连。

一、客观性理念产生的背景及发展过程

客观性的理念,我们曾经定性为"资产阶级"的理念,那是"以阶级斗争为纲"时期的思维产物,是不科学的。客观性理念的出现,伴随着三个方面的历史背景。

第一,从19世纪中叶开始,政党报刊向商业报刊的转变。

我们学习新闻史的时候都知道,世界上的报刊经历了三个发展阶段——官报时期、党报时期和商报时期。在党报时期,报纸大都具有党派色彩,记者写新闻稿是不客观的,按照党派的观点需要来选择和报道事实,通常只选择有利于自己、不利于对方的事实加以强化,或者在报道对方的事实的时候添加较多的记者的批评性评价,以减弱公众对有利于对方的事实的理解。处于政党论战之外的公众想要了解真实的情况,得同时对比几份观点对立的报纸新闻,或通讯社的电讯稿,才可能较为全面地把握事实的真相。

在19世纪中叶前后,首先在美国和英国,报刊业发生了重大的变化,政党报刊消失,商业化报刊逐渐占据主导地位。在这个转变过程中,出现了客观性

的理念。传媒不再以党派的观点作为选择事实和加以报道的标准，商业化传媒的目标就是尽可能地扩大自己的受众群，受众多了，广告就会多，才能维持经营。通讯社则希望各家传媒多多采用自己的电讯稿，因此，也要求记者把电讯稿写得适合传媒服务于最大多数受众的目的。这样，在选择事实的时候，原来的党派选择标准必须变化，得考虑各种不同观点的人如何能够最大限度地都愿意接受我提供的新闻，这是客观性这个新闻工作的职业理念得以产生的大背景。

传媒原来是为党派服务的，即使亏损，党派也会出钱，有一部分党派报刊还赚钱。商业化的传媒以营利为目的，它的产品的购买对象——公众，都有自己的观点，如果媒体带有很强烈的倾向性的话，就会出现一个问题：同意你的观点的人自然会购买你的产品，但是不同意你的观点的公众就会不理睬，这在商业上是很吃亏的。在这种情况下，新闻传播业的经营哲学，就变成了如何让尽可能多的受众都接受我提供的新闻。而能够让广大公众都接受的报道模式，自然是客观报道，因为这种报道方式，原则上不会损失原来的受众，还能争取原来不赞成传媒观点的人群也来看或听。

两位美国传播学者回顾19世纪中叶这一转变的时候，曾写道："大部分记者都客观地报道，不把他们自己以及他们的意见写在内，因为编辑知道，……各党派都可能有读者。"[①]在这种认识下，传媒逐渐用关于事实的报道替代了评论式的报道，编辑在立场上尽力避免一面之词，于是客观的写作方式渐渐浮出水面。

我国学者黄旦就此补充道：把19世纪大众化报刊的出现仅仅看成是一种经济因素或市场策略是不够的，不能仅据此来推论新闻客观性产生完全是一种商业逻辑。读者、社会公众怎么会同样信服这一商业逻辑？新闻客观性的确是商业报纸所为，但也是为了政治功能——公共利益的保护和监督——的发挥。客观性若是一辆马车，拉动它的是两匹马：跑在前面的是商业，后面紧跟的是政治。19世纪的大众化报刊打着为着工人利益的旗子，来赢得自己的读者，尽管其兴趣更多的是在市场而不是劳动阶级自身的事业，他们试图提供能适合所有读者的新闻，不管他们的性别、阶层、政治和宗教信仰是什么；揭露

---

① 彭家发：《新闻客观性原理》，台湾三民书局1994年版，第23页。

第四讲
新闻客观性原则

对劳动阶级权利的侵害;呼吁社会改革,由此俨然成为人民和公共利益的捍卫者。大众化报刊保护自然权利和公共利益的要求,是建立新闻客观性结构的持久性基础。就是这样的文化,成为相信事实、不相信现实社会,或者说相信客观、不相信价值这个概念得以兴盛的根基①。

第二,19世纪以来哲学认识论关于事物可知的信念得到确认。

18世纪,哲学上有一种观点叫"不可知论",代表人物是英国哲学家休谟(David Hume,1711—1776)。他认为,人对许多事物是不可能完全认识的。19世纪中叶以后,出现了反对不可知论的观点,认为经过人类的不断努力,世界是可以认识的,包括马克思和恩格斯也持这种观点。这个观点对新闻报道产生了影响,因为新闻报道是对事物的反映,能够客观、全面、真实地反映吗?需要有哲学观点作支撑。在哲学上,以往不可知论占据相当的地位,现在另一种哲学观点占了上风,认为人是可以认识事物的,而且最终可以完全地认识事物(当然不会终结对事物的认识)。

哲学理念的变化,无形中使得新闻工作者的职业理念发生变化,19世纪的新闻工作者确立了一种理念——可以把外部事实比较全面地报道出来。原来的职业理念是以党派的利益为选择标准,现在变成了尽可能完全地反映外部世界。

第三,传播科技的发展(例如照相术、电影、电视的出现)支持着客观性理念。

也是在19世纪,照相术发明了。那时候,人们对照相有一种非常神秘的感觉,认为照相是完全客观地反映了这个世界,谁也不能改变。现在的数字化时代,照相也可以做假,但在照相术发明的时候,照片做假太难了。照片本身就很珍贵,照一次相的花费也较大。马克思一生留下的照片不到10张,恩格斯多一点,也就20张左右。那个时代,照相是很郑重的事情。美国学者丹·席勒认为,关于技术与新闻客观性的关系,另有一个因素可觅,那就是照相技术。在早期照相技术以及由之而出现的一种扩展的新的现实主义风格中,可

---

① 参见黄旦:《传者图像:新闻专业主义的建构与消解》,复旦大学出版社2005年版,第86—87页。

以发现美国新闻报道客观性的姻亲。也就是说,19世纪后半叶那种对现实精确、准确并能被广泛辨认的照相复制理念,影响了后来的新闻客观性①。

这种传播技术给人一种理念——外部事物可以完全真实地反映出来,这其中包含客观的理念。1922年,李大钊在北京大学记者同志会上的演说,给新闻下了这样一个定义:"新闻是现在新的、活的社会状况的写真。"其中"写真"这个概念,是从日本传过来的,就是"照相"。李大钊的这个新闻定义,无形中反映了当时照相术的使用对新闻客观性理念确立的影响。

这就是说,19世纪中叶前后报业自身经营理念的变化、当时哲学观念的发展、传播科技的发展,都使人感觉到,传媒和记者有可能把这个世界客观地反映出来。这样,客观性理念无形中形成了。

客观性理念的形成虽然在19世纪,但它的思想萌芽可以追溯到18世纪。现在我们可以找到的关于客观性原则的最早表述,是1702年英国第一家日报《每日新闻》(*The Daily Courant*)创办人马利特(E. Mallet)的告白:

> 本报创办之目的,在迅速、正确而公正地报道国外新闻,不加评论(这句话后来成为美联社社训的内容),而且相信读者的智慧,对刊载消息的确切含义,一定有正确的判断。

这里没有出现"客观"这个词,但是含义与新闻客观性原则很接近。当时英国刚刚进入政党报刊时期,这种理念太超前了。过了几年,英国历史上的第一家日报就变成了英国最早的党报之一——托利党的日报。客观性作为新闻报道的原则,当时条件还不成熟,但不管怎样,该报的创办人提出了这个理念。

19世纪初,客观性理念的初期表现是"公正",即"不偏不倚"。这方面我发现了很多例子,例如青年恩格斯遇到的一件事情。他于1839年发表了第一篇评论性的通讯《乌培河谷来信》,刊登在《德意志电讯》杂志上,文章批评了他的

---

① 参见黄旦:《传者图像:新闻专业主义的建构与消解》,复旦大学出版社2005年版,第83—84页。

第四讲
新闻客观性原则

故乡的报纸《爱北斐特日报》的一些观点。《爱北斐特日报》不同意恩格斯的观点，在该报上刊登了指责恩格斯的文章。那个时候恩格斯只有 19 岁，写了一篇反驳文章塞进报社的门缝。该报尽管不同意恩格斯的反驳，依然发表了它。该报编辑部在脚注中说：

> 昨天我们在本社发现了这篇文章，但不知投稿者是谁。现予以全文发表，因为我们愿意持**不偏不倚的态度**。①

当时该报的编辑是马丁·龙克尔（Martin Runkel），他持一种办报的理念——公正，不偏不倚。既然我们发表了批评恩格斯的文章，现在有一篇反驳文章，那我们也刊登。这是一张很小的地方性日报，已经有了"公正"或"平衡"的理念，这些都是后来客观性原则的重要内涵。

马克思 1860 年在给一位德国报纸编辑的信中，使用了一个英文词组"公正惯例"（common fairness），当时英国的报业正在从政党报刊向商业化报纸过渡。事情起因于德国这家报纸（奥格斯堡《总汇报》）发表了批评马克思的文章。随后，马克思的反驳文章被该报采用。在报纸发表了第一位作者的第二篇批评马克思的文章后，马克思的第二次反驳文章被这家报纸拒绝了。于是马克思在给该报编辑的信中，就英国报刊的情况写道：

> 在我们这里，"最低限度是 common fairness，即任何一家英国报纸（无论它的派系如何）都不敢违背的这种公正"②。

这句话的意思是说报纸要平衡，你登了对方两篇文章，才登了我一篇文章，这不合理，违背了"公正惯例"。

"公正惯例"是与客观相关的一个非常重要的概念，即在报道事实之时，涉及不同的观点，报刊一般应持一种形式上公平、平衡的态度。报刊面对的每一

---

① 《马克思恩格斯全集》第 41 卷，人民出版社 1982 年版，第 698 页。
② 《马克思恩格斯全集》第 14 卷，人民出版社 1964 年版，第 768 页。译文有改动。

事件都可能会出现不同的看法,报刊本身也会有自己的看法。但作为社会性的传播媒介,要得到社会的承认,就不能只报道自己赞同的观点或偏爱的事实,而要尽量表现出公平的态度。

"公正惯例"是报刊的一种形式上的姿态,就具体的关于事实的报道或描述而言,"公正"则表现为客观,即按照事物的本来面目全面反映。于是出现了所谓的"客观报道"。马克思把这种方式概括为"说的是事实"①,恩格斯则进一步提出了这种报道方式的基本原则,即"完全立足于事实,只引用事实和直接以事实为根据的判断,——由这样的判断进一步得出的结论本身仍然是明显的事实"②。这是对客观性的一个比较经典的描述,你可以有你的观点,但是你要根据事实来描述事实。

恩格斯主张党内的传媒也应运用客观的报道方式。他称赞德国社会民主党的主要领导人倍倍尔(August Bebel,1840—1913)的通讯说:

> 我不先看倍倍尔关于某一问题的通讯,从来不得出关于德国各种事件的最后意见。他对事实客观的丝毫不带偏见的描述是很出色的。③

一个马克思主义工人政党的主要领袖,在描述事实的时候可以做到客观和丝毫不带偏见。主观的立场观点与客观的表达可以并行不悖,并不是完全对立的。

这些论述都是 19 世纪的。19 世纪发生的一系列变动,使得新闻传播业处于一个转折点上,"客观性"这个理念得以产生。

还有一点需要说一下的是,开放的文化环境,也会迫使作者减少主观性,不得不多少接受"新闻客观性"这种意识。例如 19 世纪的西欧,基本实行新闻自由的政策,但是欧洲东部的沙皇俄国,则是一个典型的封建专制国家。就此恩格斯谈到了一种很有意思的现象。那时的沙皇俄国记者,习惯于每天撰写颂扬沙皇的新闻,但是当他们向西方公众报道俄国的时候,就被迫换了一种报

---

① 《马克思恩格斯全集》第 1 卷,人民出版社 1995 年版,第 398 页。
② 《马克思恩格斯全集》第 42 卷,人民出版社 1979 年版,第 413 页。
③ 《马克思恩格斯全集》第 37 卷,人民出版社 1971 年版,第 474 页。

第四讲
新闻客观性原则

道方式。恩格斯就此写道(引文中的评语是作者加的)：

> 一旦作者选用了一种西方语，情况就不同了。那时欧洲(指欧洲的公众)成了法官，西方具有的新闻公开("新闻公开"这个概念非常重要)会很快把那些因为剥夺了反对者的答辩权而被盲目信以为真的种种说法吹得精光。颂扬神圣的俄国及其沙皇的倾向依然如故(沙皇统治下的记者还得颂扬沙皇，这一点尚无法改变)，而手段的选择则愈来愈受到限制(逼着你要客观，因为对方的传播环境厌恶主观推销自己的观点)。必须更严格地遵循准确的事实，选择更稳妥的和实事求是的叙述方法，虽然企图进行歪曲(因为他们有强烈的主观宣传愿望)，而这种歪曲通常很快就会被不攻自破(西欧是一个新闻公开的地区，俄国的记者要时刻考虑到他写的新闻是给西欧人看的，必须符合那里的人们接受新闻的心理特征)。①

这就是说，"新闻公开"的语境，能够造成一种记者客观报道的氛围，就像我们到了文明程度高的地方，不走人行横道、随地吐痰、上车不排队等等陋习自觉不自觉地改掉了一样。开放的文化环境，传媒对社会事物的无形监察，以及传媒之间的相互监督，会使报道者的主观意图受到一定的限制。因而，这种条件下的新闻，比专制统治下的新闻要"客观"。

客观性原则作为一种较为正式的理念明确提出，实际上拖到了19世纪末20世纪初。现在比较公认的是1900年美联社提出的"报道事实而不发表自己的意见"的宗旨，这是第一次以传媒"社训"的形式明确提出客观性原则。当然，这个理念可以追溯到1702年英国的第一张日报的告白。

这个社训影响非常大，别看它只有一句话。这个时候说这句话，不像马利特说这句话的时候没人理会，而是逐渐得到了新闻业界的响应。那时美国社会已经完全摆脱了政党报刊而进入商业报刊时期，通讯社当然要考虑争取所有传媒都成为自己的订户。这时，贯彻新闻客观性原则的条件成熟了。

---

① 《马克思恩格斯全集》第44卷，人民出版社1982年版，第214页。

梅尔维尔·斯通

当时提出这条社训的美联社社长梅尔维尔·斯通（Melville E. Stone，1848—1929），主要是从新闻实践的角度提出的要求，研究者对这个概念的理论论证还要推后些。

20世纪初，普利策（Joseph Pulitzer，1847—1911）创办哥伦比亚大学新闻学院时，提到学院教育在于强调正确与可靠的报道，应训练学生把事实与意见区分开来。这可能是他对自己掀起美国黄色新闻潮造成的负面后果的一种反思吧。

现在能够查到的文章，是1919年美国记者李普曼（Walter Lippmann，1889—1974）在他的文章《现代自由意味着什么》（What Modern Liberty Means）中提出了客观报道的理念，并在1920年的著作《自由与新闻》（Liberty and the News）中第一次全面讨论了"客观新闻学"。他认为，客观报道是一个理想，而人是有主观意识的，我们要先了解自己的主观性（subjectivism），才能找到维护客观

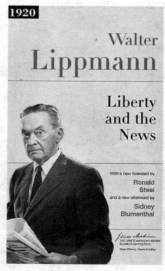

《自由与新闻》英文版封面

《新闻伦理学》中文版封面

的方法。他不否认新闻的客观性原则,希望通过专业教育而获得一种统一的客观报道的方法。

1924年出版的克劳福德(Nelson A. Crawford,1888—1963)的《新闻伦理学》(*The Ethics of Journalism*)一书,用整整三章的篇幅第一次正式讨论了"客观性原则",为它作了界定,把它作为新闻业的一个专业道德标准,从而推广了这一理念。这本书2018年出版了中译本,译者是江作苏、王敏,我为此书写了序言。

二、客观性首先是一种新闻职业理念

新闻客观性原则可以分为两个层面,一个是理念层面,一个是操作层面,两者看起来是一回事,但所指是不一样的。

作为一种理念,客观性是指在工作之前,新闻从业者的脑子里的一种对这个职业的认识——我要向公众客观地、不带偏见地报告事实,而且相信能够把事实和关于事实的价值(对事实的评价)分开。客观性理念是对"事实"的信奉和对"价值"的不信任,并且在报道中努力把二者分开。也就是说,新闻从业者在报道事实的时候,对事实本身要非常尊重,对有关事实的评论要持一定的怀疑态度。新闻从业者在工作的时候,要养成这样一种职业理念。

这对我们来说好像有点陌生,但是在一个法治社会里,新闻从业者应该有这种理念。新闻客观性虽然体现在可见的操作规则上,但其骨子里,是一个职业团体的工作人员对职业规范、职业理想的明确申明和维护。

> 它们之所以是必需的,不只是因为它们在方法上是有效的,还因为它们被认为是正确的和有益的。它们是技术上的规定,也是道德上的规定。[①]

---

① 迈克尔·马尔凯:《科学与知识社会学》,林聚仁等译,东方出版社2001年版,引自黄旦、孙藜:《新闻客观性三题》,《新闻大学》2005年夏季号。

《新闻客观性原理》封面

这是在说,新闻客观性首先要作为一种职业理念存在,而不仅仅是一种操作方法。

下面引证彭家发教授的一段话,说明这个问题。彭家发是原台湾政治大学新闻传播学院教授,退休后还在香港、台湾多所大学任教。1994年他写过一本书《新闻客观性原理》,后来这本书多次再版。如果研究客观性问题,建议大家找到这本书。这是一本文献型研究著作,书里一半内容不是他自己的论证,而是非常详尽的关于客观性的研究书目。一个看起来很平常的概念,仔细看,有非常深刻的哲理。

严格地说,客观性报道的形式与新闻业的客观性规范,在意涵上稍有不同:前者是一种报道的呈现方式,后者则是专业的理念、守则。

在这里,他分得非常清楚,客观性理念是首要的,没有理念的客观,方法的客观很难做到。他还谈道:

传媒呈现的世界,往往只是编采人员的"拙劣主观"采集的"客观切片"。所以只谈客观报道的方式,不能保证新闻的真正客观,必须以健全的主观条件来准确掌握客观。

《哥伦比亚大学新闻评论》的编辑布兰特·康宁汉(Brent Cunningham)在该刊撰文指出,如果你问十个记者客观性是什么意思,你极有可能得到十个不同的答案。康宁汉认为,最好的有关新闻客观性的定义是美国爱荷华州立大学新闻学教授迈克尔·卜格佳(Michael Bugeja)的定义:"客观性即看到原本的世界,而不是你希望看到的世界。"[①]新闻客观性作为一种理念,有具体的内

---

① Brent Cunningham,"Rethinking Objectivity", *Columbia Journalism Review*, 2003(7/8).

第四讲
新闻客观性原则

涵,下面做一些介绍(有些内容会不可避免地重合)。

第一,诚实。在报道事实之前,没有故意隐瞒什么和突出什么的念头,做一个诚实的人。这是一种理念。这个理念说起来容易,做起来不大容易。我们在遇到一些具体事实的时候,这个事实你非常喜欢,无形之中赞美之词会多一些;如果这个事实你非常厌恶,无形之中你可能会使用一些贬抑之词,但是新闻的职业理念告诉你,你必须要诚实。也就是说,在报道事实之前,你应是一张白纸,该是什么样就描绘成什么样,不能随便添加个人的好恶在其中。

第二,超脱、平衡、公正地对待事物。这是一种职业理念的表现。有些事实如果跟新闻从业者没有关系,超脱、平衡、公正地对待它容易做到;若这个事实跟你有利益、感情的关系,你也要能做到超脱,站在第三者立场上去看问题,这对新闻从业人员是一种考验。

第三,不抱成见或持偏见,不固执己见。有些事实不仅涉及个人的好恶,恐怕还会涉及党争,可能你本身就是某一党派的成员;有些事实可能你本来就对它有固定的看法。但是,当你在报道的时候,你的职业是记者,你不能按照自己的观点倾向和偏好来报道。事实已经发生了,不论是令人愉快的,还是令人不愉快的,都要克制自己既定的看法,尽可能按照事实的本来面目来报道。这里是指报道之前的指导思想,或者理念。

第四,不牵扯个人利益。有些事实可能会牵扯到你个人的利益问题,我们的行业不像法官,涉及个人利益的时候可以申请回避,或别人提出申请回避,记者很难做到,因为来不及。在这种情况下,如果涉及你个人利益的话,也要尽可能跳出个人利益的圈子,从职业角度去衡量和报道这个事实。

第五,只相信事实,怀疑出于价值观的别人的判断,努力将二者分开。在报道之前,你遇到的事物包括事实本身,还有关于事实的别人的价值判断,两者常常混在一起。辨别这两种素材,既是一种技术,更是一种理念,要时刻提醒自己把两者分辨清楚。对后者,不要在新闻中轻易表达自己的倾向;对前者,要追问下去,以便获得清晰的事实发展的脉络。在这里,客观性理念解决的不是"如何去报道"的技术性问题,而是如何以理性和冷静的态度看待事实、报道事实的问题。

这些都很理想化,较难完全做到;但接近它,是可以做到的。美国爱荷华大学新闻学教授、普利策奖获得者斯蒂芬·贝里(Stephen Berry)认为:"客观性作为新闻业界的一个标准,就是试图要求记者撇开感情与偏见,包括那些被制造者和公关人士植入新闻的观点和态度,这些人新闻记者在采访的时候会随时遇到。记者会将新闻客观视为一种他们一直在追寻的理想,从来不会终结,也从来不会完全成功。"①

一个多世纪以来,客观性理念及其带来的客观报道方式,经常受到批评。因为即使较为客观的新闻,如果认真检查从选择事实到写作的理念指导,以及具体文章框架的设计是否做到了客观,总能挑拣出若干不客观的地方。客观性理念指导下的新闻,并不能保证它的完全客观,原因在于我们每个人不可能跳出自己的历史文化背景,以及现实的环境,不可能完全摆脱既定思想的影响。即使真诚地采取客观的态度,也可能会无形中受到历史与现实的各种因素的影响。

然而,如果仅以这种情形就否定客观性原则,那么新闻真实就永远难以成立。其实,那些批评、否定客观性的文章所采用的标准,仍然是客观性。这说明,客观是你想摆脱但却又摆脱不掉的影子。这是一个很有意思的现象。

作为一种可望但不完全可即的目标理念,客观性原则应当成为一种新闻职业的追求,一种评判新闻工作水平的标准。尽管这个原则不可能十全十美地达到,但是我们每天又必须得应用这个标准评判自己,评判别人。

在这方面,郭镇之的《"客观新闻学"》②一文写得很经典。她论证了客观性理念的源起,以及存在的矛盾,最后写道:"客观性尽管并不完美,却是一个可行的'规定原则'。客观性已经成为一种公认的新闻语汇和普遍模式。"客观性总是受到批评,又永远存在着,我们就处在这样的矛盾中。

还有一本书,是赵月枝和她的导师哈克特合写的《维系民主? 西方政治与新闻客观性》,她持左派观点,批评西方的报道如何不客观,但是最后又回到了客观上:客观性总是为自己开辟着道路。在这个意义上,客观性被他们称为新闻传播业的"一个不死之神"(a god that won't die)。被人打倒之后又一再

---

① Stephen Berry, "Why Objectivity still matters", *Nieman Reports*, 2005 (summer).

② 郭镇之:《"客观新闻学"》,《新闻与传播研究》1998 年第 4 期。

复活。这本书里有一个小标题很有意思,叫做"客观性消亡了!客观性万岁!"①客观性虽然经常被批得体无完肤,但是下一次写报道的时候,还得用它作为标尺指导写新闻,于是,客观性万岁!

客观性自从诞生就被广为诘难,成为攻而不倒的价值认识,也是一种自我保护的职业策略。这种客观的工作态度,是能够贯彻的。例如,中央电视台的《新闻调查》栏目的工作手册对记者提出的行为原则:

第一,质疑的精神。《新闻调查》的记者必须要有怀疑一切的介入态度和打破砂锅问到底的工作作风。第二,平衡的意识。《新闻调查》的记者,应该让事件中的冲突双方和不同的利益集团有同等的发言机会。第三,平等的视角。在《新闻调查》记者面前,只有被调查者这一相同的身份,没有尊卑贵贱之别。第四,平静的心态。《新闻调查》的记者要多一份理性,少一份冲动,这会有助于你对事物作出更准确的判断。

三、客观性作为一种报道方式

客观性作为一种报道方式,与理念的客观是不可能分开的,这里重点谈谈新闻客观性原则在写作、编辑中的具体贯彻。一般的要求和主要的操作方法如下。

第一,将事实与意见(包括价值判断)分开。这种要求说起来很简单,做起来会受到很多习惯性思维的限制。比如说,某次较为重要的会议报道,新闻标题多是"某次大会隆重开幕"、"某次大会胜利闭幕"。隆重、胜利这样的词本身,就是一种价值判断。特别是"胜利",它的对应词是"失败",至今我还没见过哪次会议"失败闭幕"的。我们习惯于这样说,脱口而出,想都不想。

还有些关于报道事实的套路说法,诸如:"随着×××","在×××形势下","在×××的正确领导下","为了×××",等等,然后才告知具体发生了

---

① 罗伯特·哈克特、赵月枝:《维系民主?西方政治与新闻客观性》,沈荟、周雨译,清华大学出版社 2005 年版,第 38—39 页。

什么事情。前面的那些话,是你对所选择的事实的评价,不是事实。这种写法已经成为一种惯性思维,提笔就写,张口就说,感觉不出存在什么问题。

你没有把事实和意见分开,前面那些话都是套话,也是你对所报道事实的"意见"。应该老老实实地说"×年×月×日某次会议在何地召开",前面那些话都不要。可能你会说:我的领导要求我强调这个会议是在什么精神指导下召开的。如果一定要体现这些东西,你不要自己说,去采访会议的组织者。可以这样报道:"×年×月×日某次会议在何地召开了。会议秘书长说:'这次会议是随着×××,在×××形势下,在×××的正确领导下,为了×××而召开的。'"这样既让领导满意,又给自己的专业理念解了围。这种写法本身,只是形式上客观了,报道很拙劣。

第二,以超脱情感的中性词汇、观点表述事实。有些事实可能带有比较强烈的可爱、可憎因素,尽管你有自己的看法,或者非常感动,或者非常愤怒,但不要明显地溢于言表。你的报道是给别人看的,应该让受众自己来判断是非。但在我们的新闻中,带有褒贬的词句很多。例如报道正面人物的时候,经常使用一些颂扬的副词和形容词;报道犯罪行为时,经常使用一些妖魔化的词句。其实,你只要把事实叙述出来,受众自然能加以判断,用不着记者替代他们评价事实。特别在消息这种新闻体裁中,副词、形容词本身就是一种评价,使用这些词有悖新闻客观性原则。通讯是一种署名叙事,可以适当使用一点副词、形容词,但也要适可而止。

第三,努力做到公平和平衡,为事实涉及的各方提供应答机会。一个事实发生了,往往会有两个以上的因素牵制着这个事实,也可能会有两种以上的对它的不同看法,那么你在报道的时候,要尽可能使事实的各方面,都有表达的机会或由你给予说明。当然不能要求说的分量和篇幅绝对公平,因为还有新闻价值的要求。一个事实可能涉及很多方面,某方面你觉得新闻价值非常突出,可以稍微多说一点,但其他方面你不能完全不提,要考虑到平衡。

平衡是新闻报道中要掌握的技术性要求,但现在相当多的传媒对此不大注意。特别在报道冲突事件的时候,诸如政治、经济、司法冲突的时候,传媒以客观的态度来报道,不要站在冲突的某一方(即使你觉得某方很正义)。从传媒自我保护角度,也不宜这样做,因为一旦发生官司,传媒会因此被卷进去,即使你有理,精力上也陪不起。

上面讲得较为原则,下面再就不同的表述体裁作更为具体的说明。

第一,叙述性新闻,所叙述的内容要能够被核实。这里是指消息,消息只有一种表达方式——叙述,消息中作者不能发表议论,所有内容当然都应该是能够被核实的,换句话说,就是所有内容都要有消息源。如果要查的话,每个细节都能查出来是谁告诉你的,或者你从哪里查到的资料。

第二,分析性新闻,能够列出一系列消息源清单。分析性新闻带有一定的主观成分,一般是指署名的通讯或综述,在标题下署名,带有文责自负的意思。这种报道方式多少可以表达作者的倾向,但要谨慎,这不是发表政论,对报告的事实,要能够列出一系列消息源清单,最后得出的结论本身仍然是明显的事实。这样,保证你的内容是客观的。分析性新闻比较难写,你写的时候可以表达一定的倾向,但要以事实为依据。

例如《羊城晚报》2010年7月23日a5版的分析性新闻《卿本良民,却为何伸出犯罪黑手》。该文讲述了2008年结审的浙江的一个案件:车主章红彩借车给人用,结果这个人撞伤了老人丁志灿,肇事司机得知全责后跑了,"章红彩没有去苦寻司机,而是主动承担起了对老人的赔偿"。但伤者亲属不断提出越来越高的赔偿要求,"她寝食不安,整个人几近崩溃。最后,性本善良甚至堪称高尚的章红彩不堪重负,萌生了杀人的念头。2007年11月20日凌晨4时许,章红彩偷偷进入丁志灿病房,用棉被捂住老人头部,致其窒息性死亡"。法庭判决死缓。作者使用归纳法得出了标题的结论,说明这是一类社会现象,有共同的情形,列举了全国闻名的同类案件:

良民犯罪不完全记录

马加爵案:马加爵从小孝顺父母,与人为善,热爱学习。中学期间,成绩一直优异,曾被预评为"省三好学生",并获"全国奥林匹克物理竞赛二等奖"。2000年马加爵以高分考入云南大学,但因生活极度贫穷常被嘲笑,他认为尊严受到了践踏。2004年2月他疯狂"报复",连杀4名同学。

王斌余案:宁夏的王斌余是一个忠厚淳朴的农民工,他自己干着最苦最累的活但还热心帮助身边人,而他最怕的就是干了活没工资拿。

2005年,当工资累积到5 000元时,他反复去要,工头就是不给。于是,他举起了刀,连杀4人,重伤1人。

崔英杰案:河北保定人崔英杰在部队期间技术过硬,为人善良。2003年他带着优秀士兵证光荣退伍。其后,为了生活他在北京当起了"走鬼"。2006年8月11日下午,他卖烤肠用的三轮车被城管人员抬上执法车,崔英杰气愤之下,手持小刀刺中海淀城管大队海淀分队副分队长李志强的颈部,致其死亡。

郭云案:2006年9月2日,3岁零9个月的小任湘被素不相识的26岁贵州男子郭云突然抱起从广州天河一座天桥上扔下,郭云也随后跳桥自杀。郭云性格较内向,对父母很孝顺,打工期间经常给家里寄钱,他曾想在老家盖房子结婚。事发时他到广州才5个多小时,刚被拉客仔用假钞换了400元并追打,其后多方求助无门⋯⋯

刘旺锐案:刘旺锐原本是个老实、淳朴、上进的农家孩子,2004年初从福建武夷山的农村老家来到广州打工赚钱,不料被黑传销骗光父母为其筹得的血汗钱。愤怒下,他手持西瓜刀与同时受骗的叶星等人对"上线"王全金猛砍多刀,致王全金伤重死亡。

《羊城晚报》2010年7月23日a5版新闻综述《卿本良民,却为何伸出犯罪黑手》

这样的分析性新闻,遵循了新闻客观性原则。

第三,因果性新闻,使用推断和猜测的语句。新闻报道和其他文体的写作不一样,你在报道一个事实的时候,受众希望你解释为什么发生,这样就出现了因果性新闻,因为××,造成了××的结果。在第一时间确定因果关系是不大可靠的,特别是突发性事件,它本身在发展过程中,你及时报道都较为困难,更难在有限的时间内说清楚事件发生的原因,可这是新闻传播中受众很想知道的内容。当你把有限的因果信息告诉受众时,这就需要使用一些模糊的语言(一般说来,新闻报道应该使用精确的语言),使用推断的、猜测的词句来说明原因。

前面讲过,新闻真实是一个过程。既然新闻真实是一个过程,就不能要求记者每句话都说得很精确,他的后续报道可以自然而然地纠正前面的差误,这是一种正常的现象。在时效紧迫的条件下,使用推断的、猜测的语言是可以的,诸如"大概"、"也许"、"可能"等词语。当然,如果这个"大概"是采访来的,一定要写上,说明你的推测是有来源的。但你使用这样的语言以后,一般后面还有跟进的报道,以便对前面的报道予以适当的纠正,这也是一种新闻职业的工作方式。

语言的精确和模糊在新闻工作中是一对矛盾。新闻语言的模糊有好几种表现,这是一种具体的表现,还有表达宏观内容的时候,有时候也要使用模糊性语言,因为宏观内容没法精确。

在历史上,马克思和恩格斯曾经因新闻写作中采用客观报道的方式而打赢了一场官司。1848年7月5日,马克思主编的《新莱茵报》刊登了一条消息《逮捕》,揭露六七名宪兵在逮捕科隆工人联合会会长安内克的过程中,如何粗暴和违反法律程序。结果,报纸被告上法庭,罪名是"侮辱检察长茨魏费尔和诽谤宪兵"。关于侮辱检察长,马克思在法庭上指出:"《新莱茵报》写的是:'**据说**,似乎茨魏费尔先生声明说……'。为了诽谤某人,我自己绝不会把自己的论断置于怀疑之下,绝不会像在这里一样用'**据说**'这样的词;我一定会说得很肯定。"[①]恩格斯针对诽谤宪兵的指控反驳说:"要说诽谤,也许只诽谤了一位

---

① 《马克思恩格斯全集》第6卷,人民出版社1961年版,第273页。

宪兵先生；报道中说这位先生一早起来就喝得有几分醉意，有点**摇摇晃晃**。但是，如果审讯证实——我们毫不怀疑这一点——当局的代表先生们确曾对被捕者态度粗野，那么，在我们看来，我们当时只是以极其关怀的心情和报刊应有的公正态度，并且也是为了我们所责难的先生们自己的利益，指出了**唯一可以减轻过失的情节**。可是，现在检察官却把这种为博爱精神所驱使而指出唯一可以减轻过失的情节的做法说成是诽谤！"①

马克思辩护中强调的是，有消息来源，同时使用的是模糊语言，也就是不能确定，这就保护了自己。恩格斯强调描述的是事实。结果，这场官司以原告败诉了结。当然，那个法庭的程序跟我们现在不一样，它是陪审法庭，陪审员能够决定最后审判的结果。马克思和恩格斯的辩护可能打动了他们，陪审团经过投票，最后宣布《新莱茵报》无罪。

下面举个例子，说明前面谈到的操作层面的第三点：努力做到公平和平衡。1998年3月24日《羊城晚报》下属的《羊城体育》二版发表署名肖晓的文章《"首尾"之战场外音》。文章写道：

> 对于比赛中大连队得到的点球，松日俱乐部赛后还一直耿耿于怀。当晚，该俱乐部的一位负责人致电本报及其他新闻单位，要求记者在文章中反映此球是裁判的误判。他还投诉，赛前这位裁判收了客队20万元现金，希望新闻界能予以曝光。

这篇报道揭露裁判陆俊赛前接受了客队20万元现金，最后给了大连队一个点球，大连队赢了。文章一发表，陆俊便起诉《羊城晚报》诽谤。法庭上，《羊城晚报》的法人代表在辩护中说："我们是客观报道"，报道中没有报社方面的意见，只是报道松日俱乐部向他们反映裁判收了20万元现金，报纸并没有对这个事实本身发表评论。陆俊打赢了官司，法院判决《羊城晚报》向陆俊赔偿11万多元。

---

① 《马克思恩格斯全集》第6卷，人民出版社1961年版，第282页。黑体字是原来有的，译文根据德文校正。

第四讲
新闻客观性原则

这个事情引起新闻学界的注意，上海《新闻记者》期刊就此开展了关于什么是"客观报道"的讨论。我在该刊1999年第9期发表文章《新闻的客观性——真实与客观形式的统一》。我认为，"新闻客观性"的内涵应该是理念和技术的统一。也就是说，在报道之前，你脑子里应该想到我要客观地报道这个事实，不站在哪一边。实际上，《羊城体育》是站在松日俱乐部一边的。"《羊城体育》强调这是'客观报道'时，——只是想到了客观的形式。"《羊城体育》在选择新闻时，受贿20万元这样大的事实也许太刺激人了，却没有更多地考虑说出这样的'事实'，需要多少人的查证才能够证实，

《新闻的客观性——真实与客观形式的统一》第1页

而是把冲突、显要、时效等具有卖点的因素考虑得多了些。"这个俱乐部当时给八家传媒打过电话，揭发陆俊拿了20万元，但是其他七家传媒都没有报道，那七家传媒是比较冷静的，这么重大的事情，怎么能不去调查一下就报道呢？

关于这个案例，《羊城体育》报道时完全忽略了"平衡"这个客观性原则的操作要求。这个事实涉及陆俊、大连队、广州队，还涉及揭发者松日俱乐部。你只报道了松日俱乐部的意见，没有去采访陆俊，也没有去采访大连队。假如你得到这个信息，打个电话或者派人去找陆俊，问他拿没拿钱，陆俊肯定说没拿；然后再去找大连队，问他给没给钱，大连队肯定说没给。你有了这些采访记录，然后报道："×年×月×日，松日俱乐部告诉我们，陆俊拿了人家20万元现金，我们采访了陆俊，陆俊说没拿，采访了大连队，大连队说没给。"你什么话也不要说，只要把这三方面的内容变成一条消息，完全用客观的语言来报道，报纸的监督作用自然而然就达到了。你只要把这个事情披露出来，社会就会注意，弄不好公安局都会介入，用不着你去替代公安局、法院侦查。即使不介入，这个事情成为一个问题，

大家就会盯着陆俊，这就是传媒的"监督"作用。我们总想着痛快地解决问题，但传媒不是执法机关，传媒的责任就是把这个事情揭露出来。但《羊城体育》获知情况时可能太激动了，在报道的操作层面上有问题；指导思想上也有地方主义，广东队主场输球，心不甘，动笔前缺少客观报道的意识。《羊城晚报》的败诉，在于报道不平衡，进一步挖根源，即报道的指导思想没有基于客观的立场。

2011年陆俊被曝受贿，2012年被判处有期徒刑5年6个月。看来1998年的这场比赛中，陆俊可能真的受贿了。但《羊城晚报》的报道由于没有遵循新闻客观性原则，却输了新闻官司。这个教训应该谨记。

再说一个报道"平衡"的正面例子。《新京报》2007年10月17日A18版的主题新闻是《人大禁外人上自习惹争议》，占了一整版。从字里行间，以及版面编排，我们多少能够感觉到该报对这件事情持批评态度，特别是版面中心部位的漫画，倾向明显。但是其行文既客观，又平衡：采访了这边，又采访了那头，多方的意见齐全；言论部分也是各方的意见全有。中国人民大学校方看了即使有感觉，也没话说。

报纸把这件事情捅出去了，也就达到了目的：让社会来评价。这篇报道在客观的形式上做得比较好，事情提出来了，几方面意见都说了。吸引读者关注这个事情，就是结果。至于是非的判断，读者会有各自的想法。以后我们遇到类似问题，应该学会客观报道，既自我保护，又可以达到披露事实的目的。

进入网络时代，新闻客观、平衡问题依然很重要，而且将受到网民的直接监督。例如人民日报微博发表的新闻《王毅应约同美国国务卿蓬佩奥通电话》，全文如下：

《新京报》2007年10月17日A18版
关于中国人民大学的报道

第四讲
新闻客观性原则

2019年5月18日,国务委员兼外交部长王毅应约同美国国务卿蓬佩奥通电话。王毅表示,美方近段时间在多个方面采取损害中方利益的言行,包括通过政治手段打压中国企业的正常经营。中方对此坚决反对。我们敦促美方不要走得太远了,应当尽快改弦更张,避免中美关系受到进一步损害。历史和现实表明,中美作为两个大国,合则两利、斗则俱伤,合作是双方唯一正确的选择。双方应按照两国元首确定的方向,在相互尊重基础上管控分歧,在互惠互利基础上拓展合作,共同推进以协调、合作、稳定为基调的中美关系。王毅指出,中方一贯主张并愿意通过谈判磋商解决经贸分歧,但谈判应当是平等的。在任何谈判中,中方都必须维护国家的正当利益,响应人民的普遍呼声,捍卫国际关系基本准则。

2019年5月18日人民日报微博《王毅应约同美国国务卿蓬佩奥通电话》

这是两国外交领导人的通话新闻。该微博新闻应该首先显示一段内容平衡的导语,摘出王毅和蓬佩奥各一句要点的话,然后给出网页链接。链接里的内容,可以以王毅通话的内容为主,适当有几句蓬佩奥的话,以表明新闻以我为主的姿态。该微博新闻的作者,显然不熟悉新闻写作的要领。新闻要有导语,微博新闻在导语之后才可以出现网络链接的符号。这条两国外交领导人通话的微博新闻没有导语,只展示王毅的通话内容,完全没有蓬佩奥的通话内容,就给人造成中方新闻不符合新闻客观性原则的印象。当时后面的跟帖共29个,均为质疑。例如:

No5271:蓬佩奥一句话也没说,光在听王毅的教导吗?

屁颠屁颠地活:我觉得说得很搞笑,美方让你这样在训斥?

IQ降了几百的人_220:然后对方嗯了一声就把电话挂了?

MF1991—6:看完评论我只想说,现在网民已经不是当年靠新闻联播能稳得住的那批人了。

看方圆百里:要是我,就只问他一句话:看《英雄儿女》和《上甘岭》了吗?

Lawsun刘新:突然明白我们国家的外交特点是"训话模式"。两国互通电话,我说完就挂了,根本不听你说什么;新闻联播也是,两国领导会见,我们说完就撤,从来不管外宾说的谁训谁,这还不够牛吗?

显然,网民对新闻要客观、平衡的道理,还是有一种本能的理解。

报道一般性的社会冲突事件,媒体更要注重客观、全面地交代清楚事实。然而一度我国传媒上演了各式各样的新闻"剧情",屡屡刺激着人们的神经,事后还原事实本身时,却发现不少事实并不像当初所描述的那样,总有被遗漏的关键事实。

我们都有生活经验,听原告说觉着有理,再听被告说同样觉着有理,这是常见现象,因为听者不处于冲突之中,而说者则是利益中人。如《罗生门》所言:所有人都有软弱的一面,他们都希望掩饰自己软弱的一面。哪里有软弱,哪里就有谎言。多数冲突的发生在于双方,正所谓"一个巴掌拍不响"。然而,我们的传媒在报道这类社会冲突时,为什么不能站在客观的立场上加以报道呢?

查阅2009年11月成都拆迁关于"唐福珍事件"的报道,对照当时几位律师关于此事的网上文字,可以发现:众多传媒不约而同地略去了不利于被拆方的情形,包括被拆方建房没有履行手续、要价800多万元(远超标准)的补偿的事实,还有最初与村委会协议的969.8平方米变成实际的1 600平方米的事实;同时,也略去了有利于拆方的两年内不断催促和等待的事实。所有关于唐福珍抗争的报道,均以她和丈夫同为一家为前提,其实拆迁冲突中的唐已经与丈夫离婚了。于是,众多媒体塑造的一个弱女子"不得不选择死路"的悲壮故事传遍世界,造成恶劣的国际影响。

2009年11月CNN报道"唐福珍事件"的照片

轰动全国的2010年"宜黄拆迁案"也存在同类问题,各路新闻报道均模糊了被拆方提出的过分高的条件(要求民用住宅适用商用住宅的补偿标准和全家13口人全部纳入低保)。拆迁冲突的起点是2007年,传媒的报道均不提及此前宜黄官方做过什么,给人一种突发于2010年9月的印象。传媒像播出一部电视连续剧那样制造了一个又一个看点:抗拆自焚——女厕所攻防战——抢尸事件——官员问责——政府抗辩——爱心大救援——官员免职——宜黄反扑。其中几个关键的场景是事先布置好的或由记者策划的。某都市报的专题报道《直击江西宜黄拆迁案惊魂17小时》,七个标题均为惊险电影大片的篇名,通过戏剧化效果造成更大的轰动效应。

例如"女厕所攻防战",一位记者在网上得意地做了这样的描述:"她们是两个女孩,被一群官员关到女厕所里,这个事情很有趣,匪夷所思,有阅读价值,能唤起每一个网友共鸣。……我会说两个姐妹被一群官员逼到女厕所里,只能通过手机(此前记者帮助她们更换为智能手机)向外面求援,就变成一个故事,比如这是一个攻防战,两个女孩躲在门后不让他们进来,外面想进来,都是什么样的配备,县委书记什么官员,变成有戏剧性了。如果两个男孩躲在厕所里，就不会引发这么多关注。我作为记者很清楚找到什么样的点，要找出价值。有价值的信息，马上成为引爆点，因为价值足够大，要不好玩，要不有戏剧性，找到一个点让人家注意到你。"他还在微博里写道："《保持通话》现实版上演，中国导演们，你们有剧本了……"

"在宜黄拆迁事件中，钟家和当地政府都输得一塌糊涂，唯独各路媒体及其记者是最大的赢家……当今一些媒体记者为了小团体和个人利益，也太没有什么社会责任感了。这些记者似乎都唯恐天下不乱，这样的话他们写作的素材才多，省得在办公室总是苦于找不到能引起公众兴趣的素材了……看了各路记者的采访和报道，感觉这些记者都在有意无意地向针对不利当地政府的不利言论方面引导，而且钟家人采访的一些明显逻辑错误、明显常识纰漏都放任不问，反正只要是对政府不利的就尽量让其采访报道出来，只要可能对政府有利的言论或内容就不采访不报道，这对我们提出的树立正确的舆论导向很值得我们深刻反思！"①

2010年10月轰动一时的"李刚门"事件发生时，我正在保定市河北大学讲课。当时报道称：学生李启铭在河北大学校内开车撞人后"被学生和保安拦下，但该男子却高喊'我爸是李刚！'"我当时就听到周围师生议论传媒报道的细节不实。然而，挡不住全国传媒异口同声地如此报道，"我爸是李刚"成为跋扈"官二代"形象表达。事实是，河北大学保卫处处长和李刚及他儿子李启铭吃过饭，有些印象。在肇事现场，处长问李启铭是不是李刚的儿子，李启铭胆怯地说："是，我爸是李刚。"李刚的官（副科级）小得不能再小，他的儿子够不上"官二代"。现在这句话成为社会情绪的典型话语，是传媒制造出来的，最初的采访报道是怎样的过程，当事记者和随后跟进的传媒是否遵循了客观性原则，无人追问。

北京某报2013年7月27日A14版标题

---

① http://bbs.tianya.cn/post-free-1987828-1.shtml。

2013年7月28日,北京某报报道了一个摊贩违规摆摊被综合治理办的保安员殴打的事实,但主题却是:父亲陪女儿练摊遭围殴。这是一次常见的社会冲突事件,即一个违规摆摊的人,在不听劝阻坚持摆摊的情况下遭到保安人员的暴力执法。该新闻设计了6个小标题:"社会实践,父女'练摊'"、"练摊遭打,女儿护父"、"女儿哭喊'不要打我爸爸'"、"城管称综治办人员参与冲突并有人受伤"、"讲述:'我会告诉同学发生的一切'"、"专家说法:幼童目睹暴力易人格扭曲"。作者以煽情的方式着力展现小孩子的情感,托衬保安暴力执法,而当事人练摊违规,却不予强调。这一事件中,无论有没有9岁女孩在场,违规摆摊的性质不会变化,应该平衡报道,展现事实的基本性质,即"某某违规摆摊,某某暴力执法"。然而,一旦传媒这样定调,后续解决问题的报道标题都是这样:《西城调查"父亲陪女儿练摊遭围殴"》。

以上新闻的作者们,不是在据实报道事实,而是着力于制造事实和煽情的"价值"。他们通过向社会冲突火上浇油的方式来赢得公众的眼球,"引爆"轰动效应。这是职业道德的沦丧!

发生了冲突性事件如何报道,客观性原则便是职业的行为准则。新闻价值与客观性原则两者结合起来,传媒才能担当起社会责任。上述不客观、不平衡的报道,均在于记者用歪了新闻价值这一尺度,只盯着事实中煽情的一面而有意无意地忽略关键性事实,甚至制造事实。当对利益的追寻压倒一切的时候,首先牺牲的便是新闻职业道德,新闻客观性原则被抛到脑后便是自然的了。

四、我国历史上一度存在的负面概念"客观主义"

谈到新闻的客观性原则,就不能不涉及我国新闻和宣传领域曾经使用过的"客观主义"的概念。这个概念最早出现在1948年10月13日中共中央宣传部对华北《人民日报》10月10日关于自然灾害报道的批示中。这个概念是对新闻客观性理念的否定。

该批示涉及的是《人民日报》发表的长篇报道《全区人民团结斗争,战胜各种灾害》,内容是关于华北人民战胜灾害,取得丰收。下面是中宣部《批示》的部分摘录:

> 该报道三分之二罗列各种灾害,"构成一幅黑暗的图画,使人读后感到异常沉重的压迫。华北全区今年秋收既然平均有七成,我们就应当着重从积极方面宣传战胜灾荒的**巨大成绩**"。"应当说:忽视积极的鼓舞乃是我们宣传工作中所不允许可的**客观主义倾向**的一种表现。"
>
> "这种客观主义倾向更严重地表现在对于灾荒原因的分析上。三种灾荒,每一种的第一项原因都是'长期战争'……看到的只是所谓**战争的罪恶**,——此外还加上了**土改的罪恶**……这只能从我们宣传工作中所存在的某种客观主义倾向来解释。"①(黑体字原文是着重号)

《人民日报》的报道确实写得很不好,存在较大的问题。这篇报道中关于"遭灾原因"的部分,是这么写的:

> 第一,水灾之发生,一因连年战争,河堤失修,兽穴水眼,多处未补,河道淤塞水流不畅。二因山地开荒伐林,林山变成童山,不能防风蓄水,山水易发。三因今年七八月间天雨过大过多(三百耗,占华北雨量百分之五十以上)。四因敌人或明或暗破坏河堤,有此数因遂酿成今年大水灾。
>
> 第二,虫灾之发生,一因长期战争负担过重,与过去土改中政策过左,致农民生产情绪低落(现已逐步好转),土地耕种粗糙,甚或不进行秋耕麦耕,大批虫卵埋藏地下,未能晒死冻死,遇到今年雨多地湿,虫卵便生长繁殖起来;二因发现虫卵幼虫后,未能即时扑灭,使其得以蔓延起来。
>
> 第三,瘟疫流行,一因长期战争,人民生活动荡不安,营养不足抵抗力减弱,易于传染病疫;二因农村污物堆积,卫生工作太差,病菌易生;三因

---

① 《中国共产党新闻工作文件汇编》上册,新华出版社1980年版,第203—204页。

土改中误斗了不少药铺,致人畜有病,均无抓药治疗之处。

另外某些地区的领导上官僚主义与某些干部情绪不高,发现灾害,不去急救,而存在着麻痹等待的侥幸心理,这也是扩大与加重灾害的一个重要原因。由于这些原因,故今年灾情特别普遍而严重。

显然,这样的"分析"变成了一种套路,太浅薄了;关于"长期战争"的原因,带有作者的主观判断而缺少实在的论据。这篇报道确实存在中宣部批示中所批评的问题,报道太琐碎,分析也不到位,但是归结为"客观主义",以及分析问题时上纲上线,不妥。报道中谈到的灾害原因,基本上是客观的,但其中每一方面的第一点,都归到"长期战争",确实很随意。

这样,就在我们党的新闻报道中出现了一个否定性的政治概念——"客观主义"。例如,1956年刘少奇说:"我们的新闻报道不能超阶级,不能有客观主义。"①现在新闻学界学术讨论中的"客观主义",与这个"客观主义"完全是两回事。学术上的"客观主义"是中性概念,指新闻报道要坚持客观性原则这种认识或主张;而后者在当时的背景下,是批评性的政治概念。

此后一段较长的时间内,若在文章中罗列事实而没有观点,或者讲述了很多事实,但归纳的观点不符合上级的意图,很可能被扣上"客观主义"的帽子。那时"客观"一词在中国的新闻学中,是作为被批判的对象存在的,一直持续到20世纪80年代,才逐渐改变对新闻客观性原则的看法。

1991年,中华全国新闻工作者协会公布《中国新闻工作者职业道德准则》(简称《准则》),一共八条,其中第五条是"坚持客观公正的原则",这是较为正式地承认"新闻客观性原则"的开始。1997年《准则》第二次修订的时候,减少到六条,原来的第五条被删除,"客观"这个词移到了"坚持新闻真实性原则"这条内。如何看待"新闻客观性原则",可能存在不同观点。其实,客观是一种新闻职业工作理念,是一种报道方式,并不完全与政治观点对立,越客观,越能够获得好的传播效果。

---

① 刘少奇:《对新华社工作的第一次指示》,《中国共产党新闻工作文件汇编》下册,新华出版社1980年版,第360页。

五、我国新闻中较多的主观操控现象

我国新闻传播业要职业化,新闻客观性原则这一职业意识是必须要具备的。然而,我们把新闻等同于宣传的习惯也很顽强。对此,除了正面论证客观性原则外,也需要从问题方面做一些梳理。

例如,我们习惯于在人物报道方面,以主观定性在前、找寻例子证明在后的路子做文章,这与客观性原则是相悖的。有电视新闻报道一位眼科医生,根据这些报道,这位医生专业精湛,具有敬业精神,这样评价不是很好吗?但报道的导语部分,带有作者强烈的主观评价,把他对技术的精益求精与共产党员的政治身份挂钩,接着进一步与"人生追求"这个颇为费解的境界挂钩。导语行文中,这位医生的精湛技术成了他人生追求的"凭借"。这种叙事加评论的报道很多,主题先行,不能客观地描述人物,而是硬要人物服从于宣传目的,这样的报道很难客观,也难以让公众接受。

我看过一篇获得1981年普利策新闻奖的作品《抓住高树使劲摇撼》(作者索尔·佩特,美联社记者)。这是一篇"无截稿时间限制的报道",与我们的典型报道至少在时效上是接近的,报道的是纽约市长爱德华·科克。看完这篇报道,给我的感觉是,这位市长极有个性,不是我们平常判断标准中的好人,也不是坏人,不是非常强大的人,也不是非常弱小的人,他就是一个活生生的实在的人。题目有点莫名其妙,看完作品以后,才慢慢理解了。这也是报道人物,不是表扬也不是批评,但是看完以后,我对他的性格和他的工作留下了非常深刻的印象,他是活生生地生活在我们之中的普通人,很真实。我这个印象比"人生追求"之类美好而抽象的说法要实在。

有些关于国际会议的新闻,报道的主观色彩也很浓重。有一次,我作为《国际新闻界》主编收到一篇来稿,讲突尼斯的一个有几十个国家参加的国际性信息会议。作者说,会议强烈反对这,强烈反对那。看完了文章,给我的感觉是,批判美国信息霸权的决议得到了多数与会者的赞同。幸亏我查了一下,才知道反对者提交的决议没有通过。既然没有通过,上面描绘的激烈批判情形，不是作者主观、片面的选择吗？作者连最基本的事实都给遮蔽了，这种用主观操控文章的写作一旦变成惯性思维，到了颠倒是非的程度，自己却没有感觉！

还有一些新闻，在采访的时候，对评价观点的选择不注意平衡。例如2008年年初，我国通货膨胀一度接近7％，记者街头采访，只选取了一个对话：现在通货膨胀接近7％，你的感觉怎样？回答是：还能接受。而几乎同时，央媒对台湾地区通货膨胀4％的街头采访选取的反应是：台湾人民反应强烈，受不了啦！相信记者采访到的对话是真实的，但是你采访到的不可能只是这样一种意见，多发表几种意见，天不会塌下来，可能还会引来人家对你实事求是的赞扬。

还有，我们的传媒在报道新闻时，通过带有倾向性的副词、形容词和有方向性的谓语动词，传达了太多的主观意愿。例如"深入学习"、"深刻领会"、"引起强烈反响"等表示贯彻精神、发出指示时的效果性词汇，还有"翻天覆地的"、"可喜的"、"最好"、"大幅度"、"亲切友好地"、"圆满地"、"显著地"、"顺利地"等表示向好的方向变化的修饰性词汇，往往提笔就写，脱口而出，都不用动脑子。其实，不用这些词，客观一些，达到的效果肯定比套话连篇的效果要好。

社会新闻主观操控事实的情形也很多，例如北京某报2006年7月15日A7版的消息：

一个月内同一单元作案三次（主题）
杀死一人勒索7万，疑犯法庭称"觉得有钱人太张狂"（副标题）

本报讯 "看到关于宝马车撞人的报道后，我觉得有钱人太张狂，就想教训教训他们。"怀着这种"仇富"心态，29岁的庞茂升开始选择他认定的"有钱人"进行抢劫和敲诈，并在一个月内，在同一栋居民楼同一单元作案三次，杀死一人，勒索7万余元。昨日，一中院开庭审理此案。

29岁的庞茂升是河北省南皮县农民……

这条新闻以杀人嫌犯自称的作案动机作为导语，导向本身是错误的。法庭以事实为依据，以法律为准绳来判案，而新闻却如此强调当事人的"正当"杀人动机，实际上是在为他的罪责开脱，而且有意无意地煽动着社会的非理性情绪。该新闻被各网站转载时，几乎不约而同地将副标题改为主标题："觉得有钱人太张狂，就想教训教训他们"。

这种由传媒煽动的社会情绪是很危险的。中国人民大学新闻学院教师马少华就此发表评论写道："这条消息把一个抢劫杀人犯自称的'仇富'动机置于整个消息的最前头，似乎就使他的行为与普通的抢劫杀人

北京某报2006年7月15日A7版新闻
《一个月内同一单元作案三次》

不同了：他成了一种社会情绪的代表。他的犯罪行为也成了这种社会情绪的极端化表现。是这样吗？恐怕难以肯定。这样写作存在伦理问题，尽管这可能由于记者对一个涉案人物的特点格外敏感，或者想在一篇简单的报道中暗示更丰富的社会信息。很多网站把标题改成'觉得有钱人太张狂，就想教训教训他们'。这个'放大'使我警觉：这个信息不简单，在传播中，似乎迎合着某种社会心理。"①

然而，马少华对此发出的警告并没有得到广泛传播，被广泛传播的是"觉得有钱人太张狂，就想教训教训他们"这句话，因为新闻传播的先声夺人效应太强大了。直到这个罪犯被执行死刑，传媒的报道仍然是这个基调。例如2006年12月15日北京某报的新闻标题：

---

① 马少华：《"仇富"的抢劫有什么不同》，《北京青年报》2006年7月24日第A4版。

第四讲
新闻客观性原则

> **怀仇富心态选择有钱人抢劫**
> **杀害清华副教授凶手伏法** （双行标题）

另一家报纸的新闻标题也是大同小异：

> 看到宝马撞人的新闻　萌生仇富心理　（肩题）
> **杀害清华副教授凶犯昨伏法**　（主题）

看到宝马撞人的新闻　萌生仇富心理
杀害清华副教授凶犯昨伏法

北京某报 2006 年 12 月 15 日 A10 版新闻标题

网络时代的信息如潮水般涌来，公众无暇对每件事实作出判断，因此，他们对传播者的要求，除了及时告知新闻信息外，亦希望传播者对事实本身作出"它是什么"的基本判断。而新闻从业人员需要懂得从何种角度向公众报告，才符合职业规范和符合法治精神，不能为了轰动效应而表达错误的理念或违反新闻职业规范，以当事人的主观述说作为叙述事实的依据。再如北京某报2013 年 12 月 21 日第 10 版的新闻标题和导语：

> **男子为筹钱看望卖淫女友**
> **抢劫杀人被判死刑** （双行主标题）
>
> **京华时报讯**　为了筹钱去广西看望卖淫被抓的女友，男子姚宁入室抢劫电脑商张女士并将对方杀死。昨天上午，姚宁被市一中院判处死刑。

传媒为什么要把当事人自供的杀人动机置于新闻的最前面？无非是要煽情。而这种煽情无形中淡化了法律的威严。抢劫杀人是危害社会的严重犯罪行为，凸显这个抢劫杀人犯是为了筹钱去看望女友，追求的是故事的戏剧性。强调女友"卖淫被抓"，对女友的名誉造成损害。

再看该报 2011 年 3 月 31 日第 A10 版的新闻标题：

厌世男制造东直门爆炸案受审（通栏主题）

得知弃婴身世自暴自弃　　想报复社会之后自杀（副标题）

北京某报 2011 年 3 月 31 日 A10 版新闻标题

这是一个轰动全国和世界的案件。传媒首先强调的是犯罪嫌疑人在法庭上自称有"心理病"，给他冠名"厌世男"。记者凸显当事人在法庭上的陈述，而把严肃的审判戏剧化了。

所有刑事案件的发生，作为被告的当事人都会说出无数的主观理由，而公诉方更会有严肃的法律理由起诉他们，控辩双方可以在法庭上平等地论辩。为什么以上所有的报道，均没有报道公诉方的意见，而强调被告方述说的很难被证实的主观动机？显然，报道者没有真正内化自己的新闻职业角色，因为新闻职业意识要求记者养成追寻事实、怀疑价值（指主观动机的述说）的职业习惯。报道者也不懂得新闻客观性原则的操作要领：叙述事实、中性语言、平衡报道。

并非犯罪嫌疑人自供的动机不能报道，但要有对立的意见，以形成平衡态势，不能把这样的主观动机作为报道由头，安排在标题上和导语里，更不能只凸显被告陈述的主观动机。明明法庭上有两种关于犯罪的说法，却不采用公诉方的证词，只采纳犯罪嫌疑人自供的主观部分，这是不规范的对事实的选择性报道。

一些新闻人习惯于把新闻中带有的主观性内容加以张扬，可能是行业内竞争造成的一种被扭曲的新闻制作模式。除了对新闻客观性原则没有真正领会外，还因为这些细节具有个人情感色彩，可以用于煽情。新闻不是文学，不能主观设想，即使是事实中当事人所想的，也不能当作事实，而要经过验证。切记不要煽情，要客观、平衡地报道案情。

六、新闻表现立场与客观报道是否存在矛盾

我们在较长的时间内,都要求报道要显示立场观点,因为我们处于激烈的阶级斗争的环境中,分清敌友是首要问题。后来,又提出了"客观、公正、真实、全面,同时有立场"的要求(20世纪50年代的新闻工作者称为"八字方针")。在这方面,毛泽东和刘少奇在不同的时代说过不同的话。

1948年3月下旬,毛泽东从陕西过黄河,来到山西省兴县蔡家崖村,这是晋绥抗日根据地的总部。应中宣部部长陆定一的要求,毛泽东于4月8日接见了晋绥日报的编辑人员和新华社晋绥分社的记者,发表了一个谈话。在这个谈话的最后一部分,毛泽东说了这么一段话:我们共产党人认为隐瞒自己的观点是可耻的,我们必须旗帜鲜明,用钝刀子割肉,是半天也割不出血来的。在当时的情况下,毛泽东说的是对的。因为当时中国正处于历史的转折点上,国民党全线溃败,共产党凯歌高进,这时候你亮出你的牌子,就是要打倒蒋介石,解放全中国。这样旗帜鲜明的报道,有利于造成对敌人的强大舆论攻势,也会得到全国绝大多数人民的支持。但如果传媒长期遵循这种旗帜鲜明的报道原则,可能会有问题。

1956年,在生产资料所有制的社会主义改造基本完成的时候,刘少奇根据新情况指出,外国记者强调他们的报道是客观的、真实的、公正的报道,我们不敢强调这些,只强调立场,那么,我们的报道就有主观主义,有片面性。新华社要成为世界性通讯社,新闻就必须是客观的、公正的、真实的、全面的,同时有立场[①]。要注意说这段话的时间——1956年,这年起,我们党已经掌握了稳固的全部国家政权(包括在经济上)。当时全国六亿人口,什么样的人都有,不会全是拥护共产党的,国际上也是什么观点的人都有,这就要考虑,如果所有的新闻都是立场坚定、旗帜鲜明,同意你的观点的人当然会看,而不同意你的观点的人则

[①] 刘少奇:《对新华社工作的第一次指示》,《中国共产党新闻工作文件汇编》下册,新华出版社1980年版,第361页。

会完全不看。完全不看的结果是没有传播效果。所以，刘少奇注意到外国通讯社，他明明是反对我们的，但写得形式上很客观，使得观点跟他不一样的人也能够接受这样的新闻，无意中会接受新闻中潜在的倾向或观点。关键是要让人愿意接触你的新闻。在这种情形下，刘少奇提出的新闻工作的"八字方针"是与时俱进的。经验告诉我们，在掌握政权后的和平时期，强加于人的倾向性报道不利于争取最广大的群众。

　　刘少奇的观点基本上还是政治家的观点，叫做"有立场的客观性"，是政治家的一种对所控制的新闻传播的要求，一种较为开明的政治要求，但不是新闻职业化层面的要求。

　　这种情况下，如果事实与原有立场不冲突或冲突不大，基本可以做到客观；如果事实本身明显地不利于传播者一方，这一方又不大懂得客观性原则的方式方法，具体的报道者在表达技术上又较为欠缺，"客观"就难以坚持，隐瞒或采用歪曲方式来报道不可避免。其实，没有不能报道的公开发生的事实，即使这个事实不利于传播者一方，关键在于要找到合适的报道角度和客观的报道形式。

　　从新闻职业意识角度看，"客观性原则"是一种职业理念，一种职业立场。只有从这种"立场"出发报道事实，在形式上又采取客观报道的方式，才可能做到较为客观（完全客观难以做到）。

　　不管怎样，有一种认识需要确立，只要涉及观点问题，不要过分追求大一统的目标，因为不可能存在完全一致的思想。记者的报道角度或镜头选取，可能来自政治立场，也可能来自客观的职业理念，即使是后者，也不会让所有人满意。

　　恩格斯曾经说过一段话：

> 主观意见必然是各不相同的。好尚各异。某人认为不重要的……别人可能认为是重要的和有决定意义的。保守党人永远不会使自由党人满意自己的引证，自由党人也不会使保守党人满意，社会党人则永远既不会使他们中的任何一个满意，也不会使两个全都满意。任何一个党派的人，当他自己同党的话被反对者援引来反对他的时候，他照例会觉

第四讲
新闻客观性原则

得,在引文中删去了决定讲话的真正意思的最重要的地方。这是很常见的。①

这就是说,只要涉及不同观点的争论,永远没有标准答案,观点领域就是这个样子。在这个意义上,涉及观点的时候,要考虑尽可能站在客观的立场上去报道各种不同的观点(即使有宣传的任务,适当突出我方的观点,但不要完全不提及其他观点),一旦你卷进去,真是没有客观可言了。恩格斯的这段话说明,在主观意见领域,追求一致是一种幻想。

这里再介绍马克思主办《新莱茵报。民主派机关报》(1848—1849)时的一段论述:

> 平常向代表社会舆论的任何新机关报提出的要求是:对于它在原则上同意的党派采取热烈支持的态度,无条件地相信这个党派的力量,时刻准备用实际力量来维护它的原则或者用原则的光辉来掩盖实际的软弱无力。我们将不以这个要求为满足。我们将不用虚伪的幻想去粉饰所遭到的失败。②

《新莱茵报》是德国1848年革命中民主派的机关报,也是共产主义者同盟机关报。马克思不像其他非马克思主义机关报那样,一味地只维护自己的原则,而是同时也正视事实,不会粉饰不利于自身的事实。

恩格斯在《新莱茵报》工作时期也说过同样的话。当时他前后写了几十篇关于匈牙利起义的报道,其中一篇,伊始便是这样一句话:

> 一开始,我们就坚定地站在马扎尔人[匈牙利人]一边。但是,我们决不允许自己的倾向性影响我们对马扎尔人报道的判断。③

---

① 《马克思恩格斯全集》第22卷,人民出版社1965年版,第129页。
② 《马克思恩格斯全集》第5卷,人民出版社1958年版,第25页。
③ 《马克思恩格斯全集》第43卷,人民出版社1982年版,第186页。

这是恩格斯的一个声明：我站在匈牙利起义者一边，但是我获得的消息如果不利于匈牙利起义者，我照样客观地报道。这就是他作为记者的职业理念。1851年，恩格斯在回顾他关于匈牙利起义的报道时写道：

> 我们对匈牙利并不怀有任何不友好的情感。在斗争中我们是维护它的；我们有权利说，我们的报纸——《新莱茵报》，为在德国宣传匈牙利人的事业而做的工作，比任何其他报纸做得都要多……我们应以历史学家的公正态度记述事实，所以我们必须说……维也纳人民豪迈的英勇精神，比匈牙利政府的小心谨慎态度不仅高尚得多，而且有远见得多。①

这里涉及恩格斯支持对象之间的素养比较。匈牙利当时被奥地利（首都维也纳）控制，匈牙利人民起义反抗殖民统治。恩格斯支持匈牙利起义，也支持奥地利人民反抗封建专制的起义。但就起义者的素养而言，恩格斯认为奥地利起义者比匈牙利人的素养要高些。"以历史学家的公正态度"，这是一种理念。有了这种理念，才可能真正做到客观地记述事实。

也就是说，马克思和恩格斯领导的《新莱茵报》的工作经验表明，记者的立场与新闻客观性原则并不是对立的，而是可以统一起来的。

七、客观的职业理念受到的各种自然而无形的影响

前面说的，是一些先入为主的意识对客观报道的影响，现在说的是无形的、看不见的东西，即各种自然而无形的东西对新闻客观性原则的影响。

第一，记者在报道事实之前，其认识问题的方式和思维习惯已经存在了，即使他真诚地要客观报道，但是他本人已经被先前的经验和生活环境规定好了、建构好了。超越个人的局限是可能的，但是超越所在的环境传统和文化的

---

① 《马克思恩格斯全集》第11卷，人民出版社1995年版，第74页。

第四讲
新闻客观性原则

束缚是很难的。

第二，不少事实本身体现了一定的立场观点。它们是在一定的历史和环境下产生的，不完全是自然的产物，更是社会的产物，是人们活动中塑造的东西。当事实发生之时，"事实"是被先验地构造好的。尤其在报道政治事实的时候，例如报道某一次政治会议，它有具体的指导方针，哪怕记者报道该会时是一张白纸，客观报道了大会的政治报告，报告是有观点的，报道做报告这个事实本身，就传播了一定的观点。

第三，人对事实的感觉和知觉具有相对性，不可能完全相同，因而会有此一时彼一时的情况。不同的人采访同一个人或同一件事，做的报道不会完全一样，因而是否客观的标准是在比较中呈现的，完全的客观很难做到。

第四，信息时代信息过载，人们在传媒提供的海量事实面前虽然无暇思考，只能接受传播者提供的"事实"，但他们有自己的体验和选择标准，即使记者真诚地以客观的理念来报道所选择的事实，仍然难以让每个受众都感到"客观"。从受众角度看，受众的要求与记者的报道之间会发生认识冲突。

也就是说，"客观"受到了无数因素的限制，就像你在家里接受的信息，不知道有多少只手控制、过滤着这个信息，包括你大脑里既定的思维方式，也在控制着这个信息，从这个角度说，你主观上想客观报道的东西，很难被完全公认为客观。

最后说一下"有闻必录"这个表述。在某些新闻理论教材里，"有闻必录"是对新闻客观性原则的一种扭曲的解释，然后批判它如何荒谬和不可能等等。如果某篇报道以众多事实为依据得出负面结论，有人就会说，我们不能有闻必录，你这是客观主义。

"有闻必录"在中国最早出现在19世纪末，主要是在上海的报纸上。它是一种新闻招徕的广告语言，从来不是新闻客观性的内涵表述。例如"有闻必录，无言不详"、"有闻必录，无奇不搜"、"人吉如是，未知确否，姑志之，以符有闻必录之例"，等等，意思不过是务求详尽、全面而已。这样的广告语言，不能当真，一般公众也不会当真。从我国第一部新闻学著作——徐宝璜的《新闻学》开始，这句话便受到过批评，但这是一种学术性批评而不是政治性的。

曾经在延安《解放日报》写文章批判"有闻必录"的人——胡乔木自己有一次正面使用了"有闻必录"。1985年他在《谈新闻工作改革》中说："另外，还是得提倡有闻必录，短消息还是需要。"①这里使用的"有闻必录"，指尽可能让受众多知道一些新闻，而不是把所有东西都录下来。

---

① 《胡乔木文集》第3卷，人民出版社1994年版，第196页。

第五讲　传媒的基本职能及与社会各方面的关系

此前四讲,我们论证的主语是"新闻",即关于新闻(具体的对事实的叙述)的理论;此后我们的论证主语,主要围绕机构传播媒体展开,即关于新闻传媒的理论。我国汉语的"新闻"一词,涵盖过于宽泛,要根据上下文和语境,才能理解是指具体的"关于事实的叙述"的那个"新闻",还是指传播新闻的组织机构这个"新闻"。所谓"新闻理论",其中的"新闻",既包括新闻,也包括新闻传媒,是两个不同方面的"理论"。

关于这个话题,过去叫"报纸的性质、任务、作用",后来主语变成了大众传播或现在的网媒,用词不同,其实差不多指的都是一个问题,即传媒(包括网络自媒体)是干什么的。我现在统一为"职能"。"职",传媒是一种社会行业,对个人来说是一种职业;"能",即功能。职能这个概念既说明论证的角度是在社会层面,又能在较为广泛的意义上全面讨论传媒在社会中的作用。

为什么要专门说说这个对传媒的认识问题呢?因为你的认识是什么,决定你怎样行动。例如你若认为传媒是阶级斗争的工具,你就会带着强烈的主观动机,找寻有利于自己观点的事实,不管有没有新闻价值,尽可能多地搬到自己掌控的传媒上。如果你认为传媒服务于公众监测环境的需要,你就会像哨兵一样观察周围的情况,发现涉及公众权益的重大变故,及时报告。

显然,对传媒职能的认识不同,结果很不相同。例如,一位传媒领导说的话一度在网上传播开了:"一些新闻工作者,没有把自己定位在党的宣传工作者上,而是定位在新闻职业者上,这是定位上的根本错误。"他把我国新闻工作者承担的宣传任务和传媒的基本职能对立起来了。习近平说:"既要强调新闻工作的党性,又不可忽视新闻工作自身的规律性。""遵循新闻传播规律和新兴媒体发展规律。"①如果这位领导只把自己定位为宣传者,并以此领导传媒,他领导的传媒就很难全面履行传媒的职责,习近平提出的要求就无法落到实处。认识的偏差会带来一系列的问题,所以,全面讲述媒体的基本职能很重要。

一、中国新闻业的先行者对行业的两种不同的认识角度

1872年4月30日《申报》创刊号《本馆告白》云:"天下可传之事,湮没不彰

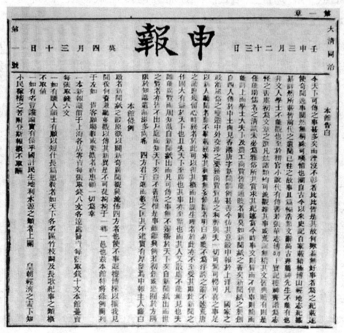

《申报》创刊号《本馆告白》

---

① 习近平:《摆脱贫困》,福建人民出版社1992年版,第84页;《共同为改革想招一起为改革发力　群策群力把各项改革工作抓到位》,《人民日报》2014年8月19日。

者比比皆是。本报随时记载当今之事,使留心时务者,于此可以得其概,不出门户而周知天下事。上而学士大夫,下及农工商贾,皆能通晓。"

这说明最早的一批中国新闻从业者,已经十分清楚传媒是做什么的。不过,那时的报人多半是被动就业,为啖饭而来。因为中国的传统文化,把报人职业视为文途末路、下等艺业。同时也因为那时的传媒道听途说为多,记载多夸,社会名声不好。《申报》第一任主笔蒋芷湘,考中进士后,即刻脱离报馆。士人与报人的角色冲突,消解了他们本来对报纸原有的"职业"认同。

姚公鹤1917年出版的《上海报纸小史》云:"当时的报纸筚路蓝缕,每日仅印数百纸,内容所辑材料,非燕京春色,即歇浦秋潮。父老且有以不阅报纸为子弟勖者。昔日之报馆主笔,不仅社会上认为不名誉,即报馆主笔亦不敢以此自鸣于世。"

中国早期的著名报刊政论家王韬,对他主编《循环日报》十年(1874—1884)不屑一顾。在他看来,自己是硕儒、通达洋务之士、名士、诗人。办报仅仅是人生追求中的一个插曲,他从来不认同自己是报人。

王　韬　　　　　　　　　　《循环日报》

从1896年开始,中国早期的党报活动家和维新派代表人物梁启超发表很多文章论证出版自由、第四种族、舆论监督,引进西方新闻学的学术观点,主要是服务于政治斗争的角度。他将报刊视为"政本之本,教师之师",赋予报刊以无法承受的重任:"今日吾国政治之或进化、或堕落,其功罪不可不专属诸报馆。"

早期有政治抱负的中国记者,都认为立言、立德是记者之天职,记者的职能是平天下之不平。这是中国"文以载道"的传统的影响。

于是,关于传媒是做什么的认识,存在两种不同方位的认识:从新闻职业意识角度定位传媒;从新闻与政治意识形态关系角度定位传媒。

二、一种泛化认识:传媒是舆论的表达者

这个观点不论中外,不论政见是否相同,一般都承认这一点。但这只是一种泛化的说法,落实到具体问题上可能说不通,因为若要较真,舆论是在一定范围内自然存在相当多的人的意见,而传媒在每一个具体问题上,并非都代表舆论,甚至完全不代表舆论。不过在总体感觉中,很多人都认同这个说法:传媒是舆论的表达者。

现在能够确认最早提出这个观点的,是英国18世纪的伦理学家边沁(Jeremy Bentham,1748—1832)。他在著作《宪法法典》中谈道:舆论表达的最重要的因素是报纸。当时唯一的传媒是报纸。边沁在欧洲学术史上是非常有地位的人。

马克思和恩格斯说过这样的话:

> 报刊是广泛的无名的社会舆论机关。报纸是作为社会舆论的纸币流通的。①

马克思和恩格斯对于舆论的认识是深刻的,"广泛的无名的",这恰恰是舆论的特点。第二句话,讲述了何种情况下传媒能代表舆论。他们以纸币代表金或银这种情形,借用来说明传媒与舆论的关系。如果纸币不能够兑换为较

---

① 《马克思恩格斯全集》第10卷,人民出版社1998年版,第605页。译文有改动。

第五讲
传媒的基本职能及与社会各方面的关系

为稳定的交换价值的替代品金或银,它在社会流通中得到承认是不可能的,谁也不会接受这样的纸币。金或银是一种比较稳定的中介。纸币可以流通,在于公众的承认,在于它含金或含银。一份报纸能够在社会上流通,说明它一定程度上被公众认可,能够代表舆论;如果一张报纸不能代表社会上多数人的意见,它就很难卖得出去,偶然维持一小段时间还可以,时间长了就不行了。

1996年我在香港看到了一份《颠狗日报》,每天只有8版,居然与其他每天70—80个版的报纸一样,售价也是5港币。这张报纸发行了几个月,再也办不下去了。香港中文大学新闻传播学院有一个调查,该报的公信力全港倒数第一,不代表舆论,就是几个狂人在瞎说。它能够维持几个月,除了有一点钱可以烧烧外,还有就是公众的一时新奇,买一份两份看一看,时间长了没人看它了。如果传媒完全没有受众群,哪怕是很小的分众,就没法在社会中流通。

马克思还把报刊与舆论的关系比喻为驴子(报刊)与它驮着的袋子(舆论)[①]。这是在论述德国民营报纸的时候做的比喻,前提是认为这类报纸多少与公众有一些思想上的联系。在这个意义上,他认为报纸是舆论的承载物。

传媒是舆论的表达者,一般说说当然可以。这是一种泛化的表达,人们的一种总体感觉,无法在理论上给予清晰的证明。但是,它提出的本身,表达了从"传媒代表国王"到"传媒代表舆论"认识的转变,而当时"舆论"的概念本身,自法国的卢梭之后,带有"人民主权"的内涵。

讲舆论学的时候,我们可以对舆论有一个非常详细的分析,那时你会在理论上认识到,这种说法需要具体情况具体分析,如果把它作为一种不言而喻的前提,可能会在分析具体问题的时候,对传媒与舆论的关系作出错误的判断。

三、从传媒与政治的关系定位传媒职能

我们以往关于传媒性质、任务、作用等说法的由来,主要是从传媒与政治

[①] 《马克思恩格斯全集》第12卷,人民出版社1962年版,第658页。

的关系得到的定性。而这些定性，又来源于对新闻阶级性、政治性的认识。所以，我们需要先讨论新闻与意识形态（主要是政治意识形态）的关系，然后再从传媒与政治的关系来定性传媒职能。

1. 报刊发展的三个历史阶段与传媒的党派属性

传媒有阶级性、政治性等等说法，马克思和列宁都说过；列宁还就党报党刊，论证过党性原则。但这不是马列独特的观点，而是当时社会的观点，是社会公认的。因为他们生活在政党报刊向商业报刊过渡的历史阶段，党报党刊本身就是政治的一部分，报刊具有阶级性、政治性、党性是自然的，大家都不会觉得是个奇怪的现象。

关于这个问题需要专门谈一下世界上报刊发展的历史。世界报刊发展经历过三个阶段：官报时期、党报时期、商报时期。随着商业化报刊逐渐占据主导地位，大约在19世纪中叶，党派报刊很快（在美国）或逐渐（在英国）消失。当时已经有很多报刊不再站在哪一边，而是以营利为目的，现在更是这样。并不是说报刊没有自己的观点，它的观点是围绕着利益转移的，报刊的自身利益，特别是经济利益通常决定着报刊的政治态度。这种利益可能会使报刊的政治态度相当模糊，或者无所谓态度，或者有时候态度非常鲜明，总之，传媒的政治态度是围绕着如何争取更多的读者转的。

例如关于19世纪中叶的英国《晨报》，马克思说：

> 它之所以有影响应归功于这样一种情况，即报纸并不是经过编辑的，而是一个论坛，每个读者都可以在上面发表自己的意见。……有时也给那些不投靠任何党派的较著名的作家腾出一些篇幅。①

正是由于报纸持这种态度，它的发行量仅次于《泰晤士报》，这说明那个时期正处于从党报时期向商报时期过渡，而这张报纸代表了报刊的发展趋势。从马克思的行文口气看，是肯定《晨报》的。

再看恩格斯对英国《评论的评论》的评论（括号内文字为笔者所加）：

---

① 《马克思恩格斯全集》第14卷，人民出版社2013年版，第52—53页。

第五讲
传媒的基本职能及与社会各方面的关系

……斯特德(一个有名的报刊经营者)尽管是个地道的狂妄之徒(指他在挣钱方面非常有办法),但仍不失为出色的生意人,他会把寄给他的杂志加以利用,有时能起很大的作用,凡是能够引起某种哄动的东西,他都会不加选择地利用,至于是些什么东西以及来自何处,对他来说都是无关紧要的。①

商人就是这样,只要能够引起轰动的东西他就登,登了能赚钱,无所谓什么党派。那时是19世纪90年代初,恩格斯说这段话的时候,英国已经完成了从政党报刊时期向商业化报刊时期的转变。媒体的职责基本是考虑如何能让所有人接受它们提供的各种信息。

此前在两个时期转换之时,恩格斯于1849年写道(括号内文字为笔者所加):

在大国里报纸都反映自己党派的观点(这是政党报刊时期的特征),它永远也不会违反自己党派的利益(这也是政党报刊时期的特征。我们有的文章经常引用这段话,就引到这个分号这里为止,后面就不再引了,作者要强调所有报纸都有党派性,而后面英国社会当时言论自由的表现特征,却不引证,这就造成对恩格斯原话的明显歪曲);而这种情况也不会破坏论战的自由,因为每一个派别,甚至是最进步的派别,都有自己的机关报。②

关于这个观点,恩格斯在1844年和1847年也说过同类的话:

"每一个英国人都有自己的报纸","在资产阶级和从现在起提出自己的利益和要求的无产阶级之间,形成许多带有激进色彩的政治流派和社会主义流派,如果详细考察一下英国的……各种期刊,便可对这些流派有详细的了解。"③

---

① 《马克思恩格斯全集》第38卷,人民出版社1972年版,第189页。
② 《马克思恩格斯全集》第6卷,人民出版社1961年版,第209页。
③ 《马克思恩格斯全集》第3卷,人民出版社2002年版,第433页;《马克思恩格斯全集》第4卷,人民出版社1958年版,第55页。

恩格斯这里讲的"自己的",当然不是指拥有,而是指每个持有一定政治观点的人,都可以在英国找到反映其观点的报刊。这些话真实地描述了英国等国处于政党报刊时期(当时已经开始向商业报刊时期转变)的言论自由的表现特征。

马克思和恩格斯还谈到过另一种情况,即传媒控制政府,尤其在美国。1850年,他们谈到美国政权干涉社会的程度时说:"国家政权的干预在东部降到了最低限度,在西部则根本不存在。"①这个"东部"、"西部"是指美国的东部和西部。在美国,国家政权干预社会的程度是很低的,这种情况在一定程度上使报刊操纵政府的情形更多些。

马克思在1862年评论《纽约先驱报》的"操纵意识"时说:

《先驱报》的业主和主编、臭名远扬的贝奈特,以前曾经通过他的驻华盛顿的"特别代表",或者叫做通讯员,操纵皮尔斯政府和布坎南政府。在林肯政府下,他又企图用一种迂回的方法来取得这种地位。②

这说明当时美国的报纸受政府控制的程度很低,它们甚至反过来一定程度控制着政府。所以说,美国报刊"玩"政治比英国报刊要强得多。这种现象,我们在讨论传媒职能的时候几乎没有意识到,习惯性地强调传媒如何受到政治权力的控制,而忽略了传媒本身也是一种较为强大的控制力量。

通过以上考察,我们要从历史的角度看问题,不能够僵化地引用革命导师的语录。从马克思到列宁,他们说过的很多话,一定要结合当时的背景、条件来理解当时的含义,而不能作为放到哪里都灵验的教条。

2. 新闻与政治意识形态的关系

现在世界上有多种社会制度,其中资本主义国家传播的新闻,总体上会体现资本主义国家主流人群的意识形态;社会主义国家传播的新闻,总体上会具有社会主义特有的观念。具体到中国,所传播的新闻总体上不可避免地会带

---

① 《马克思恩格斯全集》第10卷,人民出版社1998年版,第351页。
② 《马克思恩格斯全集》第15卷,人民出版社1963年版,第508页。

第五讲
传媒的基本职能及与社会各方面的关系

有中国政治体制和现实政治意识形态的印记。

由于新闻政策的差异,资本主义国家的新闻形式上一般是自在的和多元的,但实际上有多种无形的政治、经济、文化传统的力量在制约着它们,这种无形的力量需要经过科学研究和论证才能感受到;而社会主义国家的新闻,通常是有组织的和一元的,要求与中央权力组织的观点一致,重大的新闻,要求采用国家通讯社的通稿。不论何种形式,一个国家刊播的新闻,总体上带有这个国家政治制度带来的意识形态印记。

新闻有没有党性、阶级性、政治性?总体上是有的,这一点不能否认。但若说传媒刊播的新闻,每句话、每个字都得体现党性,这种说法在1956年党中央124号文件中就批评了,是不可能做到的。文件指出:"《人民日报》应该强调它是党中央的机关报又是人民的报纸。过去有一种论调说:'《人民日报》的一字一句都必须代表中央','报上发表的言论都必须完全正确,连读者来信也必须完全正确'。这些论调显然是不实际的,因为这不仅在事实上办不到,而且对于我们党的政治影响也不好。"①从这种被批评的观点向外延伸,进一步说外国媒体上刊播的新闻,每句话、每个字都有阶级性,这就有更大的偏差了。一个国家大众传播媒介刊播的新闻,总体上带有那个国家意识形态的印记,但这种总体认识不能直接用于说明具体的微观问题。

关于新闻的阶级性、政治性等等,要分两个层面,一个是宏观层面,因为资本主义社会的特征跟我们不一样,它的媒体传播的观念在总体上自然而然跟我们不一样,在这个意义上,它们的媒体是有阶级性、政治性的;中国的新闻也是这样。另一个是微观层面,在这个层面,并不是所有具体的新闻都反映国家或阶级的意识形态,许多具体的新闻谈不上阶级性、政治性,例如某一个演员表演得好或不好,只是大家的评价不同,一定要上纲上线到阶级性、政治性,就变得很荒谬了。

但是,对新闻的整体进行分析,确实能够看到明显的意识形态方面的痕迹,特别是在矛盾冲突比较激烈的时候。像社会主义阵营和资本主义阵营"冷战"时期的新闻,非常明显地具有政治性。现在经常发生冲突的地区,对立双

---

① 《中国共产党新闻工作文件汇编》中册,新华出版社1980年版,第483页。

方或多方的新闻往往截然不同或对立，能明确看出来新闻背后的政治或意识形态特点。

还有，即使观点对立，发布的新闻也不一定就具有阶级性，也可能是同一个阶级、集团内部的不同观点，有些分歧、差别，谈不上阶级性，但可以说具有政治性。有不同意见，是常态；完全一致，反倒不正常。毛泽东说过，党内无党，帝王思想；党内无派，千奇百怪。阶级性与政治性不完全是一回事。由于历史的原因，我们形成一种惯性的思维方式，即动不动就对一个非常具体的问题进行"阶级"分析，都在同一个党内，甚至同一个委员会内，这种分析的结果有时候是非常可笑的。

当然，我们这个社会和外部的社会，在阶级意识上、在政治意识形态上是不一样的，这种差异会对传媒的新闻有一定的影响。传媒在宏观上是有阶级性、政治性的，如果传媒属于某个党派，当然它传播的新闻总体上还具有党性。为什么要强调在"总体上"认识？因为一条很具体的新闻，有时候你很难给它戴上阶级性、政治性、党性的帽子，但是总体上我们能感受到每个国家由于它的社会制度不同，在这个国家流通的新闻，自然带有这个国家政治意识形态的印记。

3. 列宁："报纸是集体的组织者"

列宁 1901 年谈到俄国社会民主工党机关报《火星报》的作用时说："报纸不仅是集体的宣传员和鼓动员，而且是集体的组织者。"①后来，这个观点被斯大林概括为党和苏维埃报刊的基本职能。20 世纪 30 年代起，中国共产党的报刊上开始出现"报刊是集体的组织者"的引证，解放以后写入新闻理论教材。1987 年以后，报刊"组织作用"的说法在中国新闻理论研究里基本被否定，不再使用。

列宁所说的"报纸"，特指《火星报》。中译文"报纸"对应的俄文单词是 Газета，就是报纸，单数。斯大林 20 多年后写了一篇文章《报刊是集体的组织者》，中译文"报刊"的俄文对应单词 Печать，可以翻译为报刊，但它的原意要比"报纸＋期刊"还要广泛得多，是指所有的印刷品，相当于英文的 print。斯大

---

① 《列宁全集》第 5 卷，人民出版社 1986 年版，第 8 页。

林引用列宁这句有具体所指的话以后,把苏俄所有的印刷品都规定具有"组织作用",逻辑不通。只有党的中央领导机构才有组织作用,党的机关报是精神单位,只有宣传作用,没有权力去组织实际的党务。列宁当时是指《火星报》特殊情况下的建党作用。当时党中央被沙皇警察破获,作为党的机关报《火星报》的编辑部(1900—1903)实际上替代中央领导机构。在党重建(1903)后,他没说过党报具有组织作用。

《火星报》是俄国社会民主工党秘密出版的报纸,当时的党中央和党的机关报《工人报》(筹备中)

《火星报》编委会成员：列宁、普列汉诺夫、马尔托夫、查苏利奇、阿克雪里罗德、波特列索夫,秘书克鲁普斯卡娅。左下角为《火星报》第1期,右上角为提出"报纸是集体的组织者"的社论《从何着手?》原版

被沙皇警察破获了,在没有党中央领导机构和党中央机关报的情况下,列宁和普列汉诺夫于1900年在国外创办了《火星报》。该报编委会履行的职能,除了传播马克思主义外,实际上相当于党的中央领导机构。列宁通过建立报纸发行的代办员、写作的通讯员网络,把分散在俄国各地的马克思主义小组串联起来,统一思想,并由该报组织的"火星派组织"出面,于1903年召开了党的第二次代表大会,重新建立了党。所有这些,都是在列宁的计划之下做的。列宁所说的"报纸是集体的组织者","集体"是指"党",报纸是指《火星报》。这是一种独特情况,不能扩展到党中央机构健全下的党报,更不能扩展到一般的报纸。

1923年,斯大林为了和别人辩论,把列宁的这个观点变成一个普遍的观点。他作了一个解释,比如,现在在运输战线缺少人力,媒体为这事发了社论,号召大家支援运输战线,于是很多工农群众给党报发去了决心书、保证书,把自己最优秀的子弟送到运输战线去,这就是报纸的组织作用。这种解释是不通的。报纸发了社论,这是在宣传党中央的决定。发了社论以后,很多人给报纸写信表决心,这时候报纸是中央机关的一个机构,有人给它写决心书,这并不是报纸在组织什么,起组织作用的是党中央,党报是党中央组织这次运动的宣传者和鼓动者,是党中央组织行动的一种途径。因而,斯大林的观点说不通。

4. 毛泽东:报纸的力量和作用在于使党的纲领路线同群众见面

1948年4月2日,毛泽东将党报思想概括为:"报纸的力量和作用,就在它能够使党的纲领路线,方针政策,工作任务和工作方法,最迅速最广泛地同群众见面。"他在这里强调的是党报的"宣传"功能,主要是针对土地改革说的。当时华北地区的土地改革关系到共产党军事上能否胜利,而政策执行的情况,中央非常重视,"我们正在进行土地制度的改革。有关土地改革的各项政策,都应当在报上发表,在电台广播,使广大群众都能知道。群众知道了真理,有了共同的目的,就会齐心来做"。土地改革工作和土地改革宣传中出现的问题,基本来自上层,因此在这里他并没有强调下情上传,或利用报纸来反映群众的声音;并不是面面俱到地谈党报的任务和方法,实际上重点强调了其中的一个方面。

文武之道、一张一弛(毛泽东对晋绥日报编辑人员谈话)
(苏光、王迎春、杨力舟作)

第五讲
传媒的基本职能及与社会各方面的关系

当时晋绥地区刚经历土地改革运动的起伏,土地改革中存在先"右"后"左"的问题,而《晋绥日报》和新华社晋绥分社的宣传报道也存在同样的问题。对此,毛泽东要求党报注重"上情下传"的功能,开篇就讲:"我们的政策,不光要使领导者知道,干部知道,还要使广大的群众知道。有关政策的问题,一般地都应当在党的报纸上或者刊物上进行宣传。"他对此还用"打仗"的比喻来说明:"这和打仗一样,要打好仗,不光要干部齐心,还要战士齐心。陕北的部队经过整训诉苦以后,战士们的觉悟提高了,明了了为什么打仗,怎样打法,个个磨拳擦掌,士气很高,一出马就打了胜仗。群众齐心了,一切事情就好办了。"然后就是刚才引证的那句毛泽东的名言:"报纸的力量和作用,就在它能够使党的纲领路线,方针政策,工作任务和工作方法,最迅速最广泛地同群众见面。"①

"《对晋绥日报编辑人员的谈话》一文,主要是针对晋绥地区土改中党报宣传问题而谈的,淡去了谈话发表的特殊历史环境,具有特殊所指的内容被作为一般性真理被接受和执行,需要我们有些反思。例如毛泽东在一开始强调的党报宣传党的方针政策的职责,就有当时的背景。党报承担着宣传党的方针政策的任务,但作为党报,还有反映群众呼声的任务,以及一般报纸满足读者新闻需求的基本职能。"②党报也是报纸(newspaper),除了宣传任务以外,也要满足人民对新闻的需求,履行报纸的基本职能。

5. 把传媒职能比喻为"喉舌"

将传媒的职能视为"喉舌",是一种通过比喻表达的对媒体功能的认识。这是一种单向的传播。党报应该成为党的喉舌,但这种比喻不够完善,比喻为"桥梁"、"导线"较为妥当,意味着存在双向传播。把传媒比喻为"喉舌",比较生动。但比喻不是学术论证。列宁说过,任何比喻都是有缺陷的。

关于"喉舌"的喻证,可以追溯到1896年梁启超在《时务报》上发表的论文《论报馆有益于国事》。时年梁启超24岁,是清王朝的六品官。他强调报刊的作用是"通上下"。将报刊的职能定性于与政治的关系,并比喻为喉舌与耳目,肇始于这篇文章。

---

① 《毛泽东选集》第4卷,人民出版社1991年版,第1318页。
② 王润泽、赖垚珺:《毛泽东论党报的名篇——〈对晋绥日报编辑人员的谈话〉》,《新闻界》2012年第10期。

梁启超把报刊比喻为喉舌,是从两方面说的:"上有所措置,不能喻之民,下有所苦患不能告之君,则有喉舌而无喉舌。其有助耳目喉舌之用而起天下之废疾者,则报馆之为也。"这句话里,他描述了报刊出现前的一种情形:皇帝和百姓都长着喉舌,但是不能相互沟通。他认为,现代报刊既可以做皇帝的喉舌,又可以做百姓的喉舌,让双方相互沟通,这是他的理想。

梁启超

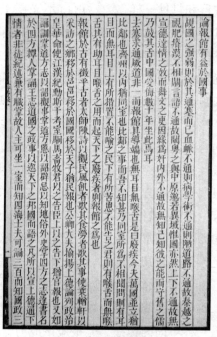
《论报馆有益于国事》

梁启超接受西方新闻学的一些概念时,已经将它们中国化了。在西欧,报刊是国王喉舌(官报时期)的思想那时已经过时一二百年了,而报刊代表舆论早已成为一种广泛的认识(这种认识如前面所述,是一种泛泛的说法)。他把报刊说成既是皇帝的喉舌,又是百姓的喉舌,显然带有中国特色,是为了说服光绪皇帝引进现代报刊,进行政治改革。他的比喻,不能说明更多的道理,但是无形中改变了报刊在西方社会中的单一职能认识(舆论代表)。

报刊是民众的喉舌,这种说法其实较为抽象,因为民众是分散的、无组织的,而皇帝的喉舌(后来转变为权力组织,诸如政府、执政党等的喉舌等)则是

第五讲
传媒的基本职能及与社会各方面的关系

具体而清晰的。所以,关于传媒是喉舌的表达,主要是一种在传媒与政治之间关系的定性。现在又增加了传媒与经济权力之间的定性。无论哪种定性,都表达了一种传媒所处的地位,即它本身不是完全独立的,而是属于一定阶级的组织(政党)、国家政治的组织、经济集团领导机关的一部分。

在我国,中国共产党的党报是"党的喉舌"的比喻,出现频率最高。但就党的正式文件和毛泽东关于党的新闻工作的论述来看,没有使用过这种比喻。这种比喻较多地出现在党的新闻工作领导人媒体文章中。现在看到的较早的论述,是延安《解放日报》社长博古1944年在内部的一个讲话中使用了"喉舌"比喻。他当时说:

> 我们是党的机关报,在工作上有很大的责任,作党的喉舌,党每天经过报纸向群众讲话,没有别的工具能如报纸这样更紧密的和群众联系,……我们要成为党的喉舌,必须要贯彻党性、群众性、组织性、战斗性。
>
> 每一个做党报记者的同志要认识到自己作党的喉舌……是很光荣的。①

1948年10月,党的领导人之一刘少奇在其《对华北记者团的谈话》中,使用"桥梁"、"导线"(电话线)的比喻来说明传媒的职能。他说:

> 我们要通过千百条线索和群众联系起来,而其中最重要的办法,就是报纸、新华社。你们的工作,你们的事业,它是千百条线索中最重要的一个。……必须有这些桥梁,千种桥,千种线,最重要的一个就是报纸。人民代表会议开几天就过去了,你们的报纸是天天出版。报道是联系群众最重要的办法,你们就是做这种工作的。
>
> 党要依靠你们……去联系群众,领导人民,……人民也是依靠你们的……依靠你们把他们的呼声、要求、困难、经验以至错误反映上来,变成

---
① 《中国共产党新闻工作文件汇编》下册,新华出版社1980年版,第203、205页。

新闻、通讯,给新华社,给各级党委,给党中央,给毛主席,这就联系起来了。①

"桥梁"、"导线"的比喻,同时强调两个方面,包含信息的我往、你来两方面。这种说法与最早梁启超说的两方面的喉舌观点接近,但采用了新的话语表达。历史上也有媒体是人民或民众喉舌的说法。例如,我们把邹韬奋和他主办的刊物誉为"人民的喉舌"。

6. 媒体"工具论"的几种说法

这方面比较多的表述,主要有这样几种说法:报纸是阶级斗争的工具;报纸是无产阶级专政的工具,是无产阶级在上层建筑和意识形态领域对资产阶级实行全面专政的工具;报纸是社会主义建设的工具。

最常见的说法是"报纸是阶级斗争的工具"。1930 年 8 月,中共中央机关报《红旗日报》创刊号发表了当时党的总书记向忠发写的发刊词,较早地谈到这个观点。30 年代中期共产党员张友渔在北平发表的多篇文章,对这个观点进行过论证。1957 年毛泽东说:"在世界上存在着阶级区分的时期,报纸又总是阶级斗争的工具。在阶级消灭之前,不管报纸、刊物、广播、通讯社都有阶级性,都是为一定阶级服务的。"②

这样的认识是正确的。传媒是可以作为阶级斗争的工具,而且有时传媒还是很重要的阶级斗争的工具。但把搞阶级斗争说成是传媒唯一的职能,这就使一个正确的观点变成了谬误。媒体的基本职能是传播信息。

"文革"中,在党中央机关报上出现"报纸是无产阶级专政的工具",而且还是"在上层建筑和意识形态领域对资产阶级实行全面专政的工具"的说法,这完全是谬误。专政是公检法的职能,要求传媒具备暴力工具那样的职能,理论上是说不通的,实践上也是有害的。传媒是精神单位,不是暴力机关。

关于"报纸是无产阶级专政的工具"的说法,经常被说成是来自列宁。列宁的原话是:"报刊对这一切默不作声。即使谈到,也只是官样文章,走走过

---

① 《中国共产党新闻工作文件汇编》下册,新华出版社 1980 年版,第 250、251 页。
② 参见《毛泽东新闻工作文选》,新华出版社 1983 年版,第 191 页。

场,不像一份**革命**报刊,不像一个阶级**实行专政**的机关报,尽管这个阶级正在用行动证明,资本家和维护资本主义习惯的寄生虫的反抗将被它的铁拳所粉碎。"①中译文"一个阶级**实行专政**的机关报",俄文原文是 орган *диктатуры класса*,没有与中译文对应的"实行"这个词,是为了便于理解列宁的原意加上去的。列宁是一种简化的表述,即"不像无产阶级专政条件下的报刊",完全没有报纸是专政的工具的意思。

列宁阅读《真理报》

列宁在 1918—1920 年间,大约 30 多次提出"报刊是××的工具",我们过去不少文章经常引证这个"工具"或那个"工具"的列宁语录。这里需要解释几句。这些说法是列宁搞共产主义试验的时候说的,当时让所有人加入劳动公社,取消商品交换,取消货币(名义上保留货币,为了中央银行的统计业务),给每个人发一个劳动记录的本子,你的劳动量记在本上,根据劳动量分配消费品。列宁认为,打倒资本家以后,工人解放了,现在是为自己干活了,应该会有高涨的热情。实际情况却相反,工人们怠工、偷东西。当时列宁关于报刊要成为社会建设的工具的思想,整体上是正确的,但是在具体事项上,要求报刊成为诸如以下的各种"工具",显然是不可能的:

---

① 《列宁全集》第 35 卷,人民出版社 1985 年版,第 92—93 页。

报刊应当成为我们加强劳动者的自觉纪律、改变资本主义社会陈旧的即完全无用的工作方法或偷懒方法的首要工具。

　　我们的报刊应当成为鞭策落后者的工具，成为教育人们积极工作、遵守劳动纪律、加强组织的工具。①

列宁要求报纸成为社会主义建设的工具的观点是正确的。但在1918—1919年推行超越历史条件的"战时共产主义"时期，他要求报纸锐减日常新闻到百分之一，甚至将报纸的监督作用，提升到与司法同等的具有审判和惩罚的权力地位，要求报纸成为防止偷懒、盗窃之类社会问题的首要工具。这种过分放大报纸的政治性、赋予报刊不应有的政府职能的做法，限制了报纸作为新闻纸的报道、辩论和娱乐等新闻业基本功能。后来，列宁改正了错误，恢复了商品交换，恢复了货币，恢复了报纸的订阅制。此后，列宁没有再说过类似上面引证的话。

7. 作为上对下治理技术的传媒

从中央权力对地方权力的管理角度看，传媒是中央权力或上一级权力约束下一级地方官员，特别是基层官员的一个有效渠道。这种治理技术的最主要特征在于：它不是企图约束大众，而是旨在制裁违纪官员，特别是直接处置那些通常活跃于"天高皇帝远"地域的基层官员，而目的则是在全体官员面前起到迅速而快捷的惩戒作用，以及在全国民众面前迅即树立并巩固党和政府公正无私的形象。传媒舆论监督的发展和规范过程，就是一个党和政府逐步把传媒纳入行政权力的过程；党和政府对传媒舆论监督授权的过程，就是调整传媒权力边界的过程。在政府治理技术的变革中，传媒被纳入权力结构中，成为行政权力的一部分，成为技术治理的一部分，成为中央权力系统寻求对于地方官员进行约束的新手段②。

例如央视的《焦点访谈》节目，在其发展过程中，一方面通过舆论监督满足

---

①《列宁全集》第34卷，人民出版社1985年版，第136页；第37卷，人民出版社1986年版，第303页。

② 参见孙五三：《批评报道作为治理技术——市场转型期媒介的政治-社会运作机制》，《新闻与传播评论》2002年卷。

人民群众伸张正义的渴望;另一方面,国家最高管理机构也给予其足够的重视,其整个运作过程都没有脱离中央权力的运行轨道,成为中央权力对地方官员进行监督、训诫,甚至是惩处的有效渠道。传媒这方面的功能有二:

第一,为中央决策提供事实依据。1997年11月25日,《焦点访谈》播出了《"罚"要依法》节目,曝光了山西公路乱收费的问题。节目播出后,朱镕基等中央领导人感到:"费要改成税,就是不能随便乱来。从公路收费改起,这一仗打胜了,其它的费都可以改成税,那就正规了,就可以减轻老百姓的负担了。所以我们拟定了关于公路收费改税的决定,要修改《公路法》,因为有些费列入了法,还需经过人大常委会来通过,要改法。"①

1997年11月25日央视《焦点访谈》节目《"罚"要依法》镜头

1998年10月7日,在国务院讨论"费改税"之前,国务院副总理李岚清建议,将本来9点钟开的会议提前到8点半开,把《焦点访谈》播出的三集有关乱收费系列节目,集中地给与会人员播放,包括总理、副总理、国务委员,还有国务院的常务会议的组成人员、各位部长都坐在那里看《焦点访谈》。对这件事,朱镕基总理曾提到:"国务院在通过一个文件开会以前,全体部长坐在那里学

---

① 梁建增:《〈焦点访谈〉红皮书》,文化艺术出版社2002年版,第57页。

习《焦点访谈》,这件事对你们是个鼓舞吧?现在我们正在抓的几个改革,不能说都是你们《焦点访谈》的各位能人给我的启发,但是至少是从你们这里得到了很多思路。"①

第二,为政府设置议事日程。2000年5月,《焦点访谈》派记者深入北京周边的内蒙古、河北等沙源地区,制作了《沙漠离我们有多远》的节目。这期节目播出后,江泽民委托朱镕基对北京周边生态环境进行详细考察,并提出按《焦点访谈》的记者在节目中所报道的路线走一圈。此后,国家有关部门出台了整治北京周边地区生态环境的重大决策②。

2014年9月,《新京报》记者揭露甘肃、宁夏、内蒙古三省区交界的腾格里沙漠地下水遭到污染的问题,习近平总书记就此事三次批示,国务院成立调查组,在中国科学院、中国政法大学等的协助下解决了问题。有40多项整改措施,三省区100多名涉事干部因此受到处理。腾格里沙漠的环保恢复到历史最好水平。习近平指出:"舆论监督和正面宣传是统一的,而不是对立的。新闻媒体要直面工作中存在的问题,直面社会丑恶现象,激浊扬清、针砭时弊,对

记者陈杰讲述习近平对腾格里沙漠地下水污染问题做了三次批示

---

① 梁建增:《〈焦点访谈〉红皮书》,文化艺术出版社2002年版,第57页。
② 同上书,第60—61页。

第五讲
传媒的基本职能及与社会各方面的关系

人民群众关心的问题、意见大反映多的问题,要积极关注报道,及时解惑,引导心理预期,推动改进工作。"①

从理论上讲,《焦点访谈》之类的传媒监督是舆论监督的一种形式,它来自人的表达自由的权利,这种权利内涵于我国宪法,因而传媒监督具有一定的正当性。但是,舆论监督的权利不应该成为传媒的特殊权力。现在我国的各种权力组织和传媒的职业化水平都比较低。某些权力组织、某些传媒一方面无节制地扩张权力,一方面又远没有真正履行自己应当行使的职责。之所以发生这样的情况,在于传媒身处市场的生存环境中,它要与其他监督形式争夺社会信息资源,包括话语支配优势。虽然受到政策导向的制约,但它也可能在行业竞争和自身发展中形成自己的运作逻辑,获得一定的显示舆论的权力。这种权力是否运用得当,依赖其职业化的程度。鉴于我国目前的国情,传媒的监督有一定的党政权力背景,社会还不能一下子失去这种产生制衡作用的特殊媒体力量。事实上,中国的传媒监督始终处于中央核心权力的监控范围,这种监督的力量被中央权力所"吸纳",变成中央权力治理技术的一部分②。

总体上,传媒监督在我国某种程度上是党政权力的延伸,或是对这种权力的补充。虽然批评者是传媒,但通常被视为某一级政府或党组织的意见,权威性很大。由于这种监督的权力背景,加上传媒反应迅速的职业特征、传媒的公开性,对被批评者造成的精神压力很大,迫使他们必须面对被传媒动员起来的舆论作出回答③。

从党的十三大到十九大政治报告关于舆论监督的论述,其基本思路是一致的,即从党的工作角度,将舆论监督视为一种对党政权力机关和工作人员公开的监督形式,而非指监督一般的社会问题,其具体做法是批评工作中的缺点和错误。因而,现在说的"舆论监督"与本来意义的舆论监督内涵有所不同④。

---

① 《习近平总书记重要讲话文章选编》,中央文献出版社 2016 年版,第 426 页。
② 参见陈力丹:《关于舆论监督的访谈》,《现代传播》2000 年第 4 期。
③ 参见《陈力丹自选集——新闻观念:从传统到现代》,复旦大学出版社 2004 年版,第 410 页。
④ 同上书,第 409 页。

8. "教育论"的观点

在传媒工作的人员,总体的教育程度高于社会平均水平,而传媒内容的接受者十分广泛,多数人的文化水准不会很高,于是就出现了传媒是人民的教科书、精神文明的场所、学习的园地、要引导舆论和影响公众等等说法,传媒确实具备这种客观的传播效果。仅就舆论导向的要求看,这种认识中,亦含有从传媒与政治关系角度定性的关于传媒职能的认识。传媒具有教育职能的认识,建立在传媒是精英代表的认识基础上。

早在清朝末年,官方开明派就在各地组织过读报活动,通过读报来启蒙,提高民众的文化水平。传媒确有教育的功能,但这不是传媒的主要作用,而是一种附带作用。一般来说,强调这种观点的人是精英代表或掌握权力者,他们认为传媒高于传媒接受者,有责任(通常文化精英这么认为)教育或有权力(通常是官员)教导人们。随着文化知识在社会的普及,这种关于传媒职能的认识虽然存在,但在淡化。新一代有文化的传媒受众,不会看高传媒,甚至会带着批判的眼光审视传媒的行为。

社会是分层次的,在这个意义上,媒体是"教育者"的观点能够成立,但若把这样的认识视为媒体职能的主要方面,恐怕不会被普遍接受。当然,以某方面专业教育为主的传媒,其主要职能是教育,亦不会有谁反对。

9. 报纸"通上下"的职能认识

这是梁启超 1896 年在《论报馆有益于国事》一文里说服光绪皇帝开设报馆的理由之一,后来被较多的政治家接受,成为认识传媒政治职能的一种普遍说法。这篇文章的第一句写道:"觇国之强弱则于其通塞而已,血脉不通则病,学术不通则陋……上有所措置不能喻之民,下有所苦患不能告之君,则有喉舌而无喉舌。其有助耳目喉舌之用而起天下之废疾者,则报馆之为也。"

梁启超关于报纸"通上下"的认识,后来体现为中国共产党党报理论里关于传媒是"桥梁"、"导线"的比喻。这两个比喻,强调传媒不是单向传播,因为桥梁、导线(电话线),都是你来我往的双向传播,思想的表达较为开明、全面。

刘建明教授认为,在任何社会中,新闻媒体都有担负报道政令、法律和社会规范的任务,使社会管理机构的指令及时地传达到老百姓那里。新闻媒体发布政令,指导民众的行动,保持国家的统一,强化社会管理,往往发挥组织和直接整合生活的作用。在一个民主的社会,国家的政策不光要让政府官员知道,还要使广大群众了解。有关政策问题都应在媒体上进行报道。公众得到了足够的信息,就能够作出理智的分析和判断。民主国家要使公众认识自己的利益,并利用媒体推动他们团结起来,为了自己的利益而奋斗。媒体的作用和力量,就在于它能使公共利益和公共事业最迅速、最广泛地让广大人民知道。政府的重要任务之一,就是利用新闻传媒调整各种利益集团的关系,保持民心的平稳,维持法律秩序。政府利用媒介传播主流价值观,协调各个利益集团之间的关系,公民利用媒介参与国家事务与政府决策,使政府服务于全民的利益①。

但这种认识是从政治家角度谈的,其实传媒的基本职能是满足公众对新闻的需求,不是简单的"通上下"。国家政治制度中均有通上下的专业信息系统,公众也有法律规定的"通上"途径,政治家通过传媒了解下情只是偶尔为之,如果真的以传媒的报道作为治理国家的"下情"信息渠道,肯定会出问题。因为传媒主要报道的是新闻,琐碎而不可能是系统的。

10. 法西斯主义对传媒职能的极端错误认识

法西斯主义是20世纪的思想毒瘤,对于法西斯主义传媒观的清算,我们做得很少,只在1943年9月1日记者节那天,陆定一发表在延安《解放日报》的文章《我们对于新闻学的基本观点》作过分析。陆定一写道:法西斯主义的观点集中为一点,即"新闻就是政治本身。……如果仔细一看,就知道这种说法不仅是不正确的,而且异常阴险,异常恶毒,竟是法西斯的'新闻理论'基础。……既然'新闻就是政治性本身',凡是有政治性的都可以算新闻,那末,政治性的造谣、曲解、吹牛等等不是就可以取得新闻的资格了么?德意日法西斯'新闻事业'专靠造谣吹牛吃饭,不靠报道事实吃饭,岂不也就振振有辞,有存在的资格了么?"陆定一将法西斯主义的新闻观概括为"新闻就是政治本身",即这种"主义"把新闻完全等同于政治,这就为造谣开辟了道路。他的批判点到了法西斯主义新闻观的要害,是正确的。

传媒业是一种社会行业,是为了满足社会对于最新发生事实的信息需要而产生的一个行业。而在法西斯主义看来,传媒就是自己掌控的愚弄人民的

---

① 参见刘建明:《当代新闻学原理》,清华大学出版社2005年版,第289—291页。

工具,一切以政治利害为转移。下面是希特勒、墨索里尼、戈培尔等法西斯头子涉及传媒职能的一些观点:

● 报纸是政府事务的一部分,不能由私人自由经营。国家须以不屈不挠的决心来控制报纸。

显然,希特勒把媒体视为一种纯粹的工具,而且走得很极端。希特勒基本上将报纸的观念与政治的观念混为一体,这种观念极为敌视言论自由。他深信自己是出乎天意而负有使命的人,而权威的第一要素是"一致拥护"。任何对他表示怀疑或争辩意向的人,都是不能容忍的,都将会视为对使命的直接冒犯。"谁要是妨碍这种使命,谁就是人民的敌人。"同时,作为奉承天命的政治家,"是不对议会惯用的法律或个别的民主观念负责的"。也就是说,在承天意行天命的名义下,言论自由、辩论自由是没有存在余地的①。

● 通过报纸进行教育、宣传,目的在于使群众思想进一步简单化,使他们将政治、经济生活的复杂过程理解为最简单的信条,以便忠心地为国家和民族服务。

这是一种对读者对象的认识,带有明显的愚民心理。群体心理学中有这么一种现象,一般的百姓容易接受比较简单化的训诫,宣传的内容很复杂,反倒效果不好②。了解这种情形是一回事,如何尊重受众则是另一回事,法西斯主义利用这种传播现象,用于邪恶的目的,这里涉及传播伦理问题,涉及目的和手段的问题。

● 报纸是对群众进行通俗政治教育和宣传的最重要的工具,是成年人的学校。由于绝大多数读者读什么就相信什么,所以报纸对这些人的影响是极其巨大的。

---

① 张昆:《中外新闻传播思想史导论》,复旦大学出版社 2006 年版,第 187 页。
② 参见[奥]威尔海姆·赖希:《法西斯主义群众心理学》,张峰译,重庆出版社 1990 年版。

第五讲
传媒的基本职能及与社会各方面的关系

这一条也是希特勒说的。因为那时候的德国有文化的人是少数,多数人文化水平比较低,他抓住了当时文化水平不高的人的铅字崇拜(或者叫印刷崇拜)心理,即变成铅字的东西就是正确的。他利用普通人的这种心理,通过传媒来控制老百姓的思想,这就将对传媒的使用推到了完全的非道德层面。

● 报业要发展成为法西斯主义的交响乐队或一架钢琴,必须服从指挥,凡不对法西斯效忠者,均不得从事新闻工作。

这是法西斯主义的创始人墨索里尼1925年在意大利实行新闻业法西斯化的时候,强调的一种观念。意大利1925年通过了新闻记者法,规定从事新闻工作的人必须信仰法西斯主义,这是一种公然侵犯思想自由的反动政策。

● 报纸的言论,应该趋于一致的目的,供给保持民族健康的养料,不被出版自由的谬论所惑。

这也是希特勒在《我的奋斗》里的话。社会的思想本身是多元的,不论以何种冠冕堂皇的理由,要求社会的言论趋于一致,都是专制主义的表现。希特勒可以通过暴力强迫达到表面上的思想"一致",但无法真正达到他的目的。思想的多元是社会的自然状态。

● 报纸的重要性,在于它能够以一致而坚定的重复方法来施教,即使是最大的谎言,经过不断的重复叙述,亦可成为真理。因为群众对大谎话比对小谎话更容易相信。

这就是我们都知道的戈培尔的那句"名言",即"谎言重复千遍就变成真理"的原话。他公然宣扬愚弄人民,也确实抓住了在传播活动中的一种群众心理。对待法西斯主义的这些关于传媒职能的认识,我们需要用目的和手段这种伦理上的要求来衡量。也就是说,我们发现了某些规律性的传播现象,要用于正当的目的,如果目的是邪恶的话,手段也是邪恶的。

随着法西斯主义的垮台，1947年联合国大会和1948年联合国新闻自由会议的决议，否定了法西斯主义的这些观念。这些对人类造成绝大祸害的反动观点，我们需要保持高度的警惕，不能允许它们再度横行。

四、新闻专业意识下的传媒职能定位

关于传媒的职能，从传媒自身来讨论，是我们的主要任务。这里先介绍一段黑格尔的话：

> 科学，作为服从其他部门的思考，也是可以用来实现特殊目的，作为偶然手段的；在这种场合，就不是从它本身而是从对其他事物的关系得到它的定性。从另一方面看，科学也可以脱离它的从属地位，上升到自由的独立的地位，达到真理，在这种地位，只实现它自己所特有的目的。①

马克思在大英博物馆图书馆（潘鸿海绘画）

显然，他区分了关于科学（新闻学应该是"科学"之下的一门学科）职能的两种思路。一种思路是从它与其他事物的关系得到它的定性，例如我们前面讲述的很多关于传媒职能的认识（主要是从传媒与政治的关系定性的）。另一种思路，撇开与其他事物的关系，只从传媒本身来确定传媒的职能。

沿着第二种思路，那么传播学关于传媒职能的论述，可能会得到较为广泛的认同。

新闻传播业的运行自然得有生产成

---

① ［德］黑格尔：《美学》第一卷，朱光潜译，商务印书馆1979年版，第10页。

第五讲
传媒的基本职能及与社会各方面的关系

本,因而它在很大程度上需要走市场化道路。但是,新闻传播业不同于一般物质产品的生产行业,它与人的精神需求相关,所以马克思把新闻传播业视为"头脑的行业"。他说:"如果把新闻出版**仅仅**看成一种行业,那么,它作为头脑的行业,应当比手脚的行业有更多的自由。正是由于头脑的解放,手脚的解放对人才具有重大的意义,因为大家知道,手脚只是由于它们所服务的对象——头脑——才成为人的手脚。"①也就是说,要把精神的自由表达权利,看得高于传媒的赢利。

刘少奇也认识到新闻传播是一种行业。他对党报记者说:"在整个社会中间,有你们的特殊职务,别人做不好,不能做的,有些专门的人,不做别的事情,或者少做别的事情,专门做这件事情。因为社会上有此必要,因为人民有这个需要。"②

美国著名新闻工作者米歇尔·盖特奈(Michael Gartner,1938—　)在讨论新闻媒体与公众和社区的关系时说:"报纸的职责是向社区作出解释,而不是召集社区开会;新闻记者的职责是调查问题,而不是解决问题;报纸的职责是揭露坏事,但不是发动批判运动;记者和编辑的职责不是起草法规或领导一场运动或展开一场道德审判。"他在这里不仅强调了传媒作为精神单位的特征,也以法治的精神强调了传媒的职能权限。即使传媒记者看到的事实很令人感动或令人极为愤怒,传媒的主要任务是报道事实,不能逾越自身的职能权限而介入社会其他

米歇尔·盖特奈

职能部门、领域管理的事项中。当然,传媒人可以以个人的名义参与社会救助、社会谴责,但传媒本身是精神单位,只能在精神领域履行自身的职责,这一点对规范传媒人的职业行为,是很重要的。

---

① 《马克思恩格斯全集》第1卷,人民出版社1995年版,第188页。
② 《中国共产党新闻工作文献汇编》下卷,新华出版社1980年版,第248页。

前面提到了关于传媒职能的多种认识。传播学关于传媒作用的各种调查,有的把传媒的作用看得很强大或具有改变人的头脑的神奇功能,很难说这些研究完全没有道理,但也不宜把问题弄得太复杂。史蒂夫·乔布斯的一段话可以让我们对这个问题看得轻松些,他说:

> 年轻的时候你看着电视,以为背后有一个阴谋,电视台要合谋把我们的头脑变得更简单。但年纪大一些过后你就意识到不是这样的。人们要什么,电视台随时就给什么。这样的想法更让人沮丧。阴谋论是乐观的!你可以朝那些混蛋开火!我们可以来一场革命!但电视台实际上是随时准备满足人们的需要。这就是真相。①

哈罗德·拉斯韦尔

1. 拉斯韦尔和赖特关于传媒四项职能的观点

第二次世界大战刚刚结束的时候,美国传播学者哈罗德·拉斯韦尔(Harold Lasswell,1902—1978)提出了关于传媒的三项主要职能的观点。

第一,对环境进行监测。这一条看起来很简单,不论党报党刊,还是自由主义的传媒,监测的范围、内容、角度可能有所不同,但是所有传媒都有这么一个基本职能。也就是外面发生了重大的变故,如果这个变故涉及你负责传播的领域,涉及你的受众利益和兴趣,你要及时刊登,向你的受众报告。没有报告,或者报告不及时,就是失职。包括党报党刊,也有监测环境的责任。这跟我们一开始讲到的新闻的定义有关系。新闻是新近发生和正在发生的有新闻价值的事实的叙述。新近或正在发生的重大事实,具有新闻价值,你要不向你的受众讲述这个事实,就是失职。

---

① 《连线》杂志,1996年2月。

第五讲
传媒的基本职能及与社会各方面的关系

关于这个传媒的基本职能,西方往往把它形容为爬到桅杆顶端的瞭望哨。因为他所处的位置比别人高,看得远,所以,若发现有异常的情况,他就有责任向全船人报告,以便保证大家的安全。这是对传媒环境监测的一种比喻。在中国,有一部老电影《鸡毛信》,一个小孩站在一个很高的山上,旁边立着一棵"消息树",如果看到鬼子要进村了,他马上推倒消息树,这是事先的约定,即告诉乡亲们,鬼子要进村了。也就是说,媒体的职责就相当于那个站在高山上的孩子和消息树,相当于爬到桅杆顶端的瞭望哨。这是所有的媒体共有的一个基本的职能。

抗战瞭望哨(沙飞摄)

关于瞭望哨,这里有一张沙飞的新闻照片,这是抗战时期游击队设置的瞭望哨。这张照片,可以帮助我们形象地设想传媒的第一项职能——监测环境——及时、准确地向社会报告正在发生的涉及公众利益的重大事项。

第二,使社会各部分为适应环境而建立相互关系。传媒及时发出信息,目的绝不是火上浇油,加剧社会冲突,而是帮助人们及时了解情况,获得新的信息以后,调整自己与外部世界的关系,小到家庭关系、朋友关系、人事关系,大到个人、团体与整个社会的关系。这是传媒的一个社会职能。例如,媒体发表了反对家庭暴力的新闻,那些家庭不和睦的人也许接受了这样的信息,会调整社会最小的单元——家庭内部成员之间的相互关系。我们的媒体发表了领导人的讲话或视察活动的报道,实际上是为了建立或协调中央领导人与人民之间的一种相互关系。媒体上刊播广告,实际上建立和调整着厂家与消费者之间的某种关系。所有的媒体,尽管刊播的内容有所差异,但是最后的目的都是这样的,使社会各部分为了适应环境,不断地调整和外部的关系,建立相应的新的关系。

第三，使社会遗产代代相传。这也是所有传媒都拥有的一个职能，往往是无意识的职能。因为你每日每时在播出、刊登新闻的时候，把所生存的社会环境的文化基因继承下来了，同时，可能也把文化的创新记录下来了。各国媒体的文化特征为什么会有很大的差别？原因是传媒总是生活在一定的文化氛围中，你会每时每刻使社会的文化遗产通过你的发表、播出代代相传。当然，这种代代相传是一种扬弃式的接受和传播。

第四，提供娱乐。前三种显示的是比较严肃的传媒职能。到了1958年，查尔斯·赖特（Charles Wright）补充了一条：提供娱乐。当人们接受前三者的时候，如果传媒再相应地提供一些娱乐内容，能够使接受者带有一种比较轻松的心情。传媒的娱乐职能之所以能够在1958年提出来，是因为第二次世界大战后全球整体上进入了一个和平时期，尽管局部地区战争不断。在这种情形下，人们在紧张工作之余，需要适当的娱乐，得到休整和放松。

当然，赖特的具体表述与拉斯韦尔有所不同，他把第二种职能——沟通、协调功能称为"解释和规定"的职能，第三种职能改用社会学名词"社会化"，与拉斯韦尔的切入角度有所不同。娱乐功能是他新提出的传媒职能，传媒过去也具有这种职能，但是不断发生的战争，使得人们把它忽略了。前三种是基本的，如果前三种不存在，传媒只单纯地提供娱乐，那它就不是传媒，而是游戏机，性质有点不一样了。因而，传媒的娱乐职能需建立在履行前三种职能的前提下。这一传媒的职能，各种传媒的具体表现差异很大，现在已经成为传媒业发展的强大的动力之一。

在这四种传媒的基本职责中，第一条亦是记者角色的要点。其他几点是由传媒整体运作来体现的。经历了几多曲折，现在我们已经有条件回到传媒基本角色的认知上。传媒是精神单位，党政部门和社会团体，以及职业教育家、专业学者应各自承担自身的职责，媒体可以配合党政部门、社会团体等做一些信息工作，但不能替代他们承担具体的工作。如果实际工作没做好，不能责备媒体没有报道好。传媒的主要角色，是向公众及时、客观、全面地报告刚刚发生和正在发生的事实。这一角色能够担当好，同时严格遵守职业道德，让公众满意，就已经很不容易了。

另外，党中央需要多种渠道的信息来判断具体事实。毛泽东在20世纪50

年代就说过,"中央也需要有另外一个渠道了解情况",这个渠道就是新闻记者的采访渠道。习近平2016年2月19日与新华社记者视频对话时说:"希望你们继续很好地深入调研,提供真实的、全面的、客观的新闻,这也成为我们各级决策的一个依据。"在人民日报社,他与原《闽东日报》总编辑王绍据视频对话时也谈到这个问题。他说:"新闻战线的同志也要接地气,深入基层,这样才能了解真实的情况。"这里他谈到的"决策依据"、"了解真实情况",讲的就是毛泽东说过的记者"了解情况"的工作。

这是中国特色的一种特殊的新闻工作,因为新闻渠道与党政渠道相比,没有繁多层次和例行公事,传递迅速,不易失真。著名记者艾丰写道:"记者有职业上的方便条件,走南闯北,见识多广,既可以直接向各级领导和各种专家请教,又可以到基层与工农兵和老百姓交谈。因此,可以接触重大主题,提出独立的见解。"①他作为记者,仅在创办中国质量万里行活动和主持中国新闻文化促进会工作期间,朱镕基总理批示的他提交的新闻内参就有100多份。新闻性质的信息工作,才是记者的本职。我国记者虽然有一定的级别待遇,但不是做具体行政事务的干部。有些党政机关向传媒摊派党政任务,把记者当作一般党政干部看待,忘却了记者的本来社会分工和专业是什么。

2. 传播学关于传媒赋予地位的职能和"麻醉功能"

在传播学中,还有几种赋予传媒的职能被较多地提及,这些不属于基本职能,这里顺便了解一下。

赋予人和事物知名度。事实、人物、商品、意见等一经大众传媒的报道,就会获得一定的知名度或社会地位,从而给大众传媒支持的事物带来一种正统的效果。社会地位的赋予功能,与传媒处于信息源地位有关,多数人以受到传媒关注为荣。这是一种现代大众心理。正是利用了大众的这种心理,传媒通过聚焦和放大事实,制造出各种供大众追捧的"明星"。

"麻醉功能"是一种对传媒功能的批判性喻证。传媒提供的过量信息占据了公众有限的休闲时间,导致人们疏远很多社会关系;传媒以丰富多彩的内容虚幻地满足了公众,使他们从积极地参与事件,转变为消极地认识事件,降低

---

① 艾丰:《新闻采访方法论》,人民日报出版社2019年版,第38页。

和削弱了人们的行动能力。这些即"麻醉功能"。传媒对现存社会制度基本是维护和宣扬的,传媒持续不断的传播,使公众失去辨别力并且不假思索地顺从现状。而且传媒为争取更多的受众,会自觉降低文化准入门槛,高层次的文化作品为适应传媒的传播,都不得不屈尊俯就。

3. 法国学者瓦耶纳关于大众媒介基本职能的观点

法国新闻学者贝尔纳·瓦耶纳(Bernard Voyenne,1920—2003)在他的《当代新闻学》①中,从一般意义上概括过传媒(当时是指报纸)的三项基本职能。虽然说得比较简单,但根据我们的工作、生活经验,他讲得不错,应该是经验主义的对传媒职能的认识,这里介绍给大家。

第一,主要的报道职能。传媒要是不报道新闻的话,严格说就不是传媒,可能是纯娱乐的游戏机,或者是单方面的思想纸、文化纸、教育纸,但不是新闻纸。所以说,新闻传媒第一条任务就是报道新闻。一旦履行了报道的职能,会带来后面的两项职能。

第二,随意的辩论职能(表达观点)。为什么说是"随意的"? 因为报道中自然而然会反映出一些观点,某个人说了某个观点,是观点性事实,你报道了事实本身,也就报道了观点。还有记者在报道中无形中透露的观点倾向,还有传媒发表的时事评论,不论是否代表传媒,无形中都会带来传媒表达观点这样一种职能。

第三,附带的娱乐职能。在履行以上两项职能的同时,传媒也会提供娱乐,同样的道理,如果没有履行前两项职能,单纯提供娱乐的传媒就不再是原来意义的传媒,而是游戏机一类的东西了。

4. 关于传媒的"舆论监督"

可能大家会想到,前面讲到的传媒职能中没有提到"舆论监督"(public opinion supervision),只提到传媒的"监测"(monitor)职能。我国的"舆论监督"概念,外国没有对应词,是中国独有的一种关于传媒职能的说法,相当程度上不是舆论在监督,而是传媒代表某级党政权力的监督,在较小的程度上是传媒代表公众对各种社会事务的监督。

"监督"和"监测"的内涵是有差别的。监测是把一个发生的事实客观地报

---

① [法]贝尔纳·瓦耶纳:《当代新闻学》,丁雪英、连燕堂译,新华出版社1986年版。

第五讲
传媒的基本职能及与社会各方面的关系

道出去,公众接受以后,根据传媒提供的新情况调整和外部的关系或发出一些声音,对所报道的客体造成某种精神压力。这是传媒监测产生的职能。而"监督"则是"监测+督察"职能,带有媒体主动出击、由传媒着手解决问题的性质。

在这方面,可以考察一下马克思、恩格斯当年如何强调传媒的监测职能的。1849 年,他们都在审理《新莱茵报》案件的法庭上发表过演说。马克思下面的这段话我重新翻译了一下,因为我们现在的翻译显然是有问题的:

> 报纸按其使命来说是公众的捍卫者,是针对当权者的孜孜不倦的揭露者,是无处不在的眼睛。①

恩格斯也在同一个场合为《新莱茵报》辩护,他谈到报刊的首要职责,就是保护公民不受官员逞凶肆虐之害。意思和马克思说的是一样的,就是报刊要时时刻刻维护公众的利益,对当权者进行揭露,成为监视当权者的无处不在的眼睛。把传媒比喻为"眼睛",就是观察,不能再有别的。

而在我国,传媒经常用"监测+督察"的方式来解决,于是就发生了"苏丹红"、"甲醛啤酒"、"冠生园月饼"、"三鹿毒奶粉"等一系列与食品安全相关的传媒事件。如果回顾一下,凡是媒体主动出击、首次披露,往往造成了意想不到的、过大的杀伤力。原因是什么?因为在这样的问题上,传媒实行的是一种督察功能,而不是监测功能。传媒不是专业的食品安全质量的监察者。可能考虑得不够全面。南京"冠生园"用过期的月饼馅做月饼,传媒报出来了,但是没有想到,全国有很多厂家都叫"冠生园",这就造成了过大的伤害,使得跟这个事没有关系的"冠生园"品牌的月饼都卖不出去了。媒体在这个事情上没有请专业的质量检查部门出面。上海"多宝鱼事件",传媒只是监测和报道专业部门发出的警告信息,说经过测量,多宝鱼的某些数值有问题,吃了以后可能会致癌。在这个问题上,媒体客观地报道官方技术监督部门的信息,虽然后来还是出现了一些问题,但是对社会造成的伤害和动荡小多了。在这些比较敏感的、可能会引起公众恐慌的问题上,媒体应该采用比较慎重的监测方式。

---

① 参见《马克思恩格斯全集》第 6 卷,人民出版社 1961 年版,第 275 页。

马克思对媒体职能的认识，涉及报纸的监测，谈的都是揭露事实本身造成的一种对客体的精神压力，但是我们一般理解为"监督"。有一次，马克思在英国写了《政治经济学批判》第一册，需要寄到德国去出版。他跟友人写信说："我想，普鲁士政府为了它本身的利益不至于对我的手稿采取不正确的做法。否则，我就在伦敦的报纸(《泰晤士报》等等)上掀起一场恶魔似的风暴。"①《泰晤士报》是当时世界上唯一的大报，马克思说的"恶魔似的风暴"，指的是传媒在舆论上对普鲁士当局造成的一种精神压力，即如果你要没收我的手稿，我就会在英国的一系列大报纸上揭露你，叫你在国际社会丢脸。这就是马克思对传媒是"无处不在的眼睛"的一种解读。

5. 传媒业是一种文化产业

传媒在现代社会是一种行业，它们提供各种信息和提供的娱乐，大多要考虑成本和赚取利润，若从传媒与经济的关系来定性传媒的职能，那么就要考察传媒的主要产品之一——新闻是如何作为商品在其中运转的。尤其是通讯社，这是一类专门为传媒生产和出售新闻稿的机构(它本身是传媒的传媒)。通讯社每天都在播发新闻，但播发的对象是传媒而主要不是直接的受众，它把这些新闻卖给传媒，包括电视传媒、网络传媒(通讯社也制作电视新闻节目)，各种传媒一旦采用通讯社的稿子、图片、视频，就得向它付钱，这是一种新闻商品的交换。

我国在一段时间内不承认新闻是商品，总觉着一旦新闻是商品，就是不讲阶级性了。其实，这个问题很好认识。一条新闻具有党性、阶级性、思想性，具有什么"性"都可以，但它也可以同时是商品。例如新华社的一条写得很好的关于我国某项政策出台的新闻稿，这个新闻稿形式上很客观，但它体现了我们党的立场观点，具有鲜明的党性，同时，它也会成为世界各传媒购买的新闻稿。原因是什么？外国也要关注中国发生的变化。它们可以花钱来买这个新闻，刊登出去。它们把这看作是一种信息。在这个时候，这条新闻是商品，而制作者可能主要把它看作政治，这两者是可以统一的。

这个问题现在讲起来很简单，然而在 20 世纪 80—90 年代，关于新闻是否是商品的讨论却持续了 20 多年，因为把作为商品的新闻与作为体现党性原则

---

① 《马克思恩格斯全集》第 29 卷，人民出版社 1972 年版，第 555 页。

的新闻看作水火不相容。现在我们知道了，一个具有党性的精神产品可以是商品，这是不矛盾的。《邓小平文选》、《习近平谈治国理政》是我们党的领导人的著作集，具有鲜明的党性，代表党的纲领政策和立场，但在亚马逊网上向全世界销售，这不就是商品交换吗？在亚马逊公司看来，《邓小平文选》、《习近平谈治国理政》是它出售的商品，这没有影响书的党性。精神产品的商品属性和它的政治属性一般情况下并非势不两立。那么，作为精神产品的生产机构，各种形态的媒体应该是一种产业，一种文化产业。

"文化产业"这一术语产生于 20 世纪初。最初出现在德国学者马克斯·霍克海默和西奥多·阿多诺 1947 年合著的《启蒙辩证法》一书中。它的英语名称为 culture industry，可以译为文化工业，也可以译为文化产业①。文化产业作为一种特殊的文化形态和特殊的经济形态，影响了人民对文化产业的本质把握，不同国家从不同角度看文化产业有不同的理解。联合国教科文组织关于文化产业的定义如下：文化产业就是按照工业标准，生产、再生产、储存以及分配文化产品和服务的一系列活动。从文化产品的工业标准化生产、流通、分配、消费的角度进行界定②。

《启蒙辩证法》中文版封面

联合国教科文组织对文化产业的这一定义，只包括可以由工业化生产并符合四个特征（即系列化、标准化、生产过程分工精细化和消费的大众化）的产品（如书籍、报刊等印刷品和电子出版物有声制品、视听制品等）及其相

---

① "industry"在英语中既是"工业"，也是"产业"。霍克海默使用这个词，是将它看成一种控制社会意识形态和思想的力量，持批判态度，和现在常说的"文化产业"有一些区别，所以译为"工业"。直到欧洲委员会和联合国教科文组织把"industry"的概念变成复数，用来指代文化在当代社会中的存在和作用时，这个词被称为"文化产业"，成为一种广泛意义上的文化经济类型。

② 百度百科，http://baike.baidu.com/view/40273.htm。

关服务,而不包括舞台演出和造型艺术的生产与服务。事实上,世界各国对文化产业并没有一个统一的说法。美国没有文化产业的提法,他们一般只说版权产业,主要是从文化产品具有知识产权的角度进行界定的。日本政府则认为,凡是与文化相关联的产业,都属于文化产业。除了传统的演出、展览、新闻出版外,还包括休闲娱乐、广播影视、体育、旅游等,他们称之为内容产业,更强调内容的精神属性。

传媒在相当程度上属于文化产业,这本来是常识,但中国1992年实行市场经济以前是不允许这样描述传媒的。1992年10月20—26日在浙江舟山召开的全国报纸管理工作会议,较早地提出这样一组观点:报纸是商品,报社是企业,报业是产业。同时提出了新闻传播的四种性质:政治、信息、文化、监督。还提出了报纸的五个功能:传播、教育、监督、知识、娱乐。

然而理论是灰色的,生活之树常青(歌德语)。2004年与1994年相比,社会生活关于"传媒产业"这一用词,增长了50倍。其他词汇迅速成为热词的还有:做大做强、整合传媒、传媒影响力、传媒市场[1]。将传媒视为文化产业,对原有的中国新闻传播经济体制来说,是一次认识上的重大进步。但是,文化产业不同于一般的生产物质产品的产业,它同时还是人文精神的寄托领域,因而必须贯彻传媒编辑部与经营部分开的国际同行公认的职业规范。否则,传媒精神产品的创造和传播被资本控制,是无法担负起社会责任的。

既然传媒是一种产业,其主要产品——新闻作为商品是怎样交换的? 新闻作为商品与纯粹的物质商品有所不同,除了通讯社直接出售新闻稿(形式也是多样的,例如协作交换新闻稿,表面上不发生直接的金钱与新闻稿的交换,但实质还是作为商品的新闻稿交换)给各传媒外,新闻的交换在一般的传媒,有三种交换途径(或方式)。

一种发生在新闻稿件的写作(制作)者与传媒之间,传媒以稿费(外来稿件)(传媒记者编辑的稿件)的形式支付新闻稿的"生产费用"(恩格斯语)。这是明显的商品交换,你若是传媒的记者,写了稿子,好像没有发生金钱交换,但

---

[1] 钱钢:《导向、监督、改革、自由——透过媒体语词分析看中国传媒》,《21世纪》2006年第6期。

第五讲
传媒的基本职能及与社会各方面的关系

是你拿工资、奖金。工资和奖金就是对你劳动的付酬方式。

恩格斯曾经给一家报纸的编辑写过一封信,他说,我给你写稿,我要与你谈交换条件,因为我写的是军事新闻,我要买很昂贵的地图,要到很远的地方去采访,要花交通费,这是我写军事新闻的"生产费用"[①]。生产成本就是费用,恩格斯把他写的稿子看作商品,我写好以后交给你,你得给我较高的稿费。恩格斯当时写信给报纸编辑的身份是自由撰稿人,自由撰稿人的稿子属于外来稿件,当然要给人付稿酬,人家就是靠这个生活的。

传媒运转中发生的第二次新闻交换,在传媒与受众之间。传媒将新闻稿件编排成当天屏幕页面或节目版块,有些看了标题以后继续看是要收费的,这是目前网络传播中常有的一种精神商品的交换,不过往往低于成本。也有完全免费的,那是以流量赢得较高的广告费或其他收入而弥补了新闻稿的成本。

第三种商品的交换。传媒将一部分屏幕页面或时间出售给广告商或者直接出售给企业,收取较高的费用(广告费),用来支付第一次交换的费用,还要补偿第二次交换的差额(即使有这方面的收费,往往是低于成本的),还应当有所剩余,这剩余的广告费,便是传媒运营产生的利润,这才构成一种传媒良性的运转。当然,传媒还应当有其他的收入途径。那么,是什么决定了广告的价格呢?实际上是受众决定的。网络新闻和其他信息的流量是受众造成的,它会影响广告商和传媒的谈判,来决定广告的价格。

也就是说,传媒的生产运行过程中,存在着三种商品的交换方式:一是新闻源与传媒之间的商品交换;二是传媒与受众之间的商品交换(在网络传播条件下,这类直接的交换不多了,因为不利于吸引网民);三是传媒与广告商之间的商品交换。需要再说一下,这种交换是有一定限制条件的,广告额一定要能够补偿前两种交换的付出,否则,传媒无法继续运转下去。传媒也是一种产业,虽然具体的运营方式与一般物质商品的生产与交换有所不同,但是就经营性质而言,从传媒与经济的关系,定性传媒的职能,它便是文化产业。

但是,大众传媒不是单纯的产业,它的文化属性要求它得承担相当的社会责任。于是,传媒在市场领域和社会领域的不同作用形成了一对关于传媒职

---

① 《马克思恩格斯全集》第28卷,人民出版社1973年版,第609页。

能的矛盾情形。这是在不同领域认识传媒的职能,因为现在传媒身兼两种职能:一种是文化产业,传媒要盈利,维持自身的生存和发展,这本身是市场竞争的一部分;另一种职能,即传媒还有为社会公共利益服务的职能。于是,这两种东西经常处于矛盾之中,在认识传媒职能的时候,要从两方面认识,需要在两者之间找寻适当的平衡。

对传媒职能的认识,永远会有很多说法,这些说法可以归为两大块,一个是从传媒与其他事物(政治、经济等)的关系来定性传媒的职能,一个是以传媒服务于社会而定性传媒的职能。两类关于传媒职能的认识存在矛盾,需要协调,从而达到一种折中,这可能是最好的结果,若完全否定某一方面,恐怕也很难。

五、从传播技术角度定性传媒是什么

现代传播科技构建了传媒本身,传媒不同的外在形态本身,一定程度规定了传媒是一种传播技术的体现。麦克卢汉的名言"媒介即讯息"里的"讯息",是指某种传播技术,不是传媒内容带来的传媒"职能",而是传媒技术带来的"职能"。20世纪60年代他提出时很少有人想到这一点。现在,传播科技急遽发展,我们开始意识到这个问题了。传媒是什么?是一种传播技术,它会无形中改变社会结构,改变人的行为习惯,甚至人的思想。例如看报纸成为一种习惯,这还问题不大,还能得到肯定。电视成为第一媒体后,以往家庭内部的交流时间被侵蚀了。网络这种技术对于社会结构的影响就更大了,"网络痴迷症"便是一种极端的表现。移动的社交媒体普及了,人人成了低头族。

对于传媒以各种形态的呈现,法兰克福学派的代表人物哈贝马斯(Juergen Habermas, 1929—)有很深刻的论述。本来是人创造的东西,如果反过来控制了人,哲学上叫做"异化"。

尤尔根·哈贝马斯

"异化"不是指异常变化,而是指人创造的某种东西,这种东西后来反过来控制了人。

哈贝马斯的书很难看懂,《交往行动理论》有三大卷,所以我建议大家读一下云南出版社出版的《通向理解之路——哈贝马斯论交往》①,这是由三位学者编的哈贝马斯的语录,编得相当好,是按照哈贝马斯的思维逻辑编的,都与传播有关。

哈贝马斯提到,传播除了政治控制、意识形态控制以外,还有一种无形的控制,就是科技力量的控制。科学技术的合理性本身也就是控制的合理性,谁掌握了技术,在某种意义上谁就对媒体的内容有所掌控,即统治的合理性。科学技术当今承担起了使政治权力合法化的职能。

《通向理解之路——
哈贝马斯论交往》封面

我国20世纪80年代曾经强调过一种观点,叫做"科学技术是第一生产力",当时我们太需要发展科技了,可以理解。其实呢,如果从批判学派的观点看,科学技术不应该成为第一生产力,第一生产力是人。如果一旦科学技术成了第一生产力的话,人的地位就没有了,人就会受科技的力量控制,"异化"了。黑格尔使用了这个概念,马克思也使用过这个概念,人不应该被自己所创造的东西所控制。

现在我们这个社会确实出现了新的问题:科学技术和社会操纵结合一体,人们的私人空间由于技术的发展而遭到侵占,自我深化的多样化的过程在工艺过程和机械反应的状态下被固定化、单一化,个人只能模仿外界,再也不能对社会提出抗议。从这个意义上讲,如哈贝马斯所说,"合理的技术社会"也就是"合理的极权社会"。

在这方面,我们仔细想想,其实都能感觉到和看到以上所说的,包括我们

---

① 陈学明等:《通向理解之路——哈贝马斯论交往》,云南人民出版社1998年版。

媒体报道的内容,对私人空间侵蚀的力度越来越大。我们不是被人所控制,而是被人所创造出来的机器——传播科技的力量所控制。下面分析几句哈贝马斯的语录:

> 它们想按照有目的—合理的行为的自我调解系统和适应性行为的模式来重建社会,想用控制自然的方法来控制社会。

这里讲的就是技术这种力量,如何能够重新构造我们这个社会。这方面已经有了一些研究成果,例如梅罗维茨(Joshua Meyrowitz,1953—)对电视的研究,使我们意识到电视这种媒介形态带来的结果。没有电视之前,我们玩的都是跳皮筋、跳方格、弹球、玩羊拐,推着铁圈上学,等等,自从有了电视以后,我们的整个生活结构都被电视所控制了。原来家里讲故事聊天的情景基本上没有了,大家都守着电视看,有的家里有两个电视,大人小孩分开各看各的电视谁也不说话,到点以后睡觉。电视在某种意义上已经控制了我们这个社会,就是上面这句话,用"自我调解系统和适应性行为的模式来重建社会,想用控制自然的方法来控制社会",人是自然的控制者,现在反过来,人被自己创造的东西所控制,这种现象越来越普遍。最后真正控制这个国家的是谁?是技术专家。现在进入互联网时代了,新的问题远比电视严重得多。

> 正是技术专家治国论意识模糊了下述这一点:要使这种重建获得成功,就得付出重大代价,即牺牲以日常语言为中介的相互作用结构,这一结构由于很容易实行人道主义化而具有实质性的意义。

这句话实际上是倒过来说的。哈贝马斯的意思是,如果要打破这个结构,那么就应恢复人与人之间那种面对面、自然的语言交流,这种交流才是符合人道的。

> 技术专家治国论意识所反映的不是对某种道德态势的割裂,而是对作为生活范畴的本身的"道德"的压抑。公共的、实证主义的思维方式用

日常语言使相互作用的参照系失去了作用,统治和意识形态都正是通过日常语言在交往不正常的条件下形成。

也就是说,现在的统治不是明确地下命令,而是通过很平常地接受各种网络信息,通过平常的语言就能实现,这种技术性很强的交往本身,即"交往不正常"。它打破了原来很自然的一种交往形态,而这个打破依靠的是传播技术的力量。

任何一种新的传播技术,都带着它特定的"内嵌的意识形态"。我们感知和理解周围世界的方式,基本上取决于我们手里正在使用着什么样的传媒。我在《互联网的非线性传播及对其的批判性思维》[①]一文里谈道:"互联网传播已经完全颠覆了大众传播的线性模式,成为典型的动态、开放、非线性传播的混沌系统。在现代生产条件占统治地位的社会里,整个社会生活显示为一种巨大的景观积累。当今的日常生活、公私领域已经意象化、符号化,进而景观化了;社会生产成为意象符号、景观的生产过程。网络的虚拟世界,已经作为一种'第二自然'的环境统治着网民。在网络中漫游,需要警示自己:让日常生活重新成为生活!需要自我质疑:我有必要知道这些信息吗?"

再重复一句,若把互联网传媒视为一种传播技术,不要忘记用这样两句话经常提醒自己:

让日常生活重新成为生活!

我有必要知道这些信息吗?

---

① 陈力丹:《互联网的非线性传播及对其的批判思维》,《新闻记者》2017年第10期。

第六讲　新闻出版自由

"新闻出版自由"是新闻理论中历史最悠久的话题。中国共产党人在建党之初，便提出了争取新闻出版自由的斗争目标，并且为此奋斗了几十年。这个概念为什么会被提出，它的哲理背景是什么，以及它的科学内涵应该包括哪些要素等等，都是我们在这里准备讨论的。为了理解新闻出版自由提出的历史必然性，我们先从它的对立面——书报检查制度说起。

一、新闻出版自由理念的提出

新闻出版自由（freedom of the press）的理念，是在反对书报检查的斗争中提出并得到论证的，在人类精神发展的漫长历史中，这个理念的提出是一个伟大的里程碑。这里使用了"伟大的"形容词，当之无愧。如果没有争取新闻出版自由的斗争，可能欧洲还被禁锢在中世纪的黑暗中，可能我们还得每天哼着"之乎者也"，甩着马蹄袖，喃喃地念着"皇上圣明，奴才该死"之类的话。

这个概念现在翻译为"新闻出版自由"，依据是 1995 年《马克思恩格斯全集》中文第二版的翻译，此前这套书的第一版将"freedom of the press"翻译为"出版自由"。在我国，人们看到"出版"这个中文词，引起的联想就是书籍的出版；而在拉丁文字中，"press"不仅包括书籍的出版，还指报纸和期刊出版以及广播电视传媒的播出，因而译文改为"新闻出版自由"，这是考虑到适应中国人对字词的字面理解，从而表达得全面、准确些。1966 年联合国《公民权利和政治权利国际公约》,已经将这个概念改为表达自由(freedom of expression),内涵得到较大的扩展。目前我国宪法使用的还是"公民的言论、出版自由"概念。2006年中共十六届六中全会通过的《关于建构社会主义和谐社会若干重大问题的决议》首次提出"保障人民知情权、参与权、表达权、监督权"。这是中国关于表达自由的表述。中国共产党第十七、十八、十九次代表大会报告,均再次使用"保障人民知情权、参与权、表达权、监督权"的表述。这些都是表达自由的内涵。

1. 宗教裁判所和封建王权的书报检查制度

新闻出版自由为什么很重要?只要看看几百年来与此对应的欧洲天主教会发出的900多道禁书令,就足够了。这900多道禁令从1559年持续到1948年,20世纪下半叶教会才放弃了这种愚蠢的做法。这些禁令涉及著作4 000多种,被全禁的作家几十位,包括巴尔扎克、布鲁诺、伏尔泰、霍尔巴赫、达兰贝尔、笛卡尔、狄德罗、左拉、拉封丹、卢梭、乔治桑、休谟、斯宾诺莎等。还有一大批部分被禁的作家,如培根、边沁、海涅、爱尔维修、雨果、康德、洛克、穆勒、米拉波、孟德斯鸠、司汤达、福楼拜等。而这些著名的文学家、哲学家、法学家、社会学家、经济学家、政治家,都是世界历史名人,他们的著作集中了最近数百年来人类精神产品精华,却被告诫它们是毒草,不得接近!

马克思对宗教裁判所多次给予严厉的批判。他多次提及被罗马宗教裁判所审判的科学家伽利略,写道:"有人曾经命令人们相信太阳是围绕地球运转的。伽利略被驳倒了吗?"为了说明事实不可辩驳,他还引用了传说中伽利略受审时说的一句话:地球依然在运转![1]

在英国,1530年建立皇家出版特许制,1557年建立皇家特许出版公司,1570年建立皇家出版法庭(星室法庭),严厉惩罚各种印刷品对政府的批评。在法国,1537年建立出版检查制度,严格控制思想的传播。法国国王弗朗西斯科一世1544年发布编制禁书目录,凡出版、传播和阅读禁书者,开除教籍、坐牢,直至遭受火刑。1561年,在法国开始用鞭打惩罚那些散发诽谤性或煽动性

---

[1] 《马克思恩格斯全集》第1卷,人民出版社1995年版,第147页;《马克思恩格斯全集》第11卷,人民出版社1995年版,第544页。

1633年罗马宗教裁判所审判伽利略（画）

的传单或小册子的人。在俄国，女沙皇叶卡特琳娜二世于1796年正式建立书报检查制度。1826年，沙皇尼古拉一世颁布了更为严厉的书报检查的"铁的法典"，规定"无论有意或无意，均不得攻击宗教、君权、政府当局、法律、道德以及国家和个人的荣誉"，并成立由三位大臣组成的最高书刊检查委员会。

在德意志神圣罗马帝国，从1524年起，各邦国政权陆续建立起书报检查制度。1608年，皇帝鲁道夫二世要求各邦国的教会或地方长官对印刷出版物进行预审。1628年，皇帝斐迪南二世实行出版特许制度。1795年，为防止法国革命思想的输入，皇帝弗兰西斯二世指令加强对进口出版物和翻译书刊的管理。1819年，德意志联邦议会在卡尔斯巴德召开会议，为镇压大学生的民主运动而颁布了严格的书报检查法令。马克思在这种环境中长大成人，他曾多次体验到这种社会环境对自己精神上的无形压力。他把这个时期称为"实行严格书报检查制度的著作时期"和"大斋期"。他沉痛地说："书报检查制度无疑不负责任地给德国精神的发展带来了不可弥补的损失"，"如果批判能够证明这个时期根本没有存在过，应当说这对德国最有利了"①。

为了深刻地理解新闻出版自由这个理念的重要意义，建议读两本书，一本

---

① 《马克思恩格斯全集》第1卷，人民出版社1995年版，第149—150页。

第六讲
新闻出版自由

是沈固朝所著《欧洲书报检查制度的兴衰》(南京大学出版社 1996 年版)。下面左图是书里提供的法国讽刺书报检查的漫画,书报检查的剪刀剪掉了天使的翅膀;右边是被俄国书报检查官检查后的清样,凡是对女沙皇叶卡特琳娜二世不利的话,都被红色墨水涂掉了,被称为"鱼子酱"。

图 12. 1901 年 12 月 4 日,法国漫画刊物《笑》(Le Rire)出版特辑,抨击书报检查制度,并重新发表一组曾于 1881 年遭禁的作品。

图 15. 书中的"鱼子酱"——被墨水抹掉的文字,该段内容涉及对卡特琳娜的攻击。

法国讽刺书报检查的漫画　　　　俄国书报检查官看后的清样

另一本是吴小坤所著《自由的轨迹——近代英国表达自由思想的形成》(广西师范大学出版社 2011 年版)。该书从传播学角度切入,对英国表达自由思想的形成过程进行了梳理和分析。作者旨在改变对表达自由思想的简单化理解,将表达自由思想置于近代英国社会主导结构的变革中来考察,论证表达自由思想的形成中,制度的层面如何建构了权力、知识、出版之间的关联。作者认为,推动表达自由思想深化的动力,在于社会转型期的利益差异。

2. 论证新闻出版自由的早期文献

(1) 第一个关于新闻出版自由的文献——弥尔顿《论出版自由》。

正是反对书报检查的斗争,才使人们开阔了眼界和思路,提出了新闻出版自由的理念。这方面最早的文献是 1644 年约翰·弥尔顿(John Milton,1608—1674)的《论出版自由》(*Areopagitica — A Speech for the Liberty of*

约翰·弥尔顿

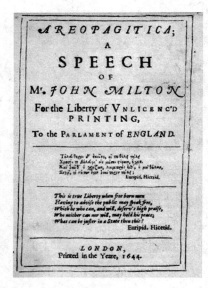

约翰·弥尔顿《论出版自由》1644年首版封面

Unlicensed Printing），这是他于这年11月在英国下院做的演说，翻译成中文大约4万字，全文共34个自然段。Areopagitica，原是古希腊演说家伊索克拉底斯（Isocrates, B.C.436—B.C.338）的一篇演说，内容是主张恢复民主制以反抗马其顿人。弥尔顿沿用其名，意味着继承古希腊的民主传统。

他的主要观点是：人民有不经过特许而自由出版的权利；废除书报检查制度及以言治罪的法律；由公共理智的法庭裁判书刊的过失。通过批判书报检查制度，他得出一个基本观点：在多元的信息中认识真理。这篇演说被称为"有史以来从未有过的最高学说"①。我们常把1644年作为新闻出版自由理念得以推广的元年，其实，他演说后出版的小册子在当时并没有多大的影响。他的观点，是在他百年后的1788年，由法国的米拉波伯爵翻译成法文，在法国大革命前夕的革命氛围中得以广泛传播，闻名欧洲，19世纪传遍世界，成为关于新闻出版自由的经典论著之一。马克思就此写道："法国革命时最伟大的演说家米拉波的永远响亮的声音直到现在还在轰鸣；他是一头狮子，你想要和人们一起叫一声'吼得好，狮子！'，就必须亲自倾听一下这头狮子的吼声。"②

---

① 查·德纳：《新闻工作者的修养》（写于1893年），中译文见复旦大学新闻系油印刊物《新闻学研究》1980年第14期。

② 《马克思恩格斯全集》第1卷，人民出版社1995年版，第148页。

第六讲
新闻出版自由

即使是 20 世纪 50 年代的中译文,也颇显弥尔顿演说的文采,他面对议员们说:

> 难道应当让 20 个横行霸道的统治者(指书报检查官)建立起寡头政治,给我们的心灵再度带来饥荒,使我们除了经过他们用斗衡量过的东西以外就不知道旁的东西吗?相信我的话吧,上议员和下议员们!谁要是劝说你们像这样进行压制,就等于是叫诸位压制自己。……你们自己英勇而又指挥如意的谋划给我们带来了这种自由,而这自由则是一切伟大智慧的乳母。它像天国的嘉惠,使我们的精神开朗而又高贵。它解放了、扩大了并大大提高了我们的见识。现在……我们可能再变成诸位当初所发现的那种愚昧、粗暴、拘泥而奴化的情况,但那时诸位就首先必须变成旧统治者一样暴虐、武断和专横,但这是你们做不到的。……让我有自由来认识、抒发己见、并根据良心作自由的讨论,这才是一切自由中最重要的自由。①

弥尔顿很会看对象说话。这些听众都是几年前因为反对国王查理一世的专制,参加了英国大革命,才当上议员的。他先充分肯定他们的功绩,然后说明他们恢复书报检查制度实际上是压制他们自己,回到他们当年所反对的社会状态。这段话的最后,弥尔顿实际上提出了一种衡量标准,即用是否存在言论自由来衡量一个社会的自由程度。

不过,当时的弥尔顿所说的"出版自由",基本不涉及新闻传媒的出版,而且他对被称为"新闻书"的东西是不屑一顾的。只是到后来,"press"这个词才涵盖新闻传媒。不管怎样,弥尔顿还是为新闻出版自由奠定了理论基础。

(2) 第二个关于新闻出版自由的文献——詹姆斯·密尔《论出版自由》。

1811 年,詹姆斯·密尔(James Mill,1773—1836)发表《论出版自由》(Library of the Press)。这本小册子将出版自由置于公共领域与私人领域两个范畴加以考察,讨论了媒体的权利侵害与保障、报业与政府和公众的关系。

---

① [英]约翰·弥尔顿:《论出版自由》,吴之椿译,商务印书馆 1958 年版,第 44—45 页。

它在某种程序上推动了英国近代宪政制度的形成,并对西方20世纪关于自由的讨论起到一定的引导作用,提出了公众知情权的思想,以及处罚言论的"明显而即刻的危险"准则的思想。作者把新闻出版自由与法治作为一对概念加以考察,在新闻理论上是一个里程碑。他的基本思想是:任何人作为裁判都是不安全的;让任何人代为选择对于公众来讲都是不安全的,因为正确与错误的意见之间没有任何明确的标志,因此无论是正确的还是错误的观点,要同样自由地公开。

詹姆斯·密尔　　　　詹姆斯·密尔《论出版自由》
　　　　　　　　　　　2008年中文版封面

他同样认为:"出版自由作为一种不可或缺的安全保障,是对人类利益的最佳捍卫。"他写道:"'好'的选择建立在良好获知(knowledge)的基础之上,获知越全面越确切,做出'好'的选择的机会就越大,不当的利益就越难以维系。如果信息不能在人们之间完全自由地传播,人们如何才能更好地了解代表他们做出选择的人及其品质? 出版自由还有另外一个用途值得密切关注,那就是促成公众对所选代表信息的良好获知。后一价值非常重要,它是前面所有价值依存的基础。"①

---

① 詹姆斯·密尔:《论出版自由》,吴小坤译,上海交通大学出版社2008年版,第17、18—19页。

第六讲
新闻出版自由

詹姆斯·密尔提出了出版侵害问题,认为媒体不仅是保护权利的工具,也会对权利产生一定的侵害。"出版作为一种工具,特别能对名誉造成侵害,并且对政府执政行为产生影响。"①因而,他提出出版自由应该有适当的界限,甚至谈到报道真实的非难而产生的出版侵害问题。他主张形成像惩罚偷盗和杀人行为那样的法律系统,来对出版侵害行为作出具体规定。当然,他只是提出了问题,具体研究有待后人的努力。

(3) 第三个关于新闻出版自由的文献——马克思1842年的两篇长文。

马克思走上社会的时候,经济生存没有问题,他遇到的主要是精神生存的不自由。所以他写的最早的两篇很长的政论,即1842年2月写的《评普鲁士最近的书报检查令》和4月写的《第六届莱茵省议会的辩论——关于新闻出版自由和公布等级会议辩论情况的辩论》都是论证新闻出版自由的,这也反映了当时他生活的普鲁士王国对人们精神发展是极其压抑的。马克思继承、丰富了弥尔顿关于新闻出版自由的理念。他这时使用的"die Presse"(德文),已经主要是指日常出版的报刊。

在第一篇文章中,他非常详尽地批评了书报检查制度的各种内在矛盾,并揭露了普鲁士新国王弗里德里希-威廉四世颁布的表面上自由主义的书报检查令,其实质仍然是专制主义。文章最后,他用古罗马历史学家塔西佗的话作为结束:

> 当你能够想你愿意想的东西,并且能够把你所想的东西说出来的时候,这是非常幸福的时候。②

在第二篇文章中,马克思详尽地批评了莱茵省等级议会中贵族等级代表反对新闻出版自由政策、反对公开议会辩论记录的种种理由,阐述了实现新闻出版自由、制定新闻出版法的必要性。在文章的最后,他引证了古希腊斯巴达人斯培尔泰阿斯和布利斯回答波斯总督希达尔奈斯的一句话作为结束,表达

---

① 詹姆斯·密尔:《论出版自由》,吴小坤译,上海交通大学出版社2008年版,第2—3页。
② 《马克思恩格斯全集》第1卷,人民出版社1995年版,第134—135页。

了他为新闻出版自由斗争的决心：

> 自由的滋味你却从来也没有尝过。你不知道它是否甘美。因为只要你尝过它的滋味，你就会劝我们不仅用矛头而且要用斧子去为它战斗了。①

这两篇文章中译文共 6 万多字（而弥尔顿的《论出版自由》中译文不过 4 万字，詹姆斯·密尔《论出版自由》中译文只有 3 万多字），用有力的论证逻辑历数书报检查制度的罪恶，以清晰的法治思维阐发了他的新闻出版自由的思想。

当时德国著名的学术日刊《德国年鉴》主编阿尔诺德·卢格，每天翻阅投来的论文审美疲劳了，看到马克思的文章眼睛一亮，在刊物上公开作出了这样的评价："从来还没有人说出，甚至也不可能说出任何比这些文章更加深刻、更加论据充足的意见来。我们真应该为这种完善、这种天才、这种善于把那些依然经常出现于我们议论中的混乱概念整理得清清楚楚的能力感到庆幸。"他把问题"提到了一种焕然一新和完全正确的基础上"，"在谈到将来的出版自由的地方，这种基础至少根据他的原则才值得了解和作为依据"②。马克思这两篇关于言论出版自由的文章，学术上具有里程碑的意义，是可以与弥尔顿当年的论证媲美的。

1930 年，上海《萌芽》月刊 5 月号摘要翻译了马克思的这两篇论文。但这些片段的翻译显然没有对国内新闻出版自由的研究产生很大影响，知道的人太少了。

马克思关于新闻出版自由的思想，其最早的思想来源就是约翰·弥尔顿。我们可以比较一下他们的话：

---

① 《马克思恩格斯全集》第 1 卷，人民出版社 1995 年版，第 202 页。
② 《德国年鉴》1842 年 7 月 7 日。中译文参见奥古斯特·科尔纽：《马克思恩格斯传》第 1 卷，管士滨译，生活·读书·新知三联书店 1980 年版，第 331—332 页；阿尔诺德·卢格：《〈莱茵报〉论出版自由》，1842 年 6 月下半月，中译文参见《马列著作编译资料》第 2 辑，人民出版社 1979 年版，第 59 页。

第六讲
新闻出版自由

青年马克思画像(右)和 1930 年中国《萌芽》月刊发表的马克思《评普鲁士最近的书报检查令》和《第六届莱茵省议会的辩论——关于新闻出版自由和公布等级会议辩论情况的辩论》部分译文(左)

马克思说:"没有新闻出版自由,其他一切自由都会成为泡影。"①弥尔顿说:"让我有自由来认识、抒发己见、并根据良心作自由的讨论,这才是一切自由中最重要的自由。"②

马克思和英国工人领袖厄内斯特·琼斯合写过一篇文章,重复了这个意思,原话是:"发表意见的自由是一切自由中最神圣的,因为它是一切的基础。"③

(4) 第四个关于新闻出版自由的文献——约翰·斯图亚特·密尔《论自由》。

新闻出版自由实现了以后,自由意味着什么,这方面的理论表现有哪些?

在英国,1861 年废除了最后一项限制新闻出版自由的法律——纸张税,因而基本实现了资产阶级新闻出版自由。废除各种限制出版的法律,意味着没

---

① 《马克思恩格斯全集》第 1 卷,人民出版社 1995 年版,第 201 页。
② [英] 约翰·弥尔顿:《论出版自由》,吴之椿译,商务印书馆 1958 年版,第 45 页。
③ 《马克思恩格斯全集》英文版第 11 卷,第 573 页。

约翰·密尔《论自由》英文版封面和 1903 年中文版封面

有行政力量对新闻传媒工作进行直接干预。在大部分限制新闻出版的法律被废除的情况下,英国学者、詹姆斯·密尔的儿子约翰·斯图亚特·密尔(John Stuart Mill,1806—1873,又译"穆勒")1859 年出版了《论自由》(*On Liberty*),全书 11 万字。他谈到了一个过去被人们忽略的问题,即"多数人的暴虐"。既然没有法律限制新闻出版了,大家都自由了,于是一种自然的"意见现象"显现:社会上的多数人利用自己的多数(这不是行政力量,而是人多势众的那种"势"),压制少数人发表意见。密尔注意到这种情况,提出:现在对自由的威胁不是来自政府,而是社会上多数人不能容忍非传统的见解,以人数上的优势压制和整肃少数人。他认为这是一种比较可怕的现象。他写道:

> 假定全体人类减一执有一种意见,而仅仅一人执有相反的意见,这时,人类要使那一人沉默并不比那一人(假如他有权力的话)要使人类沉默较可算为正当。①

---

① [英] 约翰·密尔:《论自由》,程崇华译,商务印书馆 1959 年版,第 17 页。

这句话说得比较别扭,意思是说,人们发表意见的权利是平等的,哪怕世界上只有一个人持某种观点,其他所有人持另外一种观点,这"另一种观点"的持有人,也不能以如此的人数优势压制那一个人的意见;当然,相反的情形,这一个人可能握有绝对的统治权力,也不能由于握有这种权力而压制自己以外的所有人发表意见。人们发表意见的权利应该是平等的。他继续写道:

> 只要哪里存在着凡原则概不得争论的暗契,只要哪里认为凡有关能够占据人心的最大问题的讨论已告截止,我们就不能希望看到那种曾使某些历史时期特别突出的一般精神活跃的高度水平。并且,只要所谓争论是避开了那些大而重要足以燃起热情的题目,人民的心灵就永远不会从基础上被搅动起来,而所给予的推动也永远不会把即使具有最普通智力的人们提高到思想动物的尊严。①

"暗契"是指无形的约定,或叫"潜规则"。例如规定讨论禁区,某些原则就是这样,永远如此,不得讨论。一旦出现这种情形,社会的思想就会变得一片沉寂,就像恩格斯说过的,从此以后,人们看着那个被发现的"绝对真理"发呆,再没有事情可做。这种情况下哪里还有什么思想的活跃,因为不许讨论了。如果人们不能够讨论一些重大的问题,尤其是能够激发人们活跃思想的问题,那么人就没有达到思想动物的水平。他实际上提出了一个衡量社会的自由程度的新的标尺。

此书1903年由严复翻译出版,书名为《群己权界论》。李大钊1917年读到这本书时发现,其精要就在于这一点,他说:

> 穆勒著《自由》一书,于言论自由之理,阐发尤为尽致。综其要旨,乃在谓"凡在思想言行之域,以众同而禁一者,无所往而合于公理。其权力所出,无论其为国会,其为政府,用之如是,皆为悖逆。……"②

---

① [英]约翰·密尔:《论自由》,程崇华译,商务印书馆1959年版,第36页。
② 李大钊:《议会之言论》,载《李大钊文集》,人民出版社1999年版。

也就是说,在言论思想领域中,如果大家的意见都一样,只有一个人的意见不一样,你禁止这个人说话,不合于公理。不管这种权力出自国会还是出自政府,都是错误的。李大钊一下抓住了这本书的基本观点,即人的言论自由的权利是绝对的,不能由于我持的某种意见处于少数,我就必须闭嘴。例如法国大革命时期处决国王路易十六,罗伯斯庇尔主张处决国王的逻辑就是这样:他是少数,少数意见存在本身就是罪恶,所以他就该死。如果按照这个逻辑行事,人们就没有发表意见的自由了,舆论必须一律,理由是大多数人持这种观点,少数必须服从多数。在这里,决定社会事务的民主程序被延伸到思想领域,混淆了"民主"与"自由"这两个内涵不同的概念。

思想领域中只能使用一个词——"自由",民主和自由的理念是不一样的。这一点,李大钊把握得很好。即使实行民主,前提是大家都能自由地发表意见,只是在决定如何行动上,少数服从多数,这是为了保障必要的社会秩序;而在思想上,每个人都有保留自己意见的权利,绝不意味着因为你的意见是少数,连说出这种意见的权利都没有,更不能因为持有这种意见而遭到迫害。

罗莎·卢森堡

德国共产党的创始人、共产国际的创始人罗莎·卢森堡(Rosa Luxemburg,1870—1919),也谈到过这种观点。1918年她被关在德国的监狱里,根据在监狱里获得的许多关于俄国十月革命的材料写了一本小册子《论俄国革命》,中译文3万多字。她支持俄国十月革命,但对苏俄的新闻出版政策给予批评。在这本小册子里,她讲了这么一段话:

只给政府的拥护者以自由,只给一个党的党员以自由——就算他们人数很多——这不是自由。自由始终是持不同思想者的自由。这不是对"正义"的狂热,而是因为政治自由的一切振奋人心的、有益的、净化的作用都同这一本质相联系,如果"自由"成了特权,这一切就不起作用了。①

这段话是在她为正文做的一个注释,被注释的原文是:"布尔什维克大胆而坚决地去迎接的巨大任务恰恰要求对群众进行最深入的政治训练和积累经验。"她的意思是,现在人民自己掌握了政权,要使长期在沙皇专制制度下生活的俄国人民具备民主政治的素质,学会行使自己的自由权利,而不能形成十几个精英指挥一切的场面。她认为,这样的场面不是人民群众在真正掌握政权,而是在重复法国大革命时期的雅各宾专政的做法。

3. 书报检查的内在矛盾导致新闻出版自由理念的提出

书报检查制度存在八个方面的非法性和逻辑矛盾,我们用马克思和恩格斯的分析作为权威依据,从而分析为什么新闻出版自由的理念会得以提出。

(1) 这是一种以当事人的思想方式为衡量标准的制度和法律。马克思写道:"它宣布我的意见有罪,因为这个意见不是书报检查官和他上司的意见。""**追究思想的法律不是国家为它的公民颁布的法律,而是一个党派用来对付另一个党派的法律。**""凡是不以当事人的**行为本身**而以他的**思想**作为主要标准的法律,无非是**对非法行为的实际认可。**"②

(2) 检查制度自然要把所有传播的内容假定为怀疑对象,因而这是一种典型的精神恐怖的法律。马克思写道:"**追究倾向的**法律,即没有规定客观标准的法律,是恐怖主义的法律;……国家在腐败不堪的情况下所制定的也是这样的法律。"③

(3) 在法律程序上,书报检查制度使得检查官既是原告,又是辩护人,同时还是宣布你的思想有罪的法官,书报检查官或检查机关三位一体。所以马克思说:"这种集中是同心理学的全部规律相矛盾的。可是,官员是超乎心理学规律之上的,而公众则是处于这种规律之下的。"④

---

① [德]罗莎·卢森堡:《论俄国革命》,殷叙彝等译,贵州人民出版社2001年版,第28页。
② 《马克思恩格斯全集》第1卷,人民出版社1995年版,第181、121、120页。
③ 同上书,第120页。
④ 同上书,第133页。

(4) 书报检查官的知识是平庸的,可是却有权力检查作家、学者、艺术家等拥有专门知识的人,存在明显的逻辑矛盾。对此马克思说:"你们竟把个别官员说成是能窥见别人心灵和无所不知的人,说成是哲学家、神学家、政治家……把类的完美硬归之于特殊的个体。"①

(5) 书报检查是一种政府垄断了的非理性批评。书报检查是一种对意见的批评,但是这种批评是只许州官放火,不许百姓点灯,专事传播新闻和思想的传媒却不能说话了,因为:"新闻出版被剥夺了批评的权利,可是批评却成了政府批评家的日常责任。"②

(6) 书报检查造成社会认识的颠倒和交往道德的败坏。这方面,马克思的这段名言,被引证的频率很高:"政府只听见自己的声音,它也知道它听见的只是自己的声音,但是它却耽于幻觉,似乎听见的是人民的声音,而且要求人民同样耽于这种幻觉。"书报检查培养着"最大的恶行——伪善"③。

(7) 书报检查是一种愚民政策,阻碍社会、民族、个人的精神发展。恩格斯在回顾普鲁士书报检查政策的时候写道:"一切信息的来源都在政府控制之下,从贫民学校、主日学校以至报纸和大学,没有事先得到许可,什么也不能说,不能教,不能印刷,不能发表。"④

(8) 书报检查造成一种虚假的人为安定。采用暴力和以暴力相威胁,人们都不敢发表意见了,鸦雀无声,当然"安定"了。恩格斯就此谈到实行这种政策的奥地利:"为了把所有这些创造人为的安定的努力结成一个包罗万象的体系,被允许给予人民的精神食粮都要经过最审慎的选择,而且极其吝啬。"⑤

新闻出版自由这个理念来源于它的对立面——书报检查制度,这种制度存在着很多内在的无法摆脱的矛盾;我们的先人们(包括科学社会主义的创始人马克思和恩格斯),从这种反动制度对人的思想和社会进步的扼杀,推导出新闻出版自由的理念,以及这个理念对于人类精神发展的重要意义。

---

① 《马克思恩格斯全集》第 1 卷,人民出版社 1995 年版,第 123 页。
② 同上书,第 122 页。
③ 同上书,第 183 页。
④ 《马克思恩格斯全集》第 11 卷,人民出版社 1995 年版,第 16 页。
⑤ 同上书,第 31—32 页。

4. 长久的书报检查造成人对自己思想的自我扼杀

经过长期的这种书报检查控制,会产生一种现象,即使没有人监视,传播者出于自我保护的目的,已经习惯性地自我检查,学会揣摩当权者的好恶,以此选择报什么和不报什么、说什么和不说什么,甚至会更加极端地执行当权者的意图,造成连当权者都感到尴尬的结果。这种畸形的精神萎缩,曾有一个故事给予了形象说明:

铁笼里关了5只猴子,实验者放进一挂新鲜的香蕉。一只猴子伸手要拿,马上遭到高压水枪的喷射,过了一会儿,其他四只猴子也想拿香蕉,也遭到水枪喷射。在几个回合之后,猴子们看着香蕉但不会动它了,因为集体受到惩罚的印象很深。后来换进一只猴子,这只不知天高地厚的猴子伸手要拿香蕉,原来的四只猴子一拥而上将它按倒、撕扯,因为它的行为会使其他猴子遭受新的惩罚。等猴子一只一只全部被替换,新的猴子在前面猴子的教诲下,照样不敢造次,已经形成"自律"了。原来最爱吃的香蕉,在高压下变成了禁果![1]

王小波的杂文《花剌子模信使问题》,讲了一个"花剌子模信使的故事",进一步说明了人间社会同样存在这种现象:

中亚古国花剌子模有一古怪的风俗,凡是给君王带来好消息的信使就会得到提升,给君王带来坏消息的人则会被送去喂老虎。于是将帅出征在外,凡麾下将士有功,就派他们给君王送好消息,以便他们得到提升;有罪的,则派去送坏消息,顺便给国王的老虎送去食物。[2]

这种暴力威胁时间长了,人们养成了只说过年话(一种假话的类型)的习惯。这是高压政策的结果。思想禁锢年深日久形成的惯性,同样一代一代传染,不敢逾越,形同内心的魔咒。

---

[1] 朱家泰:《猴子吃香蕉的故事》,《随笔》2006年第3期。
[2] 参见王小波:《沉默的大多数》,北京十月文艺出版社2011年版。

王小波　　　　　　　　《沉默的大多数》封面

恩格斯对这种状态的愤怒溢于言表。他说:"我可不让书报检查机关管制我,使我不能自由写作;以后它爱删多少就删多少,**我自己**不愿意扼杀本人的思想。被书报检查机关删减总是不愉快的,不过倒也是光荣的;一个年已三十或写了三本书的作者竟然没有同书报检查机关发生过冲突,那他就不值一提;伤痕斑斑的战士才是最优秀的战士。一本书,拿来一读就应当看出它是同书报检查机关作过斗争的。"[1]针对自我检查的要求,恩格斯说:"规定的自我检查制度,要比旧的官方检查制度坏一千倍。"[2]因为自我检查制度要求自己从内心扼杀自己的思想,这是最糟糕的事情。

二、18 世纪两个载入新闻出版自由理念的宪法性文献

谈到新闻出版自由,不能不提到 18 世纪的这两个宪法性文件,因为它们影响至今。

---

[1] 《马克思恩格斯全集》第 41 卷,人民出版社 1982 年版,第 543 页。
[2] 《马克思恩格斯全集》第 36 卷,人民出版社 1975 年版,第 62 页。

世界上最早的关于新闻出版自由的宪法性文件,是瑞典《关于著述与出版自由的 1766 年 12 月 2 日之宪法法律》。该法规定,废止以往对出版物的事前审查,允许自由印刷并传播政府文件。但影响世界发展进程的,还是法国 1789 年的《人权宣言》(Articles of Declaration of the Rights of Man and of the Citizen)第十一条。

法文原文:La libre communication des pensées et des opinions est droits les plus précieux de l'homme. Tout citoyen peut donc parler, écrire, imprimer librement, saut à répondre de l'abus de cette liberté dans les cas prévus par la loi.

法国《人权宣言》

英译文:The free communication of ideas and opinions is one of the most precious of the rights of man. Every citizen may, accordingly, speak, write, and print with freedom, but shall be responsible for such abuses of this freedom as shall be defined by law.

中译文:自由传播思想和意见乃是人类最宝贵的权利之一。因此,每个公民都可以自由地从事言论、著述和出版,但在法律规定之下应对滥用此项自由承担责任。

然而在法国,《人权宣言》提出后的近一个世纪,包括新闻出版自由在内的人权并没有变成现实,倒是发生了七次社会暴力导致的政权更迭,为了争取《人权宣言》的实现,牺牲了不知多少人。直到 1881 年 7 月 29 日,

美国《宪法第一修正案》

法国议会才通过《新闻自由法》,终于使新闻出版自由获得法律上的保障。

第二个宪法性文件。1791年12月美国议会一揽子通过关于宪法的十个修正案(统称"人权法案"),其中美国《宪法第一修正案》(The First Amendment of Constitution)中:

英文原文:Congress shall make no law respecting an establishment of religion, or prohibiting the free exercise thereof; or abridging the freedom of speech, or of the press; or the right of the people peaceably to assemble, and to petition the government for a redress of grievances.

中译文:国会不得通过建立尊奉某一宗教,或禁止宗教自由之法律;不得废止言论与出版自由;或限制人民集会、请愿、诉愿之自由。

这个文件的产生,也是有争论的。当时美国的开国元勋们意见不一致。一派人认为,《独立宣言》已经宣布了人民的自由权利,《美国宪法》的主要任务是对国家政治结构的构成作出详尽规定,没有必要另行规定言论和新闻出版自由。另一派认为,作出较为具体的规定,有利于进一步保障人权。从1788年争论到1791年,后一种意见占了上风。其中第一修正案,以无权利主语的语言结构规定了三项自由权:信仰自由,言论与出版自由,集会与请愿、诉愿自由。

后来的美国宪法实践证明,"人权法案"总体上对于保障人民的各项自由权利,显示出它的必要性。仅就新闻出版自由而言,围绕它展开的学术研究和司法实践,已经成为一个颇为深厚的研究领域。

两个影响世界的宪法性文件,表述上很不相同。法国《人权宣言》的条文,正面规定自由的主体及对自由的限制,即"在法律规定之下应对滥用此项自由承担责任"。《人权宣言》第四条还特别规定:"自由就是指有权从事一切无害于他人的行为。因此,各人的自然权利的行使,只以保证社会上其他成员能享有同样权利为限制。此等限制仅得由法律规定之。"然而,由于具体法律限制滥用自由难以把握,当权者反而有可能利用具体法律的限制完全中止公民的自由权。法国《人权宣言》颁布后近一个世纪内,法国的新闻出版自由并没有实现。美国宪法第一修正案,回避了权利主体,而是规定议会不得制定限制新闻出版自由的法律,于是这一条款直接惠及传媒,比较有效地保障了美国传媒的言论和出版自由。

三、20世纪以来共产党人关于新闻出版自由的文献

科学社会主义的创始人马克思和恩格斯在他们最早发表的论文里就提出了争取新闻出版自由的口号,并为之奋斗了一生。马克思把工人阶级争取新闻出版自由,看作是争取"火和水"(转意为必需的生活条件);恩格斯把新闻出版自由比喻为工人运动的"土壤、空气、光线和场地"①。共产党人为了争取新闻出版自由,前仆后继,做了很多努力,这个光荣的革命传统不能忘却。

20世纪共产党人的代表首先是俄国的列宁。列宁的一生中政治活动最活跃的年代(1900—1917)是在西方国家度过的,这期间只有过一次短时秘密回到国内,因为他遭到沙皇俄国警察的通缉。列宁充分利用西方民主制度和新闻出版自由从事革命活动,因而他对这些人类文明的遗产有深刻的理解。

在十月革命发生前夕,他于1917年9月28日在《真理报》(当时改名叫《工人之路报》)上发表了一篇文章《怎样保证立宪会议的成功(关于出版自由)》,提出社会主义胜利后共产党人实现社会主义新闻出版自由的设想。列宁提出,我们胜利以后,首先要没收大资产阶级的报纸和印刷所。最大的问题是没收以后怎么办?破旧很容易,立新怎么立?列宁当时的设想是这样的:

前提:没收大资产阶级的报纸和印刷所。

分配:第一给予国家,第二给予在两个首都获得10万—20万选票的大党(复数),第三给予有一定人数的公民团体②。

也就是说,列宁当时不仅设想了社会主义新闻出版自由的表现方式,而且它的前提是几个社会主义的党(列宁使用的是复数)联合执政,既然都主张社会主义,那么就让公民们来投票选择,由获得多数人支持的党执政,这些党当然拥有新闻出版自由。除了执政的社会主义政党以外,还有很多公民团体,他

---

① 《马克思恩格斯全集》第8卷,人民出版社1961年版,第522页;第35卷,人民出版社1971年版,第262页。

② 参见《列宁全集》第32卷,人民出版社1985年版,第230—231页。

为隐蔽身份而化妆为割草工人的列宁（1917年7月）

们也应该拥有新闻出版自由。

十月革命胜利后的第9天，即11月17日，列宁起草了一个关于新闻出版自由的决议草案，草案里体现了他的这些思想，只是在"公民团体"之后加了一个括号："让每一个达到一定人数（如1万人）的公民团体都享有使用相应数量的纸张和相应数量的印刷劳动的同等权利"①。他是怕人钻空子，因为公民团体太多了，怎么平均呢？需要有个人数的限定。列宁的这些想法体现了他将新闻出版自由的理念贯彻到社会主义社会的思考。直到1918年年底，大约一年的时间里，苏俄三个执政的社会主义政党——布尔什维克党、孟什维克党、社会革命党的报刊，都可以自由地出版。还有一些小资产阶级的报刊，也自由地出版。全俄共有约五六百种报刊。

但是，俄国是一个长期封建专制国家，当权的只有一个皇帝，以及附属于皇帝的黑帮党，从来没有民主的传统，人民也不知道如何在法治条件下行使自由的权利。苏维埃政权中的另外两个党，都不甘于与别人共掌权力。社会革命党炸死了德国驻俄国的大使，挑动德国以此向俄国进攻；孟什维克勾结白卫军，企图借用它们的力量消灭布尔什维克，自己独掌政权。这使得布尔什维克不得不相继宣布社会革命党和孟什维克党非法。既然党是非法的，自然它们的报刊也不得出版。这种情况，列宁自己也是没有料到的。

还有，十月革命胜利以后，西方国家干涉十月革命，很多明显的证据证明，它们直接间接地支持各路白卫军叛乱；在舆论上，西方国家的报刊、通讯社关于十月革命和苏俄的报道，大部分是虚构的。例如关于列宁和托洛茨基的新闻，有90多次报道了列宁打倒了托洛茨基，或者托洛茨基打倒了列宁，全是无稽之谈。在这种情况下，列宁非常气愤，激情之下说了较多的完全否定西方新

---

① 《列宁全集》第33卷，人民出版社1985年版，第47页。

闻出版自由的话,使用了一些较为激烈的表述,诸如"一切"、"全部"、"99%"等。我们需要站在当时的情景下来理解列宁。例如,下面这段他的话需要辨正:

> 只要资本还保持着对报刊的控制(在世界各国,民主制度与共和制度愈发达,这种控制也就表现得愈明显,愈露骨,愈无耻,例如美国就是这样),这种自由就是骗局。①

这个话说得有点过分了,循着这个逻辑,民主制和共和制越发展越坏,怎么能这样说呢?但在1920年,列宁说的这句话对新闻出版自由给予了正确的历史评价:

> "出版自由"这个口号从中世纪末直到19世纪成了全世界一个伟大的口号。为什么呢?因为它反映了资产阶级的进步性,即反映了资产阶级反对僧侣、国王、封建主和地主的斗争。②

下面我们回到中国。1922年9月13日,中国共产党第一个中央机关刊物《向导》周报创刊,当时的党只有195位党员,党的总书记陈独秀写的《本报宣言》,反映了中国共产党"不自由毋宁死"争得新闻出版自由的初心:

《向导》创刊号封面《本报宣言》

---

① 《列宁全集》第35卷,人民出版社1985年版,第488页。
② 《列宁全集》第42卷,人民出版社1987年版,第85页。

十余年来的中国，产业也开始发达了，人口也渐渐集中到都市了，因此，至少在沿海沿铁路交通便利的市民，若工人，若学生，若新闻记者，若著作家，若工商家，若政党，对于言论、集会、结社、出版、宗教信仰，这几项自由，已经是生活必需品，不是奢侈品了。在共和国的名义之下，国家若不给人民以这几项自由，依政治进化的自然律，人民必须以革命的手段取得之，因为这几项自由是我们的生活必需品，不是可有可无的奢侈品。可是现在的状况，我们的自由，不但在事实上为军阀剥夺净尽，而且在法律上为袁世凯私造的治安警察条例所束缚，所以我们一般国民尤其是全国市民，对于这几项生活必需的自由，断然要有誓死必争的决心。"不自由毋宁死"这句话，只有感觉到这几项自由的确是生活必需品才有意义。

这段话完全符合马克思和恩格斯关于新闻出版自由的基本思想，论证了包括言论出版自由等人权的意识是如何产生的。大工业，现代产业造成的普遍交往的新环境，得以使人意识到人的权利意识。如果没有大工业，没有人口的集中，没有铁路线的便利，就不需要新闻出版自由等人权。生活在偏僻的农村，这样的权利意识产生不了。这种权利意识的产生是随着市场经济的发达、人口的集中、交通的便利才出现的。大家聚集在一起，庞大的交往体系产生了，那么就需要有一种制度，保障大家能够自由地发表意见，共同讨论大家的事务。

这是中国共产党人最早对言论、新闻（文中提到"若新闻记者"）出版自由的论证，是科学的，而且也表现了中国共产党在这方面斗争的决心。

毛泽东在争取出版自由方面，也有很多论证。1945年他在党的七大政治报告中说："人民的言论、出版、集会、结社、思想、信仰和身体这几项自由，是最重要的自由。"①他的这个观点和马克思的观点是一样的，马克思也认为言论出版等自由是各项自由中最重要的。毛泽东当时强调，只有解放区实现了这些自由。1945年，新华社记者李普（后来是新华社副社长）写了一本书《光荣归于民主》（1980年改名为《我们的民主传统》再版），专门介绍了解放区的民主与自由，这是一本朴素的书，写得很实在。

---

① 《毛泽东选集》第3卷，人民出版社1991年版，第1070页。

《光荣归于民主》1945 年版封面和 1980 年再版封面

2007年3月16日,温家宝总理在记者招待会上说:"我说民主、法制、自由、人权、平等、博爱,这不是资本主义所特有的,这是整个世界在漫长的历史过程中共同形成的文明成果,也是人类共同追求的价值观。"2007年10月15日,胡锦涛在党的十七大政治报告中提出:"保障人民的知情权、参与权、表达权、监督权","必须让权力在阳光下运行"。2012年11月8日,胡锦涛在党的十八大政治报告中再次谈道:"保障人民知情权、参与权、表达权、监督权,是权力正确运行的重要保证。""加强党内监督、民主监督、法律监督、舆论监督,让人民监督权力,让权力在阳光下运行。"2017年10月18日,习近平在党的十九大报告中同样谈道:"加强人权法治保障,保证人民依法享有广泛权利和自由","保障人民知情权、参与权、表达权、监督权"。

2016年4月19日,习近平在互联网背景下论证了如何依照宪法和法律进行网络意见的管理。他说:"网民大多数是普通群众,来自四面八方,各自经历不同,观点和想法肯定是五花八门的,不能要求他们对所有问题都看得那么准、说得那么对。要多一些包容和耐心,对建设性意见要及时吸纳,对困难要及时帮助,对不了解情况的要及时宣介,对模糊认识要及时廓清,对怨气怨言要及时化解,对错误看法要及时引导和纠正,让互联网成为我们同群众交流沟通的新平台,成为了解群众、贴近群众、为群众排忧解难的新途径,成为发扬人民民主、接受人民监督的新渠道。"

"形成良好网上舆论氛围,不是说只能有一个声音、一个调子,而是说不能搬弄是非、颠倒黑白、造谣生事、违法犯罪,不能超越了宪法法律界限。我多次强调,要把权力关进制度的笼子里,一个重要手段就是发挥舆论监督包括互联网监督作用。这一条,各级党政机关和领导干部特别要注意,首先要做好。对网上那些出于善意的批评,对互联网监督,不论是对党和政府工作提的还是对领导干部个人提的,不论是和风细雨的还是忠言逆耳的,我们不仅要欢迎,而且要认真研究和吸取。"

"互联网让世界变成了地球村,推动国际社会越来越成为你中有我、我中有你的命运共同体。现在,有一种观点认为,互联网很复杂、很难治理,不如一封了之、一关了之。这种说法是不正确的,也不是解决问题的办法。中国开放的大门不能关上,也不会关上。"①

这些论述,是对我国宪法第 35 条关于公民言论、出版等自由权利的进一步阐发。

四、国际上关于新闻出版自由的文件

国际上比较著名的、现在通行的是联合国于 1948 年通过的《世界人权宣言》(The Universal Declaration on Human Rights)。这个宣言提出了得到普遍接受的、关于人权的最低标准,成为联合国成员国行为的指导准则。该宣言第 19 条规定:"人人有权享有主张和发表意见的自由;此项权利包括持有主张而不受干涉的自由,和通过任何媒介和不论国界寻求、接受和传递消息和思想的自由。"当时的中国政府代表是签字的(其中有中国共产党的代表董必武)。中华人民共和国取得在联合国的合法地位以后,不言而喻地承担此前中国政府签署的文件所规定的义务。但是,这毕竟只是宣言,写得比较简单,没有明

---

① 习近平:《在网络安全和信息化工作座谈会上的讲话》,《人民日报》2016 年 4 月 25 日。

罗斯福夫人展示联合国《世界人权宣言》

确的约束力。

1966年12月6日,第21届联合国大会上通过了两个与新闻出版自由相关的文件——《经济、社会和文化权利国际公约》《公民权利和政治权利国际公约》,以公约的形式更为精确地确定了这些权利,并且规定了实施措施。这两个条约于1976年生效。那时,中华人民共和国已经成为联合国的常任理事国了。

这两个公约在权利实现方面各有侧重点。《经济、社会和文化权利国际公约》强调的是国家在保护人权方面的积极介入,保护的是"积极自由",也就是说,是公民要求国家、社会为他做些什么。《公民权利和政治权利国际公约》的重点在于强调个人免于来自国家公权的干涉和压制,保护的则是公民的"消极自由",也就是说,公民不希望国家、社会对他做些什么。

截至2010年年底,《经济、社会和文化权利国际公约》有160个缔约国;截至2011年5月,《公民权利和政治权利国际公约》有167个缔约国。

中国2001年经全国人大批准,加入了《经济、社会和文化权利国际公约》,成为该公约的缔约国,但对其中一条——组织工会的自由——声明保留。我们有一个全国总工会,不能搞其他工会。2003年6月,我国向联合国提交了首份国家履约报告。2010年出版了《经济、社会、文化权利国际公约》国内实施读本。

1998年,中国驻联合国的代表签署了《公民权利和政治权利国际公约》。2004年1月27日下午,胡锦涛在法国巴黎波旁宫内的国民议会大厅发表演讲。他说,中国政府正在积极研究《公民权利和政治权利国际公约》涉及的重大问题,一旦条件成熟,将向中国全国人大提交批准该公约的建议。2005年《中国民主政治建设》白皮书宣布:"目前,中国有关部门正在加紧研究和准备,一旦条件成熟,国务院将提请全国人大常委会审议批约问题。"2008年3月18日,温家宝总理回答记者关于《公民权利和政治权利国际公约》签署的提问时说:"你提到的《公民权利和政治权利国际公约》,我们正在协调各方,努力地解决国内法与国际法相衔接的问题,尽快批准。"中国政府签署并准备加入《公民权利和政治权利国际公约》,表明了中国促进、保护人权的庄重态度。中国目前还不是该公约的缔约国,但中国政府代表签署该公约,说明承认公约的基本原则。

根据《公民权利和政治权利国际公约》第19条(Article 19 of International Covenant on Civil and Political Rights,缩写ICCPR),新闻出版自由的内涵已经扩展为"表达自由"。

第19条原文如下:

(1) 人人有权持有主张而不受干涉。

(Everyone shall have the right to hold opinions without interference.)

(2) 人人享有表达自由的权利;这项权利包括寻求、接受和传递各种信息和思想的自由,不论国界,也不论口头的、书面的或者是印刷的,还是采取艺术形式,或者是通过他所选择的任何媒介。

(Everyone shall have the right to freedom of expression; this right shall include freedom to seek, receive and impart information and ideas of all kinds, regardless of frontiers, either orally, in writing or in print, in the form of art, or through any other media of his choice.)

(3) 行使本条第2款所规定的权利带有特殊的义务和责任,因此可以受到一定限制,但是这些限制限于由法律所规定并为下列所必须:(a) 尊重他人的权利或名誉;(b)保障国家安全或公共秩序,或公共卫生或道德。

(The exercise of the right provided for in paragraph 2 of this article carries with is special duties and responsibilities. It may therefore be subject to certain restrictions, but these shall only be such as provided by law and are necessary: (a) For respect of the right or reputations of others; (b) For the protection of national security or public order, or of public health or morals.)

《公民权利和政治权利国际公约》第19条,在前人各种有关思想自由和表达自由的经典表述(法国《人权宣言》第11条、美国《宪法第一修正案》、《世界人权宣言》第19条、《欧洲人权宣言》第10条等)的基础上,就有关思想自由和表达自由的问题作出了迄今为止最明白、最完整、最全面的表述。下面主要根据我国新闻法学家魏永征教授的解读,对19条的行文作一符号学分析①。

第一,everyone(人人)。这是对权利主体的规定。法国《人权宣言》标准英文名为"Declaration of the Rights of Man and of the Citizen",在当时真的是不包括女性的,实际上也不包括穷人和有色人种等。美国《宪法第一修正案》没有规定权利主体。

按照everyone的表达,这是个体的权利,不是任何他人或者任何群体和组织可以"代表"的;这是普遍的权利,无论性别、年龄、财产、智力、肤色、官阶以及其他一切资格,一律平等享有。

第二,right to hold opinions without interference(有权持有主张而不受干涉),强调的是思想的不可干预性质。这个提法要求各国政府承担义务,不对任何个人的意见实行强制干预,包括灌输、洗脑、胁迫、诱惑、思想改造等。

魏永征教授

---

① 魏永征:《〈公民权利和政治权利国际公约〉第19条解读》,http://yongzhengwei.com/archives/29792。

更不承认思想犯罪。当然出于个人自愿的接受教育、观看广告等不在其内。

讨论第 19 条时，当时的中国代表提出采用《世界人权宣言》"freedom of opinions"（发表意见的自由）的行文。经讨论，最终采纳了英国代表的方案"right to hold opinions without interference"。由于思想自由已经在这个公约的第 18 条作了规定，本条则更要强调思想的不可干预性。

第三，表达自由涵盖广泛。关于地域，使用的是"regardless of frontiers"，超越国界，表达了思想无国界的理念。以国界来限制思想和信息的传播，违反这个国际公约的精神。

关于传播方式，涵盖面较广：口头、书面、印刷、艺术形式。

关于载体，注意在"通过他所选择的任何其他媒介"前有一个"or"，即与前述方式并行。"书面、印刷"也是媒介。选择任何其他媒介，包括选择自己创设的媒介和选择别人创设的媒介，不能由此理解只能选择媒介而不能创设媒介。

在公约起草的过程中，曾有一种意见，即沿用《欧洲人权公约》关于表达自由不阻碍各国对广播电影电视实行许可制的规定，遭到否决。后来，《欧洲人权公约》根据《公民权利和政治权利国际公约》做了调整，说明 ICCPR 的表述得到了公认，比原《欧洲人权公约》进了一步。

第四，表达自由包含知情权。这个思想最早出于约翰·米尔顿。他说：让我们自由地去知悉、表达和争论（现在我国出版的中译文与此有差异，原文是：Give me the liberty to know, to utter, and to argue ...）。1946 年联合国第一次大会宣布，信息自由是一项基本人权。在 1948 年的《世界人权宣言》中，把寻求（seek）、获得和传递信息和思想的自由纳入表达自由。当时印度等国代表提议用"gather"替代"seek"（两个词都有"寻找"的意思），结果以 59：25：6 被否决。"gather"被认为是消极自由，而"seek"则是积极的。它要求政府承担更多的义务，采取更加积极的措施来保障民众的知情权，这成为 20 世纪末以来各国制定国家级信息自由法律的国际法源头。ICCPR 沿用了这个提法。《欧洲人权公约》原来只有"receive and impart"，没有"seek"，1981 年，欧洲理事会通过补充建议，规定成员国内每个人有权通过申请获得公共机构拥有的信息。

第五，"不受干涉"针对谁？《欧洲人权公约》规定"without interference by public authority"，即针对公共权力。ICCPR 没有这样明确规定，这是因为许多国家代表认为私人财团、垄断媒体集团对于表达的干预同样十分严重,应当反对。所以这里的"不受干涉"包括公权力和资本的干涉两方面。当然,人权的核心还是限制公权力。

第六,restrictions(限制)内容。表达自由是一项可以克减的人权。起草过程中提出过 30 多项限制,例如诽谤以及鼓动犯罪、侵害司法独立和公正等等,最后归纳为两点,一是保护私权,二是保护公共利益。注意,这里不包含正确、错误的区分。表达自由允许那些偏激的、冒犯性的、令人不安和震惊的意见的表达和传播,但不能诽谤、侮辱他人。

第七,关于对限制的限制。第三节行文是"only be such as provided by law and are necessary"(限制限于由法律所规定并为下列所必须)。鉴于限制由公权力实施,因而公权力限制表达自由的措施也必须是有限制的。具体说来有三点:

首先,only be,仅仅是,就是只是限于这两条,没有其他,没有"兜底条款",公权力不可以超越这两点再加码。

其次,provided by law,以法律来规定。这里若进一步做解释,第一,这个法律必须是正式的合乎程序制定的法律,不能是行政规章,如果以行政规章作为限制的依据,被认为违反公约。第二,这个法律是事先公开发布的。第三,该法律必须提出明晰的、人们易于理解的,因而对自己行为后果具有可预见性的标准。如果当事人担心"我这样写会犯法吗?",说明法律规定不明确,无预见性的标准。

再次,necessary,必要的。这是指在一个民主社会里确实有必要的限制。有这样的判例:符合限制的范围,也符合法律的规定,但是没有必要,就不应当限制。

《公民权利和政治权利国际公约》第 19 条,对人的表达自由权利作了比较精准的概括。法律学者邱小平就人的表达自由权利写道:"人类和动物最大的区别在于,人类能够发表言论、表达思想,发表言论、表达思想的自由因此成为一项基本人权。但人类社会生活已经表明,并非所有的言论和思想都能产生积极的后果。在这种情况下,强调表达自由应造福社会和民主这些政治和社会功能,很可能会限制个人表达自由。因此个人表达意见和获取信息的自由,不应该因不同的政治理念和事实后果遭到限制和禁止,哪怕在民主制度下多数意见批准了这样的限制和禁止。事实上,表达自由既能服务于民主政治,也能满足个人的自我实现,表达本身固有的丰富多彩注定了轻易以一种思想理论或社会后果评估表达是危险的。"①

公众表达自由的前提,是能够获得关于公权力的信息。1987年在伦敦成立的以联合国《世界人权宣言》第19条为名称的"第19条"(ARTICLE 19)的组织,在其《公众的知情权:信息自由立法的原则》文件中指出,这个前提的保障是信息公开的立法,其具体内容如下:

第1项原则:最大限度公开(信息自由权立法必须以最大限度公开原则为指导)。

第2项原则:公布信息的义务(公共机关应当承担公布重要信息的义务)。

第3项原则:促进政务公开(公共机构必须积极促进政务公开)。

第4项原则:限制"例外"的范围(应当制定清晰而严密的例外规则,而且必须通过"危害"和"公众利益"的严格检测)。

第5项原则:为行使信息权提供便利的程序(索取信息的申请应当得到迅速而公正的处理,在申请被拒时应能提供独立的审查)。

第6项原则:费用(不应使个人因费用过高而放弃索取信息的要求)。

第7项原则:公开会议(公开机构的会议应当向公众公开)。

第8项原则:信息公开优先(与最大限度公开原则相悖的法规应当修正或撤销)。

第9项原则:保护检举人(披露坏事的人——检举人——应当受到保护)。②

1996年12月,韩国通过《公共机关信息公开法》,成为亚洲第一个通过信息公开全国性法律的国家,紧接着是1999年6月日本通过《关于行政机关所

---

① 邱小平:《表达自由——美国宪法第一修正案研究》,北京大学出版社2005年版,第167页。

② [加]托比·曼德尔:《信息自由:多国法律比较》,龚文庠译,社会科学文献出版社2011年版,第40—54页。

保有之信息公开的法律》,2000年墨西哥通过《墨西哥联邦信息自由和透明法》。到20世纪末,所有发达国家都通过了全国性的信息公开的法律。进入21世纪以后,又有一些国家通过了国家级的信息公开法律,例如2002年巴拿马通过《信息公开法》,2005年印度通过《信息权利法》等。中国2003年在非典事件中提出了"信息公开"的观念,2007年颁布《国务院政府信息公开条例》。

印度诺贝尔经济学奖得主阿玛蒂亚·森(Amartya Sen,1933—)观察说:我讨论过一项重要规律,即在令人恐怖的世界饥荒史上,新闻出版自由具有相对独立地位的任何民主国家,从未发生过真正的饥荒。对于这个规律,我们无论在任何地方都找不出例外。因为有了信息,民众可以仔细审查政府的行为,信息是恰当地讨论政府的这些行动的基础①。

阿玛蒂亚·森

他还就自由表达意见与民主机制的关系作了论述,写道:

《以自由看待发展》中文版封面

> 我们绝不能把民主等同于多数人统治。民主的内容很复杂,它的确包括投票和尊重选举结果,但它还包括保护自由,尊重法律机构,保障自由讨论,保障发表新闻和公正评论时不受政府的检查。如果不同派别没有获得充分机会表达自己的观点,或者选民没有获得新闻和思考不同观点的

---

① 参见[印度]阿玛蒂亚·森:《贫困与饥荒——论权利与剥夺》,王宇、王文玉译,商务印书馆2001年版。

自由,选举也会变成一场大骗局。民主是一套需求系统,而不仅是在孤立情况下所选择的某种机械性的方法(如多数表决)。①

五、不能因言获罪的理论与实践

言论自由是人的基本自由权,由此推及新闻出版自由和其他各方面的表达自由。言论自由的要点是不能因言获罪。人们往往习惯于以己度人,以自己的观点衡量别人观点的对错,这就很容易产生压制别人意见的一种主观理由:因为你的观点是错误的,所以不允许你说话! 然而,意见多元是人类社会生活的自然现象,因而言论自由保障是基本人权。言论自由意味着允许别人说自己不喜欢的话,或以自己的标准来看,即允许别人说错话。为了保障这一基本人权,最近几百年,人类社会经历了无数韧性的斗争,以争取表达自由的权利,至今仍在继续着。

1."我虽然不同意你的说法,但我誓死捍卫你说话的权利"

言论自由是公共选择或社会选择得以进行的先决条件和前提条件,因此成为一种"逻辑上的先在"。就此,美国学者托马斯·埃默森(Thomas I. Emerson, 1907—1991)将言论自由的价值概括为四个方面:第一,促成个人的自我实现;第二,作为获致真理的一种手段;第三,作为保证社会成员参与社会包括政治决策过程的一种方式;第四,维持社会稳定与变化之间的平衡。

关于如何认识和把握言论自由,可以用一

《伏尔泰的朋友们》英文版封面

---

① 参见阿马蒂亚·森:《以自由看待发展》,仁债等译,中国人民大学出版社 2002 年版。

句流传很广的伏尔泰的话来加以说明,即"我虽然不同意你的说法,但我誓死捍卫你说话的权利"。这句话确实是法国启蒙学者伏尔泰的观点,但不是原话。

1906年,英国女作家霍尔(Evelyn Beatrice Hall,1868—1919)以笔名Stephen G. Tallentyre 撰写的《伏尔泰的朋友们》(*The Friends of Voltaire*)一书,较早地概括了伏尔泰的这一观点,随后这一观点以伏尔泰的名义得到广泛传播。2011年4月28日《人民日报》的评论《执政者当以包容对待"异质思维"》写道:"思想观念的价值,在竞争中才会彰显,在实践中才能检验。'我不同意你的看法,但我誓死捍卫你说话的权利',这是一种胸怀,更是一种自信。""'不同即敌对'的思维模式,本质上都是狭隘虚弱的表现,无助于社会和谐的构建、健康心态的形成。"

2. 言论自由意味着允许说错话

我们来简单分析一个案例——熊忠俊案。在2009年"5·7"杭州交通肇事案中,网民熊忠俊用化名发了几个帖子,比较现场当事人的照片和站在法庭

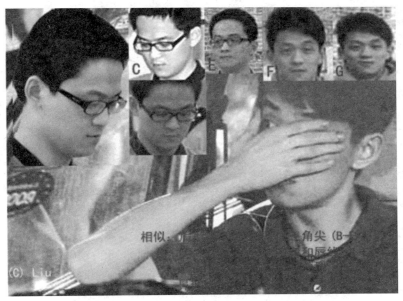

杭州飙车案被告现场(右下)与法庭上(左上)的当事人形象

上的当事人的照片,认为存在"替身受审"的问题。很多人看了两个场景的照片,也有同感。但他对照片的判断错了,两张照片被认定是同一个人。后来熊忠俊以"谣言散布者"的罪名被行政拘留10天。他对事实的判断被证明错了,但他有表达自己观点的权利。言论自由意味着允许说错话,要求说的话都正确,等于扼杀言论自由。

再如,2018年10月21日山东郓城县发生矿难,随即网民"一张旧船票神探"在新浪微博发布信息:"郓城李楼煤矿发生重大安全事故,21人被掩埋,已确认9人死亡。"结果当天他被县公安局以"虚构事实"、"扰乱公共秩序"的罪名行政拘留10天,罚款500元。然而就在此人拘留的第9天,即10月29日,当地官方通报该矿难共有21人遇难。这位网民及时报告了公开发生的事实,并没有错误,仅仅因为早于官方的通报而被行政拘留。对于这种错误执法,郓城县警方辩解的理由竟是:当时还不能确定死亡人数,他不就是造谣嘛。

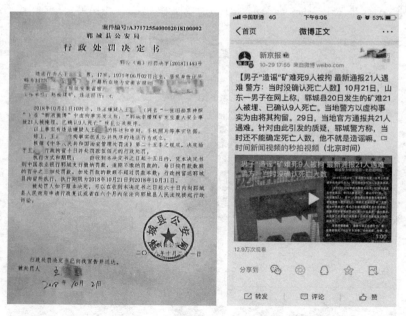

2018年10月21日郓城县公安局对网民"一张旧船票神探"发出的
行政处罚决定书及随后的媒体报道

近些年来，"因言获罪"事件时有发生：2005 年安徽"五河短信案"；2006 年重庆"彭水诗案"、山东"高唐网案"；2007 年山西"稷山文案"、山东"红钻帝国案"、江苏"无锡蓝藻案"、海南"儋州歌案"、陕西"志丹短信案"、河南"孟州书案"；2008 年辽宁"西丰诽谤案"、安徽"灵璧侮辱案"、四川"通江诗案"；2009 年，河南"灵宝帖案"、重庆"反涨价 T 恤案"、四川"遂宁帖案"、内蒙古"鄂尔多斯帖案"；2010 年《在东莞》作者袁磊案、《大迁徙》作者谢朝平案……

以上仅为受到传媒关注、曾经被报道过的事例，没有受到关注的同类事件更多。

如此众多的案例，同质异构，呈现出一个共同的问题，即人民的自由表达权如何得到法律、法规和法治化理念的保障。

为什么出现如此多的同类事件？荷兰裔美国作家房龙（Hendrik Willem Van Loon，1882—1944）在其名著《宽容》再版时感叹道："从最广博的意义讲，宽容这个词从来就是一个奢侈品，购买它的人只会是智力非常发达的人。"

3. 处理言论冲突事件时应遵循的准则

(1) "实际恶意"准则。

"实际恶意"（actual malice），也译为真正恶意、真实恶意、实质恶意，是美国法院用来规范言论自由与出版自由的准则之一。这个原则在 1964 年美国最高法院审理"纽约时报诉沙利文案"（New York Times Co. v. Sullivan）时确立。基本内容是：公共官员在对关于他们如何工作以及是否胜任工作的诽谤性陈述提起诉讼时，必须证明"实际恶意"，即要证明"被告明知某陈述有错"或证明"被告漠视事实真相"。"实际恶意"准则后来推及公众人物，他们被认为和公共官员一样"不能免于被批评、被抱怨"，若要在诽谤案中胜诉，也必须证明被告有"实际恶意"。

在新闻传播过程中，限于采访时所能利用的资源以及时效的要求，要求传媒的每则报道均正确无误是不现实的。就普通公民个人言论而言，囿于自身所占有的信息，更不太可能与事实精确对应。要求所有言论均须属实，势必导致媒体或公民进行如履薄冰式的"自我审查"（self-censorship），有关公共事务的自由讨论也将因此受到抑制，从而最终损害公共利益。

如果没有证据可以证明发言者存在实际恶意,就不应因发表的言论不准确而遭到惩处。我国司法实践中可以适用"实际恶意"准则,它与现行法体系中的有关规定并不相悖。《宪法》第41条规定:只要不是"捏造或者歪曲事实进行诬告陷害",公民有对"任何国家机关和国家工作人员"提出批评和建议的权利。《刑法》第243条规定:"不是有意诬陷,而是错告,或者检举失实的",不适用该条款的规定。这些条款说明:被告人当时若确信自己的言论真实,即使事后证明当初认知有误,不能归于故意捏造或者歪曲等主观恶意。

(2)"公众人物"准则。

这个准则同样源于"纽约时报诉沙利文案",它指若批评"公众人物"出现差错而造成轻微损害,原则上不追究发言者。美国首席大法官沃伦(Earl Warren)指出:公众人物作为一个阶层,和公共官员一样很容易利用媒体,两者都影响着政策,反击着对他们言行的批评。公众对公众人物的言行有合法和重要的利益,新闻界不受阻碍地自由辩论公众人物,应和针对公共官员的自由辩论一样重要。这意味着舆论是社会得以影响公众人物和言行的唯一手段①。

2002年中国"范志毅诉文汇新民联合报业集团名誉侵权案"中,"公众人物"这一概念不仅成为法官们据以作出判决的主要理论来源,还出现于判决书中:"即使原告认为争议的报道点名道姓称其涉嫌赌球有损其名誉,但作为公众人物的原告,对媒体在行使正当舆论监督的过程中,可能造成的轻微损害应当予以容忍与理解。"在中国新闻官司中,这一案例具有突破性进展,"公众人物"概念首次出现在判决书里。"公众人物"当然包括政府官员,这里延伸到社会名流。

作为公众人物,需要容忍对自己的批评乃至尖锐的攻击;尤其当公民和媒体的言论是针对政府官员是否称职进行考量作出评论时,更应容忍批评意见。

(3)"明显而即刻的危险"准则。

这个准则的要旨是,除非言论会产生即刻的实际危险,否则不应压制和处

---

① 参见邱小平:《表达自由——美国宪法第一修正案研究》,北京大学出版社2005年版,第177页。

罚发言者。

1927年,美国大法官布兰代斯(Louis Brandeis)论述了这一准则。他说:要证明压制言论自由的合理性,必须有合理的理由认定,我们要阻止的罪恶是严重的……我们必须牢记鼓吹与煽动、预备与企图、集会与共谋间的巨大区别。为了支持"明显而即刻的危险"的判定,必须证明迫在眉睫的违法行为很可能发生,或者正在被鼓吹,或者过去的行为使我们有理由相信,这样的鼓吹会转变为企图。他还总结道:"如果有时间通过讨论揭露谬误和错误,有时间通过教育避免罪恶,那么可以采用的救济措施是更多的言论,而不是迫使其沉默。"他的意思是:不要轻易压制言论,尽可能用言论对言论的方式解决问题,而不是通过压制言论来解决。

(4) 罪刑法定准则。

罪刑法定准则,又称为罪刑法定主义,是指"法无明文规定不为罪,法无明文规定不处罚"。该准则的精神实质是为了限制司法权力,保护公民个人的权利和自由。在思想领域的罪行法定,是为了防止人治对言论自由的侵害。

中国唐代贞观年间的《唐律》,明定"无正条不为罪"(无成文法条,不得使人入罪),以遏止判官专权。19世纪《拿破仑法典》(*Code civil des Français*)颁布后,罪刑法定准则落实于欧洲,被视为法治精神的体现。1997年中国《刑法》第3条规定:"法律明文规定为犯罪行为的,依照法律定罪处刑;法律没有明文规定为犯罪行为的,不得定罪处刑。"这说明罪刑法定准则在我国刑法中的法典化。

(5) "最小限制"准则。

公权力基于公共利益对言论自由进行限制时,必须是不得已而为之,即不存在其他可替代的措施;同时还应以最小侵害当事人的权益为限度。

一般而言,限制财产权较限制人身权侵害小,限制物质权益较限制精神权益侵害小,负担性措施较禁止性措施侵害小。因此,当言论涉嫌侵权时,在司法实践中应当慎用刑法治罪,乃至最终能够"诽谤罪去刑"。

4. 目前世界法学界的主流认识:"诽谤罪去刑"

2005年6月,在北京举行的"中欧人权对话研讨会·表达自由"会议上,有一份来自12个国家的18位法律工作者署名的文件《诽谤的定义：言论自由与保护名誉的原则》。这个文件提出了废除刑事诽谤的问题。文件指出："保护个人的名誉主要或只是作为个人的事情，经验显示，在适当保护名誉方面，靠给诽谤言论定罪是不必要的。……严厉的刑罚，尤其是监禁的威胁，给言论自由造成了极度的寒蝉效应。"这个文件还强调，公共机关和其官员不能提起诽谤罪，原因在于"这些公共机构具有的名誉的有限性和公共性，以及公共权力针对批评为自己辩护的手段有多样性"，因而，"应当禁止所有类型的公共机构——包括立法、行政和司法部门的所有机构以及履行公共职能的其他机构——提起诽谤诉讼"。"公共权力机关，包括警察和公诉人，不应参与或者提起刑事诽谤诉讼，无论声称名誉受到侵害的一方是什么样的身份，即使是高级公共官员。"①

六、关于表达自由的理论讨论

最初的新闻出版自由（freedom of the press），通常被理解为出版前不经过检查制度介入，进行事先查禁，传媒可以自由批评政府而不必担心查封。但是后来问题就显得复杂起来，下面便是关于这个问题的深度讨论。

1. 表达自由受到四个方面的法律限定

任何自由权，都需要同时保障其他自由权的行使。表达自由不意味着可以诽谤别人，或侵犯别人的隐私权、知识产权，也不意味着可以泄露国家机密。这四个方面的信息，公认应受到法律的限制，但在尺度的定义上，存在较多歧见。其中保守国家机密，存在较大歧见。例如，谁是国家机密的主体，是公务人员还是普通公民，各国的规定不同。我国的保密法规定，保密的主体是公民。从法理上看，一般公民不可能接触机密信息，只有相关的公务人员才可能接触国家机密，他们应当承担保密的义务。若机密已经被泄露，就不能再视为

---

① 陈力丹：《自由与责任：国际社会新闻自律研究》，河南大学出版社2006年版，第176—178页。

秘密,应当追究泄密公务人员的罪责,而传播已经泄密信息的一般公民,在他们不清楚是否是机密的情况下,不该承担罪责。

涉及道德认识的色情和暴力等信息是否可以传播,以及如何界定是非,目前存在分歧。例如美国 1996 年《传播体面条例》(The Communications Decency Act)禁止色情信息对儿童的传播,但最终被最高法院推翻了;而在其他国度或文化环境中,可能还会感到这个条例的规定太松了。

2. 新闻出版自由是谁的自由?

言论自由的主体可以是公民个体,也可以是新闻出版机构,但是新闻出版自由中的"新闻出版"(the press)指的只能是新闻出版机构吗?如果某大学当局禁止校园内的一个广告或关闭了校园内的一个学生新闻网站,是否违背了新闻出版自由的原则?

在美国,"新闻出版自由"中的"the press"通常被理解为新闻出版机构,自由是指该机构的发行人可以自由地决定发表什么或不发表什么。所以,学校当局禁止校园内的某个传媒,正是学校当局自由权的表现。言论自由的主体是公民,包含个人传播新闻信息的自由,新闻出版的自由则是公认的商业自由。

"新闻出版自由"的美国意义,意味着发行人发表什么或不发表什么的自由,对公众来说仅是一种"被听到的自由"——一种消费者的自由。新闻出版业要求的权利,若其他人没有这种权利,会出现权利不对等。于是,"新闻出版"本身遇到了矛盾:新闻出版若是一种专业(profession),它必须享有自由,负责传播、解释社会所必需的新闻;新闻出版若是一种商业(business),它是一种营利的行业,因而应该受到商业法律的限制。如何有效地管理新闻出版业的商业行为,而不影响它执行社会职能时的"自由"?许多问题需要讨论。

还有,在具体的传媒内部,老板若不允许其工作人员发表某种意见或信息,是否侵犯他们的言论自由?如果工作人员强行在自己服务的传媒上发表老板不同意发表的观点或信息,那么老板通过自己的传媒发表意见的权利如何得到保障?这属于另一个问题:内部新闻自由。只能通过内部协调解决,协调不成,其工作人员可以离开这个传媒,而到与自己观点相同的传媒工作,因为在民主社会,传媒所持的观点是多元的。

我曾接受过《环球时报》一位记者的电话采访。她举出一个例子,美国 ABC 最近开除了一个记者,因为他在伊拉克战争的时候发表了对战争的不同看法,接着要求我说说美国如何没有新闻自由。我说,这个情况恰恰证明了美国有新闻自由。为什么？因为这个被 ABC 解聘的记者,马上被英国的一个传媒集团接受了。这说明,在那个社会制度下,他是有自由的。这个记者说,那这个事就不谈了,谈谈 BBC 吧。BBC 的总裁因为凯利事件,迫于压力辞职了,能不能用这个事实说明一下英国如何没有新闻自由。我说,这个事情恰恰说明英国有新闻自由,但是这个自由要建立在遵循职业规范的基础上。BBC 在职业规范方面出了问题,总裁辞职以谢罪,说明人家的职业道德意识较强。我发现,由于体制不同,我们对外面发生的一些事实产生了误读。这恐怕需要我们对"新闻出版自由"要有科学的理解。

传媒内部总要有一套工作程序,选择认为有新闻价值的事实加以报道,决定发表什么观点或不发表什么观点。关键看传媒(包括其他机构,如学校)是否能够自主活动。传媒的新闻编辑室(newsroom)假如是对新闻传播的一种限制的话,那么这是新闻传播业业务本身的限制,并且是新闻出版自由不可避免的一种结果。新闻传播业的经营人员,必须有自由权去处理他们自己决定的编辑内容。这不是限制自由,而是在实现自由。

3. 不能将"传媒是新闻出版自由的主体"搬到中国

在拉丁文国家里,新闻出版自由这个理念的主格是传媒而非个人。在我国学界,"出版自由"与"新闻自由"都被理解为是"freedom of the press"的翻译。我国宪法规定"出版自由",翻译成英文,即"freedom of the press";还有作为我国基本法律的《香港基本法》和《澳门基本法》中,又明确地使用了中文"新闻自由"的概念,翻译成英文,同样是"freedom of the press"。不论是"出版"还是"新闻",自由权利的主体都明确规定为"公民"。

我国传媒都是在党的统一领导下的,不能将"新闻出版自由"理解为传媒的自由,应该直接按照宪法的规定来理解,新闻出版自由的主体是公民,不能将拉丁文国家对"新闻出版自由"概念的理解直接搬到中国来。因为如果这样理解的话,《中华人民共和国宪法》规定的"公民有言论、出版……的自由"这句话就是错误的。有人写文章批评《中华人民共和国宪法》第 35 条的表述是错误的,因为公民不应该有出版自由,只有法人才有出版自由等。

后面这段话,将美国的新闻制度与中国的混淆了。"新闻自由的主体是作为法人的主体,而不可能是个人,即使是私人报纸、私人电视台,也是以法人的身份出现,而不是完全意义上的纯个人,纯粹的个人无权采访他人,而是要经过申报、审批,具备一定的形式要件,取得法人资格,方能成为新闻自由的主体。"①

这段话前面一句是美国的观点,后面一句是中国的情况,把两者合起来,说明作者对两方面都缺乏基本的了解。

4. 西方新闻传播业自由主义政策的三句话表述

我们常提到西方新闻传播业的自由主义,这种自由主义的政策包括哪些要点?可以简单概括为三句话:观点的自由市场,自行调节的过程,传媒的社会责任。

"观点的自由市场"和"自行调节的过程",是18世纪以来以市场经济作为背景的关于言论自由(包括报刊言论和信息)的一种喻证,就像物质产品可以

《一个自由而负责的新闻界》中文版初版和再版封面

---

① 摘自《中国社会科学院院报》2004年2月3日。

在市场自由流通一样,精神产品与物质产品一样可以自由流通;如果出现不好的内容,也像质量不好的物质产品在市场中受到检验一样,会在市场的运行中自然淘汰掉。然而,一二百年的新闻传播实践说明,精神产品并不像物质产品那样,坏的东西自然淘汰,而是相当程度地会被保留下来,不利于社会的公正。于是,1947年美国新闻自由委员会(由美国芝加哥大学校长哈钦斯为牵头人),又称哈钦斯委员会,听取了58家代表性媒体的证词和255人的意见,召开了17次全体会议,对新闻业的弊端进行了系统梳理,以传媒社会责任理念为基础,提出了一系列关于新闻专业意识的原则,形成了《一个自由而负责的新闻界》报告。

关于这本书是怎么形成的,可能大家看了很多历史材料。美国著名的新闻周刊《时代》的老板卢斯(Henry R. Luce,1898—1967,时代华纳公司的创始人之一),在20世纪40年代出了一笔钱,想找人写点东西,研究一下新闻出版自由。于是,找了芝加哥大学校长哈钦斯(Robert M. Hutchins,1899—1977),哈钦斯又找了一部分学者就开始做。等做了差不多了,卢斯一看,发现是批评传媒的,不高兴了,钱也不再给了。哈钦斯他们又从别的地方弄了些钱,最后终于出版了这本书。这个报告反映了那个时候学界对新闻业的一个意见,而且提出了新闻传播业如何改进的系统建议。报告说得很好,但多少有些乌托邦。商业利益还是高于任何理想化的东西。不过,经过这么长时间的磨合,美国新闻传媒业的职业化还是形成了某种自律传统。

"传媒的社会责任"主要观点包括:第一,新闻传播业享受"自由"的同时,必须担负"社会责任";第二,言论自由、信息自由是基本人权,而新闻出版自由(美国意义的)仅为传媒发行人的权利,所以对这种新闻出版自由的过分保护,并非符合个人和社会利益;第三,鼓励实行新闻自律,维护新闻的自由流通,以及意见表达的公正性;第四,建立新闻评议会,使受到新闻传播业伤害的个人、团体有申诉的机会。

5. 如何保障普通公民的声音被听到

公民拥有表达自由的权利,但在实际生活中并不意味着每个发出声音的人,他的声音都能够被社会听到,因为人在社会中的地位和拥有的表达资源很不相同。美国法学家欧文·费斯(Owen M. Fiss)的《言论自由的反讽》(新星出版社 2005 年中文版)一书专门论证了这个问题。他说：保证个人自我表达固然重要，同时也必须把宪法所追求的目标正确地界定，那就是拓展公共讨论的空间，从而使普通公民能够对公共事务以及围绕这些事务的各种主张的含义，有更准确的理解，并充分地追求他们的目标。

欧文·费斯　　　　　　《言论自由的反讽》中文版封面

他还指出：当发言者的利益与发言所讨论的那些人的利益发生冲突的时候，为什么应该将前者的利益置于后者的利益之上，或者谁必须听从这个言论。为什么言论自由权应扩展到许多机构和组织，例如 CBS（哥伦比亚广播公司）、全国有色人种协进会、美国公民自由联盟、波士顿第一国家银行、太平洋煤气和电力公司、CNN（美国有线电视新闻网），以及海外战役退伍军人协会。这些机构与组织处于第一修正案的常规性保护之下，但事实上它们并不直接代表自我表达中的个人利益。国家可能必须给那些公共广场中声音弱小的人分配公共资源——分发扩音器——使他们的声音能够被听见。国家甚至不得不压制一些人的声音，为了能够听到另一些人的声音①。

---

①　[美]欧文·M.费斯：《言论自由的反讽》，刘擎、殷莹译，新星出版社 2005 年版，第 3—4 页。

这是一个理想化的观点。谁来监督国家对发表意见的公共资源的分配？国家的分配就公平吗？国家压制强势群体发表意见就合理吗？问题又回到了最早的起点——我们如何公平地保证每个人有发言的机会。这个问题看起来好像是一个很简单的言论自由问题，但是仔细想想，理论性还是很强的。

6. 关于"新闻出版自由"使用"liberty of the press"表达的意见

我们习惯用的是"freedom"（自由、解除）这个词来表述自由，但是，现在有一部分学者建议不要用"freedom"这个词，改用"liberty"（自由、解放）这个词。虽然这两个词翻译过来都是"自由"的意思，但是查一查词典，这两个词最原始的意义还是有些差异的。

"freedom"这个词的内在含义是：完全不受限制的自由，它有自由、解除这样的含义。"liberty"这个词的内在含义是：除了法律合理强加的限制以外，不受任何限制的自由。1644年约翰·弥尔顿《论出版自由》的书名中的"自由"，便是"liberty"，而不是"freedom"。

现在看，提出这个意见是有道理的。但是我们也知道，词汇的使用是一种约定俗成，一旦形成，你要改，任何个人的力量都没法动摇。就像"传播"（communication）这个词，在中国，一说传播，大家脑子里的反应往往是单向的信息传播（流动）。在传播学引入中国的时候，一开始就把"communication"翻译成了"传播"，让你没有办法。无数人写了文章，说这个词不应该翻译成"传播"，应该翻译成"交流"、"交往"、"互动"都可以。但是，约定俗成的语言的力量是非常强大的，个人无法改变，只好叫"传播"。我们不能把"传播学"改成"交流学"，这样说别人就听不懂了，这是很无奈的事。但是从这个意见里，我们可以看出，大家还是比较认同"liberty"这个词的内在含义，它比"freedom"这个词更科学。

第七讲 新闻法治

前面讲了新闻出版自由，新闻法治实际上和新闻出版自由是一个问题的两面，新闻出版自由需要有法治的保障和制约。由于历史的原因，1978年我国提出法治理念时没有意识到"法制"和"法治"存在本质差异，因而讲新闻传播法，需要从区分这两个概念入手。

一、区分"法制"与"法治"

"法治"的理念经历了一个过程。我最早获知"法治"的理念，来自《人民日报》1978年11月13日第三版刊登的林春、李银河的整版文章《要大大发扬民主和加强法制》。在这篇文章里，她们讲述了"法治"的内涵，但使用的却是"法制"这个概念。这说明，那时候即使先知先觉的人，对"法治"的理解也有限。英文原文是什么、它的深刻理论含义是什么，还有些懵懵懂懂。她们能提出这个理念，已经很了不起了。我国最早使用"法治"概念的文件是1979年9月9日下发的中共中央64号文件《关于坚决保证刑法、刑事诉讼法切实实施的指示》，也仅这一次。由于那时人们还没有从法理上理解"法制"和"法治"，多数人使用的是"法制"概念。这样的概念使用延伸到社会，改变起来就难了，词汇概念的约定俗成，力量是很强大的。最早使用这个概念的刊物是1979年创刊的《民主与法制》，1980年创刊的《法制日报》，也是这个"制"字，一直到2003年北京《法制晚报》创刊。该报创刊之前，我特别给它的母报《北京青年报》提过建议，不要再用"法制"了，应该用"法治"。但他们最终还是用了"法制"。因为《民主与法制》《法制日报》都用的是"制"，还是沿用吧。"法制"和"法治"有什么不同，他们也说不清楚了，这是很无奈的事情。

亚里士多德

"法制"作为名词，即法律制度的简称，这是中性概念；但作为动词，它的英文对应词是"rule by law"，即通过法律进行统治，主体自然是统治者。这意味着这个"法制"概念的内涵是统治者用法来为政治服务，法在这里是被动的，带有制定者任性的性质。这种状态，不是我们的目的。古希腊哲学家柏拉图主张"贤人政治"，实际上就是人治，他认为人治优于法治。亚里士多德主张法治。他说："法治应当优于一人之治。"现代民主制度的理论最早起源于亚里士多德。

现在强调的"法治"，英文对应词是"rule of law"，法是主格，即用法来治理政治，这是一种相对稳定的以法管理。我们追求的是这种目标。欧洲资产阶级在法学观上的革命，就是废除封建的"法制"，转为代议制下的"法治"。这两个概念一定要明确，虽然前面提到的报刊名称中的"法制"这样写了，但是大家在研究问题的时候，要用"法治"，不能再用"法制"了。

"rule of law"这个词我们以前较难理解，因为中国历史上基本不存在这种状态。为此，我举个例子说明这种情形：意大利 1946 年经过全民表决，废除王权，建立共和国。共和体制当然就要有议会，有内阁，有各个部的部长。意大利 1946—2018 年（72 年）换了 43 届内阁。也就是说，意大利的政府机构平均一年多就要换一拨人马。按照一般人的想象，一个国家的领导人像走马灯一样换来换去，这个国家会很混乱。但是，意大利自 1946 年以来没有发生过全国性的动乱，社会比较平稳，历史上只有几个黑手党在南部西西里岛短期折腾过。为什么？因为意大利是一个法治国家。也就是说，一旦法律规定了国家制度以后，治理国家的法律规范不能随便更改，各个部门的部长可以换，但是常务副部长是专业人士,因为治理国家是一种专业,每个部门是一个专业。专业人士按照专业标准来使国家机器正常运转,不会因为换了总理、换了部长,这个国家就乱了。

我们追求的是法治。"法治"是"人治"的对立面,强调人民主权和法律治理,它以法律来防止"人存政举,人亡政息"的发生;它主张法律面前人人平等,反对法律之外和法律之上的特权。在讲新闻传播法之前,我们需要把这两个概念说清楚。制定新闻传播法的目的,是要实现新闻传播领域的法治。如果不说清楚这两个概念,就没法理解什么叫"新闻法治"。

关于"法治"的法学解释较多,具体表述不大一样,精神所指是差不多的。有关"法治"的解释,中外有以下几种代表性的观点:

英国法学家戴雪(A. V. Dicey,1835—1922)对"法治"作出了三点解释:第一,除非明确违反国家一般法院以惯常方式所确立的法律,任何人不受惩罚,其人身或财产不受侵害。第二,任何人不得凌驾于法律之上,且所有人,不论地位条件如何,都要服从国家一般法律,服从一般法院的审判管辖权。第三,个人的权利以一般法院提起的特定案件决定之。

巴勒斯坦法学家约瑟夫·拉兹(Joseph Raz,1939—   )在《法的权威》(我

 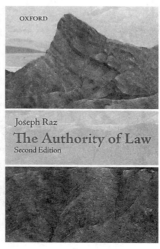

约瑟夫·拉兹　　　　　　《法的权威》英文版封面

国 2005 年出版了该书的中文版)一书中提出了"法治"的八条原则:第一,法律必须是可预期的、公开的和明确的。这是一条最根本的原则。第二,法律必须是相对稳定的。第三,必须在公开、稳定、明确的而又一般的规则的指导下制定的法律命令或行政指令。第四,必须保障司法独立。第五,必须遵守像公平审判、不偏不倚那样的自然正义原则。第六,法院应该有权审查政府其他部门的行为以判定其是否合乎法律。第七,到法院打官司应该是容易的。第八,不容许执法机构的自由裁量权歪曲法律。

我国学者侯健提出了有关"法治"的六条解释:第一,国家机关针对表达自由的任何行为都应符合法律规定;第二,下位法符合上位法,所有的法律符合宪法;第三,有关自由的限制方式和限制条件由宪法规定之,具体限制措施由具有较高权威的国家机关以较高位阶的法律规定之;第四,有关法律应当是公开的、明确的和相对稳定的,不应授予法律实施机构过于宽泛的自由裁量权;第五,应当有独立的审查机构来审查国家机关的有关行为,以保证其行为的合宪性和合法性;第六,互联网表达自由权利受到侵犯,能够得到应有的法律救济①。

《表达自由的法理》封面

1996 年,我国曾经发生过"法制"和"法治"的概念之争。起草中共十五大政治报告时,有人提出应该使用"法治"而不是"法制"。1997 年 9 月 12 日通过的报告,最终采用了"治"字:"依法治国,是党领导人民治理国家的基本方略。"随后"法治"的话语固定下来。

2008 年 5 月 4 日,时任总理温家宝在与中国政法大学学生座谈时解释说,"法制"还是"法治",虽然一字之差,但意义大不相同。光讲制度的"制",只提到制度建设层面;而治理的"治",就提到了治国的层面。中央在十五大政治报

---

① 侯健:《表达自由的法理》,上海三联书店 2008 年版,第 201—208 页。

第七讲
新闻法治

告中作出了正确的表述,完整的提法就是我们今天所说的:依法治国,建设社会主义法治国家。他说:"法治天下"就是法比天大。我把它演绎一下:法大于天,法治天下。这是很形象的一句话。我觉得这句话抓住了法治精神的核心。这就是:第一,宪法和法律的尊严高于一切。第二,在法律面前人人平等。第三,一切组织和机构都要在宪法和法律的范围内活动。第四,立法要发扬民主,法律要在群众中宣传普及。第五,有法可依、有法必依、执法必严、违法必究。"天下之事不难于立法,而难于法之必行。"有法不依,不如无法。

《检察日报》2008年4月29日关于"法治"被党中央接受过程的报道

下面再说一下什么是"法"。

按照马克思主义的观点,法在总体上是有阶级性的(参见《共产党宣言》)。也就是说,归根结底,法是为当权者服务的。但是有一点,既然它是法,它这种形态本身,就不能完全地、赤裸裸地只体现当权者一个阶级、一个政党的私利,它必须要在相当程度上代表社会整体的利益。原因是什么?马克思和恩格斯就此论证过。

法的制定者"作为统治者,与其他的个人相对立",它表达的是统治阶级的"成熟了的共同利益"。这样,法就是"不因内在矛盾而自己推翻自己的内部和谐一致的表现"①。

这段话似乎有些难理解,它是什么意思呢?马克思的下面这段话就说明了上面那段话:

> 统治者不得不和好多种行为和好多种人打交道,而不是与孤立的行为和单个的人打交道。由此产生他们的"法律"的不偏不倚性、铁面无情性和普遍性。②

统治者为了维持自己的统治,就要对越出基本界限的人的行为进行限制。法是面对整个社会的,它要制裁的是那些超越法律规定的权限的行为。你要是不制裁这些人,整个阶级、整个政党没法维持统治。在这个意义上,法有可能代表更多人的利益。这个法越成熟,它代表的利益面可能会更广一些。在这种情况下,统治者制定的法律愈开放,条款愈明确,对统治阶级中的个人的任性(超越已经给你的权限、利益,贪得无厌)限制得也愈大,同时也有利于非统治阶级更多地享受到一定的自由权利。

法的性质就是这么一种情况。其实,我们中国制定的一切法律,都是为了巩固中国共产党的领导,巩固执政党的地位。但是,为了巩固这种地位,就必须制裁那些超越了他应该得到的权力以外的行为,你不打击他,执政党的地位就不能稳固。关于法和阶级性的矛盾的对立统一,我就这样说一下。这个问题跟法学理论有关,不说清楚会很难办,因为我们不能说法没有阶级性。法有阶级性,但是它为什么又能够尽可能地为多数人服务?因为法面对的是社会,一定要和追求正常利益以外的违法行为进行斗争。所以习近平说:"法治是治国理政的基本方式,要更加注重发挥法治在国家治理和社会管理中的重要作用,全面推进依法治国,加快建设社会主义法治国家。"

---

① 《马克思恩格斯全集》第 3 卷,人民出版社 1960 年版,第 378 页;第 6 卷,人民出版社 1961 年版,第 292 页;第 37 卷,人民出版社 1971 年版,第 488 页。
② 《马克思恩格斯全集》第 45 卷,人民出版社 1985 年版,第 657 页。

"支持国家权力机关、行政机关、审判机关、检察机关依照宪法和法律独立负责、协调一致地开展工作。"①2019年1月25日,习近平在人民日报新媒体大厦说:"要使全媒体传播在法治轨道上运行。"②

二、世界上的两大法系

世界上分为两大法系,分别是海洋法系(又称为英美法系、英吉利法系)、大陆法系(又称为法兰西法系、拉丁法系)。

海洋法系是从英国开始的。讲英国历史的时候我们知道,它是从半原始状态一下子进入封建状态(诺曼底公爵1066年将大陆的封建制度移植到英国),然后进入资本主义状态,外来的因素强制英国进入封建社会。于是,半原始状态时候的公民权利——比如说,原始公社有公民大会,公民可以自由发表意见——在英国社会作为一种权利意识被延续下来了,这种权利是不成文的,但得到公认。后来英国又成为世界上的日不落帝国,到处建立殖民地,把英国这套法律体系带到了全世界。所以,在世界上形成了一套起源于英国的法系。这套法律体系的特征中国人没法理解,因为中国的法律体系属于大陆法系。

海洋法系(英美法系)的特征是尊重不成文的习惯法、案例法,在广义上使用"新闻传播法"概念。惯例就是法律,你违背了惯例就违背了法律。比如说,在海德公园可以自由地游行、集会、发表演说,如果你要限制大家在海德公园发表演说,你就违法。这个法在哪里?看不见摸不着,就是惯例,数百年就这样下来的。1872年,英国伦敦当局准备制定在海德公园举行集会的条例,激起群众几个星期反对的风潮。恩格斯支持保留这种人民的权利。他写道:"这个对伦敦报刊严密封锁的条例,一笔勾销了伦敦劳动人民最珍贵的权利之一——即随便在什么时候和随便以什么方式在公园举行公众集会的权利。服从这个

---

① 2012年12月4日习近平在首都各界纪念现行宪法公布施行30周年大会上的讲话。

② 2019年1月25日习近平在十九届中央政治局第十二次集体学习时的讲话。

条例就是牺牲人民的权利。"①

还有就是案例法,这也是从习惯法引申出来的。某个问题本来没有法,某一个案件就这么审理了,于是,下一次审理同类案件,还按照上一个案件的原则审理,而那个案例本身就成为一种法律依据。

美国是英国的殖民地,接受了英国的这种法律体系。不能说英美法系国家没有新闻传播法,他们有新闻传播法,这方面的法律有时候体现在习惯法上,有时候体现在案例法中。就新闻传播法而言,主要体现在案例法中。某一个案例一旦被大家公认以后,这个案例本身的文件就成为法律依据。在这个意义上,所有英美法系的国家都有新闻传播法,它的表现形式不一样。这里给大家讲马克思的一段话:

> 在英国,最重要的政治自由一般都是由习惯法确认的,而不是由成文法批准的;例如,出版自由就是如此。②

过去英国在半原始状态的时候,公民大会是非常有权威的,人民都可以在公民大会上自由发表意见。进入封建社会以后,这个权利在世俗社会里面是公认的。英国国王要压制言论和出版自由,也得用一种比较温和的态度来压制,他(她)不能够完全取消这种言论和出版自由,否则没法维持自己的统治。所以,英国新闻史上说,英国争取新闻出版自由经历了200年,这是确实的,但英国并非完全没有新闻出版自由,而是始终存在着,只不过受到了一些压制而已。

大陆法系是从古罗马(核心部分是意大利)开始的,它形成了这样一种理念:出现一个事情,就一定要用法律来规定它。后来,这个法系的中心慢慢地从意大利转到了法国。到了拿破仑时代,这个法系亦被称为法兰西法系。欧洲大陆各国的法律,基本上属于大陆法系。最典型的是《拿破仑法典》。

这种情况使我想起了小时候看的张天翼的童话《大林和小林》里讲到的法

---

① 《马克思恩格斯全集》第18卷,人民出版社1964年版,第211页。
② 《马克思恩格斯全集》第6卷,人民出版社1961年版,第295页。

律(第二章"国王的法律"),明显是大陆法系的,他采用讽刺的方式极度夸大了大陆法系的特点。故事里狐狸皮皮在森林里发现了熟睡的小林,皮皮说小林属于他了,小林不服,于是皮皮带着小林找王国评理……

……皮皮又鞠一个躬:"国王您说,皮皮拾得了小林,小林就是皮皮的东西了,法律上不是有的么?"

小林大叫:"不对!"

"别嚷!"皮皮说。"我们问国王罢。国王,您给我们判一下。"

国王一面把胡子用手托着,一面说道:"皮皮的话不错,小林是皮皮的东西……"

"我可不信!"小林嚷。

"你不信也不行。"

国王于是从口袋里拿出一本法律书来,放到蜡烛下翻着,翻了老半天翻出来了。

国王道:"小林,这是我们的法律书,你看:法律第三万八千八百六十四条:皮皮如果在地上拾得小林,小林即为皮皮所有。"

有什么法子呢,国王的法律书上规定的呀。

皮皮问小林:"怎么样?"

"好,跟你走罢。"

《大林和小林》封面

这是童话故事,当时觉得很好玩,后来我才理解到他说的这种法律是大陆法系的特点,当然做了扭曲和带有了讽刺意味。大陆法系就是这个样子,尽可能涵盖所有情况,不论什么问题都要能从法律上找到条文来解决这个问题。我们中国人的思维也是这样,外面出了什么方面的事情,马上报纸上就出现评论:这个事情要立个法。例如记者挨打了,就要求立个法来保护记者的权益。

这就是大陆法系的思维特征。

因此,大陆法系必然要使用成文法,法律尽可能涵盖所有问题,其新闻传播法也必须是具体的和成文的法律。按照大陆法系的思维方式,要保护新闻出版自由,应该有新闻传播法。

凡是法治国家都有新闻传播法,只是法的表现形式有所差异。在英美法系,主要表现为案例法和习惯法(也有一些成文法);在大陆法系,应该表现为具体的新闻传播法,而且大部分大陆法系国家都有新闻传播法。

中国出版了很多海洋法系的书,《表达自由的法律保障》①是社科院法学所陈欣新的博士论文,这本著作是根据英国和美国的情况写的,说明表达自由的法律依据。里面的案例编号非常详尽,学术性很强,如果大家感兴趣可以翻一翻。

唐·R. 彭伯(Don R. Pember)的《大众传媒法》②,从书的标题可以看到,

《表达自由的法律保障》封面　　　《大众传媒法》封面

---

① 陈欣新:《表达自由的法律保障》,中国社会科学出版社 2003 年版。
② [美]唐·R. 彭伯:《大众传媒法(第十三版)》,张金玺、赵刚译,中国人民大学出版社 2005 年版。

美国是有大众传媒法的。但是你说大众传媒法在哪儿？没有一部完整的法律给你，而是指保存在档案中的无数案例，以及少量成文法的有关条款。这本书很厚，基本上每年都要有新的修订，通过这本书，我们可以理解一下海洋法系——美国的大众传播法大体是一种什么模式。

约翰·D. 泽莱兹尼（John D. Zelezny）的《传播法：自由、限制与现代媒介》①也是很厚的一本书，从理论上对新闻出版自由，以及法律对这种自由的限定进行了论证，也是海洋法系的书。

《传播法：自由、限制与现代媒介》封面　　《媒体法》封面

还有一本，英国女学者萨莉·斯皮尔伯利（Sallie Spilsbury）的《媒体法》②也非常厚，介绍了英美法系传媒法的表现形式。这本书比较难看懂，它的档案编号非常复杂，是一系列新闻官司的案例，这些案例一旦成立，就是后来新闻传播法案件审理的法律依据。

由于英美在世界上的强势地位，所以翻译过来的新闻传播法的研究论著很多。中国的法律属于大陆法系，国外大陆法系新闻传播法的论著翻译过来

---

① ［美］约翰·D. 泽莱兹尼：《传播法：自由、限制与现代媒介（第四版）》，张金玺、赵刚译，展江校，清华大学出版社2007年版。
② ［英］萨莉·斯皮尔伯利：《媒体法》，周文译，武汉大学出版社2004年版。

的反而很少。但我国1981年和1987年由人民日报出版社出版的《各国新闻出版法选辑》和《各国新闻出版法选辑（续编）》，收录了20多个大陆法系国家制定的新闻传播法。

马克思是德国人，柏林大学法律系毕业，他学的法律属于大陆法系，他谈论的法的概念都是大陆法系的。我介绍一下马克思对新闻出版法的认识，他是这么认为的（黑体字是原有的）：

新闻出版法惩罚的是滥用自由。书报检查法却把自由看成一种滥用而加以惩罚。

新闻出版法是**真正的法律**（大陆法系国家，有了什么事情要有法律来说明它，这也是我们现在经常的一种思维方式。马克思认为，有了法律保护，自由才能够正常运行。而书报检查不是法律，它是按照人的主观意志来评判出版物的内容和思想倾向，并且根据这种主观判断来制裁），因为它是自由的肯定存在。它认为自由是新闻出版的**正常**状态，新闻出版是自由的存在；因此，新闻出版法只是同那些作为例外情况的新闻出版界的违法行为发生冲突，这种例外情况违反它本身的常规，因而也就取消了自己。新闻出版自由是在反对对自身的侵犯即新闻出版界的违法行为中作为新闻出版法得到实现的。

应当认为**没有关于新闻出版的立法**就是从法律自由领域中取消新闻出版自由（这是大陆法系强调的，它的立法体系是由看得见摸得着的一部部具体的法律构成的，如果没有具体的法律，那么，这个领域中应该说没有自由的保障），因为法律上所承认的自由在一个国家中是以**法律**形式存在的。……法律是肯定的、明确的、普遍的规范，在这些规范中自由获得了一种与个人无关的、理论的、不取决于个别人的任性的存在。法典就是人民自由的圣经。

因此，**新闻出版法**就是**对新闻出版自由在法律上的认可**。它是**法**，因为它是自由的肯定存在。①

---

① 《马克思恩格斯全集》第1卷，人民出版社1995年版，第175—176页。

马克思先后就读于波恩大学和柏林大学法律系,他对法律是非常熟悉的。这些论证建立在严格的法学理论基础之上。马克思的中心思想是:在大陆法系内,自由是由法律来保障的。

关于法律和自由的关系,英国哲学家洛克说过一段话:

> 法律按其真正的含义而言,与其说是限制还不如说是指导一个自由而有智慧的人去追求他的正当利益,……法律的目的不是废除或限制自由,而是保护和扩大自由。①

不论是海洋法系还是大陆法系,这恐怕是审理新闻官司案例和制定新闻传播法的一个基本的认识前提。

三、新闻传播法的渊源

一部法律有很多具体的内容,这些内容不能只凭主观想象来制定,必须有一定的法律依据。

新闻传播法是一般性质的专门法律,它的上位法是宪法和国家基本法,并参照相关国际法。新闻传播法的制定,遵循下位法服从上位法、下位法不得违背上位法的原则。宪法是新闻传播法的主要依据,新闻传播法需要解释宪法的有关条文并将宪法的有关条文具体化。

新闻传播法的内容不能与同一级别的其他一般法律发生冲突。它在制定过程中要参考已有的相关法规和行政规章。

新闻传播法颁布后,已有的关于新闻传播的法规和行政规章不能与新闻传播法发生冲突。发生冲突的,或修改,或以新颁布的法律为准。

新闻传播法、新闻法规和行政规章的内容,均不得违宪。

新闻传播法的渊源,即新闻传播法内容的法律依据有以下几个方面:

---

① 《政府论》下篇,商务印书馆1993年版,第35—36页。

第一,国际条约和公约。这是一个现代国家应该具备的新闻传播法内容的法律依据,包括联合国《世界人权宣言》、《经济、社会及文化权利国际公约》(中国政府代表1997年签字,全国人大2001年批准)、《公民权利和政治权利国际公约》(中国政府代表1998年签字,尚待批准),以及可以参照的《欧洲人权公约》、《非洲人权公约》、《美洲人权公约》,还有与新闻传播有关系的国际版权公约《伯尔尼保护文学和艺术作品公约》、《世界版权公约》(中国均在1992年加入)等等。

第二,中国的宪法。例如我国宪法第二十二条、三十三条、三十五条、四十一条、四十七条等等。第二十二条是国家发展文化产业,包括广播电视业等等。第三十三条第三款新增加"国家尊重和保障人权",这句话非常重要。第三十五条规定公民具有一系列的自由权利。第四十一条、四十七条规定公民对国家工作人员可以提出批评。宪法是我们制定新闻传播法的法律依据,没有这个依据,就没有办法制定这个法律,而且这个具体的法律必须要解释宪法。例如,它要解释宪法中公民言论、出版自由在这个法律中怎么体现,不能像宪法一样说一句话就完了,要把宪法中的一句话变成很多可以操作的实际条款,来实现、落实宪法作出的规定。这些宪法条款是:

宪法第二十二条:国家发展为人民服务、为社会主义服务的文学艺术事业、新闻广播电视事业、出版发行事业、图书馆博物馆文化馆和其他文化事业,开展群众性的文化活动。

宪法第三十三条:中华人民共和国公民在法律面前一律平等。国家尊重和保障人权。任何公民享有宪法和法律规定的权利,同时必须履行宪法和法律规定的义务。

宪法第三十五条:中华人民共和国公民有言论、出版、集会、结社、游行、示威的自由。

宪法第四十一条:中华人民共和国公民对于任何国家机关和国家工作人员,有提出批评和建议的权利;对于任何国家机关和国家工作人员的违法失职行为,有向有关国家机关提出申诉、控告或者检举的权利,但是不得捏造或者歪曲事实进行诬告陷害。

宪法第四十七条：中华人民共和国公民有进行科学研究、文学艺术创作和其他文化活动的自由。国家对于从事教育、科学、技术、文学、艺术和其他文化事业的公民的有益于人民的创造性工作，给以鼓励和帮助。

第三，国家的基本法和一般法律。基本法是指全国人民代表大会全体会议通过的法律，包括刑法、民法通则、行政许可法、香港基本法和澳门基本法等等。人大常委会通过的法律通常是一般的法律，包括统计法、测绘法、著作权法、广告法等等。这两个法律的级别是不一样的。这些法律中很多条款都与新闻传播有关。宋小卫研究员出版了一本书《媒介消费的法律保障》①，把我们的法律体系中几乎所有与传媒接受或传媒消费有关的条款都抽出来，做了深入的研究。例如统计法、测绘法跟新闻有什么关系，他也找到很多相关条款，谈传媒在这方面的权利或责任。这些内容都是制定新闻传播法的时候所要依据的。中国的法律之间不能互相矛盾，新闻传播法与其他的法律之间起码是平衡的、可以互换的。

《媒介消费的法律保障》封面

第四，法规。法规是国务院制定的规则，例如 2007 年颁布的《政府信息公开条例》（2019 年修订）等。

第五，行政规章。行政规章是由国务院的部门，如新闻出版总署、信息产业部、广电总局等发布的规章，也是制定新闻传播法的一类依据，尽管级别比较低。

新闻传播法的内容不能脱离这些法律法规，从国际法到国家的宪法，再到一般法律，以及法规、行政规章，所有这些法律、法规，相互间都不能发生冲突。

---

① 宋小卫：《媒介消费的法律保障——兼论媒体对受众的底限责任》，中国广播电视出版社 2004 年版。

在国家范围内，最高的法律依据应该是宪法。以上第四、五项，只是制定新闻传播法时的参照系，如果新闻传播法通过和生效，法规、行政规章中与法律相抵触的，要以法律为准。因为法律居于法规、行政规章的上位。

四、中国新闻传播立法的历史

1. 1898年光绪皇帝提出制定报律

中国新闻立法的历史开始于1898年。是年7月26日，光绪皇帝发布了一个"上谕"。在这个"上谕"里面，他宣布中国以后要实行开放报禁的做法。皇帝发布的东西相当于法令，这是最早的与新闻出版相关的法令，按现在的说法，叫中央级的文件。这个法令准许官民办报——官方和民间都可以办报，而且同意上海《时务报》改为官报（上海《时务报》是梁启超还没有官方身份的时候办的一家刊物）。他同时宣布：

> 报馆之设，所以宣国是而达民情，必应官为倡办。……天津、上海、湖北、广东等处报馆，凡有报章，著该督抚咨送都察院及大学堂各一份。择其有关时务者，由大学堂一律呈览。至各报体例，自应以胪陈利弊，开扩见闻为主，中外时事，均许据实昌言，不必意存忌讳，用副朝廷明目达聪，勤求治理之至意。

光绪强调官方要提倡办各种各样的报纸，责成地方官员把报纸送中央级的两个部门各一份，把那些跟时事相关的东西做成资料送到上面，应该好事坏事都说，开放言禁，大家都可以对各种各样的事实发表言论，目的是"明目达聪，勤求治理之至意"。这是中国历史上首次宣布开放报禁的法令。

同年8月9日，光绪皇帝发布了制定报律（新闻法）的"上谕"：

> 泰西律例，专有报律一门，应由康有为详细译出，参以中国情形，定位报律。

第七讲
新闻法治

光绪皇帝　　　　　　　康有为

这句话是中国历史上最早的由国家最高领导人下达的一个指示,但这个指示没有实行,因为维新运动仅维持了百天,六君子被杀,光绪皇帝被软禁,百日维新失败了。为什么会发生这个维新运动呢?因为中国的社会矛盾加剧,只有改革才有出路。慈禧太后要继续维持统治,必须缓和社会矛盾。因此,慈禧太后实际上成了维新运动的遗嘱执行人,她打倒了维新运动的领导者,但是她必须完成维新运动提出的历史使命。这是一种历史的现象:镇压革命的刽子手常常是革命遗嘱的执行人。马克思在1848—1849年欧洲民主革命失败后说:"革命死了,革命万岁!"讲的就是这个道理。革命虽然失败了,但是革命的镇压者不得不部分地执行革命的遗嘱。这是一个很有意思的现象。反革命镇压革命,是为了确立他的统治,但是革命镇压以后,他为了保证自己的统治,必须解决造成革命得以发生的社会矛盾。他要不解决这个社会矛盾,革命还会发生;而他解决了这个社会矛盾,他就是执行了革命的遗嘱。

2. 1908年慈禧太后颁布《大清报律》

1908年3月,经慈禧太后同意颁布了《大清报律》,这是中国历史上最开放的一部新闻法。这部法律对于报刊的发行管理,具有两个显著特点:第一,确立了注册登记制度;第二,确立了"不为邮递"的惩罚办法,即官方邮局以停止邮寄报纸作为一种惩罚办法,以制裁内容违禁的报刊。《大清报律》以后出台的各种各样的新闻法律、法规,都没有超出《大清报律》所呈现的自由程度。1910年颁布了《著作权章程》,这是我国第一部著作权法。在此之前的1906年,有一个《大清印刷物件专律》,是大清报律的前身,这个法律比较保守,它实行的是出版批准制。但是到了《大清报律》,改为注册登记制附加保证金。出版登记制是一种比较开放的媒体创办的规则,即到官方的某个具体部门登记一下,不必经过批准就可以自行出版。当时《大清报律》规定,有些刊物要交保证金。保证金是过去历史上遗留下来的一个对出版的限制。但是有一条大家注意,有些刊物是可以免交保证金的,比如说:

> 其专载学术、艺事、章程、图表及物价报告等项之汇报,免缴保押费。其宣讲白话等报,确系开通民智,由官鉴定,认为毋须预缴者,亦同。

涉及艺术、学术的发展,涉及教育的刊物,是可以免交的。看来,当时的指导思想还是比较开通的。

慈禧太后　　　　　　　《大清报律》

同时,该法律规定了样报在开印前送官衙,随时核查,这是检查制度的表现,但实际上没有实行。1911年1月修订时,改为事后样报送官衙存档制,等于没有事前检查了。禁载(新闻传播法中应该有一定的内容是禁载的,比如诽谤、国家机密、个人隐私是不应该公开的)中,除了现代新闻法的通常禁载内容以外,还禁止"诋毁宫廷之语,淆乱政体之语",这方面的内容体现了该法律的非现代意识。

《大清报律》除了样报送审(两年后删除)、禁载的部分内容,以及保证金制度尚不够现代外,其他各项条款,基本是现代新闻法的内容。尤其是《大清报律》第一、二条最为关键:

> 第一条,凡开设报馆发行报纸者,应开具下列各款,于发行前二十日内,呈由该管地方官衙门申报本省督府,咨民政部存案。一、名称;二、体例;三、发行人、编辑人及印刷人之姓名、履历及住址;四、发行所及印刷所之名称、地址。
>
> 第二条,凡充发行人、编辑人在印刷人者,须具备左列条件:一、年满二十岁以上之本国人;二、无精神病者;三、未经处监禁以上之刑者。

此两条律文承认民营报纸的合法性,允许私人资本办报,只需满足几个条件即可:创办报纸之前,将报纸的发行人、地址等内容告知当地主管部门;办报人只要年满20岁,没精神病,没坐过牢。此外,这个报律将违禁的惩罚措施规定得清清楚楚。因此,对1908年的《大清报律》,对其评价不应以批判为主。

3. 1912年"暂行报律冲突"

1911年,清王朝灭亡了。1912年元旦,孙中山就任中华民国临时大总统。因为报纸出版需要有一定的秩序,3月,内务部颁布《中华民国暂行报律》,主要有三条:第一,注册登记——这和《大清报律》一样,人人都可以出版报纸,只是登记一下就行了;第二,不得攻击共和国体例——不能攻击国家的基本体制,这和《大清报

孙中山

章太炎

律》不能攻击朝廷的要求本质上没有什么不同;第三,要求实行更正制度——也就是说,新闻要真实,如果不真实,要及时更正,这个也是大清报律的内容。

现在看,这些都没有什么。但是,当时以章太炎为代表的知识分子,基本上没有法治意识,因为他们是闹革命上来的,认为一切限制都是对自由的侵犯,于是通电说:"民主国本无报律。"这说明什么?这说明当时中国高级知识分子在这个问题上没有法治意识,更没有新闻法的基本知识。章太炎是最有代表性的知识分子,孙中山也不能把他怎么样,因为当年闹革命的时候他们都是战友。孙中山随后发布大总统令,作了一个非常圆滑的回复,认为该报律有"补偏救弊之苦心",但未经过参议院议决而无效,"寻三章条文,或为出版法所必载,或为国宪所应稽,无取特立报律,反形裂缺。民国此后应否设立报律,……当俟国民议会决议"。孙中山并没有否定这三章内容,他先肯定这个报律目的是好的,再宣布这个报律是无效的,因为没有经过参议院讨论表决——这就满足了章太炎他们的愿望。接着说这三章内容有的在出版法上有了,有的已经在国宪上规定了,没有必要专门做一个新闻法,而且该不该立法还要由国民议会来决议。实际上孙中山认为这三条并没有什么不对的,只是从形式上不一定专门做一个报律。孙中山站在总统的位置上看,他认为这三条都是对的,没错。但是为了安抚章太炎的反对意见,又宣布这个报律无效。这反映出民国建立之初,人们对新闻法的认识是有偏颇的,倒是孙中山对问题看得比较清楚。

4. 袁世凯和蒋介石时期涉及新闻传播的法律

孙中山只当了三个月的民国大总统就交权了,袁世凯上台。1914年4月袁世凯颁布《报纸条例》,同年12月颁布《出版法》,1915年7月再颁布《修正报纸条例》,其限制程度大于清末。这些内容都没有超出《大清报律》,有些地方比《大清报律》倒退了。袁世凯死后,黎元洪大总统宣布废除袁世凯时期一切钳制言论出版自由的禁令。但这是一纸空文，在实际运作中还在沿用袁世凯时期的《出版法》。

蒋介石政府上台后，于1932年7月颁布国民政府《新闻记者法》，对记者的资质和职责提出要求。这是中国历史上唯一关于记者的法律，有一定的进步意义。但是蒋介石为了维护自己的统治，以后颁布的一系列法律法规，包括1937年7月颁布的国民政府《修正出版法》（在1930年《出版法》的基础上），内容没有任何新的对新闻出版自由的保护，反而把"意图破坏中国国民党或违反三民主义"作为禁载的项目，越来越加强对新闻的控制。

不论是袁世凯还是蒋介石，他们出台的一系列与新闻出版有关的法律法规，都没有超出《大清报律》规定的内容，甚至比《大清报律》还往后倒退了一点。中国解放前的新闻法的状况就是这个样子。

5. 1978年中华人民共和国新闻传播立法问题的提出

中华人民共和国成立以后，由于所有的新闻、出版、广播机构从1953年起全部转为国有，新闻传播机构基本上是党政机关的一部分而不是一个社会行业，故不需要新闻传播方面立法，通过党的文件和中宣部、国家广播事业局、文化部等的政策性文件，就可以有效管理了。所以中华人民共和国很长时间没有新闻传播法，而且人们也没有关于新闻传播法的理念，因为当时的体制不需要这样的理念。

"文革"中，出现了"报纸治国"、"社论治国"的怪现象，报纸的一篇社论就能够把一个人打倒。照理说，报纸只是一种观念形态的东西，报纸的言论只是一种意见，但那时报纸的一句话不仅是意见，而且比法庭的判决还有效，这种现象说明社会管理已经到了无法无天的地步，呼唤法治是必然的。

"文革"结束以后，两位女青年——林春和李银河，林春当时在国务院工作，李银河在《光明日报》"史学"版工作，她们合写了一篇文章，首先在《中国青年》杂志上发表，然后被《人民日报》转载（1978年11月13日第三版整版），标题是《要大大发扬民主和加强法制》。这篇文章首次提出了中国要以立法来保障新闻出版自由的问题。她们写道：

> 为了保障社会主义民主，必须加强立法。毛主席说："人民的言论、出版、集会、结社、思想、信仰和身体这几项自由，是最基本的自由。"林彪、

"四人帮"之所以能够把仅仅说了几句反对他们的话的革命群众打成反革命，正因为人民还不能保护他们言论自由的权利（包括还没有科学而精确地规定，必须具备哪些条件才能构成犯"反革命"罪的法律）；"四人帮"之所以能够把报纸办成一帮之舌，使他们横行时期的几乎所有的出版物都按照他们的调子发出同一种声音，正因为人民还不能保护自己出版自由的权利（同样包括还没有具体的保障人民管理舆论的法律，如此等等，下面所说各点原则上是相同的，不再一一列举）；"四人帮"之所以能够对在北京、南京等地人民反对他们的集会、游行、示威大加挞伐，并诬陷参加这些集会、游行、示威的人民群众是"反革命"，正因为人民还不能保护自己集会自由的权利；"四人帮"之所以能够任意把一些群众团体和青年学习小组打成反动组织，正因为人民还不能保护自己结社自由的权利；"四人帮"之所以能够把那些敢于独立思考、坚持真理的人投入监狱，正因为人民还不能保护自己思想自由的权利；"四人帮"及其喽啰之所以能够到处私设刑堂、草菅人命，正因为人民还不能保护自己人身自由的权利。为了这些权利的实现，还要经过艰苦的努力。但是这些权利非有不可，法制（应当是"法治"）非实现不可，这就是人民从自己的痛苦经历中，用鲜血和生命的代价换来的信念。

应当感谢林彪、"四人帮"，他们从反面教育我们一定要加快健全法制（应该是"法治"）的步伐。敬爱的董老（国家代主席董必武，法律专家）在五十年代就已提出的"有法可依、有法必依"，必须加紧实现。我们必须立即着手健全立法和司法。首先要使人民的一切民主权利精确地、完备地记载在各种法律里（这是大陆法系的理念），并且要使它们具有任何人不能违反的法律效力。

这是我看到的最早的与言论自由、出版自由有关的立法呼吁。1979—1980年，很多人大代表和政协委员都提出这方面的提案。1980年以后，新闻学界呼吁新闻法出台。1984年，全国人大决定着手制定新闻法。1988年，形成三部新闻法草案。1989年以后制定新闻法的工作停顿了，但从来没有宣布过不再制定新闻传播方面的法律。

第七讲
新闻法治

1979年11月,在河北新闻学会组织的学术报告会上,中国社会科学院新闻研究所党组书记、副所长戴邦发言:"资本主义国家的发行人要到一定的地方去登记,并交付一定的保证金。报纸出了问题,要用法律来制裁,要罚款。这是一种办法。我们国家也应该有一个法。当然包括的内容很多,但至少在新闻真实性方面,什么叫造假、造谣,什么叫诬陷、诽谤?要有法律。对于新闻工作者来说,新闻法有两个作用:一个是受法律的制约;一个是受到法律的保护。"

1980年五届全国人大三次会议、全国政协五届三次会议期间,来自新闻界的一些代表和委员就制定新闻出版法和保障公民言论、出版自由等问题发言,这些发言发表在当时的报刊上。1980年10月29日,北京新闻学会新闻法制(当时使用的还是"法制"概念)学术组举行座谈会,讨论新闻立法问题。会后,《新闻学会通讯》连续发表几篇谈新闻立法的文章。

1980年年底,中国社科院副院长、法学家张友渔接受《新闻战线》记者采访。他说:"国家立个新闻法有两个好处:一方面保障新闻自由,保障新闻工作者的正当权利;另一方面限制、制裁

《新闻学会通讯》1980年第12期首页

违背宪法和法律的言论。现在没有新闻法,正当的新闻自由往往得不到充分保障。""新闻、言论都由报社自己负责,就像司法机关审理案件,不必经过党委审批一样。"

1985年,张友渔撰文指出:"我国现有各类报刊二千多家,在蓬勃发展的新闻事业主流之外,确实出现了极少数荒诞无稽的内容和形式招徕读者的现象。这个现象并不奇怪。我们现在有宪法和其他法律,我们还将颁布新闻法,通过我们的立法工作可以解决这个问题。总的看来,为保障人民了解国家大事,明白党的政策、增加有益的知识,对报纸的管理,可以放宽一些,只要具备一定的

法学家张友渔

条件,经过合法的程序,办个报纸,应当得到允许。对报纸内容不必采取事先审查的办法。事先对稿件进行事无巨细的繁琐审查,有一定弊端,会挫伤新闻工作者的积极性,以至于会出现对新闻报道横加干涉,并且事实上,也都不可能认真审查,会流于形式主义。在新闻管理制度上,可以考虑实行追惩为主,预防为辅,稿件内容只要不违法,就可以刊登,不同意见也可以刊登,暂时看来不正确的意见也可以刊登出来讨论。报纸口径不完全一样是好事,如果报纸都是一个声音,那何必办那么多报纸?"

"在报刊上对丑恶的、不法行为进行批评和揭露,是我们报纸的一个原则。当前,运用职权压制打击报刊的正确批评的现象时有发生。新闻法应保障人民群众通过报刊批评各级干部和国家工作人员的错误的权利。报刊在遵守宪法和新闻法的前提下,根据事实,对任何人的缺点和错误都可以进行批评。"①

6. 1984年全国人大决定制定新闻法

1983年3月,第六届全国人大多位代表提出了在条件成熟时制定中华人民共和国新闻法的议案,人大法工委转请中宣部处理。1983年12月,中宣部新闻局约请相关人员讨论此问题。1984年1月3日,中宣部新闻局拟就《关于着手制定新闻法的请示报告》,报告对立法的具体操作提出了一些建议。主管宣传的中央政治局委员胡乔木批示同意这个报告,随后中宣部将这个报告送呈全国人大常委会委员长彭真,彭真批示"同意",责成人大教科文卫委员会起草新闻法。

关于着手制定新闻法的请示报告

郁文、力群并报乔木同志:

根据力群同志最近的批示精神,去年12月28日我们约请人大常委

---

① 张友渔:《谈新闻立法》,《新闻与写作》1985年第9期。

会法制委员会和教科文卫委员会的同志，共同商议了着手筹备制定新闻法的有关事宜。现将情况报告如下：

关于新闻立法的问题，在新闻界及有关方面酝酿已久。早在五届人大和政协会议上，就有人提出这方面的建议。去年召开的六届人大第一次会议上，新闻界的一些代表正式提出了"在条件成熟时制定中华人民共和国新闻法"的提案。

从新闻工作实践情况看，制定一部新闻法也是十分必要的。现在记者和人民群众利用新闻手段发表意见、开展批评的权利有时得不到保障；某些新闻报道有诬陷、诽谤他人的情况。或因报道失实损害他人的名誉、利益；报道中泄露党和国家机密的事件时有发生；有些报刊有违反宪法和法律以及损害党和国家利益的宣传；等等。同时，随着国际文化交流的发展，外国记者在华活动及国外新闻品的散发、传播也存在不少问题。因此，制定中华人民共和国新闻法，对于发展社会主义民主、保护人民的言论出版自由权利，对于加强党和国家对新闻事业的领导和管理，对于促进国际文化交流等等都是有益的。国际上，不少国家也都有专门的新闻法规。

考虑到制定新闻法是一项复杂的事情，颇费时日，因此现在就应着手筹备工作。为此，大家商议了几点：

一、由人大教科文卫委员会牵头，胡绩伟同志负责，并抽调新闻、法律等有关部门同志参加，组成起草小组。人大常委会法制委员会和中宣部新闻局积极参加协助。

二、广泛调查研究，搜集资料，包括新闻立法的历史和现状，各国新闻制度和新闻法的情况等，为起草作好准备工作。

三、在进行一段工作以后，再向中央作一次报告，请示起草新闻法的指导思想及一些原则问题。

以上是否妥当，请批示。

中宣部新闻局
1984年元月3日

1984年5月,中国社会科学院新闻所成立新闻法研究室。1984年8月10日,《新闻法通讯》创刊,主编孙旭培。至1988年共出版23期,刊登各类文章104篇。

> **彭真、胡乔木同志批示**
> **同意制定新闻法**
>
> 在1983年召开的六届人大一次会议上,黑龙江代表王化成、王士贞,湖北代表纪卓如提出了"在条件成熟时制定中华人民共和国新闻法"的建议,全国人大法制工作委员会将他们的建议转给了中央宣传部。
>
> 去年12月28日,中央宣传部新闻局约请全国人大法制工作委员会和教科文卫委员会办公室的几位同志,共同商议了着手筹备制定新闻法的有关事宜。今年元月8日,中宣部新闻局就共同商定的意见,向邓力群和胡乔木同志提出了正式的书面报告。
>
> 1月16日,胡乔木同志批示同意这个报告。
>
> 1月17日,中宣部新闻局将报告送呈彭真同志,彭真同志很快作了批示:同意。

《新闻法通讯》1984年第1期关于制定新闻法的消息

1985年中国社会科学院新闻与传播研究所开始起草新闻法。经过两次修改补充,1988拟出《中华人民共和国新闻法(草案)》第三稿,主持人孙旭培。1986年11月,上海的新闻法起草小组由龚心瀚主持,拿出《上海市关于新闻工作的若干规定》(征求意见稿)。1987年年初,国务院新闻出版署成立,中央确定由新闻出版署负责"起草关于新闻、出版的法律、法令和规章制度"。此后,人大教科文卫委员会对新闻立法只进行研究,不负责起草。1987年7月,新闻出版署将《中华人民共和国新闻出版法》(送审稿)送国务院请求审查[①]。新闻出版署起草新闻法草案,由副署长王强华主持。

1987年10月党的十三大政治报告指出:"必须抓紧制定新闻出版……等法律,……使宪法规定的公民权利和自由得到保障,同时依法制止滥用权利和自由的行为。"1989年3月,邓小平指出:"特别要抓紧立法,包括集会、结社、游行、示威、新闻、出版等方面的法律和法规。"[②]

---

① 孙旭培:《三十年新闻立法历程与思考》,《炎黄春秋》2012年第2期。
② 《邓小平文选》第3卷,人民出版社1993年版,第286页。

1993年,新闻法的制定进入第八届全国人大常委会的立法规划。1998年12月1日,全国人大常委会委员长李鹏接受德国《商报》记者采访时说:"我们将按照法定程序制定一部符合中国国情的新闻法。改革开放二十年来,在我们新闻界、舆论界发生了很大的变化。现在,可以说开放度、自由度相当大,但是我们还要告诉新闻工作者,不要做一些不切实际、甚至是歪曲性的报道,这样做我们不赞成,因为它违背了新闻的职业道德,而且会误导人民。新闻自由的原则应该遵循,但是个人自由不能妨碍他人自由,这一原则也应该遵循。新闻自由要有利于国家的发展,有利于社会的稳定。"①

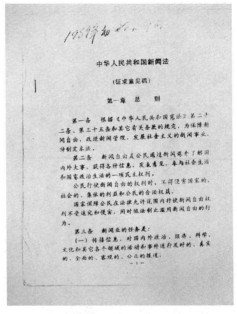

新闻出版署起草的新闻法草案第 1 页

2015年3月8日,全国人大常委会教育科学文化卫生委员会主任委员柳斌杰接受记者采访时表示,人大正研究新闻传播立法,本届人大内有望提交审议。全国人大已经在研究新闻传播立法,今后凡是属于公共新闻传播范畴的,包括互联网新闻服务等,都将纳入新闻传播法管理中来,不过自媒体这一传播形式暂不会纳入。

7. 1994年以后出现新闻传播法的研究著作

1994年5月,魏永征所著《被告席上的记者》出版;9月,孙旭培等所著《新闻侵权与诉讼》和王利明主编的《新闻侵权法律词典》出版,这是改革开放以来第一批新闻传播法的研究著作,内容为微观新闻传播法研究。截至2019年,关于新闻传播法的研究著作、教材已经出版70多种,译著10本②。

---

① 《人民日报》1998年12月2日头版。
② 参见陈雪丽:《当代中国新闻法制理论的文献基础研究》,光明日报出版社2017年版。

2012年,中国传媒大学媒体法规政策研究中心创办网刊《传媒法律与政策通讯》,汇集最新的国家有关机构发布的涉及新闻传播的法律、法规各种政策文件,以及正在进行的或刚刚结案的"新闻官司"的材料,成为网络时代研究新闻法治的资料汇聚点。截至2019年10月,已经出版42期。

《被告席上的记者》封面　　《新闻侵权与诉讼》封面

五、新闻传播法的基本理念和应有内容

虽然我国尚没有单独的新闻传播法,但需要有新闻传播法的理念来指导和规范新闻工作。这里从不同方面讨论一下涉及新闻传播法的一些重要理念。

1. 与新闻传播法相关的"四权"理念

制定新闻传播法的工作虽然有所延迟,但新闻传播法的基本理念我们还是应该有的。新闻传播法的内容很多,在这里重点谈一下其中的"四权"理念,即知情权、隐私权、隐匿权、更正与答辩权。

(1) 公众对权力组织的知情权(the right to know)。

这个理念在1945年由美联社记者肯特·库柏(Kent Cooper,1880—1965)首先使用,指公众享有通过传媒了解政府工作的法定权利,属于新闻自由范畴。20 世纪 50 年代,这个概念得到法学界的支持而普及。知情权最初主要指的是个人有权利知道自己日常生活里接触到哪些化学药剂;后来发展成较广义的基本权利,牵涉到个人的生活、工作和新闻媒体、大众传播等,并逐渐纳入美国联邦法和各州立法。2006 年中共十六届六中全会通过的《关于建构社会主义和谐社会若干重大问题的决议》首次提出"保障人民知情权、参与权、表达权、监督权"。2007 年中国共产党第十七次代表大会报告、2012 年第十八次代表大会报告和 2017 年第十九次代表大会报告,均再次提到保障人民知情权。

2002 年 9 月 28 日,在保加利亚首都索非亚举行的一个信息公开国际会,发起把这一天定为每年的"国际知情权日"(International Right-to-Know Day)。目前世界上有 40 多个国家庆祝国际知情权日,如阿根廷、加拿大、捷克、印度、牙买加、拉脱维亚、墨西哥、塞拉利昂、南非、秘鲁、西班牙、土耳其、美国等等。

最早体现知情权理念的法规是美国 1967 年的《情报自由法》(Freedom of Information Act,也译作"资讯自由法"),这是美国联邦政府信息公开化的行政法

2011 年度国际知情权日海报

规。1967 年,美国国会通过该法的草案。1966 年提交参议院关于《情报自由法》的报告中,该法案宗旨部分引证了美国第四任总统詹姆斯·麦迪逊(James Madison,1751—1836)的话:

> 一个民众的政府没有民众的信息或者民众没有获得信息的方式,那就只是一场闹剧或一场灾难,或者两者皆是。

《情报自由法》规定了民众在获得行政情报方面的权利和行政机关在向民众提供行政情报方面的义务:

● 联邦政府的记录和档案原则上向所有的人开放，但是有九类政府情报可免于公开；

● 公民可向任何一级政府机构提出查阅、索取复印件的申请；

● 政府机构必须公布本部门的建制和本部门各级组织受理情报咨询、查找的程序、方法和项目，并提供信息分类索引；

● 公民在查询情报的要求被拒绝后，可以向司法部门提起诉讼，并应得到法院的优先处理；

● 行政、司法部门处理这方面的申请和诉讼，有具体的时效要求。①

《情报自由法》虽然是面向一般公民的，实际上查阅资料的多数是记者，他们有了更大的采访权利。为了防止这样的公开可能对公民隐私的侵犯，1974年还通过了配套的《隐私权法案》（Privacy Act of 1974），它确立了公民查阅政府所收集的公民信息的权利。该法案还对政府公开公民个人信息的能力作了限制。

1976年美国国会通过《阳光政府法案》（Government in the Sunshine Act），又称"联邦公开会议法"，这是美国联邦政府信息公开化的又一个行政法规，其基本理念是"在一个民主社会，人民有权利知道有关公共政策方面的决定究竟是如何达成的"。50个联邦政府的机构、委员会和顾问组织被要求公开他们协商、作出决策的会议，除了10项范围很窄的例外情形允许保密之外，其他的会议都必须公开。该法案要求政府部门必须事先公布会议及其议程，必须保存会议结果的公共档案。法案还对"会议"作了审慎界定，以防政府官员聚集一处作出决策，但声称该聚会不属于正式会议。在联邦政府的影响下，到1995年，美国全部50个州都有了公开记录和公开会议的法律。

这两个法案对世界影响很大，"知情权"的理念在世界上已经普及了，所有发达国家均通过了信息公开的法律（最后通过的是德国），很多发展中国家也制定了信息公开的法律。2001年，印度通过了信息公开法案。2007年，中国通过了《中华人民共和国政府信息公开条例》。2014年，中共中央《关于全面推

---

① 参见 http：//zh.wikipedia.org/wiki/%E4%BF%A1%E6%81%AF%E8%87%AA%E7%94%B1%E6%B3%95。

进依法治国若干重大问题的决议》指出:"全面推进政务公开。坚持以公开为常态、不公开为例外原则,推进决策公开、执行公开、管理公开、服务公开、结果公开。"2019年4月,国务院总理李克强签署国务院令,公布修订后的《中华人民共和国政府信息公开条例》自2019年5月15日起施行。条例修订主要包括三个方面的内容:一是坚持公开为常态,不公开为例外,明确政府信息公开的范围,不断扩大主动公开。二是完善依法申请公开程序,切实保障申请人及相关各方的合法权益,同时对少数申请人不当行使申请权,影响政府信息公开工作正常开展的行为作出必要规范。三是强化便民服务要求,通过加强信息化手段的运用提高政府信息公开实效,切实发挥政府信息对人民群众生产、生活和经济社会活动的服务作用。

(2) 维护公民的隐私权(the right to privacy)。

1890年,美国大法官路易斯·布兰迪斯(Louis Brandeis)和哈佛大学法学教授塞缪尔·沃伦(Samuel Warren)提出"隐私权"概念。他们主张"不受干扰的权利"(right to be let alone,又译"独处权"),认为个人对思想、情绪和感受等与自身相关的事务的公开与否具有权利;隐私权应受到公共利益以及本人同意的限制。该权又叫"生活私密权"或"宁居权"。

1960年,美国法学家威廉姆·普洛斯尔(William L. Prosser)提出四种对隐私权的侵害类型:

- 不合理的干扰私人领域(侵犯隐私);
- 公开使人困窘的私人事实(公开揭露);
- 使用真实的讯息,造成错误的印象(扭曲形象);
- 采用未经授权的个人名称或肖像(滥用肖像)。[①]

"隐私权"在联合国《世界人权宣言》中也得到了承认。《世界人权宣言》第十二条规定:任何人的私生活、家庭、住宅和通信不得任意干涉,他的荣誉和名誉不得加以攻击。人人有权享受法律保护,以免受这种干涉或攻击。

一般来说,公众人物(政治家和各方面的社会名流)不同于普通人,他们的

---

① 参见 http://zh.wikipedia.org/wiki/%E9%9A%B1%E7%A7%81%E6%AC%8A_(%E7%BE%8E%E5%9C%8B)。

隐私如果涉及公共利益，就不能再是隐私，而需要向公众公开，例如官员的财产收入。

在我国法律体系中，《中华人民共和国侵权责任法》（2009年）与《中华人民共和国妇女权益保障法》（2005年修订）已经把隐私权作为独立的人格权加以保护。前者第二条规定："侵害民事权益，应当依照本法承担侵权责任。本法所称民事权益，包括……隐私权"（共19项权利）。后者第四十二条规定："妇女的名誉权、荣誉权、隐私权、肖像权等人格权受法律保护。"

（3）为新闻来源保密的隐匿权（the right to be hidden）。

记者采访需要新闻来源的支持，有的时候，记者公开了新闻提供者的身份、姓名等信息，他们的安宁生活可能会被打乱。于是，在从事新闻工作的时候，记者应该有一种"隐匿权"的意识，就是主动向被采访对象问一下：允许公开你的形象、你的姓名和你的其他情况吗？如果对方提出这方面的要求，记者和他所服务的传媒，有责任替他们保密。"隐匿权"是新闻提供者在与新闻传媒建立关系时拥有的一种权利。这一点，我国的法律中目前尚没有涉及这个问题，司法实践中的案例已经出现。

例如，2014年2月26日，世界奢侈品协会（简称"世奢会"）诉《南方周末》和《新京报》案的一审判决，使得新闻隐匿权问题在中国浮出水面。这个案子的被告所揭露的是一家涉嫌欺诈公众钱财的皮包公司。朝阳法院的判决书分别肯定了两报"（涉讼）报道内容大部分能够做到有查实有据"，"大部分内容经过撰文记者本人的核实"。但在一审中，由于被告方不提供匿名信息源的真实身份，法庭判决被告败诉。判决书写道："实难采信爆料人言论的真实性。此外，被告虽然提供了采访对象的录音资料，但录音对象的身份情况并未向法庭提供，被采访人也未出庭作证，故本院难以采信其言论的真实性。"这就提出了一个新问题，即我国的法律体系应观照新闻隐匿权。

我国《民事诉讼证据规则》第四十七条规定："未经质证的证据，不能作为认定案件事实的依据。"法庭遵循这一规则，只有经过法庭质证，证据才能成立，因而朝阳法院的判决逻辑没有问题。从判决书中"实难采信"、"难以采信"的表达，可以看到法院方的努力和无奈；而从媒体的职业道德来讲，为消息源保密是世界新闻传播业同行公认的职业道德。我国现行的法律体系中尚没有在这一问题上实现法律与职业道德之间的适当关联与平衡。

2015年11月9日"世奢会"案在北京市第三中级人民法院终审判决。法院认为,通读文章上下文并综合全案证据可以认定,争议文章对世奢会现象的调查和质疑具备事实依据,作者的写作目的和结论具有正当性,文章不构成对世奢会名誉权的侵害。因二审出现新证据导致一审判决结果不当,三中院依法改判:撤销朝阳法院的一审判决,驳回世奢会全部诉讼请求。这意味着世奢会败诉。

虽然终审主持了正义,还了媒体清白,但回避了我国法律没有观照"隐匿权"的问题。伴随着我国新闻传播产业化的进程,隐匿权冲突肯定会增多,因而在学习新闻传播法知识的时候,要具备"隐匿权"这个新闻传播法的理念。

在国际上,目前较为典型的隐匿权案例,是美国的"深喉事件"。"深喉"马克·费尔特时任美国中情局副局长,他于1972年透露了关于总统尼克松水门事件的关键情况,两位《华盛顿邮报》的记者为获得此信息而承诺替他保密,保密了33年,直到2005年他92岁时,自己决定公开,这就是他自己的事情了。在这个问题上,《华盛顿邮报》的记者严格履行了替当事人保密的承诺,做得是不错的。

2005年的"深喉"——马克·费尔特

(4) 更正与答辩权(the right of correction and the right of reply)。

这是指新闻内容出现差错,例如人名、地点、时间和事实本身说错了,当事人有权提出要求更正或答辩。传媒也有责任主动更正错误,或允许当事人发表更正或答辩的声明。我们前面讲到了新闻真实问题。新闻要求在第一时间发布,它的真实是一个过程,可能会存在差错,更正或答辩应是新闻工作的一种常态。这也是新闻传播法中的一个基本理念。它基于新闻工作的特征，在保障新闻自由的同时，传媒在新闻真实方面，对公众担负着责任。

更正与答辩权的提出，并非某个人的发明，而是在长期的新闻实践中逐渐形成，与新闻报道的特点相适应的一种人权的延伸。新闻报道需要尽可能在第一时间就发出，但是事实的发生、发展，以及人们对事实的认识有一个过程，因而关于事实的报道，有可能在开始阶段出现差误，通常后续的报道应该自然而然地、不止一次地纠正以往报道中的差误，直到事实被完整地、真实地揭示出来。就传媒与受众的关系而言，传媒负有向受众提供真实新闻的责任，既然新闻报道会出现这类难以避免的差误，相关人向传媒提出更正与答辩的要求，便成为一种自然的权利。传媒主动更正和让相关人答辩，亦成为传媒的职业道德规范之一①。

这个理念在国际上形成过一个文件，即《国际新闻错误更正权公约》（草案）。根据 1946 年 12 月联合国大会通过的决议案，1948 年 3—4 月，在瑞士召开的有 51 个国家（包括中国）参加的国际新闻自由委员会，通过了《国际新闻自由公约》（草案），它由三个公约草案构成，更正权公约是其中的第二公约。这说明"更正权"是一个非常重要的新闻传播法的概念。我们要求信息沟通的自由，同时，也要承担对所传播的差误信息进行更正的义务。更正错误是发表信息的人应该承担的一种义务，也是受到侵害的人可以提出的一项权利。更正，是指对具体情况的描述出现的差错进行说明和纠正。后来又加了一个答辩权，这个概念是指对事实的概括和倾向的表达出现的差误进行辩解与说明。两者多少有些区别。

更正与答辩权的提出，有两个方面的意义：一是对滥用新闻出版自由作出限制；二是保障新闻产品消费者的合法权益。现在各国的新闻传播法，大多有关于这个问题的规定。

《纽约时报》要闻版的第二版每天都有"更正"的栏目，持续了一个世纪。这不仅不会对媒体造成损害，而且一定意义上是媒体信誉的一种象征。

---

① 陈力丹：《更正与答辩——一个被忽视的国际公认的新闻职业规范》，《国际新闻界》2003 年第 5 期。

第七讲
新闻法治

《纽约时报》更正栏　　　　　　　　《南方都市报》更正栏

《中国新闻工作者职业道德准则》规定："如有失实，应主动承担责任，及时更正。"但我国制度化执行这一要求的传媒屈指可数。只有几家媒体每天设有"更正与说明"（《新京报》）、"实事求是"（《南方都市报》）专栏。多数传媒还没有形成主动更正的习惯，只是在舆论或上级的压力下才会更正和向受众道歉，还不具备"更正与答辩权"的理念。

2. 新闻传播法应包含的大体内容

尽管各国的新闻传播法的结构不一样，但以下内容应该分布在新闻传播法的不同章节中。

第一，总则。对一些关于新闻传播的基本概念的所指，进行定义；阐述新闻传播业的职责；本法的法律适用范围；等等。

第二，新闻传播媒体的创办。关于新闻传播媒体创办的法律规定一般有四种类型：

一是注册登记制。即只要向有关部门注册即可出版或播放，无须经过批准。现在世界上绝大多数国家实行这种创办规则。

二是无登记的追惩制。即不需登记注册就可以出版或播放（广播电台、电视台技术上需要申请频道），但需要按规定印出标记和出版人姓名、地址或报出台的名称和波段或频道。这是一种更开放的媒体创办规则，有一些发达国家实行这种规则，如法国。

三是批准制，又称许可制。创办前需向有关部门提出申请，并经过批准以后才能够出版。我国目前实行这种规则。

四是保证金制。是指在申请的同时要交纳一定的保证金，以备违法时支付罚款。这不是一种独立的制度，在实行注册登记制的有些国家增加了这个条款。除此之外，有的新闻传播法对传媒主要负责人的资格还有规定。

第三，新闻工作者的权利和义务。权利一般包括采访和报道的权利、批评权，还有人身权。义务一般包括真实报道、不得诽谤、不侵犯个人隐私、保护新闻来源和保守国家机密、不妨碍司法审判等等。这部分内容有些地方与新闻自律是交叉的。

第四，法律范围内的对传媒的管理。一般包括政府的管理、社会管理、新闻机构内部的管理。这部分内容各国的差异非常大，具体的管理方式和管理机构的职能很不相同。

第五，更正与答辩。一般规定更正与答复的位置为原位置或原时间段，篇幅或时间不得超出原报道的篇幅或时间，而且免费。要求更正或答辩有时间限制，报纸、广播电视、网络一般是一个星期以内；期刊一般是一个月以内。超过期限的，当事人要求更正或答辩，一般可以不理会。还有篇幅规定，如果报道只有200字，要求更正的篇幅有400字，那不行，超过原来报道的字数或时间的，按广告费来收取。新闻传播法里应该有很细致的规定。什么样的更正与答辩要求是合理的，什么情况下编辑部有权拒绝，非常具体，这也是新闻传播法的内容。这部分内容涉及的是一种常规化的新闻机构与社会冲突的解决方式。

第六，新闻侵权与诉讼的程序和惩罚条款。这部分内容各国新闻传播法差异比较大，因为每个国家的制度是不一样的。有些国家的新闻传播法中没有这样的规定，而是把这样的规定移到刑法或民法中去了，也有专门在新闻传播法里面规定的。不管怎样，这个内容是应该有的。

第七，外国新闻机构驻在人员的管理。各国的情况很不相同，有的国家有，有的国家没有，但是大部分国家的新闻传播法里有这部分内容。这部分内容应当与各国的刑法、民法和其他法律相适应。

第八，附则。对各章节没有涉及的问题加以提及、补充、说明。

这是新闻传播法的大体内容。虽然我国尚没有单独的新闻传播法，但新闻工作者脑子里应该有一个关于新闻传播法的大致样子，知道这样的法律应该涉及哪些内容。

六、我国关于新闻传播的法律体系已经基本完善

尽管我国目前还没有出台单独的新闻传播法，但随着我国法治建设的进步，现在有效的各种法律、法规、行政规章和政策文件（大约4 000种）里涉及信息传播的条款，几乎涉及新闻传播领域的所有事项。只是很分散。魏永征教授1999年在他的著作《中国新闻传播法纲要》里，首次将中国法律、法规、行政规章、司法解释和各种政策文件（当时208件）里涉及信息传播的条款加以整理，把"新闻传播法"理解为"调整新闻活动中各种法律关系，保障新闻活动中的社会公共利益和公民、法人的有关合法权益的法律规范的总称"。这项工作后来以他所著教材《新闻传播法教程》（2002年初版）的形式呈现，以后每隔几年修订、补充，2019年该书已经第六版（涉及中国法律、法规、行政规章、司法解

1999年《中国新闻传播法纲要》封面（左）
2019年《新闻传播法教程（第六版）》封面（右）

释和各种政策文件 258 件及国际公约 9 项），使得中国新闻传播法的概念得到普及。此书被教育部列为高等教育国家级规划教材，并遴选为高等教育精品教材。

在上面的意义上，中国是有新闻传播法的，只是目前不是一部单独的法律，而是指现有的法律、法规、行政规章、政策文件里涉及新闻传播的条款。它们调整着新闻传播领域与社会的各种关系，以保障国家利益、社会公共利益和自然人、法人的合法权益。也就是说，中国的新闻传播法表现为涉及新闻传播的法律群。根据《新闻传播法教程（第六版）》，下面简单叙述目前这一法律群关于新闻传播方面的内容。

1. 新闻传播的宪法原则

根据中国宪法，涉及新闻传播部分，政治上要求坚持中国共产党的领导和为人民服务、为社会主义服务的方向。在人权方面，宪法规定了公民言论、出版自由的权利，还涉及批评建议权和舆论监督。

关于出版自由，目前对宪法解释的唯一法律文件是《出版管理条例》。该条例自 1997 年制定到 2016 年最近的修订，关于出版自由的解释条款均没有变化。该《条例》第二十三条规定："公民可以依据本条例规定，在出版物上自由表达自己对国家事务、经济和文化事业、社会事务的见解和意愿，自由发表自己从事科学研究、文学艺术创作和其他文化活动的成果。"这是我国法律文件对公民行使出版自由的唯一具体表述。《2003 年中国人权事业的进展》白皮书引用此条，证明我国公民出版自由的权利得到了法律保障[①]。

对"在出版物上"的理解，根据本条例第九条规定："报纸、期刊、图书、音像制品和电子出版物等应当由出版单位出版。"而"出版单位"，根据本条例第十一条规定的出版条件，必须是"国务院出版行政部门认定的主办单位及其主管机关"。因而，魏永征、周丽娜指出："据此，在我国，公民个人不可以自行出版出版物，可以设立出版单位出版出版物的必须是单位，而哪些单位具备设立出版单位的资格是由出版行政部门认定的……我国公民出版表达活动必须在国家批准创设的出版单位的合法出版物上进行，自行设立出版单位或个人进行

---

① 参见《人民日报》2004 年 3 月 31 日。

出版活动被认为是非法的。"①

根据《广播电视管理条例》(1997 年制定,2017 年最近修订)第十条和第十一条,广播电台和电视台实行"政府台"制,由县级以上政府广播电视行政部门设立,其他任何单位和个人不得设立电台和电视台。广电节目制作机构,根据《广播电视节目制作经营管理规定》(2004 年制定,2015 年最近修订),不得制作时政类新闻及同类专题、专栏等节目。

国家对经营性的互联网内容服务实行许可证制,对非经营性的互联网内容服务实行备案制,形成与印刷、广播电视完全不同的体制。这种体制的特点是互联网运营的多种所有制并存。在互联网的环境里,用户不需要经过把关人,而是直接将内容向公众传播。目前中国绝大多数用户采用一定形态的 UGC 方式传播信息和意见,如博客、社交网络(SNS)、微博客、微信公众号、网络直播等自媒体。

2017 年实施的《网络安全法》第十二条规定:"国家保护公民、法人和其他组织依法使用网络的权利,促进网络接入普及,提升网络服务水平,为社会提供安全、便利的网络服务,保障网络信息依法有序自由流动。任何个人和组织使用网络应当遵守宪法法律,遵守公共秩序,尊重社会公德,不得危害网络安全。"

经国务院授权,国务院新闻办公室每四年发布一次《国家人权行动计划》。2016—2020 年版要求"依法保障公民的表达自由和民主监督权利","依法保障公民互联网言论自由。继续完善为网民发表言论的服务,重视互联网反映的社情民意"。

为维护公民网络表达,保护用户上传的合法言论不受阻碍和侵犯,网络服务者负有保护用户合法言论的义务和责任。2012 年,工信部《规范互联网信息服务市场秩序若干规定》第十三条规定:"互联网信息服务提供者应当加强系统安全防护,依法维护用户上载信息的安全,保障用户对上载信息的使用、修改和删除。互联网信息服务提供者不得有下列行为:(一)无正当理由擅自修

---

① 魏永征、周丽娜:《新闻传播法教程(第六版)》,中国人民大学出版社 2019 年版,第 26—27 页。

改或者删除用户上载信息……"

新闻从业者的权利来源于宪法规定的言论、出版自由和进行文化活动的自由。这些权利的主体是公民。新闻从业者作为公民享有宪法规定的一切公民权利。因此，历次发布的《国家人权行动计划》都规定了新闻从业者的权利。最新的2016—2020年版《国家人权行动计划》规定："依法保障新闻机构和从业人员的知情权、采访权、发表权、批评权、监督权。"

宪法关于批评建议权（第四十一条，见本讲第三节）的条款，可以作为"舆论监督"的宪法依据。1987年，党的十三大报告最早使用了"舆论监督"的概念。此后直至2017年党的十九大报告，均有"舆论监督"的概念。2013年中共中央《关于全面深化改革若干重大问题的决定》进一步提出了"互联网监督"的概念："健全民主监督、法律监督、舆论监督机制，运用和规范互联网监督。""舆论监督"更是在中国的法律文件中频现。例如，2009年，最高人民法院公布《关于人民法院接受新闻媒体舆论监督的若干规定》。2014年的《消费者权益保护法》第六条规定："大众传播媒介应当做好维护消费者合法权益的宣传，对损害消费者合法权益的行为进行舆论监督。"第十五条规定："消费者享有对商品和服务以及保护消费者权益工作进行监督的权利。"类似的规定还见于《价格法》、《安全生产法》、《食品安全法》等。2018年的《监察法》第五十四条规定："监察机关应当依法公开监察工作信息，接受民主监督、社会监督、舆论监督。"

2. 新闻与司法

新闻传播活动与司法活动之间的关系是一个需要从法律上特别界定的问题。司法被认为是社会公正的最后防线，所以必须公开，以置于公众的监督之下；但司法又必须独立进行，不受外界干扰，各方面的涉案人士的权利也必须加以保障。因而，新闻与司法的关系成为新闻传播法的重要议题。我国现有法律体系中这方面的规定是比较健全的。首先，我国法律规定了公开审判的制度。《刑事诉讼法》第十一条规定："人民法院审理案件，除本法另有规定的以外，一律公开审理。"《民事诉讼法》第一百三十四条规定："人民法院审理民事案件，除涉及国家秘密、个人隐私或者法律另有规定的以外，应当公开进行。"同时，还有伴随公开的法庭规则。除了审判公开，还有关于检察事务公开的司法文件以及对应的保密事项及责任的规定。

新闻媒体报道司法,要遵守我国的法律,体现法律精神。《刑事诉讼法》第十二条规定:"未经人民法院依法判决,对任何人都不得确定有罪。"2012 年修订后的第五十二条规定:"不得强迫任何人证实自己有罪。"第五十五条规定:"只有被告人供述,没有其他证据的,不能认定被告人有罪和处以刑罚。"第二百条规定:"证据不足,不能认定被告人有罪的,应当作出证据不足、指控的犯罪不能成立的无罪判决。"这些修订被视为中国法律无罪推定的原则。魏永征、周丽娜指出:"近年来还流行在犯罪嫌疑人被羁押后,就在电视台中播出他们'认罪悔罪'的节目或镜头,在某些人看来,似乎这样做可以收到宣传警方战绩、反驳舆论各种指责、澄清事实、威慑邪恶、伸张正义等多种积极作用,其实这种做法由于违反上述'无罪推定'、'不得强迫自证有罪'等一系列法治原则,得不偿失。由于在审判前就大事宣传嫌疑人有罪,形成一种足以影响法庭独立审判的舆论氛围,使人们合理怀疑审判在不同程度时失去公正性,就会发生'媒介审判'效应。'媒介审判'是对司法权力和诉讼当事人人权的双重侵犯,其负面影响是多方面的。"①

因而,中共中央 2014 年《关于全面推进依法治国若干重大问题的决议》明确指出:"规范媒体对案件的报道,防止舆论影响司法公正。"

3. 特殊信息的发布和报道

社会生活中,有一些重要信息的发布和传播,需要一定的法律来规范。中国的法律系统在这方面已经有了较为完善的规定。例如总体上的有 2007 年的《突发事件应对法》,具体的如《防灾减灾法》、《传染病防治法》、《防汛条例》、《食品安全法》、《重大动物疫情应急条例》、《核安全法》、《反恐怖主义法》、《广告法》、《证券法》、《气象法》、《测绘法》等等,都有相关的条款涉及对新闻报道的规范。

《突发事件应对法》第五十四条规定:"履行统一领导职责或者组织处置突发事件的人民政府,应当按照有关规定统一、准确、及时发布有关突发事件事态发展和应急处置工作的信息。"这里的要点是三个对信息的核心要求:统

---

① 魏永征、周丽娜:《新闻传播法教程(第六版)》,中国人民大学出版社 2019 年版,第 99 页。

一、准确、及时。融媒体时代的到来，使得人民政府不可能也没有必要将全部信息统起来。2015年8月天津港发生爆炸，各路新闻媒体第一时间介入报道，对于帮助政府应对突发事件有益无害。

关于商品和服务信息，《广告法》与其他相关的法律相当完善地对这类传播作了规定。《广告法》规定："广告应当具有可识别性，能够使消费者辨明其为广告。大众传播媒介不得以新闻报道形式变相发布广告。通过大众传播媒介发布的广告应当显著标明'广告'，与其他非广告信息相区别，不得使消费者产生误解。"

关于证券信息，《证券法》与其他相关法律也对这类信息的传播作了规定。《证券法》第六十三条规定："发行人、上市公司依法披露的信息，必须真实、准确、完整，不得有虚假记载、误导性陈述或者重大遗漏。"第七十条规定：证券信息"应当在国务院证券监督管理机构指定的媒体发布"。从而，规定了我国证券信息独有的"指定媒体发布"制度。第七十八条规定："各种传播媒介传播证券市场信息必须真实、客观，禁止误导。"这是对发布信息的媒体要求。

关于气象预报，《气象法》与其他相关法律也对这类信息的传播作了规定。《气象法》第二十二条规定："国家对公众气象预报和灾害性天气警报实行统一发布制度……其他任何组织或者个人不得向社会发布公众气象预报和灾害性天气警报。"

关于地图的发表，《地图管理条例》第十五条规定："国家实行地图审核制度。向社会公开的地图，应当报送有审核权的测绘地理信息行政主管部门审核。但是，景区图、街区图、地铁线路图等内容简单的地图除外。"《测绘法》第七条规定："新闻媒体应当开展国家版图意识的宣传。"第三十八条规定："县级以上人民政府和测绘地理信息主管部门、网信部门等有关部门应当加强对地图编制、出版、展示、登载和互联网地图服务的监督管理。"在这里，管理的单位、报送程序和媒体的责任，都规定得很明确。

4. 新闻传播活动与人格权

新闻传播活动主要是采访和传播（表达）两项。许多新闻会涉及特定的他人，可能发生对他人的人格侵害；其他传播内容，诸如广告、文艺作品、音视频等，也可能发生侵权。我国关于这方面的法律法规相当完善。首先有宪法第三十八条的规定:"中华人民共和国公民的人格尊严不受侵犯。禁止用任何方法对公民进行侮辱、诽谤和诬告陷害。"以这条宪法原则引申出来的法律、法规有几十种,还有一批相关的最高法的司法解释。2009年的《侵权责任法》对主要的几种侵害作出了规定,包括生命权、健康权、姓名权、名誉权、荣誉权、肖像权、隐私权等人格权,并首次规定了精神损害赔偿。维护各类人格权的法律涉及未成年人、妇女、老人、残疾人、母婴、执业医师、律师、消费者、英烈等等。

这方面,我国相关的法律和最高法的司法解释,涵盖新闻侵权的责任构成、名誉权的侵害方式和名誉权的抗辩事由、新闻侵害隐私权的方式和侵权的抗辩事由、肖像权与其他权利的竞合、侵权责任和救济,以及诽谤罪、损害商品信誉和商品声誉罪、侵犯公民个人信息罪等等。

5. 新闻传播活动与著作权

新闻(简单的消息没有版权)和其他信息,是有著作权(版权)的,因而新闻活动与著作权成为新闻传播法关注的一个重要议题。《民法通则》第九十四条规定:"公民、法人享有著作权(版权),依法有署名、发表、出版、获得报酬等权利。"1990年我国制定了《著作权法》(最近的修订为2010年,2012年新的修订草案向社会公布),随后还有《著作权法实施条例》、《著作权集体管理条例》、《信息网络传播权保护条例》等法规出台,也有多次修订。这些法律、法规涵盖了著作权客体、著作权主体、著作权的各项权利、著作权和公众利益的平衡、传播者的权利、侵犯著作权的法律责任等诸多问题。审理这方面的案件,已经有了比较完善的法律体系。

6. 新闻信息产业

1985年,国家统计局的《关于建立第三产业统计的报告》将新闻出版、广播电视列为"第三产业"。2004年、2012年、2018年国家统计局三次发布的《文化及相关产业分类》,一直将新闻服务、报纸服务、广播电视服务、互联网信息服务列为"文化核心领域"的第一大类"新闻信息服务"的四个中类。2003年中共中央《关于完善社会主义市场经济体制若干问题的决定》,区分了"公益性文化事业单位"和"经营性文化产业单位"的不同政策。随着相当多的文化单位"转企",以及新闻事业单位的"可经营部分"转为企业,广播电视"制播分离"和互联网实行多种经营体制,产生了一系列涉及新闻信息产业的法律、法规、行政规章和政策文件，比如 2008 年国务院《关于非公有资本进入文化产业的若干决定》、2014 年中央全面深化改革领导小组的《关于推动传统媒体和新兴媒体融合发展的指导意见》、2014 年《国家"十三五"时期发展改革规划纲要》和《新闻出版广播影视"十三五"发展规划》、2017 年中共中央办公厅和国务院办公厅《关于促进移动互联网健康有序发展的意见》、2018 年的《电子商务法》、2018 年第四次修订的《公司法》、2019 年中宣部和广电总局的《县级融媒体中心建设规划》等等。

涉及各类经营部门的还有 2018 年修订版《广告法》、2010 年广电总局的《互联网电视内容服务规范》、2017 年修订版《印刷业管理条例》、2016 年修订版《出版管理条例》、2016 年《电影产业促进法》、2016 年广电总局的《专网及定向传播视听节目服务管理规定》等等。

7. 新闻传播业的行政管理

新闻传播业的行政管理是新闻传播法的一个重要方面。我国对报刊在创办、印刷、发行、进口等所有环节实行许可制。关于报刊的行政管理，有《出版管理条例》、《电子出版物管理规定》、《报纸出版管理规定》、《期刊出版管理规定》、《新闻记者证管理办法》、《内部资料性出版物管理办法》等十几项法规和行政规章。

我国广播电视机构和节目制作经营机构的设立、专用频段频率的指配、卫星地面接收设施的设置等，都实行许可制。关于广播电视的行政管理，有《广播电视管理条例》、《广播电台电视台审批管理办法》、《广播电视安全管理规定》、《电视剧内容管理规定》、《无线电管理条例》、《有线电视管理暂行办法》、《卫星地面接收设施接收外国卫星传送电视节目管理办法》等十几项法规和行政规章。

互联网传播的管理是目前行政管理的重点。1994 年，中国成为第 71 个加入国际互联网的国家。当年，国务院制定了《计算机信息网络国际联网管理暂行规定》。目前中国管理互联网的最高位阶的法律文件有五部，即全国人大常委会 2000 年通过的《关于互联网安全的决定》、2012 年通过的《关于加强网络信息保护的决定》、2015 年通过的《电子签名法》、2016 年通过的《网络安全法》和 2018 年通过的《电子商务法》。其中《网络安全法》为基础性法律。

2015年,《中国互联网法规汇编》收入法律3部、法规10部、行政规章28件、司法解释13件,规范性文件32件,共计86件。另外,还有适用于互联网的其他法律法规28件。中国关于互联网的法律和政策性文件不断依据传播科技的发展而经常修订或增补。仅2019年第一季度就出台8件。例如,2019年1月4日中国网络视听节目服务协会发布《网络短视频平台管理规范》和《网络短视频内容审核标准细则》;2月21日,工信部、国家机关事务管理局、国家能源局发布《关于加强绿色数据中心建设指导意见》;3月12日,教育部印发《2019年教育信息化和网络安全工作要点》等。

关于新闻从业者的管理属于中国特色,其他国家大多由行业组织自我管理。我国在这方面已经形成了配套的对新闻从业人员行政管理的规章制度。例如,2009年的《新闻记者证管理办法》、2004年的《广播电视编辑记者、播音员主持人资格管理暂行规定》、2014年的《新闻从业人员职务行为信息管理办法》、2016年的《新闻单位驻地方机构管理办法(试行)》、2017年的《互联网新闻信息服务单位内容管理从业人员管理办法》等。

8. 涉外新闻传播活动的行政管理

中国涉外新闻传播活动管理一向是比较严格的。最初只是对外来新闻机构和记者的行政管理,随着中国实行市场经济,中国与国外境外的新闻出版活动涉及内容的引进播出、广告、投资、经营、合作制片,因而有许多相关的管理规定。

关于对国外常驻新闻机构和外国记者的行政管理,较早的是1990年的《外国记者和外国常驻新闻机构管理条例》,2008年它被新的《外国常驻新闻机构和外国记者采访条例》所替代。新《条例》第十七条规定:"外国记者在中国境内采访,需征得被采访单位和个人的同意。"第十八条规定:"外国常驻新闻机构和外国记者可以通过外事服务单位聘用中国公民从事辅助工作。外事服务单位由外交部或者外交部委托的地方人民政府外事部门指定。"

为管理港澳记者在内地的活动,2001年中国记协受中共中央对外宣传办公室和国务院港澳事务办公室委托,以发布"须知"的方式加以管理。2009年港澳办发布《香港澳门记者在内地采访办法》。关于台湾记者到大陆采访的规定,2002年国务院台湾事务办公室发布《关于台湾记者来祖国大陆采访的规定》，2008年它被新的《台湾记者在中国大陆采访办法》所替代。内地的广播电视台可以聘请港澳台从业人员担任主持人、导演、演员、编剧、摄影师参与节目的制作，但不允许主持新闻节目。

进入21世纪以前，我国在传媒领域全面禁止外商投资。世纪之交中国加入世贸谈判，2001年中国在传媒领域承诺：3年内向外商逐步放开图书报刊批发零售业务，开放音像制品的分销，2—4年内逐步放开对广告公司的投资，允许外商投资建设、改造电影院（中方控股），允许每年以分账形式进口20部外国电影。

根据2018年6月发布的《外商投资准入特别管理措施（负面清单）》，我国禁止外商在11个领域投资，包括禁止投资互联网新闻信息服务、网络出版服务、网络视听节目服务、互联网文化经营（音乐除外）、互联网公众发布信息服务；禁止投资社会调查；禁止投资新闻机构（包括但不限于通讯社）；禁止投资所有媒体的编辑、出版、制作业务；禁止投资所有广播电视及附属台站，禁止从事点播业务和卫星接收设施安装服务；禁止投资电影制作公司、发行公司、院线公司以及电影引进业务等。比较2017年的《外商投资准入特别管理措施》，只取消了禁止投资互联网上服务营业场所的规定。同时，在广告、印刷、发行、影视节目制作方面，在中方控股前提下，开放了较多的具体合作领域（项目）。

为巩固社会主义文化阵地，我国严格禁止外国和中国港澳台地区传媒的内容入境。仅在2009年开放了外国机构的金融信息服务，同时对这类信息服务有严格的审查规定。

对境外出版物的进口，2005年新闻出版总署发布了《订户订阅进口出版物管理办法》（2011年修订）。2017年，新闻出版广电总局和海关总署发布《出版物进口备案管理办法》，开始实行备案管理制度；通过信息网络进口的数字文献数据库，只能由经过批准的经营单位进口，每年末报总局备案。

对境外电影、电视节目的引进和播出，有2001年的《电影管理条例》、2004年的《境外电视节目引进、播出管理规定》管辖。前者第二十五条、后者第十五条，都规定了10个方面的禁载内容。后者第十七条规定："经批准引进的其他境外电视节目，应当重新包装、编辑，不得直接作为栏目在固定时段播出。节目中不得出现境外频道台标或相关文字的画面，不得出现宣传境外媒体频道的广告等类似内容。"

七、我国新闻实践中的"新闻官司"

我国关于新闻传播的法律体系已经基本完善,各种法律、法规、行政规章和政策文件里的很多条款都涉及新闻传播领域。涉及法治的新闻传播领域的问题,大都能解决。正是由于有这种全局性质的法治背景,从1987年开始,中国出现了一系列"新闻官司",法院大多有法律依据来判决。

新闻官司的出现,体现了对言论的保护和对名誉的保护(名誉权也是基本人权)。新闻官司的出现是个好事,说明社会的法治理念开始增长了。新闻官司中经常出现的一个词"诽谤"。古代社会,尤其在西方古代社会,"诽谤罪"是对达官贵人的保护,只要批评政府官员和王室,不管你批评的是正确的还是错误的,就是"诽谤"。现代社会多数"诽谤法"是对公民名誉、对表达自由的保护。

改革开放以后,我们的思维方式一时没有改变过来,发生了很多冲突。鉴于过去这么多的教训,渐渐地,我们的观点发生了变化,过去强调传媒是阶级斗争的工具,还认为是无产阶级专政的工具,现在我们认识到,阶级斗争工具只是传媒在特定条件下的一种功能,传媒任何时候都不能作为专政的工具,媒体不能够再批判人、诽谤人、审判别人。媒体只能报道各种信息,不能给别人定罪。这是一种重要的认识上的转变,这种转变包括观念的转变、作风的转变、报道方式的转变、文风的转变。20世纪80年代出现的"新闻官司",帮助我国传媒走出了"以阶级斗争为纲"的阴影。

虽然有了这么多转变,但是过去的某些影响在传媒冲突中仍然发生,传媒常常以某种纯朴的正义观念来谴责坏人,而缺少法治意识。例如有人通过传媒揭露了很多骗人的现象,追求正义,这是应该支持的。但在与别人论战的时候,双方或单方,会有意无意地受到"以阶级斗争为纲"时期语言的影响,这方面需要我们注意。

2003年的某新闻官司,一方骂另一方是"江湖骗子"、"无赖相"等等,这就属于"文革"语言。2005年的某案,一方说另一方"丧失良知、道德沦丧",这样的词不应该被使用。2006年的某案,缘由之一是一方说另一方是"欺世盗名之徒"、"来自中国的江湖术士",干吗要用这样的语言呢？2007年的某案,一方骂另一方"自吹自擂"、"拔高自己"、"玩冒充把戏"等等。可能你是正确的,你很正义,但你要用文明、冷静的语言来批评对方。

我们现在关于诽谤、侵权方面的法律已经健全,最早的是1979年《刑法》第145条(1997年《刑法》修订版第246条):

> 以暴力或者其他方法公然侮辱他人或者捏造事实诽谤他人,情节严重的,处三年以下有期徒刑、拘役、管制或者剥夺政治权利。

当时,谁也没有意识到这个条文与记者有什么关系。到了1986年的《民法通则》,进一步有了具体的规定:

> 第101条：公民、法人享有名誉权,公民的人格尊严受法律保护,禁止用侮辱、诽谤等方式损害公民、法人的名誉。
> 第120条：公民的姓名权、肖像权、名誉权、荣誉权受到侵害时,有权要求停止侵害,恢复名誉,消除影响,赔礼道歉,并可以赔偿损失。

所以,我们再不能随便使用肮脏的词汇、谩骂的方式表达观点、批评人家,法律将约束我们的言行。

我国"新闻官司"的首要问题早已不是没有法,而主要是有法不依、执法不严。法院在公民与官员、政府机构、公司企业之间的纠纷中,往往本能地或有意地倾斜强者,压抑了公民的表达权利。有些规定也有问题,例如公权力机构可以作为起诉诽谤的主体。这里列举21世纪初的几个当时纠正的案例：

> 2006年8—9月的"彭水诗案"。重庆市彭水县教委借调干部秦中飞,因发布一则针砭时弊的短信诗词,涉嫌诽谤被刑拘。经舆论关注,秦中飞被关押29天后"取保候审"。再过25天,该案被认定为错案,秦获得了国

家赔偿。

2007年1月山东的"高唐网案"。山东高唐县民政局地名办主任董伟,在百度贴吧贴有"孙烂鱼更黑"等语,被当地检察机关指控侮辱县委书记孙兰雨,被公安机关送进高唐县看守所,同时被关的还有另外两人,他们被当地电视台报道为"重大网络刑事犯罪团伙"。2008年1月,孙兰雨被免职。

2008年1月辽宁西丰的"诽谤领导"案。1月4日,辽宁西丰县公安局数名警察来到北京《法制日报》下属的《法人》杂志,称该刊记者朱文娜因报道该县某一案件而涉嫌诽谤罪。他们出示了警官证、对朱文娜的《立案通知》及《拘传证》。2月5日,辽宁省铁岭市委宣布决定,责令西丰县县委书记张志国引咎辞职,并就此事写出深刻检查。

下面说一下法学界对此的基本认识,即对于言论和表达错误(包括发表假新闻)处罚的几个原则。1999—2000年发生恒升远东计算机诉顾客王洪侮辱案后,一位法学家分析时谈道:

> 判决书认为本案被告人使用了"侮辱性语言",例如王洪将恒升的产品称为"垃圾品";《微电脑世界周刊》引述王洪的话,称恒升的电脑"娇气得像块豆腐,这样的东西和好产品比起来不是垃圾是什么?"因此"亦损害了恒升集团的名誉"。如此说来,那些其股票被人们称为"垃圾股"的公司和股东们也可以提起名誉权诉讼,中国足协也完全可以不断地雇佣规模庞大的律师团,通过对各地球迷提起名誉权诉讼而大发横财——在球迷们举着的大横幅上,公然称我们的甲A联赛是"假A联赛"和"假极联赛",这不是"侮辱性语言"又是什么呢?
>
> 企业也好,法院也好,都不要过分低估人们的判断力。如果恒升集团的电脑绝大多数并不是"娇气得像块豆腐"的"垃圾品",相反,是顶呱呱的优质品,而且集团主事者也具有足够的智慧,那么,良好的售后服务对个别不满的化解,绝大多数消费者对产品的称赞,将足以使那些"侮辱性语言"遁于无形。顺便说一句,这也是有关名誉权纠纷处理的一条重要法理

定律:依据健全理性不会信以为真的言辞不构成名誉侵权。①

这里提出了一条原则,即"依据健全理性不会信以为真的言辞不构成名誉侵权"。

《检察日报》2007年7月30日组织讨论
《面对虚假信息传播　刑法的手伸到哪儿》

2007年7月30日《检察日报》发表了一组文章《面对虚假信息传播　刑法的手伸到哪儿》。在讨论中,律师王宇、法学家邓子滨明确了三条原则。在这里我们熟悉一下:

● 法无明文规定不为罪。打击某种犯罪行为只有定性准确,才能面对社会公众的考评。如果罪名不合适,不如转换解决问题的思路,以行政处罚或治安处罚来处理。

● 对于民事领域里能解决的问题,公权力不应轻易介入。刑罚不宜过分关注平常的琐细之事,否则无力应对和惩治真正重大的危害。对网络而言,即使网友批评和揭露的某些事实有所失实,也不构成诽谤罪。如果说网友的帖子侵害了对方的名誉权,对方完全可以通过民事途径来维权。法律也是有边界的,法律不能无所不能,不能张牙舞爪,不是所有的问题都应由法律来解决。

● 刑法若有模糊之处,应当善意解释法律,应当以"有利于被告人"的

---

① 《南方周末》1999年12月24日。

第七讲
新闻法治

原则来解释法律。这些，恐怕都是我们在处理新闻官司，特别是处理言论冲突时需要确立的原则。

这些原则之所以重要，在于我们身边发生的违背这些原则的案例较多，需要用法治而不是人治来处理各种言论传播的冲突事件。

言论的表达，不能什么都得通过法律解决，法律是不得已的最后手段。法律也是有边界的，法律不能无所不能。对于民事领域里能解决的言论问题，刑法不应轻易介入。

在实际运用法律处理言论问题时，应当善意解释法律，以"有利于被告人"的原则来解释法律，这样才符合罪刑法定和无罪推定原则的精神实质。

2007年7月8日，北京电视台生活频道《透明度》栏目播出专题节目《纸做的包子》。该节目说，接马姓包子业者举报，有一些流动摊贩卖的包子都是"纸馅包子"。6月15日8时，依据马先生提供的线索，电视台记者在北京市朝阳区东四环街附近找到一个纸馅包子工厂。记者偷拍到的纸馅包子生产过程如下：该厂工作人员先在一个大铁盆内装满火碱（氢氧化钠）溶液，把废纸箱放进去泡烂，再用菜刀将泡烂的废纸剁烂，随后放入大量猪肉香精调味，将废纸与猪肥肉以6比4的比例搅拌均匀，并加入大量食盐掩盖异味，包好之后放在破旧的蒸笼蒸熟，拿去流动摊贩贩卖，每天至少卖出2 000个。

偷拍结束后，记者回到台内，做了一个实验：把一张瓦楞纸板徒手撕碎，放入一个已装满火碱溶液的烧杯里面泡烂，取出泡烂的瓦楞纸，把泡烂的瓦楞纸揉成包子馅的样子，这一团瓦楞纸的外观确实与真正的包子馅相似。7月3日14时，经由北京电视台记者的带领，北京市工商局朝阳分局左家庄工商所的执法人员突击检查纸馅包子工厂，当场查获纸馅包子的生产工具，并得知该工厂没有营业执照也没有卫生许可证，于是当场取缔该工厂。

节目中，北京市海淀区卫生局卫生监督所综合执法队队长周凤武提醒，消费者最好不要去流动摊贩买包子，纸馅包子通常气味刺鼻、口味咸重、外观有漏馅。该节目播出后轰动全市。

7月16日，北京市公安部门组成的专案组公布调查结果：《透明度》栏目组临时人员訾北佳，化名"胡月"，用欺骗手段要求做早点生意的陕西省来北京人员卫全峰等 4 人为其制作纸馅包子。然后,他又用自己的家用数码摄像机拍摄了制作过程,后获得播出。为此,訾北佳被刑事拘留。7 月 18 日,北京电视台晚间新闻节目播出电视台向社会深刻道歉的声明。

2007 年 7 月 18 日北京电视台晚间新闻节目播出
电视台向社会深刻道歉的声明

7 月 18 日晚间,新浪、搜狐等主要网站的"纸包子是假新闻"的标题一度被撤,引起网友怀疑背后藏有内幕。有人对于真相质疑,怀疑纸包子是訾北佳按照别的不良包子商家的方式,指示卫某等制作的,政府部门公布这个真相是为了缓和公众对食品安全的担忧,以及维护北京在 2008 年奥运会期间的形象。

8 月 12 日,也就是事发后 34 天,北京市第二中级人民法院对该新闻的拍摄者訾北佳作出一审判决:訾北佳故意捏造事实,编制虚假新闻,并隐瞒事实真相,使虚假节目得以播出,造成恶劣影响。其捏造并散布虚伪事实的行为,损害了特定食品行业商品的声誉,情节严重,已构成损害商品声誉罪。据此,判处他有期徒刑一年,并处罚金 1 000 元。

制造并播出假新闻固然是错误,但这属于言论范畴的错误。因此,以刑事罪名("损害商业信誉、商品声誉罪")判罪,在司法审判史上是一例负面案例。关于这一判决的分析意见整理如下:

首先,"损害商业信誉、商品声誉罪",必须是特定主体的商业信誉和特定商品的声誉。訾北佳制作的假新闻,未针对特定的包子经营者或者特定品牌的包子。与其说他损害了他人的商业声誉,不如说他损害了北京的社会信誉。但是,我国《刑法》并未规定损害社会信誉也构成犯罪。法无明文规定不为罪,我国已废除"类推"定罪的规定,所以訾北佳的行为不构成犯罪。以前性质和恶劣程度大体相同的假新闻,如甲醛啤酒、女研究生被绑架等等,编造者受到的都是行政或民事处分,而非刑事处分。

其次,不能通过类推方式追究刑事责任。訾北佳做了一件错误的事,但他没有构成犯罪。他被定罪,可能有以下原因:

第一,有关司法人员对《刑法》第221条规定的"损害商业信誉、商品声誉罪"的理解有误,没能正确理解和适用法律。

第二,訾北佳一案,从公开的报道来看,特殊的操作影响到司法的公正性。此案以"损害商业信誉、商品声誉罪"为案由,案件自然很小,却由北京市检察院二分院起诉,由北京市第二中级人民法院审判,系牛刀杀鸡之举。一般而言,有可能判处死缓、无期的刑事案件,才由中级法院这一级别的法院作为一审法院。此案从7月8日新闻播出,到8月12日一审判决,只有一个月的时间。从侦查,到审查起诉,到法院审判,有许多具体的工作要做,有许多程序要走,30多天的时间走完全部程序,颇为罕见。司法有其自身的原则、方式、程序和节律,外界的过多关注或干预可能造成司法自身的失常。

再次,此案从反面说明:保持社会的开放比压制虚假言论更为重要。在一个信息自由、透明、开放的社会中,假新闻是脆弱的,反之,一个社会信息越封闭,假新闻才会具有破坏性。因此,保持社会的开放比压制虚假言论更为重要。信息市场是脆弱的,对错误言论施加严厉刑罚会造成寒蝉效应。即便出现虚假信息,也应考虑以更多的自由批评的信息来澄清错误,而不是通过国家司法权力,动用刑罚解决问题。

这一事件的传播效果之一是,网上兴起了一个新词"临时工",用以表示某些大事件中受到处分的小人物,暗指上层推卸责任。

第八讲　新闻职业道德

恩格斯说过:"每一个行业,都各有各的道德,而且也破坏这种道德,如果它们能这样做而不受惩罚的话。"这里有三层意思,即行业有道德,道德内涵会与时俱进,违背道德会受到惩罚。新闻传播业当然也有自身的职业道德,不遵循本行业的道德也是会遭到惩罚的。这种惩罚是舆论的谴责、公信力的下降乃至声名狼藉。所以,马克思说:"**道德**是一种本身神圣的独立领域,……**道德的**基础是人类精神的**自律**。"[①]在我国,关于新闻职业道德用了好几个词,道德、伦理、自律、规范等等,其实基本是一个意思。我现在只使用"道德"这个概念。

为什么我没有使用"伦理"(ethics)？因为中国的"伦理"的"伦"是指血亲、姻亲之间处理问题的原则;在外国,伦理的原词没有这一层含义,但是翻译成中文,一旦变成"伦理"这个词,人们马上想到的是血亲、姻亲的关系,是在这个意义上的道德。"自律"这个词分名词和动词,如果是名词的话,是指成文或不成文的关于行为规范的要求,这些要求是非强制性的;如果是动词的话,是指自己约束自己。含义要根据上下文来理解。"规范"这个词,一般来说,包含在道德这个概念里面,因为道德层面有理念部分,也有看得见的成文的公约、规则之类。为了统一用词,我使用的"新闻职业道德"概念,包括新闻传播业一般要遵守的社会公德,也包括新闻传播行业表达与行为的职业规范。

[①]　《马克思恩格斯全集》第 1 卷,人民出版社 1995 年版,第 119 页。

第八讲
新闻职业道德

一、关于新闻职业道德的一般理解

1. 什么是新闻职业道德

我们常说的新闻职业道德的内容由两部分组成。一部分是一般社会道德在新闻传播职业领域的运用,诸如要体现人性、尊重人格、不说谎等,即"什么不能做"的道德责任。就此,一位美国新闻学教授说过:"没有什么道德仅仅适用记者,而工人农民等就用不上了?……我相信只有一种道德——无论你来自中国、美国、泰国,任何6岁的小孩都知道:不要伤害别人,不要偷窃,不要说谎,尊敬他人……"这些,也即新闻职业道德的底线。

另一部分是职业规范,即"应该如何做"的技术性要求——各类媒体都有一套规则,这些职业规则也属于职业道德的范畴。这两者交织在一起,有些要求可以分清,有些很难截然分开。

谈到新闻职业道德的时候,经常会出现"自律"这个词。作为名词,是指职业道德和规范的成文条款,或公认的不成文惯例。作为动词的"自律",即自我约束。这里的自我,除了个人对自己的约束外,行业内的自律组织对行业内人的违规行为的处罚,也可以叫自律,即行业内的自律。

职业道德的重要性,就如意大利文艺复兴初期的作家但丁(Dante Alighieri)所说:"道德常常能弥补智慧的缺陷,然而智慧却永远填补不了道德的空白。"

关于工作规范,瑞典曾经在1970年制定了"公众原则"(新闻自律从报业扩展到广播电视业后,称为"公众原则"),包括六条,非常简略,我觉得非常有用,都是我们在实际的新闻工作中要注意的问

但　丁

题，即：

第一，报道要准确（这是对新闻真实的要求，比我们要求真实的表达更具体）；

第二，报道应给重新参与者留有余地（北欧国家非常重视这个问题。"重新参与者"在我国叫"刑满释放人员"，我们很少考虑他们的处境，不论是正面报道还是反面报道，总要把他们过去的事情写进去，把历史给兜出来——他曾经有过一段什么坏的历史……为了宣传的目的，或是坏人变好人了，或是这个人本来就是坏人，等等，这是我们的习惯思维）；

第三，尊重个人隐私权（这一条是对新闻侵权主要方面的概括）；

第四，慎重使用照片和镜头（这一条涉及图像新闻的侵权问题）；

第五，不对未加审讯的人妄加断语（这一条涉及新闻与司法的关系）；

第六，公布人名时须谨慎小心。

这里的第六条，多说几句。传媒的职能之一是赋予人地位，但是该不该把具体人的名字公开，除了公众人物，对其他人，即普通人，其实要非常小心，弄不好就会侵犯当事人的隐私权。我国有典型报道的传统，似乎你做了好事，我是为了表扬你，就可以把你的名字公开。其实，在法治国家，即使做了好事，要公开的时候，也要考虑到，他是个小人物，是社会的一般公民，他愿不愿意公开他的名字，记者要尊重他自己的意见。中国在这方面恐怕还没这个意识。

一般地说，国际社会关于新闻职业道德要求（自律）有各种各样的形式，有国家范围的行业自律，也有地区性的公约，还有传媒内部制定的规章。尽管表现方式多样，但总体来说，包括八条原则性内容：

第一，维护新闻自由，具有独立精神。

第二，献身正义、人道，为公众利益服务。

第三，恪守新闻报道的真实、客观、公正、平衡等工作标准。

第四，为新闻来源保密（这一点，有的国家归入新闻传播法，有的国家只在职业道德层面有规定）。

第五，不诽谤、侮辱他人。

第八讲
新闻职业道德

第六,不侵犯普通公民的隐私(强调的是普通公民,而不是官员)。

第七,拒绝收取馈赠和贿赂,以及其他各种影响客观报道的酬谢。

第八,不参与商业和广告活动。

以上是一种概括,我们宏观上了解一下。要具体研究的话,各国的新闻传播法对上面涉及的内容,表达方式和切入角度不同,侧重点也有所不同。

2. 新闻职业道德在社会关系中的位置

新闻职业道德与党对传媒的政治要求、市场对作为产业的传媒提出的要求,有关系,但也显然不是一回事。那么,它处在一个什么位置?

我国有四个法定的行业节日,即5月12日护士节、8月19日医师节、9月10日教师节,还有就是传媒行业的记者节(11月8日)。也就是说,国家承认医护、教师、记者这三个工作领域各为一个行业。对不同的行业,政治上有所要求,经济上是否有要求,现在存在争议。但是对不同的行业,社会都有道德要求,这是一致的。人们对传媒的职业道德要求,就是希望能够监测环境,使人及时从传媒那里获悉社会的重大变动事项。下面是我国分别在政治、行业、经济上对这三个行业的要求,其中,属于职业道德层面的要求是中间的部分,它不是政治也不是经济的要求,仅是职业道德和规范的要求。

职业道德的内涵,是指这个行业应履行的基本的社会职责和本领域的各方面的言行规范。教育界的基本职责是传承文化。教育界有一句话:教师就像一支蜡烛,点燃自己,照亮别人。因而,教书育人是教师最基本的职责,也是职业道德的表现。医护界,早在19世纪就由英国护士南丁格尔创立了无国界的人道主义、救死扶伤等职业意识。尽管个别医护人员可能做得不好,但社会对医护界的基本职责的认识是确定的,多数医护人员在长期的职业熏陶中,能够自觉遵循这些职业要求。在旅行中我多次遇到这样的事情:广播喇叭响了:哪位是××科的医生(或护士)?×车厢出现了病人(或孕妇),请你们马上赶来。身边正在聊天的人中,听到广播,就会有人立马起身去了。我们一看就知道他(她)是医生或护士。他们有这种职业道德意识。这时候他们绝不会问:给多少钱?因为我是医生,我是护士,我有责任、有义务救死扶伤,实践人道主义。

20世纪80年代,全国记协表扬过一位浙江的行业报记者。他当时乘坐从北京开往南京的一趟特快列车，途中列车发生了脱轨事故，死伤不少人。火车上有数百位日本青年，是胡耀邦邀请到中国访问的3 000名日本青年的一部分。那时候通信联系比较落后，大量援救人员不可能马上赶到。这位受了轻伤的记者，爬出来后首先想到的是救人，救出了好几位日本青年。等到抢救的大队人马赶到，他意识到自己是记者，又开始到处采访。他是当时唯一在场的记者，回到杭州以后，写了一篇很长的报道，报道了这个突发事件，因而受到全国记协的表扬。当时没有"职业道德"或"职业精神"的概念，主要是从政治上对他表扬。其实，这位记者的行为体现的就是新闻职业道德：在他人的生命受到威胁的时候，首先想到的是做人的基本道德，所以要先救人；救人的人马来了，意识到我是记者，行业报记者也是记者，应履行记者的工作职责。

传媒的基本职责是监测社会环境——向人们报告发生在身边的或遥远地方的重大社会变化，老百姓知道这个信息以后能够采取措施来应对。这种职责不是政治要求（过去我们往往把它作为一种政治要求），也不是市场要求，不是让你去赚钱，这是一种职业意识，或者叫职业精神。上述内容图示如下：

```
              政治上      职业上      市场上
    教育    思想阵地—传承文化—市场竞争主体（有争议）
    医护    健康机构—人道主义—市场竞争主体（有争议）
    传媒    党的喉舌—监测环境—市场竞争主体（部分）
                          ↓
            不是政治要求→职业意识←不是市场要求
```

事实发生了变动，特别在事实涉及人民重大利益的时候，新闻记者有责任和义务向公众及时报告。这一点需要翻来覆去强调，如果你不报，缺乏职业冲动，就是失职。当然，我们还会有各种各样的其他要求——什么情况不能报，那是另外的问题。原则上，作为新闻记者，你的基本职责是向公众报告新近发生的事实的变动。

现在新闻理论中常说"新闻专业意识"、"新闻职业精神"，它们包含以下内涵：

第一，监测社会环境的责任意识。

第二，职业言行的规范意识。我国新闻从业者缺少言行规范意识，只意识到对上级负责,没有意识到更要对广大新闻接受者负责。同时,我们也缺少一套完整的专业评价标准。

第三,必要的专业知识、技能。在我国说做医生,大家都知道,他们的知识结构和操作必须非常专业;做教师,对知识结构的要求也很高;一说做记者,似乎什么人都能当记者,这种认识本身就说明,新闻传播专业还不够专业。实际上,记者这个职业应该具备比一般人多得多的知识储备,如今是信息社会,还得要求具备跟得上科技发展的操作技能。每一个传媒单位,应该有一套专业的培训制度,不断地进行知识更新。

第四,严格、客观的专业资格的认可制度。形式上,我国的传媒都有专业资格的认可程序——助理记者、记者、主任记者、高级记者;编辑也是一样,都有职称——初级、中级、副高和正高(助理编辑、编辑、主任编辑、高级编辑)。但是在专业资格认可的过程中,行政方面的影响很大,专业标准很难把握。尤其在高级职称层面,一些人的高级职称不是由于他的专业知识和技能有多强,而是由于他是领导。官大了,知识技能似乎自然就该高,高级职称自然就有了。

第五,专业内部的自律体系。现在我国形式上的自律有全国层面的《新闻工作者职业道德准则》,但主要是政治要求,涉及新闻传播专业的要求不多,没有可操作性;全国记协负有一定的自律机构的职责,作用微小。倒是在一些较大的传媒和传媒集团内部,有的制定了相当完备的工作规则,有很厚的一本或几本书。现在的问题是没人执行。到一个大媒体去问:你们有没有职业规范?他们会拿出一两本来,里面说得非常细致,但是谁来检查呢?没人检查。这恐怕是一个最大的问题。至于较小的媒体和多数自媒体,可能根本没有。所以,如何有一套制度保证自律的执行,还

《守卫底线》封面

要走很长的路。

第六,专业精神的范例。新闻专业意识需要环境氛围的培养,就像我们在人人都遵循交通规则的环境里,抢行的人在众目睽睽之下也会变得守规矩。相反,如果大家都不按照规矩排队上车,想排队的人永远上不去车,他只能也去不顾一切地挤车。我国新闻传播界表扬了很多记者、编辑,是一种组织行为,因而很高大上,一般人可以仰望,但学不来。专业精神的范例不是组织的产物,而是自然形成的,它应该存在于每位新闻传播从业人员的心中,不是外在的东西。鉴于我们尚没有这种传统,那么就从最小的事情做起吧。

我推荐大家读一下社会学家孙立平的《守卫底线》(社会科学文献出版社2007年版)。这本书我看了以后特别感慨,他在前言里面说了一段话,对我们还是很重要的:

> 底线实际上是一种类似于禁忌的基础生活秩序,这种基础生活秩序往往是由道德信念、成文或不成文的规则、非正式的或正式的基础秩序混合在一起构成的。
>
> 比如"不许杀人放火"、"货真价实、童叟无欺"等等。不说谎,恐怕也是人的基本的道德底线,人人都说谎,结果必然是大大增加每个人确认真实的成本,这是一种维系社会正常运行的"最低道德保障"。"底线"根植于人最基本的道德信念中。"说谎"或"造假"这样由记者制造的看点,如果不坚决加以制止,传媒的公信力将丧失殆尽。

现在,请做过记者的回顾一下自己的采访,你是否说过谎?特别是所谓的"暗访",它本身不是在说谎吗?记者为了拿到信息,经常说一些言不由衷的谎话。说谎是不应该的,但是我们经常在说谎。这个道德底线我们突破了,还讲什么专业意识!孙立平对传媒提出了基本要求——不要说谎。我们记者若连这一点都做不到,谈何职业精神啊!

传媒的记者、编辑在工作中永远无法照顾到与其报道内容利益相关的所有方面,于是产生了很多记者、编辑面临的"道德两难"(moral dilemma)。他们亟须明确的工作职能、边界的行业规范。记者和编辑、经营部门和编辑部门

第八讲
新闻职业道德

的职业角色是不同的。如果只以传媒一己的利益作为衡量是非的标准,那么传媒便会丧失其基本职能,成为唯利是图的利益集团。

有了明确的职业规范,公开不同岗位的责任、权利、利益,使得传媒内外的监督"有据可查"和准确落实,可以保障传媒中的各职能部门、各种身份的人充分到位。在发生矛盾冲突的时候,按照一定的职业规范的程序做,可能仍然会遭到难以避免的某方面的指责,但这毕竟是一种最为合理的选择。

3. 新闻自律组织

新闻职业道德除了个人通过自我约束来遵循外,也需要行业内实在的约束。

20世纪中叶起,新闻传播行业内部形成自律组织,形式上各国差别较大,英国、荷兰、印度叫"新闻评议会",瑞典叫"新闻业公正委员会",波兰叫"记者法庭",美国有些传媒建立了新闻公评人制度(news ombudsmanship),这些都是新闻传播行业的自治组织。英国的新闻评议会成员由不同传媒的记者编辑和社会代表共15人组成。瑞典、荷兰、土耳其新闻自律组织的主席,请法学家或律师担任。

自律组织的主要工作是审理涉及自律范围的申诉,进行仲裁或调解,并予以相应的制裁。这种制裁一般是公开批评(同时承担少量的审理费用),或要求当事人或传媒公开道歉、说明。这种名誉制裁作用在西方文化氛围里是较为有效的,因为名誉好坏直接关系媒介的生存或当事人的生路。

中国没有明确的新闻自律组织。全国记协一定程度上担当着这个角色,但它参与解决新闻传播界与社会冲突的事件,数量较少,影响微弱。

在中国,中国共产党是领导一切的,不允许建立组织化的西方模式的新闻评议会。现在可以做的是,在各较大的传媒集团内部建立监督执行本传媒制定的职业道德和规范的机构。只要有人认真监管,还是有效的,但这需要一定的经费来维持这个机构的运转。主要还不是经费问题,而是不重视,造成监督本传媒职业道德和规范的机制,在我国多数媒体都不够健全。

4. 全国记协制定的《中国新闻工作者职业道德准则》

我国1991年起由全国记协颁布职业道德准则,这个自律文件目前共有四个文稿,有效的是第三次修订稿。1991年的第一稿共八条:① 全心全意为人民服务；② 以社会效益为最高准则；③ 遵守法律和纪律；④ 维护新闻的真实性；⑤ 坚持客观公正的原则；⑥ 保持廉洁奉公的作风；⑦ 发扬团结协作的精神；⑧ 增进同各国新闻界的友谊与合作。

该文件1997年第二次修订时调整为六条：① 全心全意为人民服务；② 坚持正确的舆论导向；③ 遵守宪法、法律和纪律；④ 维护新闻的真实性；⑤ 保持清正廉洁的作风；⑥ 发扬团结协作精神。这次修订删掉了原来的第五条和第八条。原第五条"坚持客观公正的原则"被删掉受到外界的关注，因为"客观"、"公正"是新闻职业规范中最重要的概念。解释者表示，其实没有删掉，而是转移到新闻真实的小标题之下了。

2009年11月27日，该文件第三次修订，调整为七条29款：

第一条　全心全意为人民服务。要忠于党、忠于祖国、忠于人民，把体现党的主张与反映人民心声统一起来，把坚持正确导向与通达社情民意统一起来，把坚持正面宣传为主与加强和改进舆论监督统一起来，发挥党和政府联系人民群众的桥梁纽带作用。

第二条　坚持正确舆论导向。要坚持团结稳定鼓劲、正面宣传为主，唱响主旋律，不断巩固和壮大积极健康向上的舆论。

第三条　坚持新闻真实性原则。要把真实作为新闻的生命，坚持深入调查研究，报道做到真实、准确、全面、客观。

第四条　发扬优良作风。要树立正确的世界观、人生观、价值观，加强品德修养，提高综合素质，抵制不良风气，接受社会监督。

第五条　坚持改革创新。要遵循新闻传播规律，提高舆论引导能力，创新观念、创新内容、创新形式、创新方法、创新手段，做到体现时代性、把握规律性、富于创造性。

第六条　遵纪守法。要增强法治观念，遵守宪法和法律法规，遵守党的新闻工作纪律，维护国家利益和安全，保守国家秘密。

第七条　促进国际新闻同行的交流与合作。要努力培养世界眼光和国际视野，积极搭建中国与世界交流沟通的桥梁。

第八讲
新闻职业道德

5. 目前中国主要用行政规章和政策文件处理违反新闻职业道德的问题

鉴于我国新闻传播业的新闻职业意识比较薄弱，2003年起中宣部在全国开展关于职业精神的学习教育。2005年3月，中宣部、新闻出版总署、广电总局公布《关于新闻采编人员从业管理的规定（试行）》。这是一个行政规章，对于遏制一些明显的、过分的违背职业道德的行为有一定效果。本来，属于新闻职业道德的问题，不应该以发布行政规章的方式来管理。由于网络条件下呈现了更多的新的新闻职业道德的表现，相应的行政规章和政策文件不断增多，无形中进一步强化了我国新闻职业道德问题他律的情形。

《关于新闻采编人员从业管理的规定（试行）》的报道

行政规章是最低一级的法规，与其他法规、法律一样，是刚性的。这样的规章和政策文件越多，新闻传播业的自由活动空间越小。这是一种无奈的他律替代自律的现象，不是最理想的状态。

我们面临一个悖论：如果采用发布行政规章和政策文件的方式解决传媒的职业道德问题，就说明我们仍然不是一个行业，还是党政机关；可是我们又在进行新闻职业意识的教育，即承认新闻传播是一种职业，就要通过新闻职业道德的机制来解决属于职业道德与规范的问题，不能用党建的方法解决不属于党建的事项。无论如何，由于我国新闻传播从业人员尚没有完全形成职业道德和规范意识，现在还得靠行政规章和政策文件来监督和管理。

二、新闻职业道德应有的内涵要点

我国关于新闻职业道德的研究成果中，叙述应然的太多，实在地提出一套全面而具有可操作性的新闻职业道德自律成果的，目前只有两本。

1.《中国新闻职业规范蓝本》

2012年，我与周俊、陈俊妮、刘宁洁所著《中国新闻职业规范蓝本》（41万字，434页）较为全面地论述了新闻传播业在各方面应遵循的职业道德和规范，共提出具体的职业道德和规范要求28类、572条。以下是该书目录：

《中国新闻职业规范蓝本》封面

一、原则
1. 总则
2. 法律原则
3. 专业原则
4. 社会责任原则
二、职业角色
5. 新闻与司法：传媒审判
6. 新闻与公共利益：隐性采访
7. 媒介与私人领域：传媒逼视
8. 新闻与公共关系：传媒假事件
三、利益冲突
9. 兼职与社会活动
10. 虚假新闻
11. 有偿新闻、有偿不闻、新闻敲诈
12. 新闻与广告：新闻植入式营销
13. 传媒监督
14. 传媒的不正当竞争
15. 消息来源、新闻线人、付费采访
16. 新闻传播与国家、民族、宗教
17. 新闻与弱势群体、未成年人、性别
18. 新闻与公众人物
19. 新闻侵权
四、新闻业务
20. 新闻的叙述与语言
21. 新闻与著作权
22. 新闻与性、暴力

23. 灾难新闻	26. 图片新闻
24. 犯罪新闻	27. 娱乐新闻
25. 自杀新闻	28. 时事地图

"总则"是对新闻职业规范性质的说明:

第一,新闻职业规范属于新闻传播业的自律,不具有强制性质。传媒的自律可以使传媒和新闻从业者赢得社会的信任和尊重。

第二,新闻职业规范体现传媒的善意和新闻从业者的社会良心,融合了为公共利益服务和新闻专业主义的价值理念。

第三,新闻职业规范提供一种理想标准,以便用于评价、判断及改进传媒和新闻从业者的职业行为及社会形象。

第四,新闻职业规范能够让公众有依据地讨论和评价传媒和新闻从业者的职业意识和行为。

然后,从三个方面讲述新闻职业道德和规范的具体要求:

第一部分是从新闻业本体角度讨论新闻工作的"职业角色",相对宏观一些,但也很现实。新闻传媒是做什么的?如果对这个问题认识不清,就会出现传媒行为越界的问题,或为了主持公道,或为了追求私利,都有可能因为有悖法治而被公众诟病,甚至被告上法庭。

第二部分是传媒与各种利益发生冲突时该怎样做,或不该怎样做的要求。我国新闻传媒业进入社会主义市场经济以来,迅速成为一个巨大的社会行业,中国的城市人口已经生活在由传媒构建的环境中,农村也在逐步进入这样的环境中。传媒的扩张越大,与社会的接触面越宽,与社会各方面发生利益冲突的机遇也就自然更多,这就需要传媒有可操作的职业规范来自我约束,同时,这也是解决传媒与社会冲突的行业内依据。

第三部分是新闻传播专业工作所要求的各种规范,更为具体。新闻传播业既然是一个国家承认的行业,这个行业本身需要精细的专业原则立身,这些专业工作的原则,即新闻业务方面的职业规范,分为九个方面。

这里无法详尽述说这 572 条新闻职业道德和规范,主要展示一下总体"原则"方面的专业原则和社会责任原则的条目,略去了述说和设立的根据,在后面的具体问题或情境中,还有更为细致的条款,以便做到"可操作"。

新闻专业原则

(1) 新闻真实、准确原则。

① 竭力寻找事实真相,不策划、制造事实或推动事实的发展。

② 准确叙述事实,不夸大其词、杜撰事实、对事实进行文学想象。

③ 呈现并核实事实的细节,但这些细节不能侵犯公民的隐私权和未成年人的权益。

④ 尽可能明确交代消息来源,以直接引语的形式再现当事人的陈述或观点,或按照其原意进行概括。

⑤ 模拟再现事件情景,需做出明确标示。

⑥ 报道出现失误或失实,及时公开更正。

⑦ 对复杂事件进行跟踪报道,防止报道有始无终。

⑧ 不剽窃、不抄袭其他传媒和新闻从业者的报道。

(2) 新闻客观、平衡原则。

① 记者只叙述事实,不在消息中对事实以个人口吻加以评论或对事实的性质作出判断。

② 使用超脱情感的中性词语叙述事实。

③ 利用声音或影像叙述事实时,不使用配乐。

④ 引述记者以外的观点、意见和评论时,与自身的叙述明确分开。

⑤ 平衡呈现事件所涉各方的事实和观点,不使用片面的消息来源。

⑥ 对于报道中受到批评的当事人,给予答辩机会。

(3) 新闻时效原则。即刻报道事实,不拖延或隐瞒,除非有合乎法律和新闻职业道德的理由。激烈的市场竞争使得"时效原则"自然成为新闻从业者的职业理念。

(4) 自主原则。新闻从业者与所报道的人或组织保持适当的距离,不与其发生经济利益关联。

① 谢绝报道对象的馈赠、免费旅游等(小额的象征性礼品除外)。

② 不参加可能影响职业行为的活动,不从事与新闻报道无关的兼职。

第八讲
新闻职业道德

③ 明确区分广告和新闻,新闻中不出现模糊两者界限的内容。

④ 若无法避免这类利益关联,在报道中予以说明。

传媒的社会责任原则

(1) 新闻报道兼顾公共利益和个人权利的原则。

① 报道的内容符合公共利益,内容涉及公共事务的信息、政策和法治方面的信息、知识和文化信息、重要的灾难或事故的信息、危害公共健康和社会安全的信息、监督公务人员渎职或失职的信息、维护公民各项权利的信息等等。

② 报道涉及公共利益信息的同时,不侵犯无关公共利益的个人权利,例如尊重公众的姓名权、肖像权、名誉权、隐私权等人格权利;保护未成年人的权益等。

(2) 减少伤害的原则。

① 尊重和保护未成年人、少数民族、女性、残疾人等特殊人群。

② 舍弃可能会伤害报道对象名誉的无关紧要的细节。

③ 舍弃可能会煽动暴力或冲突的有关仇恨的内容。

④ 舍弃可能会引起公众心理伤害或不适的无关紧要的内容。

⑤ 尚未被法院判罪的犯罪嫌疑人应被认为是无罪的,不能在报道中对其进行有罪断定。

(3) 更正与答辩的原则。

① 传媒建立投诉和申诉渠道,每天自我检查,一经发现有严重失实、误导性陈述或歪曲的报道,立即以显著方式更正,澄清事实,公开致歉。

② 更正要使公众明白相关报道是全部还是部分失实;澄清所有的事实,包括可能存在的误导倾向,被省略的重要细节,以及报道与客观事实不符的细微差别等。

③ 对于严重的失实、误导或歪曲的报道,在致歉中明确说明错误如何发生,由谁负责(可不公布其姓名,但至少公布其职位)。

④ 个人或组织以正当理由对相关报道提出申诉或异议,传媒应向其提供答辩机会。

⑤ 答辩一般免费刊登原文。

⑥ 传媒若不同意更正或给予答辩，应在一定期限内通知当事人，并提供理由。

（4）回避原则。当所采写和报道的事实，以各种方式涉及当事记者或编辑的利益时，当事记者或编辑应该回避，不参与采访和报道。

以上要求中，部分内容与新闻传播法的内容重合。本来，法就是道德的延续和最后底线，所以道德与法并不矛盾。一般地说，轻度的违反道德问题由职业道德自律来约束，严重的问题可能就上升到新闻传播法层面。

2.《媒体人新闻业务守则》

这是中国广电系统的一个课题，由徐迅、阴卫芝等主持，比较全面地提出了一套适合广电系统的新闻职业道德要求，2015年以一本很薄的小册子《媒体人新闻业务守则》（52条）和一本较厚的《〈媒体人新闻业务守则〉释义》（40万字，336页）的形式出版。前者目录如下：

《媒体人新闻业务守则》封面

《〈媒体人新闻业务守则〉释义》封面

第八讲
新闻职业道德

一、信息来源
1. 明确交代消息来源
2. 法定消息来源
3. 权威消息来源
4. 匿名消息来源
5. 付费的消息来源
6. 引语
7. 与消息源保持距离
8. 尊重采访报道对象的合理要求

二、公共事务
9. 公共利益
10. 国家秘密
11. 公开政府信息
12. 报道突发事件
13. 批评报道
14. 隐性采访

三、他人权益
15. 尊重他人权益
16. 民族
17. 宗教
18. 名誉
19. 隐私
20. 肖像
21. 版权
22. 未成年人
23. 暴力
24. 性
25. 悲伤
26. 死亡

四、事实与意见
27. 客观与理性
28. 事实与意见分离
29. 公正评论

五、利益冲突
30. 避免利益冲突
31. 相关刑罚风险
32. 有偿新闻
33. 兼职与社会活动
34. 新闻报道与经营活动分开
35. 使用微博等社交媒体
36. 反对不正当竞争

六、专业报道
37. 案件报道
38. 人质(绑架)事件报道
39. 财经报道
40. 科技报道
41. 健康报道
42. 图片报道

七、语言与文字
43. 基本用语用字标准
44. 避免语言文字伤害
45. 减少语言文字差错

八、更正、答辩与道歉
46. 更正
47. 答辩
48. 更正与答辩的程序
49. 道歉

九、违反《守则》规范的投诉与处罚

50. 受理投诉的机构

51. 处理投诉的原则

52. 违反《守则》规范的责任

三、造成职业道德缺失的原因和目前首先要做的事情

中国新闻传播业诞生和发展之初,行业的职业道德和规范也随之在形成中,尽管不够完善。随着 1953 年中国新闻出版业全部转变为国有和成为党政机关的一部分,新闻职业道德和规范的概念也随之消失,代之以党建的组织要求和共产党员的修养。于是,在改革开放年代,新闻传播业重新作为社会行业以后,恢复新闻传播业的职业意识面临着诸多同时存在的问题。

1. 体制转型

长期以来,我国的传媒是党政权力机关的一部分,不是一种社会职业。现在除党报党刊以外,传媒都推向了社会,社会的行业部门色彩加强了。虽然名义上成了社会部门,但是在转型过程中,观念上很难很快完全转过来。鉴于上述历史发展的渊源,传媒从业人员很容易产生错觉——虽然不是公务人员,但似乎拥有某种"公权力"。即使记者没有这种意识,被采访者和受众对传媒的认识,也停留在"它是党政机关一部分"上。当记者在采访中亮出自己所属的传媒名称的时候,多数被采访者就是这样认识的,例如,人们会觉得《人民日报》的记者代表党中央。一般来说,人们对《人民日报》的记者,多少会尊重一点;如果是县广播站的记者,有些人理都不理你。这也反映出,老百姓都有这种错觉——认为你是公务人员,加上记者自己也有这样的错觉,在这种情况下,我们怎么可能会形成一种职业意识呢?职业是一个社会行业,而我们到现在还认为自己是公权力的代表。在社会转型中,我们的观念认识还没有完全转过来。

一旦你是公权力的代表,就有人想收买你的权力。传媒的职业权利与他们挂靠的党政机关的权力混同,使得它们容易成为违法乱纪者重点行贿的对象。当市场经济中传媒的资源和空间不足时,在新闻道德意识弱化和职业规

范不明确的情况下,很容易发生"权力寻租"现象,以党政"权力"违法换取发行量、点击量和广告,这对传媒市场的健康发展产生了不良影响。在某种意义上,传播市场秩序的混乱,跟这有关系——传媒是一个公权力代表还是一个社会行业,身份没有完全定位。

2. 商业利益

实行社会主义市场经济后,传媒成为一个个经济利益的单元,这样就有了维护和扩张自身利益的驱动力,而以前传媒作为党政机关一部分时,是没有独立的自身利益的。市场机制引发了利益、生存、发展之争,引发了新闻传媒从业人员行为的多种选择。外部的诱惑越来越多,传媒追求自身利益以及传媒从业人员追求个人利益的动力也越来越大,于是,这种利益的追求与传媒所担负的社会责任之间,会发生矛盾和冲突。如果传媒人缺乏基本的新闻道德,没有有效的职业规范来约束,自然会造成传媒从业人员职业道德意识的淡化。

并非市场经济一定带来职业道德的缺失,问题是这个市场目前缺乏规范。关键是你用什么规则来应对这样的问题。一位美国报纸主编这样说:

> "如果没有旅行社和航空公司,报纸上会有旅游专栏吗?如果食品公司广告商不光顾报社,报上会刊登食谱吗?"广告商会对媒介有各种各样的要求,这些要求往往妨碍新闻报道的全面真实。例如有的广告商要求由他出资主办的节目里不得有其竞争对手的名字,有的要求新闻节目不得对其公司或产品说不利的话。①

确实是这个样子,报纸上的旅游专栏某种意义上会和旅行社、航空公司有利益关系,刊登食谱往往和广告商供应的商品有一定关系,这是商业化社会中难以避免的现象。关键是传媒本身应该有一套规则去应对商业利益,我国目前缺乏这样的系统规范。中央电视台为了防止广告商对新闻报道的影响,规定节目主持人不得做广告,而且很多行政规章也规定编辑部与广告部分开。

---

① [美]约翰·赫尔顿:《美国新闻道德问题种种》,中国新闻出版社1988年版,第151页。

这个原则大家都明白,但在实际工作中,这类商业利益影响传媒社会责任的情况,不是个别的,而是普遍的现象,问题很大。

我国的传媒管理部门,为了防止广告商给新闻报道带来的不公正,规定节目主持人不得做广告,编辑部与广告部分开。但在实际工作中,编辑部仍然会受到广告商的影响。例如,两位武汉大学的新闻研究生在一家报社实习,合写了一篇关于中国某公司存在乱收费现象的批评性报道,该公司对他们的问题不予回答。正当他们打算以"某公司拒绝解释"发稿时,被报社副主任请到了办公室,稿子自然不能发,原因就是:该公司是该报社最大的广告客户。

《南方周末》通常被认为是知识精英的报纸,勇于揭露不良现象,很公正。2004年,该报刊登了一条揭露株洲出售的太子奶质量有问题的新闻,北京大学一位新闻研究生写了一篇评论配合这个报道。稿件投过去以后,编辑回复说写得很好,准备发表。然而再没有下文了。不仅这篇评论不了了之,该报还刊登了太子奶的大幅广告。这位研究生就此写了一篇文章《媒体还是企业,谁的责任?——质疑"太子奶"事件》,虽然把事情说出来了,但又能怎样呢?《南方

《媒体还是企业,谁的责任?》一文刊出样

周末》照样出版,没人理会这位青年作者。公信力较好的媒体都这个样子,还能说什么呢?传媒不是生活在真空中,利益的收买随处可见。这只不过是一个常见的小事例。

胡舒立谈到企业对传媒的利益诱惑,写道:"需要企业提升对媒体的认识。但现实是什么呢?一、不少商界人士缺乏对媒体独立诉求的理解和了解。二、商界试图从媒体人士中吸取的是所谓公关技巧,实际是对付媒体的技巧,不是真正地理解新闻传播的意义。三、也是更令人痛心的,部分商界人士试图腐蚀媒体。我们看到的'广告费=保护费'的现象,虽然还是潜在地出现,但正是这种令人痛心的现实的折射。"①

3. 行业内混岗

这是一个很大的现实问题,尽管我们明确规定传媒的编辑部和经营部门要分开,但实际上没有分开。传媒体制内部编辑部与经营部门的混岗,是造成"有偿新闻"(从新闻生产角度,新闻都是需要成本的,即有偿的。应该是贿赂新闻、金元新闻)屡禁不止的主要原因。

从中央到地方的传媒,都存在要求编辑部人员参与拉广告、提升流量的工作。不少记者的正面采访,往往变成发稿权与广告的交换。这种编辑部与经营部门的混岗,使得新闻价值和宣传价值都会因受到利益的诱惑而扭曲。2002年山西繁峙矿难中,11名记者受贿无闻,除了记者个人的道德问题外,也涉及传媒的制度。一篇关于这次矿难中山西记者受贿的报道写道:"一些报社的做法是记者仍然要承担广告和发行任务,……驻站记者的主要任务变成了拉广告,写稿成了次要的任务。'在了解了山西报业和记者之后,你就会明白记者受贿不是简单的职业道德的问题。'山西报业一位资深人士说。"2002年上海关于传媒伦理的调查报告也谈到这个问题。报告指出:"受访者认为,有偿新闻禁而不止,并非单纯的从业者职业道德和职业素养问题,其中关系到新闻媒介运作机制的深层次原因,是无法回避的。"

4. 传媒人的劳动保障不到位和人员流动率过高

北京电视台的编导訾北佳,在纸馅包子假新闻被揭露后,该台一再强调他

---

① 胡舒立:《要商媒不要媒商》,《东方企业家》2011年第5期。

是"临时人员"。他为什么是"临时人员"？在"临时人员"的身份下，他一定要做出比正式人员更轰动的东西，才能够保住他的编导岗位。

进入网络时代，新闻从业者流动率更高，记者面临生存困境和激烈的竞争。2017年，一篇博士论文作者探访了多位新闻从业者。一位受访者说："毕业后两年我和同学一起租的房子，平时没感觉收入差距有多明显，但每到年底一对比，心里面还是会出现波动。在国有投资机构工作的室友，年终奖把一年的工资翻了一倍；我们报社只是开了个年会，而且，真的只是开会。"新技术新平台给媒体带来了更多的追求经济利益的动力，开始出现令"安分的传统媒体人"眼红或者不安的"暴富"现象。一位受访者说："我的一个同事，离职做了直播平台的主播。我看过他的直播，很多都是跟新闻、跟专业不沾边的噱头，现在平台肯砸钱，观众肯砸钱。有时候我常常想，这做的是什么玩意？但人家的收入对我来说就是一个天文数字。"① 这种情形下为追求流量，新闻煽情、片面、忽略、夸张、造假较为普遍。

传媒有责任对员工进行业务培训和职业意识的培养，但若人员进来以后干了几个月就走了，新的人员进来干了几个月又走了，这家传媒单位就很难形成它的职业意识。已经消失的《京华时报》的前社长和总编吴海民说过，他的报社每年的人员流动率超过30%。也就是说，一年之内有三分之一的人走了，又来了另外的三分之一，人员流动太快。当年创办《京华时报》的最早的一批人，包括他自己，全走了。人员流动这样快，记者对于所服务单位的理念——我是××单位的人，感到很自豪的理念是不可能树立起来的。

生存焦虑下的传媒和记者，不可能顾及职业意识和社会责任感。上面谈到的各种违规现象，半数以上表现为传媒或记者的职业角色与利益的冲突。在生存焦虑的驱动下，传媒或记者会淡化职业责任感（包括政治责任、社会责任和道德责任），遇到新情况，在很短的时间内作出的决断往往反映的便是当事人的逐利本能。

2018年7—10月中国人民大学新闻学院的一项北京地区新闻从业人员调查显示，在新的媒介环境下，市场赋予从业者们多元化的选择空间，令"个人"

---

① 翁之颢：《传媒转型进程中的个体代价研究》，中国人民大学博士学位论文，2017年。

概念凸显出来。在新闻行业之中,从业人员的个人兴趣正逐步成为关键因素,记者希图打造个人品牌,萌发"铺路式"的择业动机。这种情形下,新闻职业道德意识能巩固吗?

目前我国新闻传播业界尚没有在整体上形成牢固的职业道德和规范意识,违反职业道德的现象较为普遍,且还经常认识不到错误,甚至把某些错误的认识或做法视为行业竞争的"秘密武器"。鉴于这种情形,首先要解决的是关于新闻传播职业权利来源的认识,懂得新闻传播职业自律与他律的关系;另外,新闻传播学界也要提高关于新闻职业道德的研究水平等。

目前,我们亟待做的是以下几件事情。

1. 将记者的"权力"意识转变为"权利"意识

对于传媒从业者来说,认识到自己拥有的采访权和报道权是一种"权利"而非"权力",是确立新闻职业意识的第一步。传媒的权利意识主要表现为三个方面:

第一,记者的采访权是公民言论出版自由权利的延伸,传媒的工作权利归根到底是人民赋予的。

第二,新闻传播是信息的"分享",不仅满足传播者的需要,更要满足受众的需要,尤其不能牺牲受众的利益来满足社会利益集团的利益。

第三,传媒的基本职能是社会的观察者、监测者,而非行政、司法的参与者,不能替代行政与司法。

由于利益诱惑太多、职业理想太少,一些记者不知道自己在追求什么、想干什么,缺少对自己工作性质的基本认识。

2. 立足于行业内自控,职业角色通过职业理念的内化而形成

涉及新闻职业道德和规范事项的控制有三种模式:受众控制、第三方控制、同行控制。受众控制是很弱的。第三方即党政部门的控制(他律)是最有力的。行业内的控制,即以自律求自由,可以为传媒赢得较多的有弹性的活动空间。为了避免较多的他律,就需要更多的自律。中国的公众对传媒寄予的希望比任何国家都大,记者是否意识到自己的职责,自觉遵循而不是由外在力量管束自己的新闻职业行为,成为社会瞩目的事情。

职业道德的自律是弹性的,根据不同的情境,其行为的选择可以适度调

整,而法律法规的要求是刚性的,是就是,非就非。如果关于新闻职业道德和规范层面的事情都用法规(还有行政规章、政策文件)来管束,什么可以做和不可以做,就是绝对的,新闻工作的自由度会大大受限。因而,属于职业道德与规范的事项,用行业内的自律来自我控制,是最好的选择。为了避免较多的他律,就需要更多的自律。职业角色通过职业理念的内化而成为一种自觉行动。这样,违规行为少了,行政规章自然而然就少,很少起作用了。

3. 提升新闻职业道德研究的质量,明确一系列具体的职业规范

既然新闻传播业总是要用他律来管,就说明缺乏明确的自律文件,亟须推出几套能够让大家明确该怎么做、不该怎么做的规范。但我国的新闻职业道德研究,较多的论著停留在阐发较为抽象的原则层面,缺少新闻传媒的专业特征和可操作性,与新闻传播的实践,特别是与网络社交媒体的距离较远。

最近几年,这种情形有所改变,前面介绍的《中国新闻职业规范蓝本》和《媒体人新闻业务守则》,便是较全面且可操作的两套新闻职业道德的自律蓝本。这样的研究依据国际同行(国际行业协会和世界著名传媒)的自律文件,总结了中国新闻传播实践的经验和教训,可供我国新闻传播业界健全职业自律参考。不过,学术研究成果的普及和得到新闻传播管理者的认可,需要一个过程。

除了上面的问题以外,最近中国的新闻传播实践中出现了几个新问题,过去这方面的研究没有涉及。这些问题包括采访费问题、视频新闻的事后摆拍和重现问题、陷阱新闻等等。

传媒该向被采访人支付采访费吗?何种情况下应该向被采访人支付采访费?前一个问题,可以根据情况支付一定的费用,但要有一定的条件。关于第二个问题,细节很多,需要根据中国的情形详细讨论。目前的新闻线人和报料费的出现,也属于这类问题。

关于新闻的事后摆拍和重现问题,即一个事情发生了,当时没有拍下来,事后找演员表演一下,可不可以?可以适当做,但第一,只能根据需要偶然做做,不能铺天盖地;第二,要尽可能客观再现。因为事实发生的时候记者不在场,当要再现的时候,再现的事实和真实的事实是不是能够吻合?很难说,因为事后摆拍带有相当的主观性。还有,必须在画面上注明是情景再现,不能蒙

骗受众。

陷阱新闻是什么呢？你走在路上，突然有人向你问路，你匆匆忙忙地说，我很忙，然后就走了。但是当天晚上你发现，你的形象上电视了——你不知道向你问路的人是电视工作者，旁边有一个镜头在偷偷对着你，并且批评你没有热心肠。这叫陷阱新闻，它侵犯当事人的形象与人格尊严。该不该做？怎么做是合理的，怎么做是不合理的，都需要关注和研究。

四、目前普遍存在的违反职业道德和规范的几类现象

在这里，重点论述目前普遍存在的几类违反新闻职业道德和规范的情形。讨论中，自然也就将应该怎样做蕴含其中了。

1. 普遍存在的所谓"有偿新闻"

有偿新闻是指传媒或记者接受贿赂，把没有新闻价值的东西冒充为具有新闻价值的新闻，把市场行为冒充为公益行为，把广告主的利益冒充为社会公共利益，让受众在接受新闻的过程中白白浪费时间，有意无意地接受他们并不需要的信息，甚至误导他们的理解和选择。这与商品的假冒伪劣性质是一样的。

从新闻生产角度看，任何新闻都是"有偿"的，即有生产成本的。现在"有偿新闻"的所指是"受贿新闻"、"金元新闻"，由于这个用词已经约定俗成，难以改了，但新闻传播专业的工作者应该能够正确理解其性质。这是目前中国违反新闻职业道德方面最为普遍的问题。

1923年美国报纸主编协会制定的准则就规定："一个新闻工作者如果利用它的权利来达到其自私的或其他卑鄙的目的，就是对这一崇高职守的背信弃义。"1954年国际新闻记者联合会《记者行为原则宣言》第七条所列严重职业罪恶的行为中，包括"因接受贿赂而发表消息或删除事实"。

中国很多行政规章和文件都禁止"有偿新闻"，但有禁不止。问题在于体制的矛盾：我国的传统媒体是国有资产的文化机构，应该具有公益性质，现在

要求相当的部分采用商业盈利模式来经营,而商业模式必然以营利为目的,目前缺乏监督机制。这是世界上其他国家都没有的新闻经济体制,容易催生腐败和职业无能。新兴的网络媒体目前是多种经营体制并存,以民营的几大网络媒体为职业主体,新闻和专业信息传播与经营是一体化的。这样的体制如何防止商业利益侵蚀公共利益,目前没有很成功的经验。

现在召开记者招待会,领"红包"已成为一种陋习,如果不拿,反而会破坏与采访单位的关系,显得"太另类",下次再有采访机会,没准人家就不通知你了。还有人认为,只要不影响新闻的真实,拿了红包也没有关系。"一位著名媒体的部门主任曾在一个研讨会上谈到他们是如何对待'红包'问题时,说:'你只要能出文章,出版面,合格了,你拿多少好处也不管。'他的这种观点在相当的程度上得到了同行们的共鸣。"①

有的记者认为,虽然拿了红包,但没有因为接受好处而在写作上有所体现。这个道理如同法官受惠于当事人,即使他作出的判决与其他公正的法官无二,我们也有足够的理由怀疑他的判决。同样,如果我们仅仅满足于新闻作品并没有受到赠品或红包的影响,是无法让受众信服的。一位美国女记者曾在中国采访一个月,总有企业为她提供住宿,她坚持自己付费。除了吃饭入乡随俗外,所有的费用都由自己承担。遇到有些企业赠送纪念品,她要么拒绝,要么带回交给报社。作为一名美国记者到中国,旅游是少不了的,这位记者也为自己安排了旅游,包括青岛游、三峡游、北京游和上海游。但这些与她的采访已经毫无关系,而且她参加的是旅行社组织的旅游,自己承担全部费用②。

"有偿新闻"的形式多样,本质一样,即在稿子背后进行金钱交易。除了不好辨别的传媒与广告商交易的"软文"、新闻中的植入式广告,还有就是直接将广告以新闻的形式发表,这种情形颇为普遍。我国《广告法》第 14 条明文规定不得将广告写成新闻,广告页面必须用显著的标识注明是广告;第 55—73 条

---

① 曹刚、叶薇:《有偿新闻:新闻职业道德沦丧的最大绊脚石——从对"山西繁峙矿难违纪记者相关报道"的内容分析开始》,《新闻知识》2004 年第 1 期。
② 参见阎伟华:《面对新闻道德失范——读〈美国新闻道德问题种种〉》,《新闻记者》2006 年第 6 期。

规定了相应的处罚。但该法自 1995 年颁布以来，广告新闻随处可见，这两个法条对违法媒体广告来说形同虚设，几乎没有被执行过。

例如某报国际新闻版，莫名其妙地刊登了一则国内"新闻"《九米巨幅"毛泽东黄金卷"震撼发行》，行文是比较标准的消息体裁，前面还有讯头，其实这是广告。

为了把广告做成新闻以欺骗公众的眼球，各家媒体用尽了各种诓人的方法。例如某报每天的"健康下午茶"版面，标题很好听，然而整个版面全部是治疗湿疣、疱疹、前列腺、牛皮癣等广告。天天如此，这口"下午茶"如何让人喝得下去！

某报 2007 年 7 月 27 日国际新闻版刊登的"国内新闻"导语部分

典型报道是影响舆论的重要宣传方式，有些广告就写成典型报道的样式来诓人，让读者误以为媒体报道的人物或单位是党中央或各级党委倡导学习的榜样，其实是对某个企业或企业家的有偿吹捧，例如《永远追着梦想跑——记……公司》《责任，地产商的生命——记……女士》等所谓"典型报道"。

再看某报的"人·财·榜"叠，是新闻还是广告？吹捧某公司的老总如何英明伟大，全部是赞扬的话，连续三个整版，每一个版都是巨大的黑体字标题。这是企业的公关广告。在企业公关与新闻价值的较量中，通常赢家是企业，这是一种典型的广告新闻。是广告，老老实实地写上"广告"两个字，完全合法，但就不写，因为写了以后很多读者就不会看了，这是利用读者看新闻的需求，骗取读者的眼球。

2008 年奥运会期间，有一家媒体设计了"奥运改变企业"的栏目，以奥运的名义将广告变成专题报道，例如《奥运改变企业系列报道之四》《金龙鱼，厨房里的奥运梦想》（2006 年 12 月 11 日），这太牵强了吧，不就是炒菜的油吗，怎么跟奥运挂起钩来了呢？明明是广告，但是它不叫广告，它叫"奥运改变企业"。这种做法明摆着违背《广告法》，但无人执法，大家都在违背《广告法》。法难责众,这就令人无可奈何了。

还有新闻栏目拉赞助,现在也很普遍,这是新闻职业规范所不允许的。这意味着传媒放弃对赞助者的监督权。各类传媒的新闻栏目,必须由媒体全额负担费用,因为这是公共性质的内容。新闻栏目(节目)不能够拉广告,这是国际公认的新闻传播业规范。但是,我们的新闻节目拉赞助太普遍了,例如某电视台"维柴动力……",接着就是一个新闻栏目;"天高云淡 一品黄山……",下面又是一个新闻栏目。

为什么这种做法违规呢?新闻栏目拉了赞助,给你钱的那个企业你还能批评它吗?某报为它的小言论栏目搞了一个"今日谈××杯大奖赛",那个"杯"不就是个企业的名字吗?那么这个栏目就必须放弃对这个出钱的企业的批评权。

新闻栏目拉赞助,最大的问题在于拿人家的钱而放弃舆论监督的职责。因此,传媒的新闻栏目,必须要与各种利益集团拉开距离,传媒要全额支持这样栏目的经费,不能叫它穷得找外边要钱,以保证传媒报道的客观公正。

2. 财经记者利用职业之便获取利益

现在全球进入市场经济时代,财经报道成为新闻中的重头内容。由于财经记者与直接的物质利益较近,所以国际同行早就有相关的职业自律来规范财经记者的职业行为。例如西班牙报业联盟《新闻业职业道德准则》规定:"记者决不利用因职业之便而优先获取的信息",这包括:"他不得在发表之前和用所掌握的财经数据谋取利益,也不得将数据传送给他人";"对于他准备在近期报道的债券或股票,他不得买卖。"《纽约时报职业规范手册》第115条规定:"记者不得在参与时报稿件的过程中购买证券或其他投资。"香港记者协会《新闻从业员专业操守守则》规定:"不应报道或评论自己有份参与的投资项目、组织及其活动;若须报道或评论,亦应申报利益。"世界上最大的财经报纸《华尔街日报》记者福斯特·怀南斯,将尚未发表的消息泄露给证券经纪人,使得他们通过买进卖出某类股票而获利,他从中抽取利益。为此,怀南斯被解雇,并被控证券欺诈。

然而,我国实行市场经济以来,财经记者利用职业之便获取利益,不但不被视为违规,反而还有财经记者写文章谈获利的经验,例如通过股评引导股市和以职务之便获取信息等。这样的做法,轻的违反新闻职业道德和规范,重的属于犯罪。由于近水楼台先得月,财经新闻的一些从业人员,已经从与广告商的私下违法交易,转变为公开的新闻敲诈。从业人员以刊登不利于报道对象的报道(包括公开曝光、编发内参等)相威胁,强行向报道对象索要钱财或其他好处;接受或变相接受被监督方(被报道对象)的贿赂,对问题保持沉默("封口费")。

2014年9月25日,21世纪传媒股份有限公司总裁沈颢和其他几个高管被带走,他们涉嫌敲诈勒索、强迫交易犯罪。2015年12月24日,上海市浦东新区人民法院以强迫交易罪对被告单位21世纪传媒公司判处罚金人民币948.5万元,追缴违法所得;以敲诈勒索罪、强迫交易罪等数罪并罚,判处沈颢有期徒刑四年,并处罚金人民币6万元,追缴违法所得。

我与沈颢在20世纪90年代末因为工作关系相识,那时他是《南方周末》的一版编辑。那时的他,确如他被带走后所说:"当我梦寐以求地进入南方报业后,在很多前辈的指导下,我一直在坚持一种正义、爱心、良知的新闻价值观,也只有在这样一种价值观的引导下才能去为公众利益去服务。在很长的一段时间里,我坚持得很好。"他那句"没有什么可以把人轻易打动,除了真实"的名言,表现了记者刚正不阿的履职气概。

进入21世纪公司之初,他立下规矩,在采编部门与广告部门之间设立一道"防火墙"。采编人员不能去谈广告,经营人员不能在采编岗位上兼职、任职。然而他变了。"我觉得这种变化让我有一种被撕裂的感觉;所以,我觉得我违背了当初自己对新闻行业的承诺;所以,我觉得非常后悔。"他没有说出为什么会发生这样的变化,但他说的另一句话实际上点出了问题所在:"其实我很早就知道这种新闻敲诈行为涉嫌经济犯罪。但这种模式在媒体圈内已经不是什么秘密了,是一种普遍的行为。"①他说,出于公司生存和盈利的考虑,他还是在这条非法牟利的道路上越陷越深。

这个问题不是简单的一个沈颢,而是我国新闻经济体制的问题。21世纪

---

① 《"新闻圣徒"的台前幕后——21世纪报系涉嫌严重经济犯罪案件追踪》,新华社,2014年9月29日。

公司的问题被揭露出来以后,各家媒体都发表了批判文章。当各家媒体在厉声批判别人的时候,我更希望看到各家媒体能够自我解剖、自我揭露问题,并采取措施防范问题的再发生。

因而,这方面的新闻职业规范需要重申:① 新闻从业者从事的报道领域不涉及自己或家人参与的投资活动范围,如房地产、证券、股票、彩票等。② 从事房地产、证券、股票、彩票等报道领域的新闻从业者,不参与相关这些领域的经济活动。③ 若采写的报道涉及自己或家人持有的投资,将这些投资的名称(不需具体细节)告知所服务的传媒,并主动申请回避,不参与这些投资相关的报道活动。

3. 较多的违反采访和报道规范的现象

我国传媒的记者的流动率较高,因而对于采访和报道的一般职业规范,总是需要不断重申。这里述说的是比较主要的几项要求:

第一,对非公众人物的采访或拍照,应征得对方同意。采访对象有拒绝和选择表达方式的权利,比如是否出镜、是否匿名等。

第二,不得未经受访者同意拦截采访,不得干扰公众人物和其家人及朋友的工作和生活;未经同意不得进入私人建筑物拍摄。

第三,一般情况下,不得使用隐藏式摄像机和麦克风、当事人未察觉的长镜头、移动电话装置等工具秘密录制非公开的活动或谈话。不得假扮其他身份进行偷拍。

第四,不经同意,不得透露消息来源和新闻证人的身份消息。

第五,不得涉及与报道内容无关的私人话题,包括婚姻情况、子女情况(公务人员除外)、家庭住址、电话等。更不能随意丑化他人人格,或用侮辱方式损害他人名誉,尤其是女性的名誉、人格和隐私。

第六,不能因为报道对象有悖道德、违纪或违法,而在报道中添加莫须有的其他行为。

这里需要特别论述一下隐性采访(暗访),因为屡禁不止,十分普遍。已有隐性采访的90%,都可以用正常途径采访到,只是有些困难,需要迂回一下。为什么相当多的记者要暗访?一是为了取得戏剧性效果,给人一种现场捉奸的感觉,实际上是在满足受众的"集体偷窥欲",这是不应该的。通过艰苦、迂回的采访方式,最后能够证明当事人做了违法的事,可能不够生动,但手段是合法的。二是偷懒。记者的采访技术不过硬,人家拒绝采访,就无计可施了。从职业道德和规范看,隐性采访原则上是不该做的。中央电视台新闻调查节目内部有一则信条,讲得很好:

> 无论如何,秘密调查都是一种欺骗。新闻不是欺骗的通行证,我们不能以目的的正当为由而不择手段。秘密调查不能用做一种常规的做法,也不能仅是为了增添报道的戏剧性而使用。

例如,2015年6月《南方都市报》关于替考的隐性采访就违反了第三点。是年6月7日10点49分,该报在其新闻客户端、官方微信公众号同时发布消息《重磅！南都记者卧底替考组织　此刻正在南昌参加高考》。十几分钟后,"@南方都市报"发布主题微博《重磅！南都卧底替考组织参加高考　曝光跨省团伙》。从技术手段角度讲,该报对报道这一事件所进行的设计和安排颇具匠心,引发轰动效应亦在当事人的策划之中。

十几分钟内两次报道的大标题首句"重磅!",昭然若揭地显现其利益动机;直到收卷之时才报警,报警的时机一定程度上反映了当事记者知法犯法和设法逃避被追究的思路。

除非事情涉及重大的人民生命安危,存在即刻的危险,记者在用尽合法手段不能采访真实信息的情况下,经过权衡利弊才可以偶尔采用不合法手段获取信息。即使这样,也要有必要的程序,例如得到传媒高层领导的认可。替考在中国是犯罪行为,但明显不属于即刻危害人民生命安全的事项。记者以替考者身份参加考试本身,不会因为目的是获取信息就不算犯罪。法律追究的是违法行为,原则上不问动机。此前发生过记者为采访贩毒、盗墓而参加贩毒、盗墓,记者贩毒、盗墓的行为本身就是犯罪,已经不仅仅是违反新闻职业道德的问题。

没想到,当时两位新闻传播学界非新闻法治研究者竟说:这样做"基本符合暗访伦理要素","总体上问题不大","应该给予鼓励和肯定";"不是非正常手段,又如何能挖出这样的新闻呢?"看来,新闻传播学界也需要普及新闻法治知识。也有的学者头脑是清醒的,例如王天定教授说:"一个值得思考的问题是:卧底是不是唯一的采访方法?记者有没有可能以其他不违法,也不干预事态发展的方式进一步做报道?考量的标准,就是看能否经得起伦理与法律的检验。"①

《中国新闻工作者职业道德准则》规定:"要通过合法途径和方式获取新闻素材。"参与讨论南都替考报道的学者,均没有提到这个自律文件,这句无人遵循。在我国新闻传播界,追求利益,同时兼或实现正义,就显得特别理直气壮,首先被牺牲的便是新闻职业道德,或根本没有想到还有道德;至于法律底线,越过了也会得到众多点赞,以"小恶"对"大恶"的非法治观念在我国根深蒂固。党的十八届四中全会提出"以法治国",不是没有缘由的。希望新闻传播业界和学界自省:"道德约束内心,法律约束行为。道德是文明的曙光,法律仅是文明的落日,因此是社会的最后一道防线。道德一旦失衡,法律就显得尴尬。"②

关于对非公众人物的采访,不尊重当事人的意愿,是我国新闻采访中常见的一种现象。2004年上海《新闻晚报》内部就此事有过一次讨论。当时有11名中国在阿富汗的民工被塔利班的武装打死,新记者李宁源被派去采访其中一位死难民工的亲属。他来到死者母亲所在的村庄,该民工的家里人为了不让88岁的老太太因获悉儿子的噩耗而发生意外,拒绝记者采访。记者退出后,村主任陪着当地领导和一群当地的记者,浩浩荡荡来到这家,硬是冲进家门,领导在老太太哭天喊地的悲痛中完成了"亲切慰问",随行记者抓拍到了具有震撼力的悲痛镜头。这位记者写了一篇文章《一名新记者的困惑》,贴在报社的走廊墙上,叙说他采访在阿富汗被恐怖分子打死的某民工家属时遇到的事情。他发问:职业与道德面前,我们记者应当如何选择?该报副主编胡廷楣贴了一张回应条子。她告诉李宁源:"那正是你心中的良知还没有泯灭,请你保护这样的感觉,那是一个真正好记者的必须。"

2004年12月印度洋发生海啸,有一批海啸的难民暂时被安排到中国,两位中国记者描述了她们在机场的做法:

---

① 参见《南都记者卧底替考事件舆情分析》,人民网舆情频道,2015年6月9日。
② 马未都:《第九百七十六篇·书信》,马未都博客,http://blog.sina.com.cn/s/blog_5054769e0102e9f8.html,2013年6月7日。

第八讲
新闻职业道德

在浦东机场采访时,一对只在游泳衣外裹了条毯子的老外夫妇格外引人注目。经历了记者的第一轮"围攻"后,他们推着手推车上的两个年幼的孩子,孤零零地站到了机场商场边。他们几乎所有的行李都被冲走了,身上一分钱也没有。他们的身边聚集了很多记者,闪光灯下,他们闭上了眼睛。

距离这一家子不到10米处,静静停着一部轮椅,一位在海啸中左脚受伤的女孩子低垂着头坐在轮椅上,尽管她已被惊惶、疲惫折磨得几近虚脱,然而在众多话筒、照相机、摄像机的包围中,这位虚弱的女孩不得不面对无数的问题……

入行前,父亲对我说过:"永远记住,在成为一个记者前,你首先是一个人。"

这一刻,我一再地想起他的话。

我非常钦佩同行的敬业精神,为得到真实及时的新闻而恪尽职守。但是此刻,我选择做另一件事。

我和一起来的同事走上前去,将我们的衣服脱下,给他们披上,然后去商场给他们买了食品和水。

我们没有做采访。①

4. 较多的"媒介审判"现象

除了"有偿新闻"外,目前在我国媒体的报道中,传媒先于法庭判决而对案件当事人作出各种主观评判的现象,也比较普遍,俗称"媒介审判"。

2002年7月,北京某报曾经连续四天,每天整版地报道审判湖北省天门市市委书记张二江的新闻。例如"'五毒书记',拒不认罪"这个标题,"五毒书记"是民间的说法,记者是新闻的把关人,要用法律语言来表达,只能说他是"犯罪嫌疑人"。"拒不认罪"这句话,按照中国的语境,就是你认为他有罪,他不认罪。说他"拒不认罪",内含着记者认为他有罪的判断。再看"张二江的歪理邪说"这个标题,他作为犯罪嫌疑人,有权利在法庭上为自己辩护,媒体只能客观地报道,不应该对他辩护本身作好坏评价。其实,媒体只要客观报道了,他是

---

① 徐灿、李燕:《我们放弃了近在咫尺的采访》,《申江服务导报》2005年1月5日。

不是歪理邪说，公众自然而然就知道了。中共上海市委机关报《解放日报》关于这场审判的报道标题页类似，即"过堂竟像作报告"。什么叫"过堂"？古代县官审犯人叫"过堂"，我们是人民法庭，不能叫"过堂"。"竟像作报告"，内含编辑的贬义评价。不应该这样做，但是媒体经常这样做。

2002年7月某两报关于
张二江审判的报道

《南方周末》2002年8月
1日的文章《也说丑态》

对于媒体如此报道对张二江的审判，当时《南方周末》发表了一篇文章《也说丑态》。文章前面有一段字号较大的要点表达，批评了上面的情形：

> 张二江行使其正当权利，不应当视为无可忍受的滑稽表演。法庭上刑事被告人的法律地位并不天然低于公诉人。以非法治的意识报道法治，最终出丑的是媒体。

在没有强调法治的时期，我们的报道程序是：媒体公开批判—抓捕—群

第八讲
新闻职业道德

众声讨—公审—处决—大快人心。现在要讲法治，可是媒体报道时，仍然习惯性地采用以前的那套程序。

下面通过分析 21 世纪初的刘涌案，说明"媒介审判"对司法的干扰。刘涌受审之前，新华社连续发表了两篇大文章，轰动全国，即 2001 年 1 月 20 日发表《沈阳"黑道霸主"覆灭记》和 2001 年 4 月 26 日发表《黑老大如何当上人大代表》。传媒宣布他是坏人时，法院还没有开始审理刘涌案。

2002 年 4 月 17 日，法院一审宣判刘涌死刑；2003 年 8 月 15 日，终审改判刘涌死缓；2003 年 12 月 22 日，最高法院提审，判刘涌死刑，立即执行。这一执法过程引起网上强烈反响。因为此前新华社的两篇稿子已经在全国播发，结论是刘涌有罪。媒体明显地干扰了司法。应该先客观地报道某人由于涉嫌××罪被抓，然后客观报道审理过程，法庭确认他有罪之后，才能发表类似的文章。而现在的程序却是：2001 年先发表文章，说这个人怎么坏，坏透了。2002 年开始审判，一审、终审到最高法院提审的情况不一样，自然引起网上强烈反响。媒体的报道违背法律程序，"黑道霸主"、"黑老大"是媒体给他定性的。这样的事过去习以为常，现在应该树立法治意识，不能这么做了。魏永征教授就此说的一句话值得做记者的人深思：

当一篇新闻报道弄到嫌疑人"国人皆曰可杀"，法院判决已经到了可有可无的地步，这难道还不是媒介审判吗？

这样的事情之所以接连发生，在于新闻从业人员还认识不到这样做违背职业规范。2006 年 9 月 11 日，《北京青年报》发表了一篇没有法治意识的评论《建立司法独立和舆论监督的良性互动》。该文对最高法院某副院长关于"媒体不得超越司法程序预测审判结果，发表评论或结论性意见"的观点提出质疑，理由是："媒体并非法院的上级单位，对法院也不具有强制力量，因而其对于案件审判结果的预测，并不对法院判决产生约束力。"作者把"超越司法程序"理解为"新闻媒体报道并非司法行为，无所谓超越不超越"。作者没看懂最高法院副院长说什么，就发表了这样的文章。我当时写了篇文章《传媒应形成报道庭审的职业意识》，对这种非法治观念作了批评。还不错，该报发表了我的文章。我的主要观点是：

关于媒体不得超越司法程序发表评论的要求，本来防范的就不是强制的外来力量，而是舆论对审判的影响，因而反对这个观点的立论（"它不是强制力"）不成立。关于"超越司法程序"，作者也理解错了。这是指法庭审理还没有进行到最后判决这道程序，传媒抢先对被告定罪量刑或对审理本身发表评论，在这个意义上，传媒超越了司法程序。

我国的传媒很多时候超越了"报道"的层面，而是对正在进行中的庭审本身、对犯罪嫌疑人妄加评论和判定，这是传媒记者缺少法治意识的表现。在报道法庭审理时，法官还没有作出判决，有的媒体就已经"替"法庭为犯罪嫌疑人定罪了，这些问题，同样需要社会监督，包括法院对此提出批评、提出符合国际惯例的报道规则。

作者说，法庭可以对传媒的评论"置之不理"，其实哪有这样简单。一位美国学者考察中国传媒与司法关系后提出一个论断：中国传媒影响司法的基本模式是传媒影响领导、领导影响法院。

新闻传播法专家徐迅

关于媒体报道庭审，我国新闻传播法专家徐迅提出被称作"徐十条"的报道规范，即：

第一，案件判决前不做定罪、定性报道；

第二，对当事人正当行使权利的言行不做倾向性的评论；

第三，对案件涉及的未成年人、妇女、老人和残疾人等的权益予以特别关切；

第四，不宜详细报道涉及国家机密、商业秘密、个人隐私的案情；

第五，不对法庭审判活动暗访；

第六，不做诉讼一方的代言人；

第七，评论一般在判决后进行；

第八,判决前发表质疑和批评限于违反诉讼程序的行为;

第九,批评性评论应避免针对法官个人的品行学识;

第十,不在自己的媒体上发表自己涉诉的报道和评论。①

第二项中的"当事人正当行使权利",主要是指被告人为自己辩护。记者不能依照自己的主观感觉来评论当事人。例如某报2006年3月21日的消息标题"'冷面'被告狡辩开脱罪责",这就是一种媒介审判,传媒贬损被告的庭上辩护,并替代法官宣布被告有罪。"冷面"是记者的主观判断,不应该这么说;被告在法庭上为自己辩护不能说是狡辩,狡辩也是记者的主观判断;"开脱罪责"已经内含记者的倾向,即认为他就是有罪。案件正在审理过程中,法官还没有宣判他有罪,媒体怎么可以这么报道呢?这个人后来被判处死刑,那是后来的事情,当时的报道不能这么说。

某报2006年3月21日的消息标题

最后一项要求指的是,当传媒或传媒的从业人员是某案的当事一方时,该传媒不刊载关于这个案件的自己写的报道和评论。例如2006年,音乐人窦唯因《新京报》报道他的私事失实而砸了该报的一间办公室,并烧了一位编辑的车。法院审理该案期间,《新京报》大肆报道窦唯如何不是,窦唯没有自己的传媒为自己说话,《新京报》这样做对窦唯来说是不公平的。

5. 制造"传媒假事件"

假事件与假新闻有些不同,"假新闻"是没有这回事,无中生有;而"假事件"则是由传媒制造或推动事实的发生、发展,然后再加以报道,事实被媒体制

---

① 徐迅:《媒体报道案件的自律规则》,《新闻记者》2004年第1期。

造出来，成了实际存在的一件事了。严格说，"假事件"属于假新闻的一类，但是表现形式和一般的假新闻有些不同。传媒报道的事实，应该是传媒以外客观发生的事实。传媒只是这些事实的报道者，传媒自己不能制造或推动事实的发生、发展，然后再报道这个"事实"。这样做的实质是：天下本无事，传媒策划之。然而，过去我们常常以指导工作为由经常这样做。现在回归新闻专业意识，不能再这样做了，这是违背新闻真实要求的。

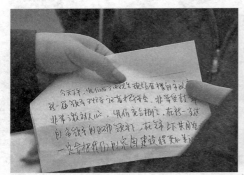 

某电视台记者在湖北黄石市的街头采访

乡干部表演"送温暖"

"假事件"有很多不同的表现形态，最简单的是电视新闻节目的街头采访。往往在开了一个什么会议或遇到什么纪念日的时候，街头找几个人，请他们照着事先写好的发言稿念一遍。当然，摄像镜头只对着讲话者，不会出现他正对面展示的稿纸。这种"新闻"就是传媒自己制造的。还有一种是基层领导表演的事实，传媒明明知道是在表演，仍然当作新闻加以报道。例如，几个乡干部假模假式地慰问贫困户，就是为了拍一个镜头，只找一户人家送上一床被子，拍完镜头就走了。这种为了报道"送温暖"而做的表演,也是一种"假事件"。

再有一种是传媒推动事实的发展。例如新疆某报发现一位维吾尔族夫妇从广州领养了一个汉族男孩,孩子长大成人,当了武警战士。于是他们策划让这位汉族战士到广州找亲生父母的行动(没有任何线索),由报社出钱,派一位女记者陪同。此事两次上头版头条。2005 年 6 月 7 日的头版头条《拜合提亚赴穗前向本报表示诚挚谢意》,大幅彩色照片里,是该报副主编与他一起看报纸(当然要显示出该报报头)。过了两天,又是一个头版头条《本报发起的寻亲活动进入高潮》。能不能找到亲生父母不是问题的关键,制造这个事实扬媒体的名,向上级邀功请赏才是真的。真要做好事,悄悄做呀,不要宣扬。这样做背后有媒体的利益,而不是真的全心全意想做一件好事情。

《新疆经济报》2005 年 6 月 7 日头版

中国的"茶水发炎"事件,也是一起典型的"传媒假事件"。2007 年 3 月,中国新闻网和浙江电视台"新闻 007"栏目的记者乔装成患者,将龙井茶水送到杭州 10 家医院检测,结果有 6 家医院在茶水中检测出红细胞和白细胞,并诊断出有炎症。策划者以此证明医院的工作不负责任。用"茶水"送检这种不适当的手段,并非不得已而为之。如果没有记者送"茶水"化验行为,这一新闻就不会自然发生。

　　同时发生的还有杨丽娟追星事件。《兰州晨报》曾以"不见刘德华今生不嫁人"为题报道了杨丽娟疯狂爱慕刘德华12年的故事。这是一个极端的个案,传媒用少量的篇幅报道即可。但该报以帮她"圆梦"的名义,呼吁全国传媒关注,推动事实的发展。2007年3月,全国各地的传媒,甚至中央电视台也参与其中,派人千里迢迢来到兰州,采访杨丽娟及她的父母,并出钱安排她全家到香港与刘德华见面。《兰州晨报》意识不到这是媒体在推动事实的发展,还为自己的"正义"之举津津乐道:"全国绝大多数城市强势传媒都已转载了本报对痴狂'追星女'的连续报道,并对本报长期以来对弱势群体的爱心和帮助,给予了肯定和赞扬。"由于是媒体安排的行程,杨丽娟到任何地方都有记者陪同及采访报道,传媒兼具消息来源和报道者的双重角色。消息来源和报道者的分离应该是新闻传播活动的常态,这种重合是传媒的角色错位。这种角色错位不得不让公众怀疑"新闻"背后的利益合谋。明明是想借杨丽娟扬名,却打着对弱势群体的爱心和帮助的旗号。杨丽娟是弱势群体吗?她是没有饭吃没有房子住吗?不是。若真想帮助她,应该请心理医生,而不是把她推到刘德华那儿。媒体最终把她一家推上绝路,造成她父亲在香港自杀。

杨丽娟展示媒体关于她的报道

马克思把这类情形描述为"目的使手段变得神圣"。他说:"需要不神圣手段的目的,就不是神圣的目的。"①在通常的情况下,活动的目的对手段形成先在的限制,因其在性质上优先于手段。行动的始点是选择,一个好的选择必须满足两个条件:一是审思正确,二是欲望正当。以"公众利益"的名义采用不合法或不合理的手段本身,证明了目的的不真实。手段的合法合理与目标的正确应该是对应的、统一的。

6. 新闻没有人性

有不少新闻涉及人的生命、人的尊严,因为媒体有时把报道对象看作自然物,完全没有人的情感,这是非常糟糕的。例如某报的评论《用好贫困这笔财富》说:"贫困对于他们来说,就是动力和鞭策,他们不仅拥有这笔财富,而且还在不断升值","请善待和用好这笔财富"。贫困是笔财富吗?这种说法本身就是歪理,怎么能用这种观点看待别人贫困的生活状态?民工为讨工钱跳楼,有媒体称为"跳楼秀",并对发生这样的事情感到"心烦"!

一位购物中心的职工——她是位孕妇——到银行为购物中心存10万块钱,碰到歹徒抢劫,她拼死反抗而被歹徒杀害了。购物中心怎么可以让孕妇一个人拿着这么多钱办事呢?当地媒体的报道角度是:她是我们中心的骄傲、江油市的好女儿,她的母亲为女儿的壮举感到自豪。《南方周末》对这种现象提出了批评:

你愿意拥有贫困这笔财富吗?你愿意玩一把跳楼秀吗?你愿意用生命换取别人的10万元吗?……媒体,如此从容不迫地蔑视他人的痛苦和生命,该是怎样一种可怕的堕落?②

再看国际同行如何处理传媒工作人员漠视生命的:2004年12月印度洋发生海啸,近30万人丧生。纽约一家广播电台播放的歌曲,带有嘲讽和侮辱遇难者的内容,被人批评以后,当事人和他的领导都公开在电台上向公众道

---

① 《马克思恩格斯全集》第1卷,人民出版社1995年版,第178页。
② 摘自《南方周末》2002年11月7日。

歉,因为这是对遇难者生命的漠视。

近年我国社会新闻没有人性的报道较为普遍。例如一男子对着铁路上的电器尿尿被烧死,媒体的新闻标题是"触电男子成烧焦的烤鸭",文中还使用了贬义的"毙命"来描写他的死;一位行人头部惨遭车碾而亡,媒体的新闻标题称之"中头彩"。人死了是悲剧,怎么可以这样来描述事实呢?

2002年10月,长沙一家饭馆以"崇尚自然,推崇母爱"的美好词句推出"人乳宴"菜肴。记者采访的时候,按照商家提供的思路,首先问是否经过卫生检疫,当这些都证明没有问题以后,又接着问,工商管理方面是否有禁止的规定,得到的回答是:查遍所有的文件没有禁止出售"人乳宴"的规定。于是,记者接着报道:请来一位湘菜大师品尝,说味道好极了。各报还采用了商家给奶妈们冠以"营养师"的称号。当这个事情受到批评的时候,有的传媒以讨论的形式发表支持"人乳宴"的意见,说"人乳宴"不触犯法律,不是假冒伪劣商品,没有坑害消费者,人的奶有很高的营养,只要保证卫生,一试无妨。人血可以卖,为什么人奶不能卖?

2002年10月关于"人乳宴"报道的新闻照片

在法规之上,我们衡量是非还有一个道德标准。人血是为了救人,人奶是喂养婴儿的,人奶作为享受商品出现,本身是对女性的侮辱,至少在中国的文化氛围中是不道德的。这样的事情,用普通的道德观衡量,就应该判断出道德的是非,然而在这件事上,最终竟得由卫生部下令禁止,反映了商家和传媒社

第八讲
新闻职业道德

会道德水平的低下。

2004年9月6日，央视四套节目《今日关注》节目播放俄罗斯别斯兰人质危机的新闻时，滚动播出有奖竞猜信息："俄罗斯人质危机目前共造成多少人死亡？选项：A. 402人；B. 338人；C. 322人；D. 302人。答题请直接发短信至：移动用户发答案至×××；联通用户发答案至×××。"死难300多儿童的别斯兰事件震惊世界，中国传媒报道如此重大的悲剧时，还在做娱乐游戏！有记者写道："这是一道带血的有奖竞猜题，它让我战栗，让我感到羞耻……"

还有各种不正常死亡、暴力、伤害、畸形病等等惨状的照片，传媒隔三岔五地以同情、呼吁社会援救的名义向亿万受众展示。而这些受众中可能包括他们的亲人，包括广大的未成年人，媒体没有体现出对生命的关怀，更没有考虑观看者的感受。图片新闻要特别注意观照人性，要考虑"减少伤害"的新闻职业道德原则。即使有必要发表，也要对这类照片或画面进行没有扭曲原照的处理，例如局部遮蔽、整体模糊，或者剪裁。

一位摄影记者就此写道："一个新闻工作者必须考虑，或应当考虑，是否仅因为这些照片具有新闻价值就应该采用它们？刊登这些照片会不会在受害者处于极度悲痛的时刻严重侵蚀他（她）的不受外界干扰的权利？（是不是正因为如此照片才吸引人？）这样的照片会不会使遇难者的家属对悲惨情景永留记忆，日夜不宁？倘若如此，这类照片的新闻性还值不值得利用？"

中国人民大学的"新闻摄影教程"提出了这样的要求："并不是在任何时候都能用照片来说明一切，要分清什么时候需要照片，什么时候不需要照片；在需要用照片来说明问题时，对报道、表现的方法也应慎重选择，而不应随意伤害读者的感情，更不应伤害被摄对象及其他有关人员。对不堪入目的场景也应少拍或不拍；编辑在使用照片时，对于令人震惊的照片和表现悲痛的照片尤其要慎重，应多想想该不该用，该怎样用。"

这与信息公开化的原则并不矛盾，在这种情况下，我们可以用语言、文字的表达方式转达图像或画面的内容，虽然没有图画的生动，但语言、文字既能够保留图画的基本信息，同时又减少直接的血腥、灾难、痛苦图画带来的对公众的精神刺激。语言符号可以替代所有非语言符号（包括图画）来表达信息。

有人性，才可能做到以人为本。否则，就如汶川地震中有的电视台采访失去亲人的孩子："想对天堂里的爸爸妈妈说些什么？"达到了煽情的初衷，赚足了读者的眼泪，却再一次伤害了接受采访的孩子。地震中记者一再追问失去父母、女儿的女警察蒋敏的心情："你在救助这些灾民的时候，看到老人和小孩，你会不会想到自己的父母和女儿？"这一提问致使蒋敏听后当场晕倒。同类的采访较多，面对失去亲人的受访者，记者提问："你家有多少人？他们都怎样了？"面对失去孩子的家长，记者有意勾起人家的痛苦，问道："你看着这些孩子会不会怀念自己的孩子？"面对期盼见到父母的小孩子，记者询问："如果你爸爸妈妈已经不在了你怎么想？"面对收到保险公司死亡赔款的家长，记者竟然这样提问："收到赔款心情如何，高兴不？"这些往创伤上撒盐的问话，没有人性。

这方面的职业规范很多。例如，韩国《新闻伦理实践纲要》规定："记者在采访灾害或事故时不得损害人的尊严，或者妨碍受害者的治疗，对受害者、牺牲者及其家属应保持适当的利益。"

有一篇时事评论给我留下了深刻印象，这就是 2000 年《中国青年报》报道大庆法院关于"未能与歹徒进行殊死搏斗"的中国建设银行职员姚丽恢复公职的判决，以及配发的评论《不是英雄，也有权利》（3 月 24 日发表，作者马少华）。该评论表达了很重要的观点。

那年，大庆中国建设银行遭到歹徒抢劫。两位职员，男的反抗，被打死了；女的叫姚丽，没有反抗。事后，中国建设银行把姚丽开除了。姚丽向法院起诉，法院判决恢复姚丽公职。法院的这个判决是对的，体现了对人的生命的重视。《中国青年报》评论的主要观点如下：

> 一个普通的职业不能规定公民必须付出生命的义务。与人的生命相较，财物本身没有什么更神圣的意义，无论它们属于私人、集体，还是国家。把财物看得重于生命，是评价尺度的扭曲。文明进步就包含着道德更新，其中就必然包含尊重生命的命题。没有把人的生命看得高于一切的道德，就是没有道德。

我也写过一篇文章谈道：

生命的神圣性应当是全社会的共识,所有人都应当尊重生命、敬畏生命。请自我检查一下我们的报道,有没有对生命的轻视倾向,有没有对死亡的麻木?不论使用多么革命的语言、多么富于情感的语言来描写死亡,在和平时期,任何东西都没有任何理由凌驾于人的生命之上。①

面对报道对象,媒体经常会出现两种倾向:一种是将报道对象作为牟利的工具,用夸张的手法或过度的噱头来吸引受众的注意;另一种表现则在报道弱势群体时,媒体处于单方面的良好愿望,或者用煽情的表现手法来博取受众的同情,结果却对当事人造成伤害。

1998年10月,香港一个叫陈健康的男人由于经常去深圳嫖娼不归,他的妻子抱着孩子跳楼身亡。《苹果日报》为采访此事,给陈健康5 000元港币,跟随他再去深圳重演嫖娼。此事遭到全港上下的一致谴责。2000年11月,香港和内地的学界就此事在九龙召开"资讯时代的传媒操守研讨会"。会上有的记者说:你们说什么都没用,我回去后,老板叫做什么就得做什么。主持会议的香港浸会大学传理学院院长朱立教授说:

我们的学生工作以后,老板要求他做违规的事情,他不得不做,但他价值判断上能够认识到这是错误的,这就是我们新闻教育的成功!

到了新闻实践中,一些事情可能不会像教科书上说的那样理想化,因为并非合理的就是现实的。新闻职业道德与规范告知的是基本是非,也许有些不符合新闻职业道德的事情你不得不做,如果你心里是非清楚,说明新闻理论这一课没有白学!

五、新闻职责忠诚的两个金字塔模式

我们的实际新闻传播工作中,很多时候当事的新闻工作者,甚至与他们的

---

① 陈力丹:《"非典"报道与生命权意识》,《新闻记者》2003年第6期。

工作相关的领导层,都没有意识到违背了新闻职业道德和规范,而且还觉得做得理直气壮,这是很可怕的事情。因而,需要讨论一下为什么出现这样的情形。

1. 从下到上普遍缺乏新闻职业道德意识

2005年5月10日,福建省厦门市的《东南快报》发表了记者拍摄的一组5张照片,内容是一位骑车人因为看不见雨水淹没的路上的大坑而跌倒的瞬间。这是在记者明知水中有坑的情况下,守候了近1小时拍摄的两位骑车人中的一位的情形(另一位的情形后来被公开在网上)。这件事情引发公众对该记者的职业道德提出质疑。根据新浪网统计,最初50.5%的意见支持记者,认为他抢拍下了具有新闻价值的精彩镜头;49.5%的意见认为,该记者明知雨水下是个坑,却专门在那里等候人家跌倒而拍下这两组照片,损人利己,没有基本的社会公德,更谈不上遵循新闻职业道德。最初,媒体管理层没有对此表态。我参加了新浪网组织的专家讨论,所有请来的专家都对记者的行为持批评态度。随着讨论的深入,后一种意见开始占上风。现在社会开始关注新闻职业道德和规范的问题了。

《东南快报》2005年5月10日发表的一组5张照片之一

2009年10月24日,长江大学的三位学生为救落水儿童而牺牲,打捞者在

第八讲
新闻职业道德

打捞尸体后与学校漫天要价,最后收取了3.6万元打捞费。《江汉商报》记者张轶拍摄的新闻照片《挟尸要价》里,死难的救人大学生手腕被渔网绳牢牢捆着,大部分身体泡在水中,只露出半张脸和一只胳膊。该照片由《华商报》首发,即刻传遍全国。有报道谈道,死难大学生的亲人们那几天不敢看电视、上网和阅报,不忍目睹自己的亲人被绳子捆着手腕泡在水里的情景。不论当事者如何强调这是为了揭露,为了正义,其实在照片公开之际,这已经变得不重要了,重要的是这些画面吸引了公众的眼球,刺激着受众的神经。2010年1月23日,第18届金镜头比赛暨华赛中国作品初评,该片获得年度最佳新闻照片奖;2月4日,在"2009中国瞬间中国新闻摄影大赛(第三届)"上,此片获一等奖;8月18日,中国新闻摄影协会以全票通过该照片的最高荣誉"金镜头"奖。中国新闻摄影"金镜头"年度新闻图片评选,被视为中国新闻摄影界最具学术性和权威性的年度赛事。

在照片真伪的争论中,作者为了证明自己的清白,在网上抛出一组当时拍摄的系列照片,甚至有死者形象的特写。作者只考虑自己的利益不受侵犯,而没有意识到,自己的所作所为又一次伤害了死者的亲人和公众的感情。作者可能出于本能和无意识,高层新闻摄影家们在技术上可能认为它是最好的。但是,《挟尸要价》被评上一系列大奖,特别是中国新闻摄影的最高奖,以及作者再次抛出同类系列照片的事实表明,我国的新闻从业者普遍缺乏职业道德意识。

2019年4月17日,上海卢浦大桥上,一个男孩突然跑下车迅速跳桥,紧跟着的一位女子没能抓住他而跪地痛哭。这是一次孩子跳桥的自杀。随即,人民日报App和微博、中国新闻社App和微博、"北京时间"、成都"红星新闻"、山东卫视等媒体迅速上传跳桥视频,这段视频在各种社交媒体中被广泛传播。媒体对于自杀事件的报道,是有很多规范的。最重要的一条是不要渲染。视频典型地反映细节,渲染力度很大。成都某报网站,唯恐公众没看清视频,还特意截取视频做了两个动图。第一个动图展示当事人的一跳,第二个动图展示当事人母亲的悲伤痛悔。如此突破新闻职业道德底线,在我国并不罕见。

新闻传播法专家魏永征教授在微博里指出:媒体不应以图像甚至影像展

示死亡,这是中外共同遵循的一项准则……某些大牌媒体公然展示一个未成年人跳桥自杀的视频,这不是很值得我们悚然吗?这条视频是怎么流出来,流上媒体的呢?当事的媒体应不应该向公众做一个认真的交代呢?

2018年9月30日,英国保守党在伯明翰举行年会。保守党人权委员会副主席罗杰斯发言时支持"港独",中央电视台欧洲中心站记者孔琳琳从听众席上站起来,对着罗杰斯大声说:"你撒谎!你反华!你想分裂中国!你连中国人都不是。其他人都是汉奸!"主持会议的保守党议员请她离场,她不听从,扇了一名香港留学生义工两个嘴巴。孔琳琳被保安人员带离会场,当地警方以"涉普通袭击罪"逮捕了她,几小时后无指控释放。

10月1日,中国驻英大使馆新闻发言人和中央电视台发言人批评保守党人权委员会支持"港独",为反华分裂势力张目;支持孔琳琳的政治立场,认为把她带离会场是侵犯了她的言论自由,要求英国警方保护她的合法权利。

孔琳琳的政治立场完全正确,中国驻英大使馆新闻发言人和央视新闻发言人批评保守党支持"港独"也完全正确,但将把孔琳琳带离会场叙述为"侵犯言论自由"值得商榷。言论自由的前提是不能妨碍别人表达意见的权利。作为职业记者,孔琳琳更合适的做法是:认真旁听,做好记录或录音,然后以批评和强烈指责的立场报道英国保守党年会支持"港独"的言论。

这种情形说明,不仅我们的记者要遵守新闻职业道德和规范,我们的驻外机构、媒体的新闻发言人,也要遵循习近平的指示:"不是说新闻可以等同于政治","既要强调新闻工作的党性,又不可忽视新闻工作自身的规律性"①。新闻规律就包含新闻职业道德和规范。

以上四个不同年头的故事,说明新闻职业道德和规范意识在我国还没有生根。新闻职业道德和规范,属于自律,自律的约束是道德而不是法律、法规、行政规章和政策文件;教育新闻从业人员自律,也不是立竿见影的事情。既然如此,我们就什么都不做了吗?培养新闻职业道德意识,自觉遵守新闻职业规范,这是需要长期努力才可能获得的结果,需要几代人的付出。

---

① 习近平:《摆脱贫困》,福建人民出版社1992年版,第84页。

第八讲
新闻职业道德

目前要做的是：明确告知新闻传播业界和学界，什么做法、想法是错的，什么做法、想法是对的。是非不辨，是现在中国新闻传播从业人员（甚至一些新闻传播学者）最大的问题。

各位同学以后参加新闻传播实际工作，可能还会碰到不少我上面提出的各种违背职业道德和规范的事情。若你心里知道这是错的，这就是学校教育的成功。因为现在面临的最大问题，是相当多的新闻从业人员，不知道自己的一些做法是错的，这是很令人悲哀的事情。

2. 培养新闻职业道德意识的两个金字塔模式

那么，如何在心中确立职业道德和规范的意识呢？我们分别从新闻传播从业者个人、传媒两方面分别设立一个倒金字塔模式和一个正金字塔模式加以说明。

关于新闻传播从业者职业忠诚的倒金字塔模式。作为新闻从业者的个人，在采访中遵循何种行为准则呢？首先要承担社会责任，这是任何一个人遇到问

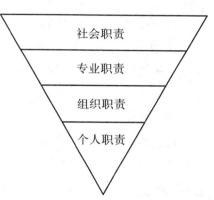

**新闻传播从业者职业忠诚的
倒金字塔模式**

题时应采取的做法。例如，接受采访的当事人正处于危险时刻，这时的首要责任是救人，而不是采访，专业工作任何时候都要给抢救人的生命让路。没有发生这类情形，就要遵循职业道德，按照职业规范来工作，以获得有价值的新闻，这是从专业角度要履行的职责。然而，每位传媒工作人员的工作岗位是不同的，服务的受众群也有差异，所以还要承担自己所服务的传媒组织赋予的具体职责。此外，每个传媒人员还有为自身发展而确定的更为具体的职责（理想），在自己的行为中为这种奋斗目标而做出努力。

这些职责中，最为重要的，也是基础的，就是我们作为人的社会职责，其次是自己所从事的行业的职责，再次是自己为工作单位承担的组织职责，最后是自己为自己规定的职责。因此，它呈现倒金字塔的结构，任何时候都得把社会职责放到第一位。颠倒了，就会发生违反新闻职业道德和规范的事情。已

经发生的种种违规现象，从违反者的行为依据看，均是没有按照这个倒金字塔的顺序来做，把后面的职责排到了前面。例如，采访中看到人家遇到危险，不是先救人，而是抢拍照片，就是把专业职责排到社会职责之前了。厦门《东南快报》照片事件的记者，也是把专业职责摆到了人的安危之前，所以遭到公众对其行为的质疑。

不过，上面的孔琳琳事件情形不同，她把政治正确（中国的社会责任）放到了首位，却违背了新闻职业道德和规范，两者不能统一，使英国公众对中国（而不仅仅是对记者）产生负面印象。这类情形近年时有发生。习近平在2018年8月19日关于军队工作的讲话和8月21日关于宣传思想工作的讲话，都提到新闻宣传中出现的"低级红高级黑"现象。2019年1月31日，党中央下发《中共中央关于加强党的政治建设的意见》，文件指出："不得搞任何形式的'低级红'、'高级黑'。"

新闻报道中的"低级红高级黑"案例，大多是媒体或相关组织制造的传媒假事件，违背新闻职业道德和规范。它们穿着"高级"和"红"的政治正确迷彩衣，绑架"政治大词"当护身符，用正义的动机掩盖逻辑、方法和手段的不正义。不仅误导了公众，更给党和政府抹黑、树敌，用正面形式制造负面议题，授人以柄，在舆论场上制造舆情翻车的车祸现场。

这方面的典型案例是2017年9月23日，央视以喜迎十九大作为政治背景，无视中国的法律和科学伦理，正面播出的"基因编辑婴儿"新闻。该新闻吹捧贺建奎的所谓科学成果，胡说"科技＋高速度＝特技"、"人类的疯狂进化"，引发国际舆论的愤怒声讨，造成国际遗传生物学领域拒绝接受中国留学生和访问学者的恶果。新闻职业道德的第一条要求就是遵守法律和社会公德。"传媒和新闻从业者与其他社会组织和公民一样，有义务遵守我国的法律法规。新闻传播业的自律是一种内在的规范，只能在现实的场景中释放和展现出来，失去了外在规范依托，自律是不可靠的。"①

第二个是媒体自律的正金字塔层级模式。这是指传媒建立自律体系的社

---

① 陈力丹、周俊、陈俊妮、刘宁洁：《中国新闻职业规范蓝本》，人民日报出版社2012年版，第13页。

会条件，最重要的是底层——社会制度化体系是否建立，这是形成传媒自律的社会外部条件和基石。现在我国正处于从传统社会向现代社会过渡的阶段，因而对于传媒形成自律体系，尚不能提供良好的外部条件。再看正金字塔下面的第二层，即行业层面。我国已经有了全国和省级的新闻从业者的团体，即中华新闻工作

媒体自律的正金字塔层级模式

者协会（记协）和各省级行政区的协会。全国记协于1991年就制定了《中国新闻工作者职业道德准则》。但记协对全国新闻传播业行为规范的影响力较小，因而难以在这个问题上对各传媒建立完善的自律体系产生强大的影响。

于是，就得把建立自律体系的任务落实到第三层——传媒自身，这是我国建立传媒自律体系的现实基础。在传媒自身，而不在社会和行业层面，这也是我国新闻自律建设最大的环境问题（不是环保的环境，而是社会环境）。有些较大的传媒，已经有了成套的相当于传媒自律的文件，很全的。一些较小的传媒，可能这方面不大完善。已经有了成套文件的传媒和传媒集团，现在的主要问题是执行力度弱，没有具体的人来监督和执行。

实行自律的最小层面，当然是新闻传播从业者自身这个层面。这个层面中，至今相当多的人员缺乏职业自律意识，对很多涉及职业道德和规范的问题，认识上模糊，甚至是非颠倒。这个层面属于个人的修养，但是要仰仗社会层面、行业层面、具体的传媒层面对他的影响。正因为我们现在缺少社会层面、行业层面的影响力，传媒层面若再不重视，个人层面的自律意识就很难得到提升。

现在能够做的，是加强传媒层面的自律体系，进而影响从业人员自身。其实，传媒内只要有一两个人真在管事，加上编委会或董事会的支持，就可以取得效果。例如，《深圳商报》聘请了一个退休人员专门管理读者的投诉和调查。

他认真处理每一件事情,有问题随时打报告到编委会,报社的编前会天天开,编委们顺便研究,即刻作出处理决定。此后,该媒体记者违规的事情大大减少。

第九讲　宣传学

宣传这个概念在新闻传播工作中使用频率非常高,而且在生活中与各种宣传现象混淆在一起。刘海龙教授在写完他的一本宣传学论著后谈道:"黑板报、英雄故事、红领巾、先进事迹报告团、自我总结、操行品德评分、新闻联播、广告……这些日常生活中司空见惯的事物从哪里来,为什么存在,有何功用,其正当性何在?我相信大部分生活在这片土地的人也会和我一样好奇。"[①]所以,新闻学理论课需要讲一讲宣传。虽然本讲的标题叫"宣传学",但由于宣传现象很复杂,并没有形成严整的学术理论体系,政治学、新闻学、传播学、心理学等,都在从各自的角度进行研究。本章主要从新闻学和中国特色的宣传工作角度,讲述关于宣传的一般道理。

一、"宣传"的概念和定义

"宣传"一词原来是拉丁文,它的词根最早的意思是植物的嫁接或观点的移植,与现在讲的宣传有点接近,不过现在只涉及"观点的移植"。在世界现代化进程中,这个词的启用以及建立专门的宣传部门,始于教皇格里戈里十五世(1621—1623)。他于1622年建立了"宣传信仰圣教会",这是一个专门传教的

---

①　刘海龙:《宣传:观念话语及其正当化》,中国大百科全书出版社2013年版,第387页。

教皇格里戈里十五世

机构,该会拉丁文全称"Congregatio de propaganda fide",简称"宣传"(propaganda)。也就是说,宣传这个词原来仅仅是宗教传播的含义。1627年,教皇乌尔班八世建立研究和培训宣传员的乌尔班学院(Collegium Urbanum)。对天主教来说,宣传带有正面色彩,而对其他教派来说,宣传则意味着歪曲事实和传播谬误。18世纪以后,这个概念有了一般"观念传播"的含义。

剧作家沙叶新(1939—2018)写过一篇文章《"宣传"文化》,指出:"'宣传'的名声最早坏在17世纪意大利天主教的'信仰宣传委员会',该会利用宣传,攻击伽利略的'日心说',致使这位伟大的科学家遭到拘禁,郁郁而终。300年后的1992年梵蒂冈教皇才平反了这一冤案。"

一般说来,"宣传"这个概念的现代含义是从戊戌变法到辛亥革命时期,从日本传入中国的。那个时候有很多人留学日本,日本从汉语中找一个词对应"宣传",于是就把这个词从日本传回来了。但根据新的考证,中国1847—1848年的《英汉字典》里就有propaganda,翻译为"传教"。1866—1869年的《英华字典》译为"宣传"[①]。由于宣传概念在中国很不普及,因而从日本"出口转内销"后才被普及。

中国古籍中最早使用"宣传"一词的是西晋陈寿《三国志》。《蜀书·彭羕传》中言:"先主亦以为奇,数令羕宣传军事,指授诸将,奉使称意,识遇日加。"彭羕是一名将军,有军事方面的某些技术,刘备对此感到惊奇,非常感兴趣,叫他向其他将军传授,而且对他越来越赏识。"数令羕宣传军事"中的"宣传"是传达宣布的意思。《魏书·贾逵传》注引所言:"今城中强弱相陵,心皆不定,以为宜令新降为内所识信者宣传明教。"让新投降的人,即被我方俘虏的人,向驻守在城

---

① 参见刘海龙:《宣传:观念话语及其正当化》,中国大百科全书出版社2013年版,第29页。

里的人讲述敌人的情况。这里的"宣传"是向内部传播敌人的情况,稳定军心。

显然,"宣传"在我国传统中有两个含义,一是传达、宣布,二是互相传布。

18世纪,特别是法国大革命和美国独立战争时期,宣传这个概念得到了普及,而且运用也很广泛。20世纪初第一次世界大战时,该词在中性意义上的使用达到顶点。1927年,传播学者哈罗德·拉斯韦尔的博士论文《世界大战中的宣传技巧》,首次对"宣传"进行了学术性的分析。1934年,他对宣传下的定义是:"宣传,从最广泛的含义来说,就是以操纵表述来影响人们行动的技巧。"

《世界大战中的宣传技巧》中文版封面

然而,到第二次世界大战时,西方国家"宣传"的概念只用到敌人身上,转而成为一个贬义词,因为法西斯德国率先建立了国民教育与宣传部,公开展开法西斯宣传活动。这种一体化的宣传,将一般的说服传播转变为动员一切社会力量和方式进行的国家和种族层面的宣传,新闻、文学艺术、娱乐、广告、教育、学术研究,甚至语言的使用或限制,都被纳入总体宣传体系,没有对这类宣传的制约机制。

人们意识到,为了追求传播效率,宣传这种外在的精神力量侵犯了个人的自由选择,这种侵犯不是通过强迫(在总体宣传体系中已经变成了公开的强迫),而是在言论自由的旗帜下,在信息接受者没有意识到的情形下,改变个人原有的信息环境和选择标准,使其似乎"自愿"地接受了宣传者的观点并付诸行动。而原来关于自由的认知,是指不受外力控制的选择自由。一旦公民的自由选择受到外在力量(无论是有形的还是无形的)的控制,所谓民主制度就是一种无意义的形式了。20世纪50—80年代美苏"冷战"时期,宣传更成为两个阵营相互指责的由头。

中国现在虽然在国内还使用"宣传"的概念,但将中文"宣传"翻译为英文时,已经不使用"propaganda"这个西方人厌恶的词,而改用"publicity"。1998年,中共中央宣传部的英文名称由 Central Propaganda Department 改为 Central Publicity Department,汉语名称仍然保持原样。"对外宣传"的概念也随之改为"对外传播"。

但是,要消灭这样一个已经成为现代社会的传播实践,是很困难的。即使不使用"宣传"这个概念,其他正面的或反面的概念同样指向"宣传"的内涵,如教化、浸润、向导、灌输、洗脑、再教育、思想改造、公共关系、策略性传播、危机公关、形象管理、营销、公共外交、心理战、社会动员、信息操纵、国际传播、和平演变、文化侵略等等。宣传学也在一定意义上以其他各种面目呈现,诸如公共关系学、广告学、舆论学以及传播学、政治学涉及宣传的部分。

最近几个世纪以来,宣传不断修正自身的形象,从简单逐步走向精细,同时环境也对宣传加强了约束,各种揭露、批判越来越多,公众对宣传已经有了一定的免疫力。正如刘海龙所说:"对大众的心与脑(mind and brain)、情感与理智进行控制的企图和做法始终没有消失,甚至还在加强。只要个人的选择存在自由,追求传播效率最大化的宣传就一直会存在。"①

从一般学术角度,我给宣传下的定义是:宣传是运用各种符号,传播一定的观念以影响和引导人们态度、控制人们行动的一种社会性传播活动。首先宣传是一个广义概念,它包括各种符号——有声的符号和无声的符号,传播一定的观念;达到的目的,一是引导人们的态度,二是控制人们的行为。最后,确认它是一种社会传播活动。

关于新闻与宣传,第一讲我们说过了,为了强调两者的差异,这里再引证王中教授 1982 年《论宣传》中的一段话:

> 新闻和宣传是两种不同的社会现象,它们都产生于不同的社会的客观需要。……新闻并不全是政治宣传,并不是所有的新闻都为政党的政治目的服务,我们报道天气、疾病、奇闻逸事、人体特异功能(现在我们知

---

① 刘海龙:《宣传:观念话语及其正当化》,中国大百科全书出版社 2013 年版,第 7—8 页。

道，关于特异功能的报道全部是假新闻。这说明记者要了解真实情况，还需要理性的头脑）等等新闻，这跟"主义"并无多大关系，纯粹是为了满足读者某一方面的需要。①

人文社会科学的研究与宣传也不是一回事。为了防止科学研究降低到宣传鼓动的水平，马克思《资本论》第一卷出版的时候，恩格斯特别将马克思的科学研究与当时德国社会民主党领导人拉萨尔进行的宣传鼓动作了区分。他说：

> 拉萨尔是实际的鼓动家，所以可以限于用实际鼓动性质的言论在日报上、在集会上来反对他。可是这里涉及的是系统的科学理论，这里（指《资本论》的研究）日报就解决不了问题，这里只有科学可以做出决断。②

《资本论》第二卷出版时，恩格斯再次告诫说：

> 这一卷定会使人大失所望，因为它在颇大程度上是纯学术性的，很少鼓动性的材料。③

把科学研究的著作转变为宣传性的小册子，马克思和恩格斯一向很谨慎。德国社会民主党人约翰·莫斯特（1846—1906）曾为《资本论》第一卷写过一本简洁的宣传小册子，马克思花费很大的精力逐句修改，甚至成段地改写，才允许出版。当一些朋友要求恩格斯把《反杜林论》中的三章作为小册子印行时，他给自己提出的是以下问题："这一著作原来根本不是为了直接在群众中进行宣传而写的。这样一种首先是纯学术性的著作怎样才能适用于直接的宣传呢？在形式和内容上需要作些什么修改呢？"④对照一下《反杜林论》原来的三

---

① 《王中文集》，复旦大学出版社 2004 年版，第 243、250 页。
② 《马克思恩格斯全集》第 16 卷，人民出版社 1964 年版，第 242 页。
③ 《马克思恩格斯全集》第 36 卷，人民出版社 1975 年版，第 322 页。
④ 《马克思恩格斯全集》第 25 卷，人民出版社 2001 年版，第 585—586 页。

章,作为小册子发行《社会主义从空想到科学的发展》增加了许多新材料和通俗性的解释。

二、宣传的五要素

宣传的本质是劝服。强制灌输的行为,严格意义上不是宣传,而是一种以暴力威胁为背景的行为。劝服,是宣传的首要特点。研究宣传,需要把握五个要素,即宣传者、宣传目的、使用的符号(包括行为)、设定宣传对象(群体而不是个体)、宣传效果(塑造认知方式或对某种现实的认知)。

宣传形式上总是一个人或一群人(例如各种表演)向特定的多数人传播观点,它以单向传播为主,双向交流在宣传中是辅助性的,因而宣传者始终处于主动者的地位。宣传者是施控者,要经常根据宣传对象的反应对宣传内容和方式进行调整。宣传中的信息(虽然很少含有新鲜的内容)传播的过程,呈现辐射状态;如果是组织严密的传播,还带有层级传播的性质。

关于宣传者,恩格斯有过一次精彩的论证。1847年,他在批评德国激进派政论家卡·海因岑的鼓动时,综合地提出了一个宣传鼓动者应当具有的素质。他写道:"我们公开声明,我们认为这种鼓动对整个德国激进派肯定是有害的,是有损它的声誉的。……海因岑先生也许满脑子都是最善良的愿望,他也许是全欧洲信念最坚定的人。我们也知道,他本人诚实、勇敢、坚定。但要成为党的政论家,单有这些还是不够的。除了一定的信念、善良的愿望和斯腾托尔的嗓子而外,还需要一些别的条件。……党的政论家需要更多的智慧,思想要更加明确,风格要更好一些,知识也要更丰富些。"[①]斯腾托尔是荷马史诗《伊利亚特》中一个具有不寻常高嗓音的勇士,在这里,恩格斯用来讽刺海因岑蹩脚的鼓动方式。一个人的信念、愿望固然是从事宣传的基础,但仅有这些并不能使当事人成为宣传家。恩格斯通过批评海因岑,对宣传者提出了智慧、思维、风格、知识四个方面的要求。马克思对此作了更为精炼的概括,他说:"如果你

---

① 《马克思恩格斯全集》第4卷,人民出版社1958年版,第304页。

《马克思恩格斯全集》英文版新封面

想感化别人,那你就必须是一个实际上能鼓舞和推动别人前进的人。"①

马克思和恩格斯的宣传目的自然是科学社会主义,但长期以宣传为职业的革命家,往往把宣传当成目的本身,宣传成了一种癖好,而忽略了宣传的理论支柱。例如德国社会主义职业宣传家约翰·贝克尔(1809—1886),马克思称他是"理智往往被宣传癖遮盖住的约·菲·贝克尔"②。只是在马克思和恩格斯的不时帮助下,他才基本上把握住了宣传的正确方向。另一位英国工人运动的职业宣传家厄·琼斯(1819—1869)也是这样,恩格斯对马克思说:"我们也许可以说,如果没有我们的学说,他不可能走上正确的道路,也决不会发现:怎样才能一方面不仅保持工人对工业资产者的本能的阶级仇恨(这是宪章派改组的唯一可能的基础),而且还加强和发展这种仇恨,并把它当做进行教育宣传的基础;另一方面,站在进步的立场上来反对工人的反动欲望及其偏见。"③以科学社会主义作为宣传的理论基础,保持和发展工人阶级的阶级本能,同时反对工人可能的倒退欲望和偏见,这是马克思和恩格斯进行社会主义

---

① 《马克思恩格斯全集》第3卷,人民出版社1995年版,第364页。
② 《马克思恩格斯全集》第16卷,人民出版社1964年版,第467页。
③ 《马克思恩格斯全集》第49卷,人民出版社2016年版,第83页。

宣传的基本思路。

在马克思恩格斯时代，演说是一种有直接效果的宣传手段。马克思关于自由贸易的演说和关于雇佣劳动与资本的演说、恩格斯关于共产主义的演说，至今读起来还使人感受到强烈的现场鼓动气息。什么样的演说是成功的呢？马克思曾讲到在德国1848年革命中殉难的议员罗伯特·勃鲁姆的演说，评价道："作为演说家，他说话明白易懂，绘声绘色，享有很大声誉。"①恩格斯谈到过英国农业工人领袖约瑟夫·阿奇，由于他"讲演艺术的特点而闻名于英国：他是一位真正的演说家，有几分不雅，但是在粗俗中见力量"②。显然，演说这一宣传方式在表达上不可能有一种统一有效的标准，问题在于宣传者自身要形成吸引宣传对象的特色。

如果对宣传媒介的形式作一个基本划分，那么无非是口头（含形象）和书面文字两大类。马克思和恩格斯很注意根据不同的情况使用这两类媒介，以便达到宣传的最佳效果。马克思写道："千万不能把报上发表的讲演稿同口头讲话混淆起来。"③恩格斯说："在讲台上和在口头争论中适用的和惯用的东西，有时在报刊上则是根本不容许的。"④见诸文字的东西即使是讲演稿，它与实际的演说对宣传对象的感官所产生的作用是不同的。前者通过眼睛而转为一种思维性的接受或拒绝；后者在一定程度上会受到直接感觉的综合性影响，通过环境的感染而接受或拒绝。因此，前者的影响相对来说缓慢而持久，后者的影响可能会立竿见影，但不稳定。

宣传的对象可以划分为两大类，一类是同道者，一类是未被卷入运动的人群。对同道者的宣传目的，在于巩固已有的信念，并通过同道者进一步扩大宣传。相契，是对同道者宣传的前提。宣传的符号，以及符号的制作水平，如果很自然地适应了同道者的偏好，其传播效果通常能够激起更大的同向声援的浪潮。从宣传策略上考虑，宣传重点应在于未被卷入的人群。1873年，恩格斯明确地论述了这一宣传策略。他说："根据我们的已经由长期的实践所证实的

---

① 《马克思恩格斯全集》第14卷，人民出版社1964年版，第118页。
② 《马克思恩格斯全集》第25卷，人民出版社2001年版，第126页。
③ 《马克思恩格斯全集》第14卷，人民出版社2013年版，第76页。
④ 《马克思恩格斯全集》第35卷，人民出版社1971年版，第443页。

看法,宣传上的正确策略并不在于经常从对方把个别人物和成批的成员争取过来,而在于影响还没有卷入运动的广大群众。"①这一宣传策略把宣传的重点放在尽可能广泛的群众方面,因而马克思和恩格斯分外注意研究各种环境条件下的这类宣传对象。

了解、确定宣传对象与选择宣传者和宣传媒介同等重要,它构成了整个宣传行为的另一端。1859年,当一场新的资本主义经济危机将要来临的时候,马克思在各种报刊上进行社会主义宣传时写道:"发酵的过程已经开始,现在每个人都应当尽力工作。哪里有需要,就应当向哪里投毒。如果我们只限于给**基本上**同情我们观点的报纸撰稿,那末我们就必定会把各种报刊工作完全搁置起来。难道应当容许所谓的'社会舆论'都充满反革命材料吗?"②

马克思恩格斯注重宣传内容的正确性,同样也注重宣传方式,善于学习敌人、同盟者的成功经验,摈弃愚弄宣传对象的方式。他们批评最多的是宣传方式简单化的倾向。例如,宣传中对敌对思想认识的简单化,导致一种黑白分明的宣传方式。恩格斯认为这种方式实质上是在实行"服从对手的规则"。他说:"因为我的对手说**黑的**,我就说**白的**——这纯粹是服从对手的规则,这是一种幼稚的政策。"③在实际宣传中,敌、我、友的关系和环境条件的制约等等,是非常复杂的,用何种方式处理各种力量的对比关系,需要经验和分析能力,不能永远停留在黑白分明的水平上。对此,马克思要求宣传者学会掌握色调的些微变化,成为有经验的和熟练处理局面的人。他说:"政治上的新手和自然科学中的新手一样,都像是写生画家,只知道两种颜色:白色和黑色,或者黑白色和红色。至于各种各样颜色在色调变化上的较为细微的区别,只有熟练的和有经验的人才能辨认得出来。"④

在宣传中,宣传者是施控者,要经常根据宣传对象的反应对宣传内容和方式进行调整。因而,宣传者需要智慧。就此,恩格斯曾引证《圣经》,写道:"我们在行动时,用我们的老朋友耶稣基督的话来说,要像鸽子一样驯良,像蛇一

---

① 《马克思恩格斯全集》第33卷,人民出版社1973年版,第591页。
② 《马克思恩格斯全集》第29卷,人民出版社1972年版,第569页。
③ 《马克思恩格斯全集》第35卷,人民出版社1971年版,第437页。
④ 《马克思恩格斯全集》第5卷,人民出版社1958年版,第525页。

样灵巧。"①

一流的宣传家能够以最小的代价实现宣传目标。"兵无常势，水无常形"，"能因敌变化而取胜"。一流的宣传家还要做到"形兵之极，至于无形"（《孙子兵法·虚实篇》），即在目标受众尚未知觉、未及防范的情况下实现宣传目标。

最后还要强调一点，宣传不是万能的，是有条件的，纯粹的技巧必须与环境背景相契合。马克思和恩格斯各有一句这方面的名言：

> 煽动家的词藻和权谋家的废话决不能使局面发生危机；日益迫近的经济灾难和社会动荡才是欧洲革命的可靠预兆。

> 任何煽惑的宣言和谋叛的告示都不能像平凡而明显的历史事实那样起着革命作用。②

他们固然认为宣传十分重要，并且会产生效益，但在决定宣传成功与否的因素中，除了宣传的理论基础、宣传者的水平等等外，决定性的因素是经济结构引起的社会变化。如果所宣传的观点与整个社会发展进程相悖，即使有暴力作为后盾，也不可能真正达到宣传目的。恩格斯就普鲁士国王的反动宣传，在《反杜林论》里说过一句话，对我们应该有所启示：

> 弗里德里希·威廉四世在1848年之后，尽管有"英勇军队"，却不能把中世纪的行会制度和其他浪漫的狂念，嫁接到本国的铁路、蒸汽机以及刚刚开始发展的大工业上去。……我们不知道有任何一种力量能够强制处在健康清醒状态的每一个人接受某种思想。③

1936年纳粹党在纽伦堡开大会，会场悬挂着宣传"宣传"的大幅标语："宣传帮助我们夺取政权，宣传帮助我们巩固政权，宣传还将帮助我们统治世界！"

---

① 《马克思恩格斯全集》第31卷，人民出版社1972年版，第569页。
② 《马克思恩格斯全集》第9卷，人民出版社1961年版，第349、37页。
③ 《马克思恩格斯全集》第26卷，人民出版社2014年版，第192、91页。

这种对宣传的偏执认识,必然导致法西斯主义宣传观的反人类性质,他们完全违背宣传的基本伦理要求,手段的不正当,自然证明了目的的邪恶。

三、几种常见的宣传方法

现在重点说一下几种常见的宣传方法。宣传方法,较为通常的说法是西方有七种,中国也有七种。其实,使用中恐怕很难分出西方还是东方,东西方文化已经融合两三百年了,但在源头上,西方和中国还是有不同的地方。

1. 西方常用的宣传策略或技巧

第一,加以恶名(又叫"标签法",name calling)。即给一种观点(或人物、事物)贴上坏标签,使人们不经验证就对某种观点、某个人、某一事物持反感态度并加以谴责,例如"民族败类"、"反动派"等等。

使人们"不经验证",这是问题的关键。因为我们每个人不可能对生活中遇到的所有事情都进行非常认真的思考,往往是一种直接的反应,而这种反应是不用验证的。使用不好的概念,加于某个事物或某个人,然后再作进一步的不好的解释,于是你就对这个事物形成了一种认识。再以后,你遇到同一个事物或同样的事物,脑子里根本不会再进行思考分析。就像美国20世纪50年代麦卡锡主义当道,只要说某某人是"共党分子",马上就认为这个人不好。

第二,美化(又叫"光晕效应",glittering generality)。即把某种观点(或人物、事物)与一个美好的词联系起来,使人未经验证而接受、赞许某观点、某人、某事物。这种情况在我们的生活中经常出现,例如"有路必有丰田车"这句广告词,把丰田牌小汽车与四通八达的概念联系起来,以后人们买车,就想到丰田车。"IBM誉满全球",也是一样,把美好的概念与IBM公司联系起来到处说,时间长了,人们就会不经检验,自然而然地认同这种观念。美国前总统里根要加强军备,给军事方面的经费很多,遭到了很多和平人士的反对,于是他就给这个计划加了一个好听的说法,叫"重振美国军威",这样一个美好的概念与增加军费的计划联系在一起,说得多了,人们往往就不加验证地接受了。在广告宣传上,这是一种很有效的传播方法。

第三，假借（transfer）。即以某种受人尊敬的权威、公认的信誉加之于另一事物之上，使后者更易为人接受。

"假借"在中国的宣传中，使用频率很高。例如，过去我们对雷锋的宣传非常成功，已经变成了一个定型的形象，说×××是"活雷锋"，这就是假借，借已经出了名的雷锋的名字来宣传现在的一个不知名的人。20世纪50年代苏联的一部电影叫《普通一兵》，其中有一个人叫"马特洛索夫"，这是一个真人，是苏联红军战士，在第二次世界大战中堵枪眼牺牲。黄继光的事迹出现以后，新闻记者马上就想到一个宣传的词语——"马特洛索夫式的英雄黄继光"，这个标题在宣传方法上，就是假借。黄继光出了名后，在1979年中越边界反击战中，我们有一位英雄叫杨朝芬，他不是用胸口堵枪眼，是用膝盖堵枪眼，算好了爆炸的时间，到爆炸一瞬间，一个翻身就滚下来了，把敌人的暗堡炸了，他活下来了，但腿残废了，因为暗堡里的敌人用刺刀刺坏了他的膝盖。于是，当时我们的记者想到的新闻标题是——"黄继光式的英雄杨朝芬"。这种标题在宣传上也是"假借"。杨朝芬的英雄行为与黄继光的英雄行为有相似之处，于是就会出现第二轮的"假借"。

马特洛索夫

黄继光

杨朝芬

这种情况在商业中也很多。一个人有名了，与之类似的人叫××第二，或叫小××。"假借"宣传的成功率较高，其性质有些像我们的一个成语"蚍壁借光"。也有从反面假借的,例如说某人是希特勒式的人物,说明某人很坏。

第四,现身说法(又叫"佐证法",testimonial)。即请某个受尊敬的或被憎恨的人来评价某个观点、产品、人物的好坏。

这是广告中经常使用的宣传方式,政治宣传上也经常这样做。我国1949年以后的一段时间内组织的"忆苦思甜",是一种非常典型的"现身说法"宣传。人们诉说过去遭受的苦难,后来共产党来了,给贫农分了田地,感谢党感谢政府,等等。后来,这段历史成为《听妈妈讲那过去的故事》歌曲的主题。现在关于某位典型人物事迹的报告会,也是一种"现身说法",由当事人(如果活着的话)或他的亲人、同事、领导等来讲述其事迹。这种方法如果只讲一次可能还比较真实,如果一场一场地巡回讲演,可能会影响传播效果,因为感动和流泪是不能重复再现的,否则就变异为表演了。

中国"忆苦思甜"宣传画

第五,以平民百姓自居(plain folks),即说话人企图让人们相信他和他的观点都是好的,因为它属于人民,来自普通的老百姓。

这是西方国家流行的一种传播方式,特别是在大选的时候,几乎所有的候选人都宣布:我和人民站在一起。这样,他才能拉到选票。最著名的是19世

"伐木者林肯"

纪的美国总统林肯,他出身于石匠,当过伐木工人,按照阶级分析的方法,他是工人阶级的儿子,于是林肯在竞选时为了拉到工人的选票,强调自己是"伐木者林肯",结果拉到了很多选票,终于赢得了大选。工人选民的心态是,他的出身和我一样,他可能会代表我。他当选总统后,马克思代表国际工人协会给他发去了一封祝贺信,称他是美国工人阶级优秀的儿子。你们看,连马克思也接受了他竞选的宣传。

美国石油大王洛克菲勒竞选纽约州州长的时候,他没法说自己是平民百姓,于是强调自己的爷爷是卖火鸡的,也就是强调自己出身于穷人血统。显然,这一招是千方百计地贴近百姓,赢得选票的宣传方式。

第六,洗牌作弊(card stacking)。即选择并运用与自己观点一致的论证,以使某个观点、方案、人物、产品处于最有利的或最不利的情况之下,即宣传者一面倒地美化或丑化某一对象。在表扬己方的时候,只挑对自己有利的方面说;在批评对方的时候,只挑对对方不利的东西说。这也是西方政治生活中经常使用的一种宣传方式,这种宣传方式在道德层面常被人谴责,有些不得人心了。

第七,号召随大流(又叫"巡游花车法",bandwagon)。即企图让人们相信,我们所属的那个群体都已接受他们的方案,人人都如此,你也如此吧!

西方国家的选举中,常用这种宣传方式。例如街头出现一些标语:"我属于人民","人民选择我"。至于人民是不是真的选择他,不知道,他就是要给人造成一种先入为主的印象,人民已经选择我了,你也选我吧;大家都相信我了,那你也相信我吧。在商业上也经常使用这种方式,比如说"可口可乐誉满全球"这个广告词,实际上暗含着这样的意思:全球人都在喝可口可乐,你也跟着喝吧。"有路必有丰田车"也有这种含义,就是号召随大流。这种传播方式

第九讲
宣传学

2005年,伊拉克居民在费卢杰悬挂竞选海报

充分利用了人的从众心理,它能营造一种氛围,让人相信这种说法是真的。

以上是1939年美国宣传分析研究所在其编辑的《宣传的艺术》中概括的常用宣传手法①。

2. 中国常见的七种宣传策略和技巧

第一,"最大—最大"策略。这是指在你我双方的关系中,强调增加我的利益,同时也会增加你的利益。

这是我们党使用最多的一种策略,而且非常有效。解放战争的时候,我们有一个口号——"打倒蒋介石,保卫土改成果"。这句话里面,"打倒蒋介石"是共产党的政治目标,是共产党的最大利益,而"保卫土改成果"是农民的最大利益,因为刚刚打倒了地主,分到的土地不能丢失。这句口号把这两个方面联系起来:你想保卫你的土地吗?那就去打倒蒋介石。于是,大家都踊跃参军,去打倒蒋介石。这就是一种宣传策略,强调将双方的利益结合起来。

20世纪50年代初的口号"抗美援朝,保家卫国",在当时非常流行,也是很典型的两个"最大"策略的表现。为什么呢?"抗美援朝",是当时国家的一个

---

① 参见鲁杰:《美军心理战经典故事》,团结出版社2004年版。

1952年新华书店华东总店新年贺卡

极为重要的决策,这是国家的利益,要到朝鲜去打美国人,必须号召大家都去打仗;"保家卫国"是关键的一句话,你想保家吗?那你就到朝鲜去打仗,不然的话,美国鬼子就会打到中国大门里来了,你的家就没有了。"保家"是个人的最大利益,"卫国"是国家的最大利益,两个利益结合起来,于是,就达到了最大的宣传效果。大家看这个1952年新华书店华东总店新年贺卡,上面的口号就是"抗美援朝,保家卫国"。我的同龄人中,很多名字是"保家"、"抗美"、"援朝",就是那个口号影响时代的产物。

和平时期,例如银行里面经常贴着的一个标语"参加储蓄,利国利民",这样的口号也是两个"最大"。参加储蓄就是存钱,存钱的目的是什么呢?是利国,是国家的最大利益;是利民,是个人的最大利益。

第二,求同存异。在双方的关系中往往会有很多矛盾,为了与对方达成一定的和解,就需要强调"同",双方总有相同的地方,不同的地方暂时调和一下,不要跟对方过不去。

最早使用该策略的例子,是我国春秋时期左师公触龙言说赵太后的故事。触龙想说服赵太后,把她的儿子长安君送到齐国去做人质,以保证自己国家的利益,赵太后非常喜欢自己的孩子,不肯送去,说不通。后来,触龙就找到他们的共同点:我们都有孩子,都爱孩子,然后讨论到怎么爱孩子。这个孩子将来是要当赵国国君的,如果现在不为国家冒点风险(立功),将来如何让国民信服国君呢?最后赵太后被说服了,同意将儿子送到齐国。大家都爱自己的孩子,这就是"求同"——找我们的共同点,然后再存异。这是中国传统的一种说服方式。

现在我们的政治生活中,较为典型的是中国和周边国家发生领土、领海的

第九讲
宣传学

争议时,我们采取的是"搁置分歧,共同开发"的政策,这句话的实质,就是求同存异。包括南沙群岛、钓鱼岛的处理,这两个问题都显示出中国的宣传策略。南沙群岛的岛屿和礁盘,被越南、马来西亚、菲律宾、印度尼西亚、文莱等分别占领了一些,南沙群岛的主岛太平岛由中国的台湾当局控制,中国大陆派兵占有其中的七个礁盘。我国在声明中坚持南沙群岛是中国固有领土的立场,现在解决不了,以后再解决,这是"存异";同时我们强调共同开发,这是"求同"。钓鱼岛也是这样,我们说是我们的,日本说是他们的,有冲突,争论先搁置起来,我们强调共同开发(求同)。这种方式在外交上,是一种有效的宣传方式。人与人之间为了达成一定的协议,有的时候也要用这种传播方式。

第三,无我策略。在宣传上不直接讲出宣传者的意图,强调这个事情完全没有我的利益,仿佛不是为了"我"。这也是经常采用的宣传方式。其实,无我策略中是有我的利益的,但为了让别人跟我走,强调没有我的利益。比较典型的宣传方式,例如"老三篇"里有一个号召学习白求恩的口号:做"五人",即"一个纯粹的人,一个高尚的人,一个有道德的人,一个脱离了低级趣味的人,一个有益于人民的人",要"毫不利己,专门利人"。其实,"毫不"、"专门"的用词是很绝对的。但这种高位号召,在一定的文化背景下还是很有效的,推动了革命战争的胜利。

不管怎样,这种"无我策略"的宣传方式在实际宣传中还是有效的,尤其是在一些利益分配中,如果当事者突出我没有得到利益或得到很少利益,往往能够得到人民的信任。

第四,"小骂大帮忙"。历史上曾把"小骂大帮忙"作为新记《大公报》的一种传播策略。《大公报》经常刊载一些文章批评国民党,但是在根本利益上它是帮国民党忙的。尤其是在多个派别之间进行斗争的时候,往往一些派别之间达成了一种默契,形式就是"小骂大帮忙"——为了给第三方看,仿佛我们俩有矛盾,实际我是在帮你的忙。现在考证,似乎《大公报》不是这样,是真骂。不管怎样,这种宣传方式是有的,多少带有"厚黑学"的成分,是中国文化传统的产物,而且生活中也经常运用。

第五,适可而止。中国有"中庸"的文化传统:什么事情都不要做得太极端,太极端了就没有了退路。中国还有一句俗语:事不过三。好话坏话都不要说过三,在宣传上即"见好就收"。

这方面,鲁迅的小说《祝福》里的祥林嫂,就是由于违反了这个传统,而总是不得好报。她和第二个丈夫生了个儿子,先是丈夫死了,接着儿子又被狼吃了,就只好回到鲁镇,诉说自己的丈夫如何死了,儿子如何被狼吃了,好苦啊。四婶同情她,鲁四老爷因为雇女工困难,答应她留下来,继续做老妈子。然而,她后来看见人就诉说她的家在深山里的故事。开始的时候人们都很同情她,后来,大家看见她就躲,为什么?祥林嫂说得太多了,没完没了地重复,什么事都得见好就收,事不过三,她违背了中国这个传统的宣传方式。中国的"中庸之道",就是"适可而止"宣传策略的理论基础。

其实,就是对外宣传,也需要把握事不过三的分寸。2019年6月前的几个月,中国与美国发生贸易摩擦引发舆论战。中国人民大学研究员叶胜舟谈到我方两个正面宣传亮点后批评道:"近月先后有9论'可以休矣'、9论'必将失败'、5篇'解构美式霸凌'系列、10篇'很不'系列、至少15篇'国际锐评'等,都是立场姿态的堆积或重复,无论是内容质量还是阅读体验都边际效益递减,地球上坚持全部看完的有几人?"而且"选题、策划、体裁、文风等,都是老一套"。"如今是新媒体时代,惜时、惜字如金,受众选择余地很大。任何国内外大事,连续三评足矣,别再搞什么五论九评了。"①

第六,微调。即在宣传上不出现过大的变动,慢慢地调整。微调这种宣传方式,最近这些年比较强调。朱厚泽1985—1987年任中宣部部长的时候明确提出过宣传上"微调"的要求,得到了很多人的认同。因为中国改革开放以后,有很多政策实质上是180度大转弯,过去是否定的可能现在要肯定,过去是肯定的可能现在要否定。然而,宣传上如果大转弯的话,人们无法接受,而且也存在意识形态方面的危险,影响社会的稳定,于是就提出了"微调"的宣传策略。

例如过去某个政策是错的,你不要在一开始的时候就说这个政策是完全错的,你说这个政策有点差误;等到有点差误这个观点被人们接受了,然后再

---

① 叶胜舟:《中美贸易战的新迹向和"黄金节点"》,《金融时报》中文网,2019年6月6日。

说这个差误可能还比较大,等大家都接受;最后,再说这种政策是完全错的,于是大家在不知不觉中接受最后的认识转变。也就是说,很多事情不要说得太彻底,宣传中慢慢微调,让人们的观念在不知不觉中转变过来。某种意义上,这也是中国的文化传统,事情要慢慢来,不能着急。

这方面有一个很有意思的例子。好法官谭彦(已逝世)是一个典型人物,他带病坚持工作,而且病得很重。带病坚持工作,说明他工作的单位领导对员工不关心,明明人家生病了你还让人家工作,外国人看了这样的事情,会说中国不讲人权。我们过去几十年都是这么走过来的,要表扬一个人,一定是这个人病得都快死了,还要坚持工作,这才是好,这种观念不可能一下子转变过来。

好法官谭彦(1960—2004)

当时《人民日报》先发了一个评论,肯定谭彦是个好人,接着提出问题:谭彦的领导为什么不为谭彦着想呢?那篇典型报道说:他的办公室在四楼,他每天都要迈着沉重的脚步爬上四楼。为什么不把他的办公室从四楼搬到一楼呢?这是第一步,《人民日报》的评论借这个极端事例,进而说领导要关心谭彦身体。这种说法很有理,于是谭彦的领导就把他的办公室从四楼搬到了一楼。后来《人民日报》的评论再说,既然他有病,为什么还让他工作呢?应该让他到医院去休养。这样一步步地,最后才说:不要宣传带病坚持工作。这就是微调,是一种宣传策略。

第七,强调移情,扮演角色。让你设身处地为他人想想,如果你处在他的位置上,你会怎么办?这种说服方式,在心理学上叫移情,也是一种宣传策略,让你能够理解别人。

上海的媒体在20世纪80年代曾经刊登了一篇通讯《一日厂长》,一个工厂的厂长为了让工人都理解他,想出一个办法:让每个工人轮流到他的办公室当一天厂长,他坐在旁边指导他怎么当厂长,工人们都感觉到,这个厂长不好当,好累。这样,厂长与工人之间的关系就搞得很融洽。这个"一日厂长"活动最后没有坚持下来,不管怎样,这个做法就是一种强调移情的宣传策略,让人站在别人的角度去体会,这种宣传策略往往使双方更容易沟通和理解。

中国式的七条,加上外国式的七条,大致构成了宣传的主要的方式方法。

鲁迅以批判的态度谈到过中国对外宣传时由于传统文化的心态引发的宣传方式。1931年11月,他谈到有人说中国人"善于宣传",写道:"这'宣传'两字却又不像是平常的'propaganda',而是'对外说谎'的意思……譬如罢,教育经费用光了,却还要开几个学堂,装装门面;全国的人们十之九不识字,然而总得请几位博士,使他对西洋人去讲中国的精神文明;至今还是随便拷问、随便杀头,一面却总支撑维持着几个洋式的'模范监狱',给外国人看看。还有,离前敌很远的将军,他偏要大打电报,说要'为国前驱'。连体操班也不愿意上的学生少爷,他偏要穿上军装,说是'灭此朝食'……我之所谓'做戏'。但这普遍的做戏,却比真的做戏还要坏。真的做戏,是只有一时;戏子做完戏,也就恢复为平常状态的……倘使他们扮演一回之后,就永远提着青龙偃月刀或锄头,以关老爷、林妹妹自命,怪声怪气,唱来唱去,那就实在只好算是发热昏了。"[①]他所批评的要面子而说空话甚至谎话的宣传现象,值得我们反省。习近平与中央电视台北美分台视频连线时说:"希望你们能够客观、真实、全面地介绍中国经济社会的发展情况。"[②]他在尊重新闻传播规律的前提下坚守着宣传伦理。

关于新闻与宣传的关系,前面讲过了,这里还要再强调一下,因为我国长期以来,把新闻和宣传看作是一回事。如果把"新闻"理解为"新闻的传播",那么二者都是传播信息的行为,但又是两种不同的社会现象。它们的出发点、表现方式和归宿都不相同。

传播新闻是为了满足受众获知新消息的需要,宣传是为了满足宣传者输出观点的需要;新闻是叙述事实,宣传是灌输观点;新闻传播的结果是受方晓其事,宣传的结果是传方扬其理。在中国,为什么新闻和宣传长期混同呢?因

---

① 鲁迅:《宣传与做戏》,《鲁迅全集》第四卷,人民文学出版社2005年版,第345—346页。
② 习近平同中央电视台北美分台视频连线,人民网,2016年2月19日。

为中国常常以新闻的形式宣传某些事情,这是可以做到的,但是不要事事都这样做,不然,新闻就没人看了。在实际活动中,新闻和宣传二者常常相互渗透,有交叉的地方。新闻中可能有宣传的成分,尽管你客观报道,但是只要你提到了某件事情,实际上就把这件事情宣传出去了。

宣传有的时候也需要以传播新闻的形式达到目的。如果要想宣传某种观点,你不要说这个观点好啊好啊——这叫直接的、公开的宣传;你可以采访某个相关的人,让他来说某个东西很好或很坏。你报道这个人,是新闻采访,形式上是新闻,实际上达到你想要宣传或批判某个观点的目的。这两者有的时候是相通的,但是性质上完全不是一回事。

四、毛泽东论宣传

毛泽东是一位出色的宣传家,他关于宣传的论述,指导中国共产党赢得了人民群众的广泛拥护,赢得了革命战争的胜利。他的宣传思想扎根于中国特有的环境,具有浓厚的民族特色,是马克思列宁主义与中国革命实践相结合的产物。

关于"宣传"概念的含义,毛泽东的解释是相当广泛的。他说:"一个人只要对别人讲话,他就是在做宣传工作。"[1]行动本身也是一种宣传,他说过:"对敌军的宣传,最有效的方法是释放俘虏和医治伤兵。"[2]1929年12月,他起草红四军第九次代表大会决议,就将宣传概括为18种,从党报、小册子,一直到各种会议、个别谈话等等。他把新闻工作者也看作是宣传人员,他说:"什么是宣传家?不但教员是宣传家,新闻记者是宣传家,文艺作者是宣传家,我们的一切工作干部也都是宣传家。"[3]

与毛泽东关于宣传一词含义相适应的是他关于宣传形式的说明。仅《毛泽东选集》提到的就有十几种,如标语、图画、歌谣、壁报、讲演、群众大会、谈

---

[1] 《毛泽东选集》第3卷,人民出版社1991年版,第838页。
[2] 《毛泽东选集》第1卷,人民出版社1991年版,第67页。
[3] 《毛泽东选集》第3卷,人民出版社1991年版,第838页。

话、传单、布告、宣言、论文、报纸、书册、戏剧、电影、募捐活动等等。实际上他把各种公开传播信息的形式,有声的和无声的,有形的和无形的,都包括了进去。这些形式的总和是一种强大的力量,重视和运用这种力量是毛泽东从事革命活动的经验之一。

红军的宣传墙壁

毛泽东所谈的宣传,主要是党的政治性宣传。关于这种宣传的目的,总结起来可以归纳为两条。第一条,为了提高人民的觉悟。他把宣传的重点放在还没有觉悟的人群方面,放在以往不被人看重的社会下层。重视对农民的宣传,是毛泽东宣传思想的一个要点,这与他的农村包围城市的总体战略是相联系的。毛泽东也注意到城市小资产阶级易于受资产阶级影响的问题,特别要求在他们中间进行革命的宣传。从另一个角度看,这也是一种宣传上的策略。就如前面引用的恩格斯的论证:"宣传上的正确策略……在于影响还没有卷入运动的广大群众。"

第二条,为了达到万众一心,以争取革命的胜利。毛泽东把这一点视为马克思列宁主义的基本原则,他说:群众知道了真理,有了共同的目的,就会齐心来做。群众齐心了,一切事情就好办了①。在谈到抗日战争的政治动员时,

---

① 《毛泽东选集》第 4 卷,人民出版社 1991 年版,第 1318 页。

他曾形象地说明了这个道理:"动员了全国的老百姓,就造成了陷敌于灭顶之灾的汪洋大海。""日本敢于欺负我们,主要的原因在于中国民众的无组织状态。克服了这一缺点,就把日本侵略者置于我们数万万站起来了的人民之前,使它像一匹野牛冲入火阵,我们一声唤也要把它吓一大跳,这匹野牛就非烧死不可。"①

这两条宣传的目的,紧密联系,缺一不可。他在《愚公移山》中把它们比喻为感动上帝(人民)的过程和结果。

毛泽东把忽视宣传工作视为单纯军事观点的表现。他认为,在中国人民中进行解放自己的伟大革命战争中,宣传(即政治动员)是经常的运动,是一件绝大的事,战争首先要靠它取得胜利。"这个政治上动员军民的问题,实在太重要了。我们之所以不惜反反复复地说到这一点,实在是没有这一点就没有胜利。没有许多别的必要的东西固然也没有胜利,然而这是胜利的最基本的条件。"②

他为党制定的领导方法即是从群众中来,到群众中去。这一工作方法中,有一半是宣传工作。他用通俗的语言解释了这种领导方法,直接将"到群众中去"等同为"宣传"。他说:"我们应该走到群众中间去,向群众学习,把他们的经验综合起来,成为更好的有条理的道理和办法,然后再告诉群众(宣传),并号召群众实行起来,解决群众的问题,使群众得到解放和幸福。"③

毛泽东论述关心群众生活时指出:"要使广大群众认识我们是代表他们的利益的,是和他们呼吸相通的。要使他们从这些事情出发,了解我们提出来的更高的任务。"在这里,真正代表人民的利益构成了共产党实行有效宣传的基础。毛泽东特别引述过江西长冈乡群众的话:"共产党真正好,什么事情都替我们想到了。"④如果党不是为群众谋福利的,不是什么事情都想到人民,不论是美妙的词句还是严厉的威胁,任何一种宣传归根到底都是不起作用的。

鉴于党和人民利益的一致,党没有必要隐瞒自己的观点,惧怕任何严峻的

---

① 《毛泽东选集》第2卷,人民出版社1991年版,第480、511—512页。
② 同上书,第513页。
③ 《毛泽东选集》第3卷,人民出版社1991年版,第933页。
④ 《毛泽东选集》第1卷,人民出版社1991年版,第138页。

事实,党的宣传内容是真实的。毛泽东常常这样告诉全党:"我们要在人民群众中间,广泛地进行宣传教育工作,使人民认识到中国的真实情况和动向,对于自己的力量具备信心。"①他不赞成只向人民讲有利条件的一面,而是主张也要向群众公开说明可能遇到的不利情况,这就是他所说的"倒宣传"②。党的宣传工作的历史证明,向人民说假话,实际上是在自己挖掉自己实行有效宣传的基石。

从根本上说,党的宣传工作的基本任务就是宣传科学的世界观。毛泽东多次谈到这个问题,批评了不注意宣传唯物主义和辩证法的倾向。他说:"共产党人的任务就在于揭露反动派和形而上学的错误思想,宣传事物的本来的辩证法,促成事物的转化,达到革命的目的。"③

宣传内容的正确性,是通过不断纠正偏差实现的。宣传机关的基本职责就是了解情况和掌握政策。毛泽东1948年2月起草的《纠正土地改革宣传中的"左"倾错误》,就是这种工作的典型一例。通过那次纠正宣传中的偏差,他规定了宣传部门几个月检查一次工作,发扬成绩,纠正错误的制度。

毛泽东在长期的革命斗争中形成了一套合乎中国国情的行之有效的宣传方法,代表作是他的《反对党八股》。他首先要求党的宣传工作者端正宣传态度,反对"自以为是"和"好为人师"的狂妄态度,要求他们"采取和读者处于完全平等地位的态度"④。

毛泽东还要求研究宣传对象,"对于自己的宣传对象没有调查,没有研究,没有分析,乱讲一顿,是万万不行的"⑤。他要求进行耐心的生动的容易被宣传对象理解的宣传工作,把问题讲得十分实际。他提倡学习语言和改进文风,提出三条学习语言的途径,即向老百姓学习语言,吸收外国语言中适用的东西,学习古人语言中有生命的东西。在文字的宣传上,他提出三条改进文风的方法,即学习逻辑、学习文法、注意修辞;还提出文章的"三性",即准确性、鲜明性、生动性。

---

① 《毛泽东选集》第4卷,人民出版社1991年版,第1131页。
② 《毛泽东文集》第6卷,人民出版社1999年版,第449页。
③ 《毛泽东选集》第1卷,人民出版社1991年版,第330页。
④ 《毛泽东文集》第7卷,人民出版社1999年版,第277页。
⑤ 《毛泽东选集》第3卷,人民出版社1991年版,第837页。

五、宣 传 伦 理

宣传可以为公众利益服务，为商业服务，但也可能被法西斯主义利用，服务于从事反人类的活动。所以需要提出宣传伦理问题。关于这个问题，焦点集中在目的与手段的关系上。这一点，我们已经在第一讲中说过了，这里再强调一下。宣传是有目的的，只要进行宣传，就会存在目的与手段之间的矛盾，因而存在道德悖论。现在有的宣传者强调，我的目的是好的，所以我就可以使用一些不够合法的手段。如果是这样，就存在一种宣传的目的与手段之间的道德冲突。这是我们要从理论上予以注意的。马克思说："要求的手段既是不正当的，目的也就不是正当的。"①这是说，目的正当，也要和手段对应，手段也应该是正当的，如果手段不正当，目的正当本身是值得怀疑的。

目的不正当，方法再精致，也是一种罪恶。例如德国法西斯政权的国民教育与宣传部长戈培尔说："宣传就像爱情，只要能成功，任何行为都是允许的。"这样，衡量宣传效果的只能是它的结果。他接着说："如果我们通过这种手段达到了目的，这种手段就是好的；在任何情况下，与它是否符合审美的要求完全不相干。"②1939 年，他发动"波兰威胁"的宣传攻势时有一句名言："宣传只有一个目标：征服群众。所有一切为这个目标服务的手段都是好的。"这是典型的"只问目的，不择手段"的反宣传伦理观点，在道德上会受到质疑。恩格斯说："手段的卑鄙正好证明了目的的卑鄙。"③曾任美国布什政府副国务卿、负责公共外交的夏洛蒂·比尔斯也说过同类的话："我会选择任何传播方式，只要它有效。"这样的观点，至少在和平时期是一种愚民政策，受到人们的批评。

和平时期的宣传不能对人民说谎，这种认识至少在理念上现在基本被接受了，否则就是违背宣传伦理。但是战争（包括意识形态的"冷战"）时期呢？

---

① 《马克思恩格斯全集》第 1 卷，人民出版社 1956 年版，第 74 页。
② 转引自刘海龙：《宣传：观念话语及其正当化》，中国大百科全书出版社 2013 年版，第 211 页。
③ 《马克思恩格斯全集》第 2 卷，人民出版社 1957 年版，第 466 页。

关于这方面的宣传技巧很多，例如下面的三种。

(1)"六种扭转人们思想的扳手"。

这种说法出自阿尔文·托夫勒夫妇所著《战争与反战争》(又译《未来的战争》)一书，书中描述了六种战争时期的宣传手段：控诉暴行；夸大利害关系；把对手形象妖魔化、非人化；二元对立(非友即敌)；强调神的旨意(即把我方的言行"合法化")；反宣传(全盘否定对手的宣传)。

(2)"三色宣传"。

即白色宣传、灰色宣传和黑色宣传。《美军心理战作战条例》对它的定义是："白色宣传——公开表明信息来源；灰色宣传——不说明消息来源；黑色宣传——故意隐蔽真实消息来源"。在运用中，"三色宣传"结合使用，效果更佳①。

战争时期的宣传被认为是为了欺骗敌人，但敌我双方的公众也被欺骗，这是否符合道德，评价上有争议。但在和平时期采用这样的宣传方式，多数人是否定的。我国有的文章认为，这类宣传手法稍加润饰便可用于对内宣传(譬如政党斗争)。如果这种观点真的被贯彻到和平时期的宣传中，没有道德约束的恶斗将使人们永无宁日。我们必须对此反省，"文革"恶斗教训够多了。

(3)违背新闻客观性原则的宣传技巧。

把新闻与宣传有意混淆，违背新闻客观性原则，属于职业道德问题，这里需要加以分辨。美国传播学者约翰·梅里尔等三人合著的《现代大众媒介》(*Modern Mass Media*)②一书，列举了11种常用于新闻报道的宣传技巧。这些宣传技巧的使用，形成了语义噪音，给受众带来了信息解码的困难，在宣传上也是有悖道德的。它们是：

第一，用单向和静态的方式表现人物和事件，使受众形成定向思维(creation of stereotypes)；第二，把观点包装成事实(presentation of opinion as fact)；第三，有选择地使用引语，通过表面客观的手段达到主观的目的

---

① 参见李永：《零伤亡战争》，中国工人出版社 2003 年版。
② Merrill, J., Lee, J. & Friedlander, E. J., *Modern Mass Media*, Allyn & Bacon, 1997.

(speaking through sources);第四,使用情感动词和副词对直接或间接引语呈现否定或肯定的态度(biased attribution);第五,在信息方面有所选择,例如记者有时使用某些事实而不用另外一些事实(information selection);第六,不顾受众的知情权,对某个新闻事件完全不报道或漏掉新闻事件的某些事实(news management);第七,采用不同的称号(use of labels),例如一个新闻事件中的"游击队员"(guerrillas)可能在其他地方就变成了"自由战士"(freedom fighters);第八,用笼统的词语进行概述

《现代大众媒介》1997年英文版封面

(vague authority),例如使用"许多人"或"大多数人"(many people or most people)等词语;第九,根据要塑造的形象选择性地使用不同的语言、照片或音响资料(selective factuality);第十,以偏概全,用个体代表整体(one-person-cross-section);第十一,借口无法查对,对事实不再进行追踪(the "not available" ploy),这种方法经常用在报道结尾。

这样,新闻报道经过层层的把关人、运用记者和编辑的各种宣传手段之后,到接受者那里时,已经与原始的事件相差甚远了,他们获得的是扭曲的"事实"。

第十讲 舆论学

"舆论"这个概念在新闻理论中出现的频率较高,经常被等同于新闻或传媒,其实,它们之间的差别比新闻与宣传的差别还要大些。舆论这个词汇由"公众+意见"构成,"舆"即公众,"论"即意见。公众舆论、公共舆论、社会舆论等等说法,同义反复。现代"舆论"的概念是在工业革命背景下提出的。进入互联网时代,舆论的聚合和表现方式发生了很大变化。

《舆论学:舆论导向研究》封面

《舆论:感觉周围的精神世界》封面

第十讲 舆论学

本讲的标题虽然叫"舆论学",但由于舆论现象很复杂,其实并没有形成完整的学术理论体系。李普曼1922年出版的书《舆论》,1984年内部中文版的书名是《舆论学》(译者林珊),于是"舆论学"的说法就叫开了,以"舆论学"为书名的书很多。我1999年关于舆论导向的书《舆论学:舆论导向研究》也用了"舆论学"的概念,但是我心里明白,舆论学并不是成体系的独立学科,而是传播学、新闻学、社会学、社会心理学、政治学以及社会调查机构讨论的一个重要选题。本讲重点谈谈关于舆论这种意见形态的一般道理。

一、舆论概念的历史和定义

现代西方国家的"舆论"(public opinion)一词,直到18世纪才作为一个词组出现。这个概念一开始出现,就包含与现实的权力对应的理念,因为现实是君主当政,舆论概念的使用,作为君主当政的对应词,带有"人民主权"的时代背景意味。当时的学者,把舆论视为"人民主权"的表现形式。也就是说,舆论

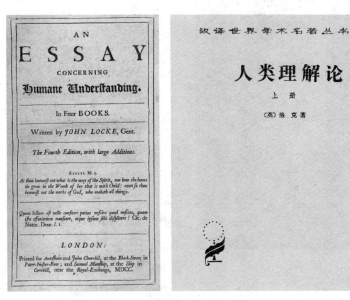

《人类理解论》英文版和中文版封面

这个概念一出现，就带有进步的社会政治意义。

与"propaganda"翻译成中文找到对应的词"宣传"一样，"public opinion"翻译成中文，也要找一个对应的词，于是就找到了中文"舆论"。

英国17世纪的哲学家洛克（John Locke，1632—1704）曾提出"舆论法则"，与"神法"、"民法"相提并论。他提出："人们判断行为的邪正时所常依据的那些法律，可以分为三种：一为神法（divine law）、二为民法（civil law）、三为舆论法（the law of opinion or reputation）。""这些称、讥、毁、誉，借着人类底秘密的同意，在各种人类社会中、种族中、团体中便建立起一种尺度来，使人们按照当地的判断、格言和风尚，来毁誉各种行动。……他们借这种赞赏和不悦，便在人类中建立起所谓德行和坏行来。"①洛克使舆论从语义上摆脱了最初"不可靠判断"这一略带贬义的含义，而承认舆论是一种合法标准。在这里，中文的"舆论"翻译，其实原文只有"opinion"，没有定语"public"这个很关键的词。但是洛克的论述中，已经显现出把舆论视为一种人民主权表现的思想。

卢 梭

最早直接提出"舆论"一词的是法国18世纪的启蒙学者卢梭（Jean-Jacques Rousseau，1712—1778）。1762年他在《社会契约论》中首次将"公众"与"意见"组成一个概念，即"舆论"（法文 Opinino Publique）。

卢梭强调的舆论，不仅来自淳朴民风和善良心灵的习惯和风俗，而且要进一步上升为一种集体的普遍意志，即"公意"（volonté générale，英文 general will）。他认为国家应当建立在"公意"的基础之上。公意是主权的所在，它也构成了社会所有成员都具有效力的道

---

① ［英］洛克：《人类理解论》，商务印书馆1959年版，第329页。

德标准。公意是怎么来的呢？他把"舆论"分成了两部分，一部分叫"公意"，一部分叫"众意"（volonté de tous，英文 will of all）。这种划分使得卢梭在理论上出现了一种无法克服的矛盾。他认为，"众意"是指原始的舆论——所有人的议论，"众意"中有多数的意见和少数的意见，他从中抽出了多数人赞同的意见，把它叫作"公意"。

一旦多数人的意见变成了"公意"，就具有高于"众意"的、神圣不可侵犯的性质，人人都要遵守，如果谁不遵守，谁就是人民的敌人。他讲述的是一种非常理想化的社会状态。对此，卢梭认为：

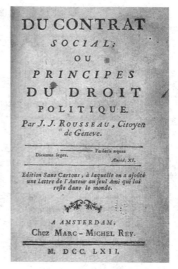

《社会契约论》法文版封面

> 众意与公意之间总是有很大的差别；公意只着眼于公共的利益，而众意则着眼于私人的利益，众意只是个别意志的总和。但是，除掉这些个别意志间正负相抵消的部分而外，则剩下的总和仍然是公意。
>
> 公意是抽象的，高于众意的集体意志。公意永远是公正的，它本身就是公理的标准。凡不正确的就说不上是公意。
>
> 为了使社会公约不至于成为一纸空文，它就默契地包含着这样一种规定，——唯有这一规定才能使其他规定具有力量——即任何人拒不服从公意的，全体就要迫使他服从公意。①

然而，这种理论一旦落实到法国大革命中，就造成了法国大革命时期的大量流血事件，结果是专制主义当道，实行暴政。为什么呢？因为根据"众意"，大家推翻了王权以后，大多数人的意见变成了"公意"，转变为法律和衡量问题的原则。但是，社会是发展的、变化的，原来大家公认的东西很可能以后就不再是大家公认的了，但是掌权者以已经僵化了的"公意"的名义，把

---

① ［法］卢梭：《社会契约论》，商务印书馆1982年版，第20—24页。

一批又一批的不同意他们观点的人送上断头台。"公意"变成了消灭异己的理由。后来,英国学者约翰·斯图亚特·密尔把这种现象概括为"多数人的暴虐"。

　　法国大革命初期斐扬派掌权,主张君主立宪。吉伦特派发动革命,推翻了斐扬派,建立资产阶级共和国,这个政权比较温和,容忍大资产阶级的利益。于是,雅各宾派又发动政变,推翻吉伦特派,把吉伦特派的领袖全都送上了断头台。雅各宾派代表小资产阶级的左翼,认为自己就是公意的代表,在该派内部,掌握实权的领导人马克西米连·罗伯斯庇尔(1758—1794)呼喊"我就是人民",认为另一个主要领袖乔治·雅克·丹东(1759—1794)太温和,把他说成是人民的敌人而将他送上断头台。不到50天,仅巴黎一地就处死1 376人。最后,罗伯斯庇尔众叛亲离,大家联合起来把他送上了断头台。所有的精英在自相残杀中都死掉了,新建立的督政府没有权威性,于是请出一个强权人物拿破仑·波拿巴(1769—1821),拿破仑随后就当上了法兰西第一帝国的皇帝,共和国就这样变成了帝国。

　　法国大革命一轮一轮地杀人的理论基础是什么?就是卢梭的"众意"和"公意"之说。建议大家看一下朱学勤的《道德理想国的覆灭》,这本书讲述了卢梭的"公意"和"众意"逻辑上好像能说得通,但落实到实际的社会活动中,就变成了扼杀少数人意见乃至生命的理由。这是一个需要研究的话题。当时很多人不同意把路易十六杀掉,但是罗伯斯庇尔发言说:路易十六是少数,少数存在本身就是罪恶,所以就该把他杀掉。"公意"集中了多数人的意见,少数人的意见因此没有了存在的意义,而且持少数意见本身,就能成为被杀的理由。法国大革命是非常残酷的,为什么?原因之一在于,某一种理论(卢梭的公意、众意理论)推动了他们这么做,他们认为是正义的、合理的。

　　一位作者就此写道:"如果没有法国大革命的政治实践,尤其是以雅各宾专政为高潮的对'革命'的革命,也许卢梭的思想永远是闪烁着人类智慧的天才创见;可惜,卢梭在世时备受冷落,他的著作在他死后却成了大革命的'圣经'。卢梭的公意思想一旦导入真实的政治实践,其不可克服的内在矛盾就很快演化成法国大革命的壮烈场景。""卢梭的'浪漫的集体主义'必然产生出专制导向。"①

卢梭只是在理论上提出了"舆论"的概念,在《社会契约论》中有几个章节提到,没有把它作为一个核心概念来论证。把舆论作为一个核心概念来论证的比较早的代表作,是沃尔特·李普曼(Walter Lippmann,1889—1974)1922年出版的 *Public Opinion*。在中国大陆,这本书有三个翻译版本,第一个是1984年内部出版、1989年正式出版的《舆论学》,第二个是2002年的中译本《公众舆论》,第三个是2018年北京大学出版社出版的《舆论》。最后一个版本我为其写了几句推荐的话,这个版本翻译得较为准确。书名"Public Opinion"明明是"舆论",翻译为"舆论学"不合适;翻译为"公众舆论",就是"公众的公众的意见",同义反复。李普曼的这本书还是很有思想的,他作为新闻记者和一个实践派的学者,对舆论这种现象作了深刻的分析,书里创造的几个概念,现在看来对于认识舆论很有意义。

《舆论》中文版封面　　《舆论的结晶》中文版封面

还有公共关系专家爱德华·伯内斯(Edward L. Bemeys)1923年出版的《舆论的结晶》(*Crystallizing Public Opinion*),也较早地深入讨论了舆论问

---

① 时光:《对公意的推崇与对公众的践踏》,《民主与科学》2003年5月。

题。他的这本书涉及舆论的构成、群体与群集、舆论冥顽不化抑或可被塑造、舆论与舆论制造者的互动、舆论制造者之间的互动、公众的心理动机等诸多与舆论相关的问题。

中国古籍中的"舆论"一词最早出现在《三国志》里。《魏书·王朗传》有言:"设其傲狠,殊无如志,惧彼舆论之未畅者,并怀伊邑。"略后的《梁书·武帝纪》里也使用了"舆论"这个概念,即"行能臧否,或素定怀抱,或得之舆论"。

"舆"原意是指抬轿子的人,古代抬轿子的人是比较低下的人群,这里泛指民众、一般老百姓。"论"就是观点、意见。"舆论"即民众的意见。中国古代的"舆论"是泛指的意见,与现代"舆论"的内涵差距较大。我国古代的舆论概念里,人民主权的含义是完全没有的。

关于舆论的定义,马克思把舆论视为**"一般关系的实际的体现和鲜明的表现"**①。比较简单的定义如《不列颠百科全书》:"舆论是社会中相当数量的人对于一个特定话题所表达的个人观点、态度和信念的集合体。"该书指出:"几乎所有的学者和公众意见的操纵者,都同意舆论的含义至少包括四个因素:第一,必须有一个问题;第二,必须有多数个人对这个问题发表意见;第三,在这些意见中至少有某种一致性;第四,这种一致的意见会直接或间接地产生影响。"②

我给舆论下的定义比较长,目的是为了全面理解舆论。即"舆论是公众关于现实社会以及社会中的各种现象、问题所表达的信念、态度、意见和情绪表现的总和,具有相对的一致性、强烈程度和持续性,对社会发展及有关事态的进程产生影响。其中混杂着理智和非理智的成分"。这个定义不是一句话,而是八句话,通过这种方式,一步一步地理解舆论这种现象,以避免以后写东西、说话的时候,过分随意地使用"舆论"这个概念。

例如,现在常说的"网络舆论暴力"就很不科学。首先要问:你如何断定网上的意见是舆论?可能网上的某个意见尖锐而集中,而且似乎人数很多,但是,它不一定是舆论,因为这种情形照样可以由很少的人在网上制造出来。就算有很多人发表了意见,这个"很多"是多少?全国数亿网民,经常上网的人数

---

① 《马克思恩格斯全集》第 1 卷,人民出版社 1995 年版,第 384 页。
② 《不列颠百科全书》国际中文版第 14 卷,中国大百科全书出版社 2002 年版,第 2—6 页。

只占网民的 2%；就算这个 2% 发表的意见完全一致，能说他们的意见是舆论吗？什么叫舆论？舆论是在一定范围内占有一定比例的公众表达的相同意见，并非网上有几个人发表了意见，这种意见就是舆论。

要估量舆论的数量，即舆论的一致性程度。围绕一个舆论客体产生的各种意见，如果处于众说纷纭的境地，意见呈现几乎无限的多样性，那么这些意见不能被视为"舆论"，因为这时尚不存在关于这个客体的舆论。如果在一定范围内超过总体三分之一的人持某种意见，因为可以影响整体了，这种意见才能说是舆论。上网的人是匿名的，你搞不清他是谁、有多少人，你怎么能说网上的意见就是舆论呢？你只能说这是"网上的一些人的意见"，不能说是"网络舆论"。"舆论暴力"中的"暴力"，又是一个主观判断的概念，含义非常模糊。做学术研究，不能把网络中流行的概念当作学术概念，学术研究要讲科学。

现在的网络意见大多存在于社交媒体中，社交媒体具有较强的圈层性质。虽然某种意见在特殊情形下通过网络的非线性、超链接，可以迅速形成网上舆论，但圈层本身也会限制意见越出圈层。社交媒体上的少数人意见迅速转变为网络舆论的情形是极少的。因而，在考察"舆情"的时候，如果某种不够正确的意见只存在于某一社交媒体的某一圈层而没有进一步传播，即使这种意见达到了构成这一圈层内舆论的程度，不必过度紧张，不宜扩大范围，搞全国动员和口诛笔伐。

若经常把社交媒体上少数人的意见当作"舆情"上报，很容易造成领导层对网络舆论形势判断的偏差，作出错误的决策，既侵犯公民的合法权益，也给党和国家的利益带来损害。这类关于"舆情"的信息长此以往地上报，也造成了各级领导层对"舆情"的过度敏感，学术上叫作"舆情脆弱性"。

我只在宏观论述时使用"网络舆论"的表述，在具体问题上通常使用"网络意见"的表述。这样谨慎表述是必要的，否则会由此错误地判断舆论形势或造成习惯性的"舆情脆弱性"。因为现在的网上调查，不论那些网上调查公司如何保证，均做不到真正科学地推及整体。至于那些在文后设置赞成、反对、中立的小框，请网民划勾表态的事情，这是让网民在阅后在非常有限的范围内估量一下意见气候，游戏而已，在学术上没有任何意义。

二、马克思恩格斯论舆论

舆论是自然的、普遍存在的一种交往形态。在马克思和恩格斯的著作里,"舆论"的概念出现频率很高,达 300 多次。舆论不等同于报刊,尽管二者关系密切,报刊有"舆论界"之称。马克思对这点的掌握是严格的。1862 年,他在《英国的舆论》一文中,便介绍了英国报刊的意见和舆论如何完全相反。即使二者一致,他也将二者分列。例如他的这样一句话:"英国报刊和社会舆论要十分严肃认真地讨论入侵问题。"①这里,我重点介绍马克思和恩格斯关于舆论的基本观点,以及舆论与当时的大众传媒——报刊的互动关系。

中国人民大学出版社 1958 年版
《马克思恩格斯论报刊》封面

马克思和恩格斯很重视人类原始时代的舆论。在那个时代,舆论是一种社会的制约力量。马克思谈到人们对习惯法的服从时说:"在小的地区和小的天然集团里运用时,它所依赖的惩罚性制裁部分是舆论,部分是迷信。"恩格斯进一步指出:"氏族制度是从那种没有任何内部对立的社会中生长出来的,而且只适合于这种社会。除了舆论以外,它没有任何强制手段。"②随着商品经济向全世界拓展,现代舆论具有许多与以往不同的特点,根据马克思和恩格斯的论述,至少可以归纳为以下几点:

第一,共同利益愈来愈成为一定范围内的舆论形成的基础。在古代社会和中世纪,

---

① 《马克思恩格斯全集》第 13 卷,人民出版社 1962 年版,第 498 页。
② 《马克思恩格斯全集》第 45 卷,人民出版社 1985 年版,第 657 页;第 28 卷,人民出版社 2018 年版,第 197 页。

舆论依附于范围较小的共同体,稳定少变,作用有限。工业革命后,因共同利益而形成的舆论一旦激动起来,不解决问题是很难消退的。例如,1829年俄国封锁了黑海的出口,马克思描述当时的情形:"这种封锁会损害不列颠在黎凡特的贸易,使当时英国的通常是迟钝的舆论鼎沸起来,反对俄国和反对内阁。"以致俄国驻英大使感到:"在同民族偏见密切相关的《海商法》问题上向舆论挑战是危险的。"①这件事明显地表现出现代的共同利益与舆论形成的关系。

第二,先进的阶层或发达地区的舆论愈来愈成为舆论的晴雨表。以往各地区的舆论差别不大,现代社会生活不停顿地动荡,交往频繁程度的差距迅速拉开,于是在各方面和各地的舆论中,自然出现了"带头羊"。这种舆论的"位差"成为现代舆论演进的动力之一。马克思研究法国大革命时就注意到,"当时雅各宾俱乐部是公众舆论的晴雨表"。恩格斯谈到德国的舆论动向时,一向以最发达的普鲁士地区为转移。他写道:"因为奥地利人未必能够列入文明世界,他们驯顺地服从统治者的家长式的专制统治,所以普鲁士就成了德国现代历史的中心,社会舆论变化的晴雨表。"②

第三,外部因素愈来愈容易引起舆论的变化。现代交往把每个人的生活同世界连成一片,遥远地方发生的事件也会影响到人们的切身利益,因而舆论变得十分灵敏,外界的微小变动在一定条件下都可能引起舆论的变化,反过来影响整个社会的进程。现代的经济生活把每个人都同世界联结在一起,新发生的任何变动都可能影响到人们的利益。就统治阶级的舆论而言,恩格斯说:"我们同时也看到,英国统治阶级的舆论(大陆上只有它能够为人所知)如何随着时势和利益的变化而反复无常。"而统治阶级的领导人物则对一般舆论的变化有很大影响。马克思说:"社会舆论易于受个别人物突然垮台的影响。"恩格斯曾经比较了英国舆论变化,写道:"历史的进步是阻挡不了的;1688年的立法和1828年的社会舆论之间的距离是如此巨大……"③

---

① 《马克思恩格斯全集》第13卷,人民出版社1998年版,第361—362页。
② 《马克思恩格斯全集》第40卷,人民出版社1982年版,第374页;第2卷,人民出版社1957年版,第644页。
③ 《马克思恩格斯全集》第16卷,人民出版社1964年版,第549页;第10卷,人民出版社2007年版,第340页;第3卷,人民出版社2002年版,第572页。

马克思和恩格斯重视舆论,由于现代社会的人民参与程度较高,舆论的力量作用于社会的一切方面。马克思称舆论是一种"普遍的、隐蔽的和强制的力量"。恩格斯评价舆论在19世纪40年代英国的作用时批评道:"难道议会不是在不断践踏人民的意志吗? 社会舆论在一般问题上能对政府产生一点影响吗? 社会舆论的权力不就是只限于个别场合并且只限于对司法和行政的监督吗?"①在这里,他把舆论看作是一种与立法(议会)、司法和行政平行的权力,但并不认为在自由的英国,舆论已经取得了这种权力,舆论的监督也不理想。

无论是马克思讲的"力量"还是恩格斯讲的"权力",原文都是"Macht"这个德文词,它同时有力量和权力两种意思。从马克思和恩格斯对舆论概念的运用看,他们主要从三个方面说明了舆论的力量。

第一,舆论是对权力组织和政治活动家的制约力量。在他们写的时政通讯中,权力组织受制于舆论的事例比比皆是。例如,1860年奥地利实行新的议会选举,一些反对党和匈牙利民族的代表进入议会,便是舆论压力的结果。马克思就此事报道说:"皇帝的恩诏没有骗住任何人。各德意志省的舆论立即迫使旧的市议会(革命后皇帝所任命的)为目前人民投票选举的新人敞开了自己的大门。"②现代社会,任何权力组织和个人的权力,都不同程度地受到舆论的无形制约。为此,马克思曾在1862年引证过一篇文章《法国皇帝的实际权限》,说明舆论对专制的路易·波拿巴同样显示出力量。

第二,舆论对立法,特别是经济立法是一种推动力量。早在1843年,马克思就意识到舆论"可以为国家立法提供最丰富、最可靠和最生动的资料"。在《资本论》第1卷中,马克思把10小时工作法案的通过,看作是工厂主们"怯懦地向舆论让步"③。舆论尤其对议会通过的财政法案有较大的影响,这是由于财政问题直接涉及人们的实际利益。马克思就曾设想过利用舆论的力量,使政府为人民办一些实事,这个方法是:"用严格的预算控制它,并通过否决税收

---

① 《马克思恩格斯全集》第1卷,人民出版社1995年版,第385页;第3卷,人民出版社2002年版,第408页。

② 《马克思恩格斯全集》第15卷,人民出版社1963年版,第250页。

③ 《马克思恩格斯全集》第1卷,人民出版社1995年版,第949页;第44卷,人民出版社2001年版,第342页。

的办法使它受制于社会舆论。"①

第三,舆论所实现的普遍的社会监督。舆论是公众对社会政治、经济、文化活动的一种评价。在市场经济发展的情况下,平等、自由、法治的意识成为国民的牢固成见,所有人都有权自由地活动,同时每个人的活动又都受到其他人的评价。这足以使舆论具有一种莫大的权威性。关于这一点,马克思使用过"舆论的陪审团"、"名誉审判席"、"批判的法庭"等等用语;恩格斯使用过"舆论的权力"、"诉诸公众"、"诉诸公论"等等用语,其意思是一样的,即每个人都会感受到周围的一种无形的精神力量的制约,即舆论的力量。这是一种全方位的特殊的精神交往形式,传统、现实、社会关系、心理因素等等交织在一起。

舆论不是一种有组织的观念状态,它既是对各种权力组织的一种制约力量,同时又可能受控于它们。分析种种统治阶级对舆论的控制行为,揭露其中的丑恶行径,是马克思和恩格斯关注舆论的另一个原因。他们认为,现代对舆论的控制方式,其基本点是使舆论有所表现,同时不导致舆论危及控制者自身,这种方式被他们称为"安全阀"②。当舆论控制者的地位不稳时,他们往往会采取受到马克思和恩格斯批评的一些做法,以控制舆论,保障自己的地位。在他们的论述中,谈到较多的方式是以下三种:

第一,有意转移舆论的兴奋点,减轻对焦点问题的舆论压力。最常见的方法是用对外矛盾转移对内部问题的视线。1886年,俄国国内民主运动高涨,于是政府便发动了征服君士坦丁堡、解放被压迫的斯拉夫人的宣传。恩格斯指出:"政府用严厉的措施才得以暂时驱散了虚无主义者。但是这还不够,它需要舆论的支持,它必须转移人们对国内日益增长的社会和政治困难的注意,最后它还需要一点爱国幻影。"③当然,用国内事件转移对外部事件的注意也时有发生。克里木战争初期,英军备战不利,政府面临遭到舆论谴责的危险。内阁"提出了一项使举国惊讶的新改革法案"。马克思就此写道:"计划就在于提出一个具有重大国内意义的问题来转移舆论对于对外政策的注意,难道这还不

---

① 《马克思恩格斯全集》第4卷,人民出版社1958年版,第213页。
② 《马克思恩格斯全集》第14卷,人民出版社2013年版,第489页。
③ 《马克思恩格斯全集》第28卷,人民出版社2018年版,第380页。

清楚吗?"①

第二,迷惑舆论,使舆论顺从控制者。迷惑舆论的形式各有不同,例如,英国政府1854年决定参加克里木战争,便是用这种方法把舆论迷惑住的。当时的首相约翰·罗素亲自出马进行游说,马克思就此写道:"约翰勋爵的煽动性的发言,关于英国的荣誉的叫嚣,对俄国的背信弃义所表示的正当的愤慨,巡航于塞瓦斯托波尔和喀琅施塔得城下的英国浮动炮台的幻影,战争威胁,示威性的派军队上船——这些戏剧性的插曲把舆论弄得糊里糊涂,像一层雾似的遮住了舆论的眼睛,使它除了自己的幻觉以外什么也看不见。"②当一时的游说不中用时,当权者往往采用反复灌输的办法。1861年,英国准备参与西班牙对墨西哥的干涉,但国内舆论却对此不感兴趣。当时的首相帕麦斯顿通过他控制的报纸,进行了一个月的灌输,其情形就如马克思所说:"《泰晤士报》和《晨星报》发出暗示之后,约翰牛随即被转交给政府的第二流宣谕官,他们不停地用同样矛盾的话把他折磨了四星期之久,直到舆论对联合干涉墨西哥的观念终于变得十分熟悉为止。"③在这种反复灌输下,清醒的人是少数,多数人只是在事后才意识到被愚弄了。

第三,组织舆论和制造舆论,以控制真实的舆论。对此马克思和恩格斯斥责用语最多。召开有特殊安排的集会,便是组织舆论的一种。1855年,在一些英国议员支持下的行政改革协会举行了一次集会,试图说明它得到了舆论的支持。马克思用批评的语调做了如下报道:"行政改革协会昨天在德留黎棱剧院组织了一次盛大的集会,然而,它不是公开的集会,而是凭票入场的集会。因此,协会的先生们感到毫不拘束,就像'在自己家里'。他们声称,这次集会是为了给'舆论'开路。然而,为了防卫这种舆论不受到外来的风的吹袭,在德留黎棱剧院的入口处布置了半个连的警察。只是在警察和入场券的保卫下舆论才敢于成为舆论,这是多么微妙的有组织的舆论啊!"④在这里,马克思对这种组织舆论的厌恶溢于言表。这类事情恩格斯也以同样的口吻报道过多次。1843年,反谷物法同盟也是在这个剧院召开大会,有一个德国《总汇报》记者

---

① 《马克思恩格斯全集》第10卷,人民出版社1962年版,第105页。
② 同上书,第104页。
③ 《马克思恩格斯全集》第15卷,人民出版社1963年版,第388页。
④ 《马克思恩格斯全集》第11卷,人民出版社1962年版,第334页。

称这样的大会意见是舆论。恩格斯指出："谁被允许参加这些集会呢？只有同盟盟员或者持有同盟发给的入场券的人。……同盟多年来召开的就是这种后来所谓'公开的'集会，它在这些会上自己祝贺自己的'进展'。"他批评这位记者："对他说来，德鲁里街就是公众，而靠鼓噪招徕会众的集会就是社会舆论。"①

关于未来舆论的特点，恩格斯认为会更多地打破原有的传统，更具有自主性。他说："对于今日人们认为他们应该做的一切，他们都将不去理会，他们自己将做出他们自己的实践，并且造成他们的与此相适应的关于个人实践的社会舆论——如此而已。"②

关于舆论与报刊，德国有一句谚语：打麻袋，吓驴子。马克思反其意而用之，把报刊比作驴子，舆论比作麻袋③。显然，在马克思的认识中，报刊与舆论的基本关系是：报刊代表舆论。从这种认识出发，马克思和恩格斯经常为说明舆论的看法而拿报刊作为依据。例如，1859年年初马克思谈到意大利舆论时，这样写道："如果相信英国、意大利和法国报纸的报道，那末那不勒斯的舆论便是本国实际情况的真实反映。"恩格斯甚至把报纸看作是外部世界的缩影。1848年，在批评软弱无力的德国法兰克福议会时，他写道："'世界'看到这种制宪国民议会不能不'受惊'。从法国、英国和意大利的报纸上你们就可以看出这一点。"④

其实，每家报刊都面临着传播自己特殊的观点和广泛代表舆论之间的矛盾，这一矛盾迫使报刊尽可能在一定程度上代表舆论。仅从影响舆论的角度看，报刊也不会只限于面向自己的拥护者，而是要争取越来越多的读者。在这个意义上，马克思和恩格斯于1850年写道："当报纸出版物匿名发表文章的时候，它是广泛的无名的社会舆论的机关。"⑤

在对于具体的事件报道中，报刊也得考虑舆论的变化。1852年，普鲁士当局制造了科隆共产党人案件，在欧洲大陆全面反动的年代里，舆论只把共产主义视为一种怪物，各种有产阶级的报刊都明显地站在当权者一边进行报道。

---

① 《马克思恩格斯全集》第3卷，人民出版社2002年版，第428—429页。
② 《马克思恩格斯全集》第28卷，人民出版社2018年版，第101页。
③ 参见《马克思恩格斯全集》第12卷，人民出版社1962年版，第658页。
④ 《马克思恩格斯全集》第13卷，人民出版社1962年版，第178页；第5卷，人民出版社1958年版，第264页。
⑤ 参见《马克思恩格斯全集》第7卷，人民出版社1959年版，第523页。

但是，当审判时出示的伪造证据被揭穿时，舆论发生了变化，并且很快反作用于报刊。马克思描述了这一变化过程："随着警察当局的秘密一步步地被揭穿，舆论就越来越支持被告。……《科隆日报》已经认为自己不得不向舆论低头，转过身来反对政府。在这以前，它通篇一直只是为警察当局诽谤开放的，现在却突然发表有利于被告和怀疑施梯伯（警官。——引者注）的短评了。普鲁士政府自知这盘棋输定了。它的《泰晤士报》和《纪事晨报》的通讯员突然开始让国外舆论对不利的结局作好准备。"[1]显然，首先是事实动摇了舆论，而后是舆论迫使那些倾向相反的报刊向事实靠拢。

不同观点报刊的存在、舆论的牵制作用、报刊业自身的经济和政治利益等等，都会迫使报刊在一定程度上表达舆论。1842年，普鲁士的当权者以其主观标准来区分"好"报刊和"坏"报刊，马克思则提出了另一个客观的标准。他说："究竟哪一种报刊，'好'报刊还是'坏'报刊才是'**真正的**'报刊！……哪一种报刊代表着社会舆论，哪一种报刊在歪曲社会舆论！"[2]

研究报刊与舆论的关系，归根到底是为了解决报刊如何在舆论中流通的问题。马克思和恩格斯把舆论比作纸币，写道："报纸是作为社会舆论的纸币流通的。"马克思还把观点的传播比作货币的流通。1863年他就社会主义的宣传史写道："这些原理我们早在二十年前就已经交给我们的拥护者像辅币一样流通。"[3]在报刊的实际销售中，一份强奸民意的报纸，是不会拥有广泛读者的。显然，报刊在舆论中流通的畅塞，取决于它反映舆论的程度，就像纸币代表一定数量的金或银才能在市场上流通一样。马克思以普鲁士纸币为例，说明了这一道理。他写道："普鲁士的纸塔勒，法律上虽然规定不兑现，但是，当它在日常流通中低于银塔勒，因而实际上不能兑现时，就立刻贬值。"[4]报刊在舆论中的流通也有这类现象。即使一定的权力组织规定了某家报刊的特殊地位，一旦将它交给舆论，它的地位高低只能取决于报刊代表舆论的程度，依靠命令

---

[1] 《马克思恩格斯全集》第11卷，人民出版社1995年版，第540页。
[2] 《马克思恩格斯全集》第1卷，人民出版社1995年版，第398页。
[3] 《马克思恩格斯全集》第10卷，人民出版社1998年版，第605页；第30卷，人民出版社1974年版，第364页。
[4] 《马克思恩格斯全集》第31卷，人民出版社1998年版，第477页。

增加的发行量并不能说明舆论对它的信任程度。

马克思和恩格斯关于"报纸是作为社会舆论的纸币流通的"论断,抓住了报刊和舆论关系的特点。报刊的生命表现就在于它与舆论间的不断作用。

三、舆论的八要素

前面谈到我关于舆论的定义:"舆论是公众关于现实社会以及社会中的各种现象、问题所表达的信念、态度、意见和情绪表现的总和,具有相对的一致性、强烈程度和持续性,对社会发展及有关事态的进程产生影响。其中混杂着理智和非理智的成分。"这个定义是孟小平(1950—2002)1989年在《揭示公共关系的奥秘——舆论学》中提出的,我做了补充。这里涉及舆论的八个要素(舆论的主体、舆论的客体、舆论自身、舆论的数量即一致性程度、舆论的强度、舆论的韧性即存在时间、舆论对客体的影响、舆论的质量)。下面根据这个定义从八个方面逐条进行分析。

孟小平

《揭示公共关系的奥秘——舆论学》封面

1. 舆论的主体：公众

有的时候，我们把党政机关发表的观点叫舆论，这是不对的。舆论的主体是自在的（不是有组织的），对外部社会有一定的共同知觉，或者对具体的社会现象和问题有相近看法的人群。这些人在发表意见的时候，不是被别人组织起来的，他们在舆论调查的分析报告中被视为是一个集合体，但在现实社会中，一般情况下他们是分散的。特殊情况下会聚集到一起，例如大家一起去看球赛，从不同方面聚集到一个赛场，如果大家发表的意见比较一致的话，在球场这个范围内，应该形成一种舆论。把他们联系起来的，是对比赛的共同或相近的情绪、观点等等。

由相近或相同的认知而关联，具有社会参与的自主性，这是作为舆论的主体的"公众"的两个主要标志。也就是说，第一个标志，他们有共同的或接近的观点；第二个标志是他们是自愿参与的，具有自主性。例如 2018 年 12 月 2 日世界各地"为气候发声"和平游行的参与者们，他们是自愿参与，来自社会不同层面，因为在气候问题上观点相近而走到了一起。

2018 年 12 月 2 日布鲁塞尔民众"为气候发声"游行，呼吁关注气候变化

由于公众面临的社会问题或现象有局部的，也有全局的，因而面对不同的舆论的客体的公众群成员，经常是交叉的。各种社会团体、党派、学校、企业和政府机关等的宣传部门、公关部门、新闻发言人等，传播着本单位的方针政策方面的信息、组织社会活动，执行着一种与舆论群体性质相近的职能。他们发出的信息是组织的信息，会影响社会其他人，但是他们发出的信息不是舆论。

这种按照一定的规则有意识地组织起来的群体，与本来意义的自在的公众是有区别的。前者的成员分散在社会中的时候，可能是围绕各种不同问题发表意见的公众一分子，但由法定社会组织成员形成的执行某种社会职能的群体，是对公众的模拟，可称为"模拟公众"（pseudo public）①。"模拟公众"就是假公众，他们好像是公众，其实不是公众。这个问题为什么要翻来覆去说？因为在实际宣传中，一些单位的组织者或有组织的团体经常发出一些有组织的意见来冒充舆论，一些公众接受他们的宣传以后，误以为多数人对这个问题有这种认识，实际不是这么回事。还有一些学者写的文章，把官方的观点直接视为舆论，这是完全错误的。官方的观点不是舆论。当然，如果官方的观点被多数人接受了，也可能会变成舆论，至少在最初刚提出的时候绝不是舆论。

舆论的主体只能是公众，因而"官方舆论场"和"公众舆论场"的说法违反"舆论的主体是公众"的定义，只能说官方意见和公众舆论场。舆论是自然产生的、自在的意见形态，有组织的意见不是舆论。

现在"舆情"这个词在舆论控制者和新闻传播学界使用的频率很高，各高校的新闻传播专业纷纷成立舆情研究中心，检测和分析网络"舆情"，出版各种内部的舆情刊物。

舆情，即关于舆论的情况或情报。这是一种复杂的状态建构，体现了多重主体、利益和文化关系，包括对话、斗争、介入和适应。然而，相当多的关于舆情的文章，所分析的"舆情"并不是关于舆论的情况，而是少数人的网上意见。在分析和研究"舆情"的时候，首先要对舆论有科学而明确的认识，在这个认识的基础上把握舆论，才可能得出符合实际情况的研究结论，相应的措施才会得当和稳妥。事实上，网络上的意见通常众说纷纭，这些意见在数量上构成"舆

---

① 参见沙莲香：《社会心理学》，中国人民大学出版社 1987 年版，第 320 页。

论"的并不多,在一定圈层内形成舆论的情形相对多些。

2. 舆论的客体:现实社会和各种社会现象、问题

舆论的客体就是自然存在的公众讨论的话题,而且这个客体一般是"有争议"的,如果没有争议,大家就不用对这个客体发表意见了,那舆论也就不存在了。学术上一般把"有争议"作为舆论的客体的一个重要标志,是有道理的。

如果把范围扩大一些,公众对现实社会所表现出来的情绪、态度、观点,只要形成一定规模,表现出某些趋向,那么"现实社会"本身也是一种舆论的客体。

出了事故的切尔诺贝利核电站

为了说明舆论的客体,我举一个1997年香港回归前的典型舆论事件的例子。中国政府在5年的时间里,稳妥地引导香港的舆论从非理性走向理性与科学,平息了舆论。这个舆论事件的客体当时在香港引起轩然大波——大亚湾核电站。香港与大亚湾近在咫尺。在大亚湾修建核电站,本来是为香港提供电力,为香港谋利益,当然对广东省也有好处。但是就在这个时候,苏联的切尔诺贝利核电站(在乌克兰境内)发生了核泄漏,造成大量人员伤亡,这个事件震惊世界,也马上引起了香港人对核电站的注意。建设中的大亚湾核电站就在香港附近,香港市民担心也发生同类事件,要求停建,举行了反对在大亚湾修建核电站的示威游行。

这个事件的主体是香港市民,有160万人签名反对建设大亚湾核电站。舆论的客体是修建中的大亚湾核电站。舆论的表现形态包括一般公众到新华社驻香港分社去示威游行,也包括香港媒体发出各种反对修建核电站的信息,以及香港领导层向内地领导人反映意见,这就是舆论自身,下面要讲的一个舆论要素。

第十讲
舆论学

安全运行的大亚湾核电站

3. 舆论自身：信念、态度、意见和情绪表现的总和

舆论的直接表现是公开的意见，这是能够看得到的。能够感觉得到的还有情绪——许多时候人们并没有清晰地表达意见，只是流露出各种情绪，通过舆论调查能发现公众具有某种倾向，这种倾向也是舆论的表现，只是较为曲折些罢了。

人们所表达的意见是由基本态度决定的，而态度又是由人们内心的信念决定的。信念(beliefs)这个词的含义就是：当受到外部信息的刺激时，人们常常不以观察和分析为基础，而做出接受(相信)或拒绝的反应。信念是深层次的舆论。

在香港人的信念中，人的生命高于一切。这是一个基本信念。一旦遇到了与这个信念相冲突的事实的时候，人们马上就表现为同意和反对。同意和反对是内心的，表达出来以后就是意见。如果不太会表达，就表现为情绪。

这就是说，我们在观察舆论的时候，不能只看到意见和情绪，还要看到意见和情绪后面的态度和信念。这样才能看透舆论是一种什么东西。对舆论的理解，要把它分成这么几个层次来看。为什么会产生这种意见？意见背后是态度，态度背后是信念。每个人生活的文化圈不一样，往往对同一个事情的感觉是不一样的。谈到舆论本身时，要把它看作是信念、态度、意见和情绪表现的总和。

4. 舆论的数量，即一致性程度

围绕一个舆论的客体产生的各种意见，如果处于众说纷纭的境地，意见呈现几乎无限的多样性，那么这些意见不能视为"舆论"，因为这时尚不存在关于这个客体的舆论。

舆论的数量是辨别舆论存在与否、存在程度的一个客观标准。小范围内的或较为简单的舆论的客体，围绕它产生的各种意见，无论是凭直觉还是进行调查，其多样性是有限的。可以通过随机访问一些人，凭直觉得出"相当数量"、"超过半数"、"较多"或"很多"等模糊性的概念，表达关于某个舆论的客体的某种意见的一致性程度，例如一个学校的班级或只有几十个用户的微信群。如果客体本身十分复杂，关心的公众不仅众多，而且差异性强，各种意见通过碰撞和磨合，往往会形成相对集中的几种意见。这时，估量舆论的数量就显得十分重要。对于较为复杂、涉及面广泛的客体的意见，需要凭借科学方法论来估量舆论的数量。

运筹学（系统工程方面的应用数学）已经为这种许多人的模糊感觉作了说明。在研究信息搜索、宏观的"排队问题"、具体的"顺序问题"方面，运筹学用"优选法"解决了不少难题。解决这些问题需要回答：掌握了整体中的多少，能够对整体产生决定性影响，或者可以使整体感觉到一种重要影响的存在。这个在整体中的"点"显然是个临界点。应用数学根据系统工程理论得出的计算结果，便是被称为黄金比例的"0.618"。一般地说，当在整体"1"中达到0.618，就能够产生对整体的决定性的、全面的影响；而达到临界点的另一半，即达到0.382，则可以使整体感觉到一种重要影响的存在。

依据这个临界点来考察舆论的数量（一致性），则可以说，在一定范围内，有38.2%的人持某种意见，这种意见便在这一范围内具有相当的（但尚不能影响全局）影响力；而若有61.8%的人持某种意见，则这种意见在这一范围内已成为主导性舆论。

对于人文现象，尤其社会来说，没有必要这样较真，但系统工程的精确衡量，给予了一个大概的关于舆论的数量起点，即在一定范围内持某种意见的人数如果超过总体的三分之一，这时，这种意见可称为"舆论"，因为它开始影响整体。若在一定范围内持某种意见的人数达到六成以上，这种意见已经成为主导性舆论。

把握舆论的数量，目的在于了解关于某一舆论的客体的不同舆论的力量对比，以便做出科学的应对。某种意见或倾向如果不够正确，但持有人数在一定范围内远远低于总体的三分之一，只要在这个范围内有超出三分之一的人持有另外的较为正确的意见，这种不够正确的意见不会对全局产生影响，且网络本身有自净化功能，自然会随时抵消这些不够正确的意见。如果较为正确的意见在整体中居于主导地位，则没有必要对这些不同意见做专门的引导。

在保证总体舆论导向正确的前提下，"舆论不一律"本来就是正常的，也是社会精神生态平衡所必需的。毛泽东说："要想使'舆论一律'是不可能的，也是不应该的。""我们的舆论，是一律，又是不一律。在人民内部，允许先进的人们和落后的人们自由利用我们的报纸、刊物、讲坛等等去竞赛，以期由先进的人们以民主和说服的方法去教育落后的人们，克服落后的思想和制度。"[①]

当然，根据经验，当某种不够正确的意见达到四分之一到三分之一时，则可以将这种意见列为观察对象，做好及时引导的准备。

一般情况下，如果某种比较正确的意见在一定范围内超过六成，这是可以控制全局的量。不要追求九成以上，甚至百分之百的人都说所谓正确的话，那是不可能的；即使出现了，也是一种自我欺骗的假象。

从另一方面看，如果某种被认为不够正确的观点在一定范围内没有达到总体的三分之一，这种意见的存在对于想主导舆论的人来说是可控的，没有必要非得剿灭它。只是在超过三分之一的时候，才需要予以注意。一些事情做得形式上异口同声，显得颇为成功，其实已经把事情办得非常糟糕了。因为多数情况下这是不可能的，不同意见的存在是正常的现象，高度一致反而不大正常。

5. 舆论的强烈程度

凡是舆论，应该表现出一定强烈程度的赞同或反对。一个事情发生了，如果大家对这个事情没有任何反应，没有看法，就不能构成舆论，舆论必须有一定的意见倾向的强烈程度。

[①]《驳"舆论一律"》，《人民日报》1955年5月24日。

舆论的强烈程度有两种表现方式,一种是用行为舆论来表达,通常行为舆论比言语舆论的强烈程度大些,例如静坐、游行示威和其他更激烈的行为。这种舆论的强烈程度,一般通过实际的观察、访谈和体验进行估量。另一种除了部分通过言语表达外,相当程度上表现为没有用言语表达的内在态度,其强烈程度需要通过舆论调查来测量其量级。需要根据舆论调查中常用的各种意见量表(如"语义差异量表"、"社会距离量表"、"等线间隔量表"等等)分析得来。

我们可能通过调查来测出舆论的强烈程度,一般强烈程度的调查有7个级别,也有9个的,最少5个。我看到的最多的有21个级别,就是卜卫主持的中国社会科学院研究成果评估体系研究项目,在邀请学术专家和科研管理专家对他们的研究做评估时,设计了21个级别,让填表人根据自己的感觉随意在某一级的短横线上划竖道。从最好到中间有10个级别,从最差到中间也有10个级别。如果大家的看法趋向于两极,可以说这个舆论的强烈程度很高;趋于中间的位置,这个舆论的强烈程度就比较弱;太接近中间了,这个舆论基本不存在。这也是舆论存在与否的一个标志。

舆论的强烈程度与公众对舆论的客体的知晓程度相关。了解得越清楚,体验越深,对表达的意见倾向信心越强,意见的强度也就越大。

6. 舆论的持续性(存在时间)

又称"舆论的韧性",任何舆论都要持续一定的时间,它与舆论的客体的情况有关。如果人们议论的客体所体现的理念与公众差距过大,或"问题没有解决",舆论持续的时间就会较长。

最小的存在时间,恐怕是街头围观。两人撞车了,开始争吵,观看的人越围越多,看的人往往也有支持某一方或反对某一方的意见,最后警察来了,解决了问题,人就散了。这是最小的持续时间,而且范围会非常小,也就几十个人,最多上百个人。

舆论持续时间长的典型,就是香港市民反对修建大亚湾核电站的舆论,前后持续了大约5年。为此,中国政府成立了12人的公关小组,极为耐心地做工作,成功地稳定了香港关于核电站的舆论。建设中的核电站随即向社会各界开放,邀请香港的立法委员、各界人士、民意代表去实地考察,加强与新闻界的联系。普通香港市民均可参观电站，专人负责有问必答。还印刷了 7 万册普及核电知识的宣传资料到香港广为散发；邀请核能专家到香港的电视台举办核电站安全问题的讲座；委托外国公司在香港举办和平利用核能的展览；国务院领导人发表讲话，在报刊上郑重公布核电站 5 年论证的情况和核电站建设"安全第一"、"质量第一"的方针。

时隔不久，核电站工程技术人员发现刚刚浇注完工的电站基础工地，多出一堆钢筋未用上。核电站采取了各种有效的措施予以补救，此事外界没有察觉。但核电站的工作人员在香港电视台将此事向香港市民和盘托出，既披露了事故发生的经过，又讲清了核电站采取的相应补救措施，香港舆论对此的反应是正面的。通过此事，香港市民了解到核电站的工程质量是精益求精、一丝不苟的，值得信赖。

大亚湾核电站 1995 年建成以后，持续接待参观者 2 万多批、40 多万人次。2011 年日本因地震引发海啸，海啸淹没核电站而发生核泄漏、核辐射，引发香港部分人士要求大亚湾核电站停止运行。由于该电站的运行一向很安全，持这种意见的人数有限，无法构成舆论。这次意见风波很快过去了。

7. 舆论的功能表现：影响舆论的客体

舆论存在的综合表现，是能够以自在的方式，直接地或间接地、明显地或隐蔽地影响着舆论的客体。如果说一种舆论在它存在的范围内没有产生对客体的任何影响，那么这种舆论便谈不上是舆论，而是一种一般的无足轻重的议论。平常无目的的闲聊，不可能形成舆论。

人们之所以能够感觉到周围存在着各种相近的或相对立的舆论，就是由于各种舆论在相互交织中时时影响着舆论的客体，促使客体朝着主导性舆论的方向发展或转变。所以，这种影响表现为各种舆论相互作用的过程。在这个意义上，国际交流委员会 1980 年的著名报告中关于舆论讲了这样一段话："舆论也不仅仅是各种意见的总和，而是在广泛的知识和经验的基础上不断比较和对比一些意见的一种持续的过程。"[①]

[①] 肖恩·麦克布赖德：《多种声音，一个世界》，对外翻译出版公司 1981 年版，第 268 页。

无目的的闲聊不可能形成舆论

8. 舆论的质量：理智与非理智

舆论是一种群体意见的自然形态，因而它带有较强的自发性和盲目性，它的变化、发展在一定程度上是被动的，文化和道德的传统对它的影响相当巨大，同时各种偶然的外界因素也会经常不断地引起它的波动。不稳定和多变是现代舆论的表面特征；同时由于传统的影响，舆论在一些问题上又相当滞后，传统的封闭社会的观念在较长时期内还会对现实舆论发生作用，尽管这种影响力在逐渐减弱。

舆论的主体公众，有时来自完全不同的社会阶层，因在某个问题上持有相同或相近的意见，于是在观念形态上呈现为相关联的舆论群体。而舆论本身，实际上也许只在表面意见上相同，进一步考察舆论的信念层次，会发现很大的差距。

不少舆论主要是以不同的社会阶层、不同的发生范围、不同的舆论的客体等等划分存在空间的，而不同空间的舆论的主体的文化水平和信息接受能力悬殊。

就舆论的数量、强烈程度和持续性而言，对社会整体感知方面的舆论，社会的最大多数，即社会的中下层公众，经常决定着舆论的发展方向；具有较高文化水平的所谓精英阶层的舆论，有时并不能够左右这种舆论。

即使是精英阶层的舆论,也是自在的形态,同样会受到各种现实和历史的政治制度、经济制度、文化环境、自身利益的影响,并非总是社会理智的代表。

基于以上五个方面的分析,舆论中同时含有理智和非理智的成分是正常的。舆论不同于自为组织的纲领政策,可以对各种问题表现得十分理智,它的自在形态决定了它在总体上是一种理智和非理智的混合体。分析具体舆论,对它作出正确、错误或无害等的判断,通常是舆论引导者要做的工作。无论如何,深切理解各种舆论得以产生的社会心理原因,以实事求是的态度,而不是以固定、单一的理想化模式苛求舆论,是引导舆论成功的首要前提。

也就是说,即使是多数人的意见,也不一定完全正确,因为有的时候人们可能处于一种非理性的状态。

作家刘心武写过一篇纪实小说《"5·19"长镜头》(《人民文学》1985年7月号)。1985年5月19日那天,内地足球队和香港足球队在北京工人体育场比赛,结果内地队踢输了,香港队胜利了。那时候刚刚改革开放不久,内地人情绪比较激烈一些,几个球迷一招呼,全场骚动,球迷们疯狂地打了双方球员,多数人都在起哄,工人体育场外面几辆小车都烧了,闹得很厉害。在这个小小的范围内确实已经形成了一种非常激昂的舆论,这种舆论就是非理性的、不健康的。

随着广播、电视等大众传媒的产生,出现了大众型的受众(mass audience),对舆论(public opinion)的研究扩展到大众舆论(mass opinion),这个时候,我们常说的"舆论"可能较多的情况下是指"mass opinion"。社会科学中,中文的"众",拉丁文语言中可能使用的是不同的词。"众"可以是社会学家库利(Charles Cooley, 1864—1929)所说的以家庭和儿童伙伴关系为代表的初级群体(primary group);也可以是法国心理学家勒庞(Gustave Le Bon, 1841—1931)所揭示的无组织的乌合之众(crowd);也可以是参与社会讨论过程的公众(the public)。我们原来所说的"众"是"public",现在可能变得多样化理解了。社会上之所以存在大量不同的公众,原因在于不是所有人在任何时候都关心同样的问题。

因此,现在简单地把"舆论"视为一种人民主权的表现,可能存在一定的问题。我们要历史地看待这个问题,当时提出来这个理念是针对王权;在当代互联网社会,对舆论本身更应该多面看。

以上八个要素中,前七个是构成舆论的必要要素,任何一种舆论都不能缺少其中一项,否则便不称其为舆论。最后一项不是必要要素,即使舆论的质量很低,它依然是一种舆论。

舆论对个人的独立意识来说,是一种无形的精神压力,它可以迫使个人从众而失去自己独立的精神人格,一些社会心理学家就是从这个角度,深刻地分析了舆论的威力。显然,识别舆论的质量,需要较高的素养,尤其是冷静的理智和丰富的知识。马克思有一句名言:"任何的科学批评的意见我都是欢迎的。而对于我从来就不让步的所谓舆论的偏见,我仍然遵守伟大的佛罗伦萨人的格言:走你的路,让人们去说罢!"[1]这里就涉及对舆论的质量分析。

舆论有时带有较多的传统成分,并非时时代表社会的良知和发展方向。例如19世纪,德国小市民的舆论在城市里据主导地位,恩格斯深知这种舆论是对时代进步的反动,因而致信德国社会民主党领导人,批评他们说:"为什么要迎合'舆论'(这种'舆论'在德国总是啤酒馆里的庸人的舆论)?""有一处认为争取舆论具有这样重大的意义:好像这个力量敌视谁,谁就要失掉活动能力;……不该讲的话讲得太多了。"[2]显然,即使是从保持个人的独立意识角度,将舆论的质量与舆论的七个必要要素并列为"舆论的八要素",也是必要的。

舆论的非必要要素有许多,还有空间要素(即舆论总是有一定范围)、民族或种族特征、表现方式、文化含量、信息含量等等。

四、舆论的形成过程

舆论不断地形成,又不断地消失,因为它是一类变动的意见形态。如果从舆论的形成来研究舆论,通常能够找到一些规律性的现象,这也是社会学的研究对象。我们现在从这个角度考察一下舆论。

---

[1] 《马克思恩格斯全集》第44卷,人民出版社2001年版,第13页。
[2] 《马克思恩格斯全集》第34卷,人民出版社1972年版,第396、402—403页。

1. 舆论的一般形成过程

舆论的形成因不同的社会环境、公众心理,以及舆论的客体的差异,不会有标准化的形成公式。如果一定要对舆论的形成作一大致概述,通常有以下几个形成步骤:

第一步,社会发生较大的变动,或者积累了一些问题,大家对周围的变化和存在的问题议论纷纷。这时的意见形态是较为分散的多样化的个人意见。这是意见的积蓄期,人们的议论或情绪与对环境的觉察同步,他们在进一步寻求信息的过程中,意见倾向尚不稳定。

一种新舆论的产生,直接来源于外界的信息刺激,这种刺激宏观上可以是社会的变动,例如发生了革命、社会改革、重大的政策调整等等;微观的刺激主要是较大的突发事件,特别是与多数人持有的信念相矛盾或与他们的心理期待相契合的事件,以及那些导火索性质的不大的事实(它们往往是长期困扰公众的社会问题的表露)。这样的外界信息一旦与公众的价值观念、历史记忆、物质利益、心理因素发生碰撞,便会激起种种议论或产生多种情绪性表现。

外界的信息刺激引起何种反应,不仅仅取决于信息本身,而是要通过接受者已有的既定信念(包括价值观、生活经验和对信息的"想象")进行判断,从而表现出某种情绪或发出某些议论。正是由于每个人信念体系的差异,同样的外界变化,可以引出多种不同的情绪和意见。

第二步,多样化的个人意见在社会群体的互动中趋同。公众不是简单的个人叠加,个人汇聚为群的过程中始终有各种社会关系依附在每个人身上。因而,在个人的信念、态度、意见或情绪汇聚为舆论的过程中,同时产生着人与人之间、个人与群体意志之间的影响、说服、劝诱、模仿,甚至某种有形无形的精神与物质的压力。

在这一过程中,会出现舆论领袖。所谓舆论领袖,是指在人群中有一定号召力或发表意见有一定权威性的人。他们可能没有正式的官方头衔,但是他们的讲话很有吸引力,或本来就是公众中令人尊敬的人物。于是,很多人的意见在这种交流中,很可能趋向于这些人的意见。通过舆论领袖或者有组织的团体、群体出面发表意见,原来的多样化意见转变为几种意见,如果持某种意见的主体超过了一定范围内的三分之一,就标志着舆论形成了。舆论往往是几种比较主要的意见,而不仅仅是一种意见。

在相对大一些的范围内,社会心理的互动推动着个人情绪或意见形成相对集中的情绪方向和意志方向。其中首要的心理是信任。在同一群体中,由于相互熟悉、利益接近、志趣相同而产生的信任感,以及由此产生的心理相容,使得任何个人传播的信息或观念,都容易很快被周围的人不加验证地确信,并继续传播。其次,人们在没有客观物理性标准可供比较时,往往以他人的意见作为自己的参考依据,即所谓"我看人看我"。这是因为"我们倾向于把大多数人公认的判断作为正确的判断。与群体、组织乃至社会中的其他人怀有共同的信念和看法,就会产生一种'没有错'的安全感"①。而"他人"中最具影响力的莫过于同一群体中的他人。

再次,群体中的情绪感染。当受到外部的信息刺激时,人们的反应有不少是情绪性的。如果在公众聚集的场合或社交媒体上出现相对强烈的同一方向的刺激性言论、视频,会迅速造成一种怂动心理,从而发生较为广泛的情绪感染。感染中人们的感情影响经历着多次的相互强化(循环反应或链式反应),如同兰夫妇(K. Lang & G. Lang)所说:"这是一个由他人的情绪在自己身上引起同样的情绪过程,但转过来又加剧他人的情绪。"②由社会感染而形成的舆论,一般是情绪形的,狂热的时间不会持续很长,但对人的心灵冲击较大,留下较长时间的余波。

第三步,权力组织及其领导人、大众传媒促成所希望的舆论。这是一种有形的外在力量。

在新闻传播业高度统一的情况下,它们对个人意见和群体意见的影响非常强大。领导人的意见通过各类媒体集中传播,从而影响各种社会群体和个人,在一个时期内甚至连公众的一些话语也会跟着发生变化。

另外,在整个舆论的形成过程中,文化与道德传统始终影响和制约着舆论形成的过程。这是一种外在的无形的力量。

---

① 孔令智、汪新建、周晓虹:《社会心理学新编》,辽宁人民出版社 1987 年版,第 417 页。

② 同上书,第 440 页。

2. 从历史的纵向角度分析舆论的形成

宏观上,舆论往往反映了一个社会总体上对某个事物的认识,它会在空间上影响个人意见,而同一时期无数个人意见中,有能量的意见也会对宏观层次上的舆论产生一定的影响,这是一个互相影响的过程。关于某个事物的舆论,会随着时间的推移从过去走到现在,或者从现在走向未来,而每个人的个人意见,也会从过去走到现在,或者从现在走向未来。在这个纵向的时间推移过程中,社会的组织(如政党、团体)、社会的习俗,在同一空间中也会对个人意见和已经形成的关于某个事物的舆论产生影响,这是一个动态的图式。

现代生活中最明显的是有关道德的舆论变化,恩格斯为此曾发出感叹:"善恶观念从一个民族到另一个民族、从一个时代到另一个时代变更得这样厉害,以致它们常常是互相直接矛盾的。"[①]年龄大一些的人,只要回顾一下中国改革开放以来人们关于婚姻、爱情的认识变化,便可感觉到舆论在这个问题上发生了多么巨大的变化。例如20世纪70年代,宏观上的舆论认为,婚恋要以革命情谊为前提。给我介绍对象时,老师对我说:那个学校有一位很好的学生,跟你差不多,你是这个大学的先进青年,她是那个大学的优秀团员,你是党员,她现在也是党员,你们俩很合适。那个时候,你可以表示不同意,但不能说人家长得不好看,那说明你思想不好,是小资。你要是说对方政治上不要求进步,还可以。那时舆论关于婚恋的认识就是这个样子。改革开放以后,中国的社会结构和社会习俗发生了重大变化,社会关于婚恋的舆论发生了重大变化,不是看双方在政治上是不是对等了,而是看双方有没有感情,现在的年轻人见面要看能不能"触电"、"来电"。每个人的意见变化自然影响到宏观的关于这个问题的舆论发生变化。不仅是婚恋观,其他很多问题,以及对事物的看法,这40年来的变化太大了,是社会整个舆论在变化,也是个人意见的变化。

1991年,我国传播学研究者潘忠党和他的美国同事麦利德(J. McLeod)用一个图式描述了上述过程:

[①] 《马克思恩格斯全集》第26卷,人民出版社2014年版,第98页。

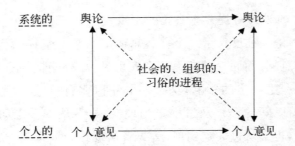

在这里，首先存在着上下两个层次，宏观层次是社会系统的舆论的变化发展，微观层次是个人意见的变化发展；其次，同时还有宏观层次与微观层次之间随着时间的推移而不断发展着的相互关系，个人意见不断地汇集成为舆论，现实舆论时刻影响着个人意见的形成和表达；再次，个人意见与舆论在时空的互动过程中，整个社会的进程、各种社团组织的发展和历史上形成的传统道德习俗，同时对发展着的个人意见和舆论都在产生着影响。

这个图式道出了四种联系：

一是社会系统中过去的舆论向现在的舆论发展变化；

二是个人层次的过去意见向现在意见的发展变化；

三是过去的个人意见与过去的舆论之间的互动联系；

四是现在的个人意见与现在的舆论之间的互动联系。

这是关于舆论形成的一个理念框架。下面介绍在舆论形成的过程空间环境的作用。

3. 形成舆论的一种条件：舆论场效应

这是刘建明根据实践总结的一套理论，带有普遍性[1]。"场"是一个物理概念。舆论场，可以把它理解为舆论形成和存在的空间。但这个空间不是简单的一般空间，这个空间中存在着一定的观念和人群。他提出了三个条件：

第一，一定空间内人们的相邻密度和交往频率。相邻密度越大、交往频率越高，形成舆论的可能越大。如果在一个非常偏远的山区，好几百公里才能看到几个人，那不会有什么舆论。在一定的空间内（相对小的空间），众多个人的意见容易转变成某几种舆论。

---

[1] 刘建明：《当代舆论学》，陕西人民教育出版社1990年版，第107—110页。

第二,空间的开放程度。空间的开放程度越大,控制力度越小,形成舆论的可能性越大。这个我们很好理解,如果没有管制,大家又有意见要说,这种情况下,舆论比较容易形成。

第三,空间的感染力度或诱惑程度。"感染力度",就是大家有一个共同的话题,带有共同利益趋向的一个话题,如果有这种情况存在,他们互相之间的感染力度就比较大;或者,问题具有很强的诱惑力,例如传销人群内的舆论,就是因为话题的诱惑力较大,相互感染的因素多,或兴趣、利益的吸引力大,因而,形成舆论的可能性也大。

这是关于形成舆论的三个大条件,前提是在一定的空间范围内。

前面提到的"5·19"北京工人体育场,就是一个舆论场。在这个空间里,很多球迷来看比赛,相邻密度很大,空间开放程度也很大,因为那时候没有经验,也没有想到会发生这种事情,安保的控制力度很弱,舆论的客体的诱惑程度(内地球队被香港球队踢败了)高,于是球迷一哄而起,总以为有什么原因,愤怒和质疑的舆论导致打砸抢发生。

2014年东方卫视"历史上的今天"讲述"5·19"球迷骚乱事件

还有一个典型例子,1985年苍山县的蒜薹事件。苍山县是山东省临沂市的一个县,是著名的蒜薹产地,年产9 000万斤。苍山县的蒜薹事件在《人民日报》上了头版。《人民日报》报道这件事,登了两次头版。一个是当时发生的

"苍山县蒜薹事件";过了两年,又登了一个头版消息,苍山事件解决后,蒜薹长得很长,很好吃,人们为接受教训,在发生事件的地点盖了一个蒜薹事件纪念塔。

新鲜的蒜薹不能放很长时间,这是生活常识。时间一长,气温又高,就臭了。作为生产蒜薹的大县和蒜薹的集散地,苍山县城每到集市日,四面八方的蒜薹车队都向县城集中,这些货车从县城把蒜薹买走销往各地。当时苍山县的领导者为了多赚钱,分兵把口,卡住外省市进县的所有要道收钱,要的钱比较高,使得相当多的货车开到苍山境内以后被迫返回,因为客户核算了一下,成本太高,不划算。结果,县城集贸市场的蒜薹堆积如山,买蒜薹的车却很少。蒜薹开始腐烂变臭,卖不出去了。农民们急了,砸了与事件相关的县政府的两个部门,县城一片混乱。后来派了很多警察才把骚乱平息下去。从舆论学的角度分析,发生蒜薹事件的原因在于:

第一,人们的相邻密度和交往密度非常高。本来县城的人并不多,现在城里集中了各乡镇卖蒜薹的人,人与人之间的距离比较近,交往频率也很高,因为人们有共同的利益,蒜薹成为大家谈论的主要问题。

第二,空间开放程度高。县城大大小小的官员们都到路口去收买路钱了,县城里真正管事的没几个人。

第三,感染力度非常大。大家面临着共同的问题,就是眼看着蒜薹腐烂变质而卖不出去,人们的情绪越来越焦躁不安。

在这种情况下,就很容易形成一种非常强烈的反对县领导的舆论,由于三个条件同时具备,只要有人振臂一呼、高声一喊,反对县领导的舆论马上变成了打砸县机关的行动。

2011年2月初埃及开罗解放广场的"舆论场"

当然，带头闹事的人按照法律进行了处罚，但是中央也对该县的领导作出了相应的处罚。当时的县城，尤其是集贸市场，便是关于蒜薹的舆论形成的"舆论场"。

同类情形很多，再如2011年2月初埃及开罗解放广场几十万人群的聚集，造成典型的舆论场效应，结果是总统穆巴拉克下台。

下面再说一个比较宏观的舆论问题，就是舆论形成过程中官方如何把握舆论。

4. 从传统社会向现代社会转型中社会动员带来的舆论问题

从传统社会向现代社会转型的过程中，领导者或官方总要进行社会动员，动员的时候就要许诺——改革有什么好处，否则，无法把大家动员起来参与改革的计划。然而，经济的发展通常达不到进行动员时的许诺，这就会引发冲突，人们会产生一种社会挫折感。社会挫折感是一种舆论表现形态。

塞缪尔·亨廷顿　　　　《变革社会中的政治秩序》中文版封面

塞缪尔·亨廷顿（1927—2008）在他的著作《变革社会中的政治秩序》中专门谈到这个问题。社会处在从传统社会向现代社会过渡的阶段，每一项改革措施都要进行社会动员，官方的意见对社会产生了影响，才可能在社会中形成一定的舆论反应。这就有一个问题，动员的时候不能不说一些许诺的话，如果改革完成以后大家一点好处都没有,那谁会跟着你走啊?但是你要把好处说得太多了,有可能无法收获那么多好处。说得没有那么好,又难以把人们动员起来。说到什么程度,这是一个很大的问题。

怎么能够把大家动员起来,同时又能形成一种比较良好的舆论?许诺不要说得太高。但也不能说得太低了,什么好处都没有,或者风险非常大,人们还是不会跟你走。这是很矛盾的事情。我1999年写过一篇小文章《宏观引导舆论与适度社会动员》,说的就是这个道理。下面是亨廷顿开列的公式①:

$$\frac{社会动员}{经济发展}=社会挫折感$$

所以,"适度动员"成为把握舆论的重要一环,既要说明改革的美好前景,也要说明存在的一定风险。不能把一切说得过于美好,但也不能说得很糟糕,否则动员没有意义。

五、畸形的舆论形态——流言

古代社会由于没有现代传媒,流言传播后难以制止。自从出现了报刊,就出现了马克思所说的情况:"在印刷所广场旁边,法玛还成什么?"②"印刷所广场"是指《泰晤士报》,该报当时就在伦敦印刷所广场旁边。"法玛"是古罗马神话中的传闻女神,她在希腊神话中叫"俄萨"。马克思这句话的意思是,有了现代传媒,传闻就没有了生存之地。换句话说,现代传媒有一种责任,就是要提供清晰度高的信息,同时提供一定的知识和分析材料,让公众能够对传闻有比较深刻的认识,澄清传闻。现在已经进入智能化的互联网时代,更应该有能力澄清传闻。

不过,这只是问题的一方面。也正是由于有了大众传媒,特别是现在有了

---

① [美]塞缪尔·亨廷顿:《变革社会中的政治秩序》,李盛平等译,华夏出版社1988年版,第56页。

② 《马克思恩格斯全集》第46卷上册,人民出版社1979年版,第49页。

第十讲
舆论学

互联网,流言也许会更大规模地传播。任何事情都两面,有人可以通过互联网传播流言,因为互联网是众声喧哗的平台;同样可以发布澄清、揭露流言的信息,因为互联网也具有自净化功能,阻止流言进一步传播。

1. 早期的流言传播公式

传闻是舆论的一种畸形表现形态,是非正常状态下的舆论现象。由于信息没有及时沟通,就会出现这种情况。早在1947年,奥尔波特(G. Allport)和波斯特曼(L. Postman)在《谣言心理学》中提出了下面的图式:

$$rumor(流言) = importance(重要性) \times ambiguity(模棱)①$$

后来孟小平加了一个分母,变成这样一个公式:

$$rumor\ 流言 = \frac{importance\ 重要性 \times ambiguity\ 模棱}{critical\ ability\ 批判能力}$$

用文字叙说,便是:公众越认为重要的讯息,同时越感到模棱不清的讯息,传布越快越广;公众的批判能力越强,这样的讯息传布越少。

重要性×模棱,就是说,事情越重要,同时相关的信息越不清晰,传播的可能性也就越大。事情的重要性,我们是无法改变的,是客观存在。公众越认为重要的信息,如果同时越感到模糊不清,就越会快而广地得到传播。图式的分子部分,是两个美国人提出的。分母部分,即"批判能力",是孟小平1989年出版的《揭示公共关系的奥秘——舆论学》里加上的一句话。公众的批判能力越强,传闻的传布越少。

三个因素里面,"importance"是不能改变的,公众认为某个事情很重要,就会传。能够改变的是"ambiguity"(模棱),如果传媒及时发出信息说明这个事实是怎么回事,就会减少传闻的传播。第二种方法,传媒要提供批判性的材料(包括科学知识和新的信息),提高公众的批判能力。做到这两点,传闻就会很快消失,你要不说清楚,传闻就会越传越厉害。

建议大家读一下汉斯-约阿希姆·诺伊鲍尔所著《谣言女神》(中信出版社2004年版),这本书很好看,普及性质的,但是道理说得较深。还有蔡静博士所

---

① 参见奥尔波特等:《谣言心理学》,刘水平等译,辽宁教育出版社2003年版。

著《流言：阴影中的社会传播》（中国广播电视出版社 2008 年版）。该书以流言的产生、传播和消失为经线，以流言作为信息和意见的双重属性为纬线，描绘了流言作为社会传播过程的完整面貌。

《谣言心理学》中文版封面　　《谣言女神》中文版封面　　《流言：阴影中的社会传播》封面

2. 现在的流言传播公式

在上面的经典流言公式的基础上，新的研究思路使流言产生的条件变成了四点：

一是"好奇"（curiosity）。亚里士多德说：好奇是发议论的开端。以"人们对外界的变动始终怀有好奇心"为前提，把流言传播看作是一种寻求解释的过程，这是流言研究中一个被认可的核心观念。

二是"不安"（anxiety）的心理状态，这是流言传播的心理条件，由于人们对生活的预期被一些突发事件或未预料到的结果所打破，事件越是复杂，人们越需要制造些说法来化解不安，它包含着对即将发生和正在发生的事情的理解。

三是"不确定"（uncertainty），原来是"模棱"（ambiguity，含糊）。对流言的进一步观察发现，"模棱"其实是对澄清事实的信息源不信任引发的。对"澄清"本身的质疑，可能进一步增加关于事物的不确定。这里出现的问题实际上是关于对"证据是否确实"的判断，是对消息来源的信任问题。因此，在新的研究中一般用"uncertainty"（不确定）代替。

第四个心理因素是"相关程度"（involvement），而原来是"重要性"（importance），但这是一个综合的心理判断，它依赖个人的即时感受。流言传播开来，其实就默认了这个信息"值得谈"，这个价值判断其实包括重要性、趣味性、好奇心等多种界定。

因此，近年来的研究，倾向于把"i"定义为"个人感觉对这个事件或者这种情况的卷入程度"，即"involvement"（相关程度）。

研究者重点放到个体分辨能力上，从而提出了新的公式：

$$r\text{流言} = \frac{c\text{好奇} \times a\text{不安} \times u\text{不确定} \times i\text{相关程度}}{c\text{批判能力}}$$

这样，流言的传播会有两种后果，如果流言能完全填补人们的信息空白，消除不确定性，那么它可能起到控制不安的作用；否则，会引发新的更大的不安和恐惧，又寻求新的解释和举措，流言传播中的"滚雪球"效应，就来源于此。为何控制流言的难度极大，也在于此。除非有决定性的证据或者不安心态的消除，流言极难消失。

3. 流言传播中内容变动的心理因素

这方面的研究已有很多，这里简化为四种演变过程：省略（leveling）、突出（sharpening）、同化（assimilation）和泛化（generalization）。

"省略"是最早出现的。从第一次复述开始，大部分细节就被忽略了，原来包含有20个左右细节的描述，迅速被简化为平均只有约5个细节。而且，消失的细节中甚至包括那些对事实具有至关重要作用的信息，如人名和地名。

流言在传播中经历了一个相似的遗忘过程，省略一些不必要的（被接受者认为不重要的）细节，使流言更便于传递。不论是整个故事还是它的细节，将被不断地合理化，直到达到一种能为所有受试者接受的，属于特别的社会阶层所关注的形态。

"突出"或"加强"包括几个方面，例如复述中用过的术语，"这是个战斗场景"，"战斗"二字会作为主题不断重复。还有关于数目和体积，往往被夸大：十变成百，快变成迅疾，枪声变成炮声。流言中表现矛盾冲突的词汇或情节，容易被进一步夸大。

"同化"现象则更进一步,它是指对细节进行人为的改变,以适应整个叙述的逻辑,会迎合先验的情感构成和思维特征。例如在一张地铁照片中,一个白人手握剃须刀站在一个黑人旁边,经过几次传递之后,就变成了黑人手握锋利的剃刀在威胁白人,似乎是一个黑人正准备袭击一个白人。这完全是一个心理暗示导致的情节转换,它赋予零散的细节以同一种含义。因为相当多的人内心里认同黑人比白人有较多的暴力倾向。

"泛化",这是降低消息的专指程度。把特殊现象进行归类的努力,而归类就方便进行贴"标签"和进一步合乎逻辑的评价。

流言传播中追求完美,故事被合理化(即人们用固有的关于事物"原型沉淀",来想象故事的发生和发展)的例子:

小孩划宝马车后

在我们这个百万人口大城市的一个麦当劳门口(为了避免报复,我就不说具体哪个城市了)。

一天,一个小男孩跟他奶奶吃完出来,小男孩手里拿个吃套餐给的玩具,一耍地给甩了出去!

没那么巧的,门口停着辆很酷的宝马(好像是750i,如果我没记错的话),结果就那么巧地给砸上面了,给划了那么一小小小小……道痕迹!

那个宝马的主人一看爱车给划了道痕,什么也没说啪啪就给了那小孩两嘴巴!

小孩他奶奶就打了个电话,并且把那个宝马的主人给拽住。

大概15分钟,门口当道停着好像四五辆车,都是什么奔驰宝马级别的,还站着15—20个人,那叫一个××!!!

小孩他爸很客气地说:我们小孩划了你的车,是我们不对,你这车多少钱买的?

那个人回答:200w(真坑人!)

他爸说:现在值多少?

那个人:160w。

孩他爸：那行，到车的后备厢数160w。

那人估计当时也软了，就乖乖地跟着他去数了160w。真××！

然后，小孩他爸说：把那车给我砸了！

宝马啊！结果那跟着的10多个人就回车里取了斧子，把那宝马给砸了！

那个宝马的主人彻底软了！

一会儿车彻底报废了。然后那小孩他爸说：车的事，咱们解决了！

接下来你打我小孩的事，咱们该说说了！我小孩可比车值钱多了！一个巴掌500w，你看着办吧！

我当时就傻了！估计那宝马车主子魂都没了！

就看他被"请"上了个车，走了，估计要是没点家底，死定了，有家底也败家了！

他们走后110就来了，真××准，刚走就来，我怀疑……

绝对我自己经历的！不含夸张水分！

以上的"故事"便是常见的网上传闻的后期表现，已经被省略、突出、同化和泛化了的结果。然而，互联网也提供了批判的空间，即它具有自净化功能。以下的网评即是：

老帖子了，不过第一次看见图。

这车白天黑色，晚上白色。[指所附照片]

白天是奥迪，晚上是宝马，牛。比变形金刚还厉害。

第二辆不是宝马，貌似是克莱斯勒。还有晚上那张明显是撞的没看到防护栏都变形了。

哪一年的事，还拿出来说……

我记得前几天看这个故事的时候还没发展到750啊。

这个上过报纸了，很久的事情了。

这件事太久了，是发生在唐山。上了报纸了。

天啊，这也太牛了吧，简直像是写电视剧的。(2010-8-11)

是真的宁波发生的,不过好几年前的事了。(2009-9-26)

是义乌啊 好几年了。(2009-9-26)

这帖子N年前的啦,土啊,不知道是不是思想倒退了哦。(2009-12-12)

4. 网络流言分析——抢盐流言

2011年3月16—17日,我国发生"抢购食盐"风潮,这是由流言的大面积迅速传播引发的。16日,浙江杭州、绍兴、宁波等城市开始出现"抢盐"潮,不少居民纷纷奔走各大超市抢购盐以备战日本核辐射污染。市民的哄抢直接导致各大超市食盐脱销。与此同时,安徽合肥、阜阳、黄山、宣城、池州等地市场也出现了抢购食用盐的情况。

流言不是个人智力游戏的结果,而是群体议论和传播的结果,同时也是社会生活中常见的与传播有关的一种集群行为方式。我们习惯于一出问题,就从传媒方面找"控制不利"的线索,以便进

宁波市民在麦德龙超市抢购盐

一步加强对传媒的控制。这个思路以传统社会为背景,以为只要媒体闭嘴或不说错话,就会天下太平。

这次抢购碘盐的事件,属于同一类流言的循环再现。2003年我国"非典"疫情的传闻之下发生抢购板蓝根的行为,后来几年里发生禽流感、猪流感、大地震、泥石流,以及香蕉致癌、松花江水污染、柑蛆事件等等公共危机事件中,都存在不同程度的抢购(或拒购)相关商品的风潮。这是公众对危机的应激反应,不论怎样防备,以后还会发生,但若对眼下流言发生和传播的特点有所了解,几乎同步发布权威信息,流言持续的时间会很短,扩散的地域也会小些。

企图通过封锁信息或只放出所谓的正面信息来处理危机,基本是徒劳的。抓几个传谣的人充当替罪羊或把事情归罪为游资炒作,是舍本逐末。这类事

件中,其实没有真正的信息源和阴谋实施者。一旦人们新获取的信息(例如日本核辐射)与原有的经验(例如 2003 年非典疫情下的抢购等)相联系,从而进行判断和采取行动,就会发生流言四起和随后的抢购或拒购,这是由于眼下的事情与人们的记忆结构和社会认知心理相关联。

过去的流言可能消失或被否定,但它的"印象"会残留为人们记忆的一部分,一旦相关主题再次被激发,流言造成的这部分印象会和其他相关信息一起,成为判断新情况的依据。

这次抢购碘盐的事件中,消息来源之一是假冒的 BBC,这是流言得以迅速传播的原因之一。

流言在传播过程中引用具有权威性的消息源或强调"每个人"已经如何,或传播给你的人是较为熟悉的人,这就会产生一种权威归属、全体归属、亲近归属的心理,导致公众产生恐慌。

根据当时中国人民大学新闻学院舆情研究组的调查,这次"谣盐"的传播,主要通过传统的人际口头传播、电话和手机传播,最早开始于 2011 年 3 月 12 日。新媒体的传播不是这次流言传播的主渠道,不仅不是,而且最早抵制了"谣盐",尤其是微博。"中盐"等较多的企业和社会团体及时通过微博,对"谣盐"进行了各种方式的抵制(主要方式是幽默的讽刺)。

传统媒体对"谣盐"澄清的峰值发生在 17 日,这正是"谣盐"陡然下滑之日。这说明,传统媒体对制止"谣盐"虽然产生了作用,但多少有些滞后。微博和网络传播的自净化现象(理智战胜非理智),对于抑制谣言发挥了很大的作用,使得抢盐的高峰持续不到一天,谣言就在一片嘲笑中被化解了。

社交媒体可能会传播流言,但更是制止流言传播的最有效的渠道。因为在各种社交媒体渠道上呈现的是一种意见多元的状态,这种状态有可能使得健康的意见通过观点的交锋而战胜非理性的意见,在学理上这是一种信息载体的"自净化"现象。

我们总是习惯于以"舆论一律"的标准来防范各种不喜欢的观点。其实,意见多元本身是最安全的和谐状态,希冀只有一种意见存在和流通,反而意味着潜在着很大的不安全因素。

如果没有确凿的材料,对流言的否认导致流言的复述,反而会使流言的记忆更加牢固。当一则丑闻和某个政治人物相联系后,即使最后澄清了,这个政治人物的形象也会因此长期和丑闻的标签结合在一起(例如关于世界货币基金组织前总裁卡恩的性丑闻)。人们在认知框架中接受了流言对原有主题的改变,因此,会经意不经意地受流言的影响而行动,而行动又会巩固流言本身,成为一个循环。

流言传播,会越来越趋向"群体偏向"。网络群体讨论的匿名,也增加了群体极化现象发生的几率。"在网络和新的传播技术的领域里,志同道合的团体会彼此进行沟通讨论,到最后他们的想法和原先一样,只是形式上变得更极端了。"①

流言中,个体赋予的偏向在群体的传播中会逐渐消失,而代之以群体的希望、认知和欲求。这就导致流言内容对群体偏向的迎合,而且具有高度的惯例化。例如,贪财的总是"犹太人",威胁社区的总是一个"陌生人",如果是有关富人的案子,那么"财产争夺"一定是热门话题。知情冲动、成见和群体的欲望交织在一起,共同对事件进行阐释。

群体若与外界客观信息环境隔绝,在虚假的、表面一致的群体凝聚力下,再加上一位或者数位强烈宣扬自己观点的意见领袖,以及传播、拥护他们观点的关键人,那么网络群体会得出依据盛行的情绪而非事实本身为参照系的结论。群体讨论中所表现出的主流"民意",会对不同意见构成压力,持不同意见的人将会受到冷落、批评和排斥,也就是在群体讨论中出现的群体极化和群体盲思现象。

另外,某些网上议题,带有明显的包装和操纵痕迹。如今对网络议题的操纵,已经形成"团队合作"的流水线作业,这种情形下会出现有组织的流言,只要赢得公众的眼球,吸引注意力,什么内容、说法和表现方式都是无所谓的。

处理和解决网络流言,从官方层面看,缺席、失语、妄语,甚至压制是不行的,因为网上每个人都可能成为意见表达的主体,每个人面前都有一个麦克

---

① [美]凯斯·桑斯坦:《网络共和国——网络社会中的民主问题》,黄维明译,上海人民出版社2003年版,第47页。

风。要防止陷入"塔西佗陷阱"。塔西佗曾出任过古罗马最高领导人——执政官,此外还先后做过保民官、营造官、财务官、行政长官和外省总督等,因此对"执政为民"很有个人心得,他曾经这样谈论执政感受:"当政府不受欢迎的时候,好的政策与坏的政策都会同样地得罪人民。"这个卓越的见解后来成为政治学的定律之一——塔西佗陷阱。

图书在版编目(CIP)数据

新闻理论十讲/陈力丹著. —2 版(修订本). —上海：复旦大学出版社,2020.1(2023.3 重印)
ISBN 978-7-309-13988-4

Ⅰ.①新… Ⅱ.①陈… Ⅲ.①新闻学-高等学校-教材 Ⅳ.①G210

中国版本图书馆 CIP 数据核字(2019)第 223755 号

新闻理论十讲(修订版)
XINWEN LILUN SHIJIANG（XIUDINGBAN）
陈力丹 著
责任编辑/朱安奇

复旦大学出版社有限公司出版发行
上海市国权路 579 号　邮编：200433
网址：fupnet@fudanpress.com　　http://www.fudanpress.com
门市零售：86-21-65102580　　团体订购：86-21-65104505
出版部电话：86-21-65642845
上海四维数字图文有限公司

开本 787×960　1/16　印张 26.25　字数 382 千
2020 年 1 月第 2 版
2023 年 3 月第 2 版第 7 次印刷
印数 37 601—45 600

ISBN 978-7-309-13988-4/G·2038
定价：52.00 元

如有印装质量问题,请向复旦大学出版社有限公司出版部调换。
版权所有　侵权必究